化工设计CAD绘图快速入门

第二版

谭荣伟　等编著

化学工业出版社
·北京·

《化工设计CAD绘图快速入门》第二版以AutoCAD简体中文版本（AutoCAD 2019版本）作为设计软件平台，以实际化工设计图形为案例，紧密结合化工设计及管理工作的特点与要求，详细介绍AutoCAD在化工设计及管理工作中的应用方法与技巧，包括CAD基本使用功能与高级操作技巧以及各种图形的绘制与编辑修改方法。通过本书学习，可以快速掌握AutoCAD进行化工工艺流程图、化工设备及管道布置图、化工机械零件图、化工设备装配图、化工轴测图、化工三维图形及其图形打印输出等各种图形的快速绘制及应用方法。同时还详细阐述如何从CAD软件中将图形转换输出JPG/BMP格式图片或PDF格式文件的方法，如何将CAD绘制的图形快速应用到WORD文档中，方便使用和浏览。AutoCAD大部分绘图功能命令是基本一致或完全一样的，本书也适合AutoCAD 2019以前版本（如AutoCAD 2004至AutoCAD 2018）或AutoCAD 2019以后更高版本学习使用。本书通过互联网提供第5章至第7章及第9章讲解案例的CAD图形文件，读者可在学习时下载使用。

本书适合从事化工机械、化工工艺、石油化工、高分子化工、精细化工、煤化工、生物化工等专业的设计师、工程师与相关生产管理技术人员使用；也可以作为化工相关行业领域初、中级技术职业学校和高等院校师生的教学、自学CAD图书以及社会相关领域CAD培训实用教材。

图书在版编目（CIP）数据

化工设计CAD绘图快速入门 / 谭荣伟等编著. —2版. —北京：化学工业出版社，2019.10（2025.3重印）
ISBN 978-7-122-34883-8

Ⅰ. ①化… Ⅱ. ①谭… Ⅲ. ①化工设计-AutoCAD软件 Ⅳ. ①TQ02-39

中国版本图书馆CIP数据核字（2019）第142977号

责任编辑：袁海燕
责任校对：刘 颖　　　　装帧设计：刘丽华

出版发行：化学工业出版社（北京市东城区青年湖南街13号　邮政编码100011）
印　　装：北京盛通数码印刷有限公司
787mm×1092mm　1/16　印张19　字数518千字　2025年3月北京第2版第8次印刷

购书咨询：010-64518888　　　　售后服务：010-64518899
网　　址：http://www.cip.com.cn
凡购买本书，如有缺损质量问题，本社销售中心负责调换。

定　　价：**59.80元**　**版权所有　违者必究**

第二版前言

《化工设计 CAD 绘图快速入门》自出版以来，由于其切合化工设计及其管理的实际应用情况，操作精要实用、专业知识范围广泛、针对性强、内容全面、资料丰富，深受广大读者欢迎和喜爱。

基于计算机信息技术的迅猛发展及“互联网+”的不断创新，化工设计及管理技术的不断发展；CAD 软件也不断更新换代，功能不断优化。原书中的部分内容也需要相应更新调整，以适应目前 CAD 软件新技术操作的实际情况和需要。为此本书作者根据新版 CAD 软件，对上版图书进行适当更新与调整，既保留了原书的切合实际、简捷实用、内容丰富等特点，又使得本书从内容上保持与时俱进，形式上图文并茂，使用上更加方便。主要修改及调整内容包括以下几点。

- 按照新版 AutoCAD 2019 软件进行相关操作功能及命令讲述等内容的调整及更新，使得本书对不同版本的 AutoCAD 软件具有更强的通用性和灵活的适用性，即均可以作为各个版本的学习参考教材（如早期的 2004、2012、2016、2018 版本）。
- 增加了 AutoCAD 新版的绘图及修改编辑功能。
- 增加了 2014 版以前版本及以后版本的操作对比。

本书通过“互联网+”分享功能，提供书中各章化工设计讲解案例的 CAD 图形文件，读者随时登录书中提供的网址下载使用，更加快捷便利。

本书以 AutoCAD 新版简体中文版（AutoCAD 2019 版本）作为设计软件平台，详细介绍 AutoCAD 在化工设计及管理工作中的应用方法与技巧。通过本书学习，可以快速掌握 AutoCAD 进行化工工艺流程图、化工设备及管道布置图、化工机械零件图、化工设备装配图、化工轴测图、化工三维图形等各种图形的快速绘制及其图形打印输出等应用方法。本书同时还详细讲述如何从 CAD 软件中将化工设计图形转换输出 JPG/BMP 格式图片或 PDF 格式文件的方法，如何将 CAD 绘制的化工设计图形快速应用到 WORD 文档中，方便使用和浏览 CAD 图形。AutoCAD 大部分绘图功能命令是基本一致或完全一样的，本书也适合 AutoCAD 2019 以前版本（如 AutoCAD 2004 至 AutoCAD 2018）或 AutoCAD 2019 以后更高版本学习使用。

在内容安排上，《化工设计 CAD 绘图快速入门》第二版不仅精要而详细地介绍了 AutoCAD 的各种功能及其使用方法与技巧，而且全面又简明地讲述了化工设计及其施工管理工作中经常使用和碰到的各种化工设计图绘制过程和方法，真正做到轻松入门，快速使用，全面提高的目的。

全书内容由作者精心策划和认真撰写，是作者多年 CAD 设计等实践经验的总结，注重理论与实践相结合，示例丰富、实用性强、叙述清晰、通俗易懂，保证本书使用和可操作性强，更适合实际化工设计及施工管理工作使用需要。读者通过本书的学习，既能理解有关 AutoCAD 使用的基本概念，掌握 AutoCAD 进行化工设计图形绘制的方法与技巧，又能融会贯通，举一反三，在实际化工设计及施工管理工作中快速应用。因此，本书是一本总结经验、提高技巧的有益参考书。

本书适合从事化工机械、化工工艺、石油化工、高分子化工、精细化工、煤化工、生物化工等专业的设计师、工程师与相关生产管理技术人员使用；也可以作为化工相关行业领域初、中级技术职业学校和高等院校师生的教学、自学图书以及社会相关领域 CAD 培训实用教材。

本书由谭荣伟组织修改及编写，黄冬梅、许琢钰、卢晓华、谭斌华、许鉴开、谭小金、卢芸芸、黄贺林、韦献姬、卢橦橦、黄子元等参加了相关章节编写。由于编者水平有限，虽经再三勘误，但仍难免有纰漏之处，欢迎广大读者予以指正。

编著者

2019 年·夏

第一版前言

化工设计（Chemical Engineering Design）是根据一个化学反应或过程设计出一个生产流程，并研究流程的合理性、先进性、可靠性和经济可行性，再根据工艺流程以及条件选择合适的生产设备、管道及仪表等，进行合理的工厂布局设计以满足生产的需要，最终使工厂建成投产，这种设计的全过程称为“化工设计”。化工设计是把一项化工过程从设想变成现实的一个建设环节，是一门综合性很强的技术科学。人类与化工的关系十分密切，在现代生活中，几乎随时随地都离不开化工产品，从衣、食、住、行等物质生活到文化艺术、娱乐等精神生活，都需要化工产品为之服务。化学工业、化学工程、化学工艺都简称为化工；它们出现于不同历史时期，各有不同含义，却又关系密切，相互渗透，具有连续性，并在其发展过程中被赋予新的内容。

早期的化工设计进行图纸绘制主要是手工绘制，绘图的主要工具和仪器有绘图桌、图板、丁字尺、三角板、比例尺、分规、圆规、绘图笔、铅笔、曲线板和建筑模板等。手工绘制图纸老一辈工程师和施工管理技术人员比较熟悉，年轻一代使用比较少，作为化工设计工程师或技术人员，了解一下其历史，也是有必要的。随着计算机硬件技术的飞速发展，绘图摆脱了传统的手工绘制方式，实现了计算机绘图，使得绘图效率和图面美观等大为提高；也使更多更好、功能强大全面的工程设计软件得到更为广泛的应用，其中 AutoCAD 无疑是比较成功的典范。AutoCAD 是美国 Autodesk（欧特克）公司的通用计算机辅助设计（CAD，即 Computer Aided Design 简称）软件，AutoCAD R1.0 是 AutoCAD 的第 1 个版本，于 1982 年 12 月发布。AutoCAD 至今已进行了十多次的更新换代，包括 DOS 版本 AutoCAD R12、Windows 版本 AutoCAD R14～2009、功能更为强大的 AutoCAD 2010～2014 版本等，在功能性、操作性和稳定性等诸多方面都有了质的变化。凭借其方便快捷的操作方式、功能强大的编辑功能以及能适应各领域工程设计多方面需求的功能特点，AutoCAD 已经成为当今工程领域进行二维平面图形绘制、三维立体图形建模的主流工具之一。

本书以 AutoCAD 最新简体中文版本（AutoCAD 2014 版本）作为设计软件平台，以实际化工工程设计图形为案例，紧密结合化工设计及管理工作的特点与要求，详细介绍 AutoCAD 在化工设计及管理工作中的应用方法与技巧，包括 CAD 基本使用功能与高级操作技巧以及各种图形的绘制与编辑修改方法。通过本书学习，可以快速掌握 AutoCAD 进行化工工艺流程图、化工设备及管道布置图、化工机械零件图、化工设备装配图、化工轴测图、化工三维透视图及其图形打印输出等各种机械图的快速绘制及应用方法。同时还详细阐述如何从 CAD 软件中将化工设计图形转换输出 JPG/BMP 格式图片或 PDF 格式文件的方法，如何将 CAD 绘制的化工设计图形快速应用到 WORD 文档中，方便使用和浏览 CAD 图形。由于 AutoCAD 大部分绘图功能命令是基本一致或完全一样的，因此本书也适合 AutoCAD 2014 以前版本（如 AutoCAD 2004 至 AutoCAD 2013）或 AutoCAD 2014 以后更高版本学习使用参考。

全书在内容安排上，不仅精要而详细地介绍了 AutoCAD 的各种功能和其使用方法与技巧，而且全面又简明地阐述了化工设计及生产管理工作中经常遇到的化工工艺流程图、化工机械图、化工设备图、化工设备布置图、化工详图、化工轴测图、化工三维透视图以及图形打印等各种化工设计图形绘制过程和方法，真正做到轻松入门，快速使用，全面提高的目的。

该书内容由作者精心策划和认真撰写，是作者多年实践经验的总结，注重理论与实践相结合，示例丰富、实用性强、叙述清晰、通俗易懂，保证该书使用和可操作性强，更为适合实际项目工程中化工设计及管理工作使用需要。读者通过本书的学习，既能理解有关 AutoCAD 使用的基本概念，掌握 AutoCAD 进行化工设计图形绘制的方法与技巧，又能融会贯通，举一反三，在实际化工设计及管理工作中快速应用。因此，本书是一本总结经验、提高技巧的有益参考书。

本书适合从事化工机械、化工工艺、石油化工、高分子化工、精细化工、煤化工、生物化工等专业的设计师、工程师与相关生产管理技术人员，学习 AutoCAD 进行化工设计图形绘制实用入门指导用书；也可以作为化工相关行业领域初、中级技术职业学校和高等院校师生的教学、自学 CAD 图书以及社会相关领域 CAD 培训实用教材。

全书由谭荣伟负责策划和组织编写，黄冬梅、李淼、黄仕伟、雷隽卿、王军辉、许琢玉、卢晓华、苏月风、许鉴开、谭小金、李应霞、赖永桥、潘朝远、孙达信、黄艳丽、杨勇、余云飞、卢芸芸、黄贺林、许景婷、吴本升、黎育信、黄月月、韦燕姬、罗尚连等参加了相关章节编写。由于编者水平有限，虽然经过再三勘误，但仍难免有不妥之处，欢迎广大读者予以指正。

编著者

2014 年 6 月

目录

第1章

化工设计 CAD 绘图综述

本章结合化工设计的特点和要求，讲解 CAD 在化工设计工作中的应用及其绘制方法的一些基础知识。在实际化工设计中，该专业的设计师学习掌握 CAD 绘图技能是十分必要的，因为 CAD 可以有力地促进化工设计工作，CAD 在一定程度上可以提高工作效率，方便进行技术交底、工作交流及汇报等。CAD 可以应用于化工设计中的化工方案图、化工工艺图、化工流程图、化工机械装配图等多方面绘制工作。

1.1 化工设计 CAD 绘图知识快速入门

在化工设计中，常常需要绘制各种图纸，例如化工车间布置图、化工工艺流程图、化工零部件图、化工管道布置图、化工设备布置图等，这些都可以使用 CAD 轻松快速完成。特别说明一点，最为便利的还在于，化工设计各种图形与表格使用 CAD 绘制完成后，还可以将所绘制图形从 CAD 软件中轻松转换输出 JPG/BMP 格式图片或 PDF 格式文件等，可以轻松应用到 WORD 文档中，方便使用和浏览（CAD 图形具体转换方法在后面的章节中详细介绍）。因此，从事化工设计及管理工作的相关技术人员，学习 CAD 绘图是很有用处的。

1.1.1 关于化工设计

人类与化工的关系十分密切，在现代生活中，几乎随时随地都离不开化工产品，从衣、食、住、行等物质生活到文化艺术、娱乐等精神生活，都需要化工产品为之服务。化学工业、化学工程、化学工艺都简称为化工；它们出现于不同历史时期，各有不同含义，却又关系密切，相互渗透，具有连续性，并在其发展过程中被赋予新的内容。化工设计（Chemical Engineering Design）是根据一个化学反应或过程设计出一个生产流程，并研究流程的合理性、先进性、可靠性和经济可行性，再根据工艺流程以及条件选择合适的生产设备、管道及仪表等，进行合理的工厂布局设计以满足生产的需要，最终使工厂建成投产，这种设计的全过程称为“化工设计”。化工设计是把一项化工过程从设想变成现实的一个建设环节，是一门综合性很强的技术科学。如图 1.1 所示为常见的化工设计图纸。

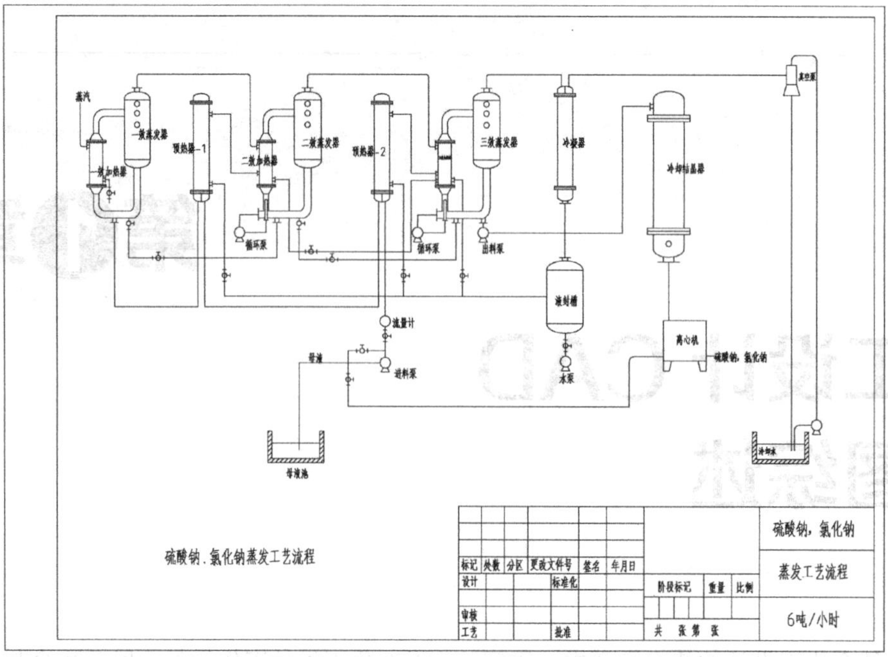

（a）某化工工艺流程图

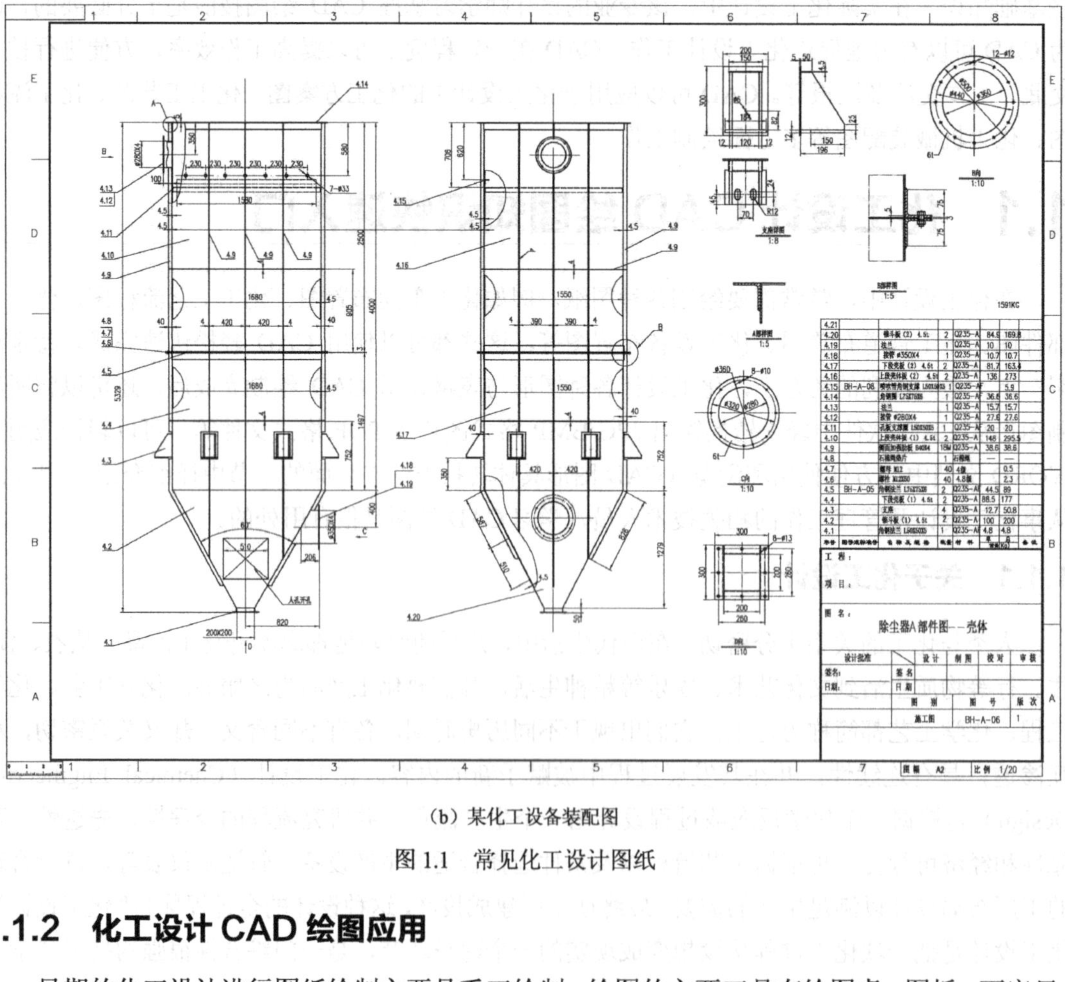

（b）某化工设备装配图

图 1.1　常见化工设计图纸

1.1.2 化工设计 CAD 绘图应用

早期的化工设计进行图纸绘制主要是手工绘制，绘图的主要工具有绘图桌、图板、丁字尺、三角板、比例尺、分规、圆规、绘图笔、铅笔、曲线板和模板等。手工绘制图纸是老一辈工程师和施工管理技术人员比较熟悉的，年轻一代或许使用比较少，作为化工设计工程师或技术人员，了解一下其历史，也挺有趣味和增长知识的，如图 1.2 所示。

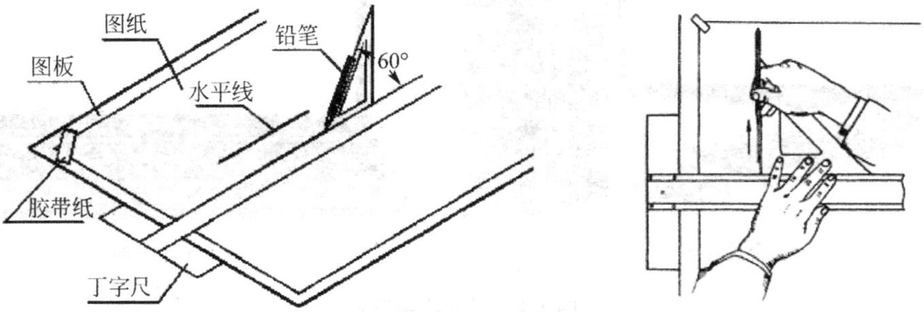

（a）手工绘图示意

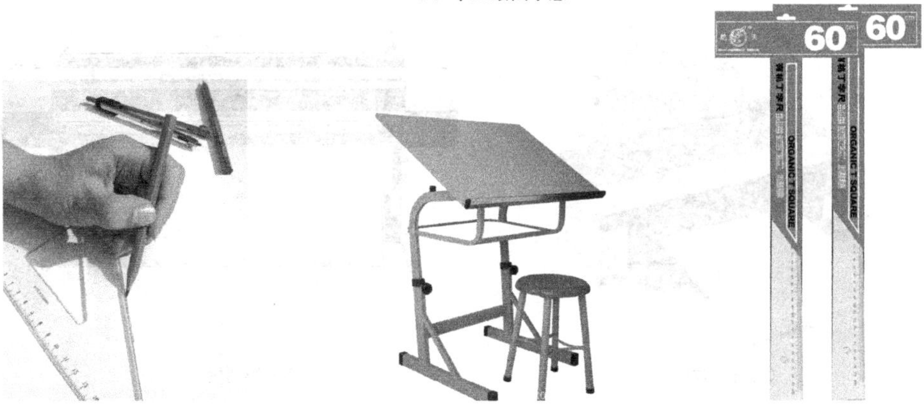

（b）手工绘图常用工具

图 1.2　早期手工绘图示意

比纯手工绘图更进一步的绘图方式，是使用绘图机及其相应设备。绘图机是当时比较先进的手工绘图设备，其机头上装有一对互相垂直的直尺，可作 360° 的转动，它能代替丁字尺、三角板、量角器等绘图工具的工作，画出水平线、垂直线和任意角度的倾斜线。绘图机可分为钢带式绘图机、导轨式绘图机，如图 1.3 所示。

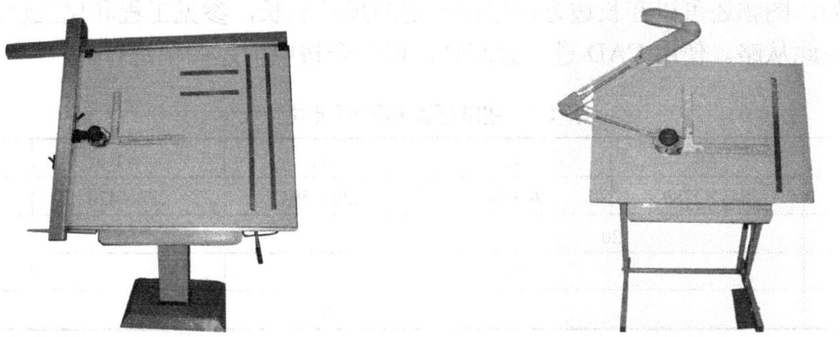

（a）钢带式绘图机　　（b）导轨式绘图机

图 1.3　常见手工绘图机

随着计算机及其软件技术快速发展，在现在化工设计工程设计中，化工设计图纸的绘制都已经计算机数字化，使用图板、绘图笔和丁字尺等工具手工绘制图纸的方法几乎很少。现在基本使用台式电脑或笔记本进行图纸绘制，然后使用打印机或绘图仪输出图纸，如图 1.4、图 1.5 所示。

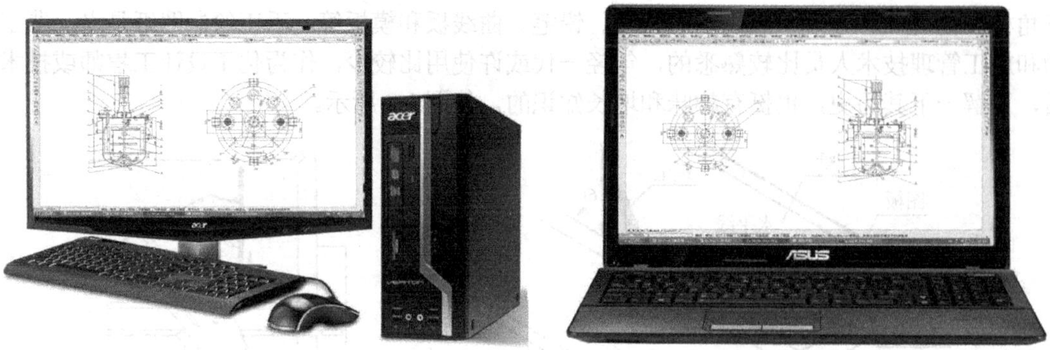

（a）台式电脑　　（b）笔记本电脑

图 1.4　图纸绘制设备

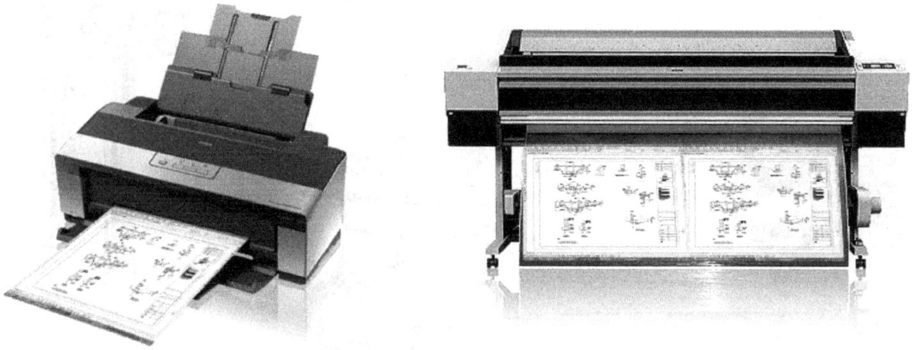

（a）打印机　　（b）绘图仪

图 1.5　图纸打印输出设备

1.1.3　化工设计 CAD 绘图图幅及线型与字体

（1）化工设计 CAD 绘图常见图幅大小　化工设计图纸的图纸幅面和图框尺寸，即图纸图面的大小，按《技术制图　图纸幅面和格式》GB/T 14689—2008、《机械工程　CAD 制图规则》GB/T 14665—2012 等国家工程设计相关规范规定，分为 A4、A3、A2、A1 和 A0，具体大小详见表 1.1 所列，图幅还可以在长边方向进行一定的尺寸加长，参见工程和化工设计制图相关规范及文献，在此从略。使用 CAD 进行绘制时，也完全按照前述图幅进行。

表 1.1　图纸幅面和图框尺寸　　单位：mm

幅面代号	A0	A1	A2	A3	A4
$B \times L$	841×1189	594×841	420×594	294×420	210×297
e	20		10		
c	10			5	
a	25				

在图纸上必须使用粗实线绘制图框，其格式分为不预留装订边和留有装订边两种，但同一产品的图样只能采用一种格式。无装订边图纸的图框格式参见图 1.6 所示，其图幅大小按表 1.1 的规定执行；有装订边图纸的图框格式参见图 1.7 所示，其图幅大小按表 1.1 的规定执行。每张图纸上都必须绘制标题栏，标题栏的格式和样式按国家规范《技术制图标题栏》（GB/T 10609.1—2008）的规定执行，大小约 180mm×56mm，参见图 1.8，标题栏的位置一般应位于图纸的右下角，参见图 1.9。

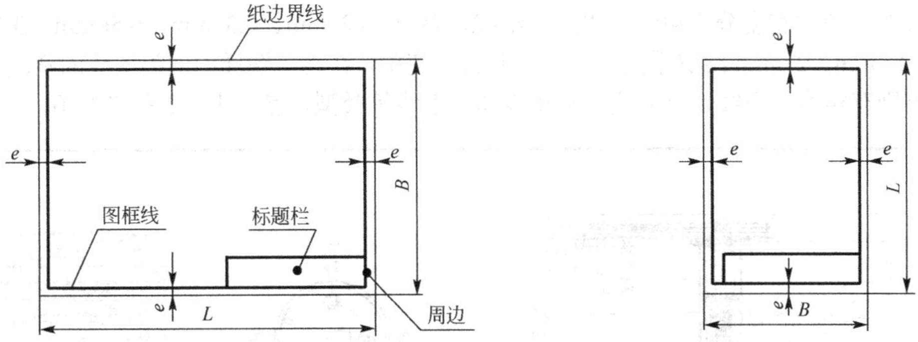

(a) X 型　　(b) Y 型

图 1.6　无装订边图纸的图框格式

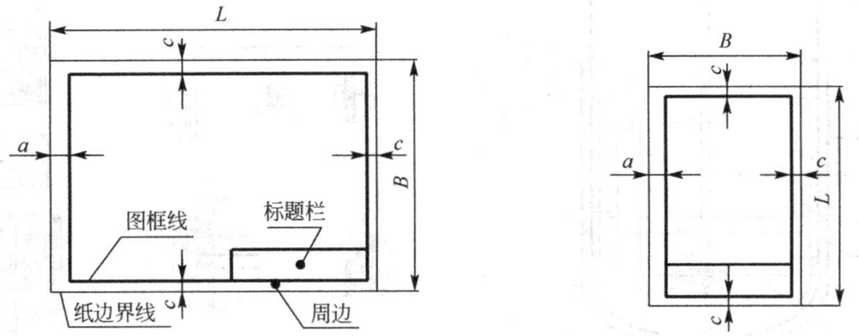

(a) X 型　　(b) Y 型

图 1.7　有装订边图纸的图框格式

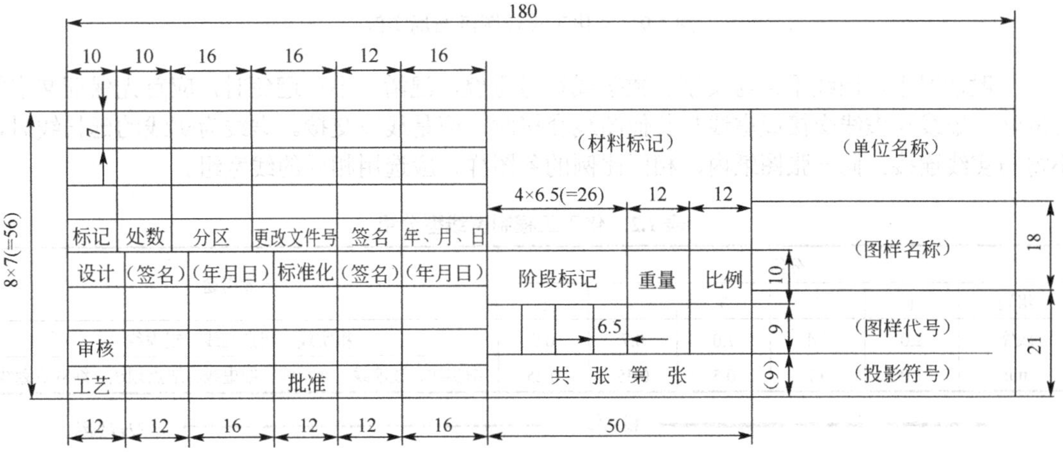

图 1.8　标题栏参考样式

图纸以短边作为垂直边称为横式，以短边作为水平边称为立式。一般 A0～A3 图纸宜横式使用；必要时，也可立式使用。此外，CAD 还有一个更为灵活的地方，CAD 可以输出任意规格大小的图纸，但这种情况一般作为草稿临时使用，不宜作为正式施工图纸。在化工设计实际工程施工实践中，A3、A2 图幅大小的图纸使用最方便，比较受施工相关人员欢迎。

(2) 化工设计 CAD 图形常见线型　按照《机械制图　图样画法　图线》(GB/T 4457.4—2002)、《机械工程　CAD 制图规则》(GB/T 14665—2012) 等国家标准及规范的相关规定，化工工程制图图线宽度分为粗线、中线、细线，从 b=0.25mm、0.35mm、0.50mm、0.70mm、1.0mm、1.4mm、2.0mm 线宽系列中根据需要选取使用，在同一图样中同类图线的宽度宜一致，常见线型则有实线、虚线、点划线、折断线和波浪线等类型，参见表 1.2 和图 1.10。

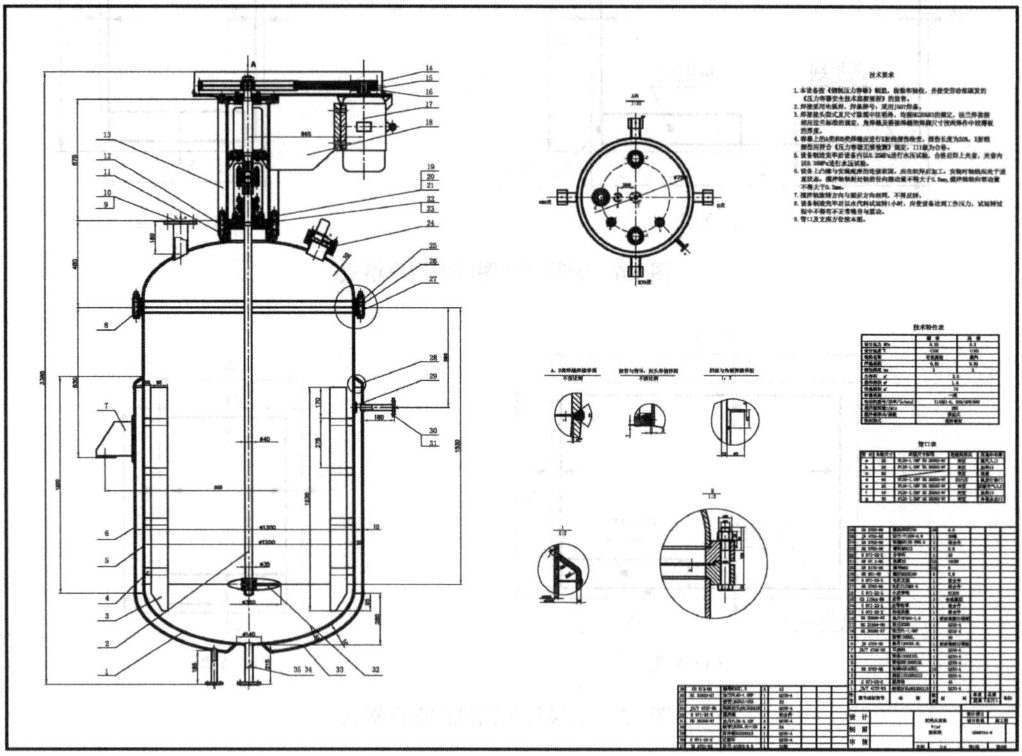

图 1.9 某化工设计图纸布局实例

一般情况下，图线不得与文字、数字或符号重叠、混淆，不可避免时，应首先保证文字等的清晰。虚线与虚线交接或虚线与其他图线交接时，应是线段交接。虚线为实线的延长线时，不得与实线连接。同一张图纸内，相同比例的各图样，应选用相同的线宽组。

表 1.2 化工工程制图线型分组

分组						一般用途
组别	1	2	3	4	5	
线宽	2.0	1.4	1.0	0.7	0.5	粗实线、粗点画线、粗虚线
/mm	1.0	0.7	0.5	0.35	0.25	细实线、波浪线、双折线、细虚线、细点划线、细双点划线

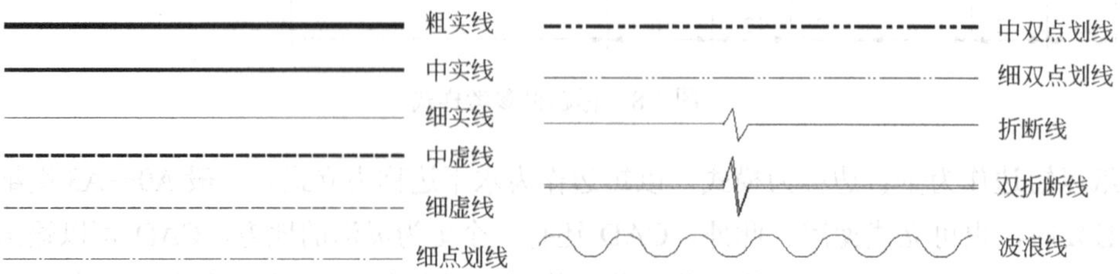

图 1.10 常见化工工程 CAD 制图图线示意

化工设计 CAD 绘图即是按照上述线条宽度和线型进行的，实际绘图时根据图幅大小和出图比例进行调整宽度大小，具体绘制方法在后面章节详细论述，其中细线实际在 CAD 绘制中是按默认宽度为 0 进行绘制。

（3）化工设计 CAD 图形常见字体和字号　按照《机械制图　图样画法　图线》（GB/T 4457.4—2002）、《机械工程　CAD 制图规则》（GB/T 14665—2012）等国家制图规范的相关规定，CAD 化工设计制图图样中汉字、字符和数字应做到排列整齐、清楚正确，尺寸大小协调一致。汉字、字符和数字并列书写时，汉字字高略高于字符和数字字高。化工图上的文字应使用中文标准简化汉字。涉外的设计项目，可在中文下方加注外文；数字应使用阿拉伯数字，计量单位应使用国家法定计量单位；代码应使用规定的英文字母、年份应用公元年表示。一般情况下，小数点进行输出时，应占一个字位，并位于中间靠下处。

化工 CAD 制图的字体与图纸幅面之间的选用关系详见表 1.3；字体的最小字距、行距以及间隔线或基准线与书写字体之间的最小间距详见表 1.4 和图 1.11。

表 1.3　字体与图纸幅面之间的选用关系　　单位：mm

字符类别	图幅				
	A0	A1	A2	A3	A4
	字体高度 *h*				
字母与数字	5		3.5		
汉字	7		5		

注：*h*=汉字、字母和数字的高度。

表 1.4　最小字距、行距以及间隔线或基准线与书写字体之间的最小间距　　单位：mm

字　体	最小间距	
汉字	字距	1.5
	行距	2
	间隔线或基准线与汉字的间距	1
字母与数字	字符	0.5
	词距	1.5
	行距	1
	间隔线或基准线与字母、数字的间距	1

注：当汉字与字母、数字混合使用时，字体的最小字距、行距等应根据汉字的规定使用。

图 1.11　化工设计 CAD 制图字体间距

分数、百分数和比例数的注写，应采用阿拉伯数字和数学符号，例如：四分之三、百分之二十五和一比二十应分别写成 3/4、25%和 1∶20。当注写的数字小于 1 时，必须写出个位的“0”，小数点应采用圆点，齐基准线书写，例如 0.01。

在实际绘图操作中，图纸上所需书写的文字、数字或符号等，均应笔画清晰、字体端正、排列整齐；标点符号应清楚正确。一般常用的字体有宋体、仿宋体、新宋体、黑体等，根据计算机 Windows 操作系统中字体选择，建议选择常用的字体，以便于 CAD 图形电子文件的交流阅读。字号也即字体高度的选择，根据图形比例和字体选择进行确定选用，一般与图幅大小相匹配，便于阅读，同时保持图形与字体协调一致，主次分明。

1.1.4 化工设计 CAD 图形尺寸标注基本要求

按照《化工工艺设计施工图内容和深度统一规定》(HG/T 20519—2009)、《机械工程 CAD 制图规则》(GB/T 14665—2012)、《机械制图 尺寸注法》(GB/T 4458.4—2003) 等国家制图规范的相关规定，图样上的尺寸，包括尺寸界线、尺寸线、尺寸起止符号和尺寸数字，如图 1.12 所示。化工工程的 CAD 制图中所使用的尺寸线的终端形式有实心箭头、开口箭头、空心箭头、斜线、圆点等形式，如图 1.13 所示，在图样中一般按实心箭头、开口箭头、空心箭头、斜线、圆点的顺序选用。

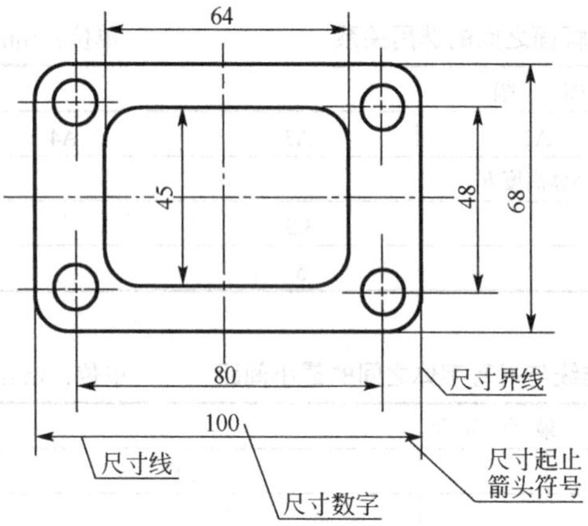

图 1.12 尺寸标注组成名称

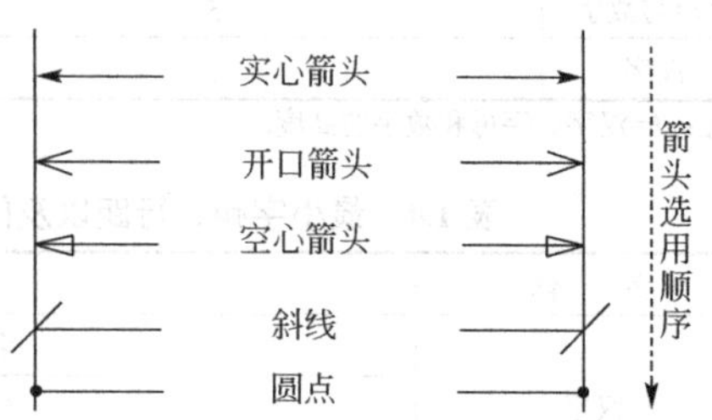

图 1.13 化工工程 CAD 制图尺寸线选用

化工图中尺寸线用细线绘制，其常见的箭头、斜线终端形式绘制要求如图 1.14 所示，化工工程图一般采用箭头作为尺寸线的终端。

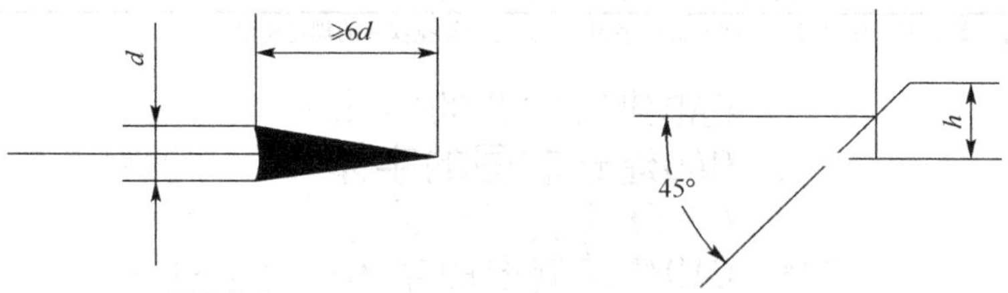

(a) 箭头形式

d — 粗实线的宽度

(b) 斜线形式

h — 字体高度

图 1.14 化工图中尺寸线终端形式

在同一张化工图样中一般只采用一种尺寸线终端形式，当采用的箭头位置不够时，允许采用圆点或斜线代替箭头，如图 1.15 所示。

(a)　　(b)

图 1.15 使用圆点或斜线代替箭头

化工曲线轮廓尺寸标注方法按图 1.16 所示规定进行标注。

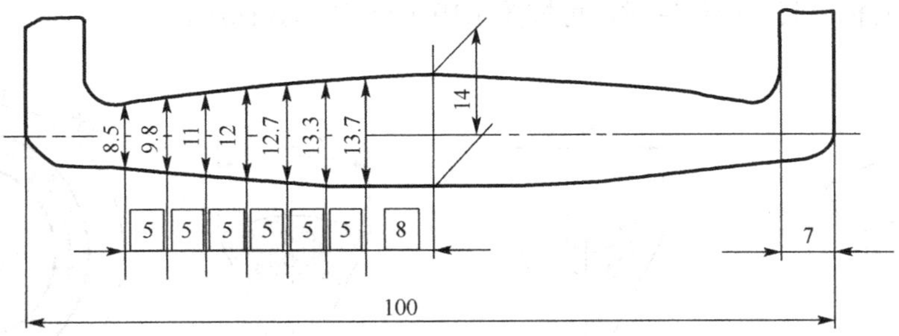

(a) 方法 1

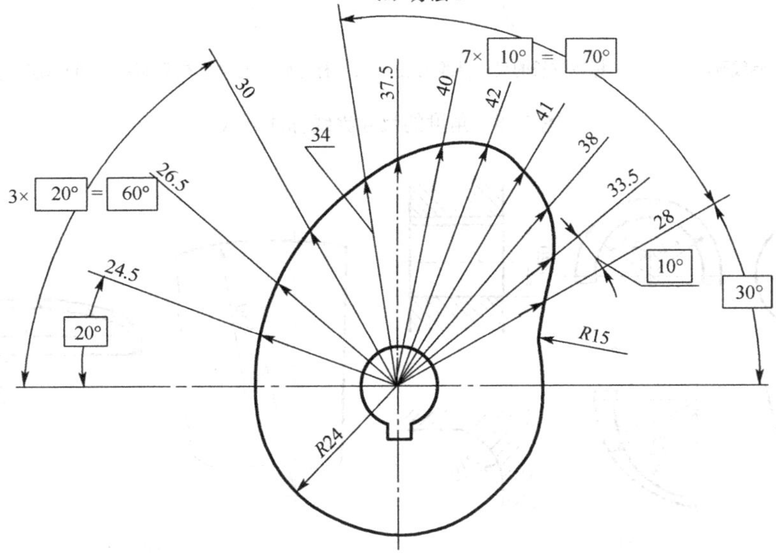

(b) 方法 2

图 1.16　化工曲线轮廓尺寸标注方法

化工图中尺寸界线一般应与尺寸线垂直，必要时才允许倾斜，如图 1.17 所示。

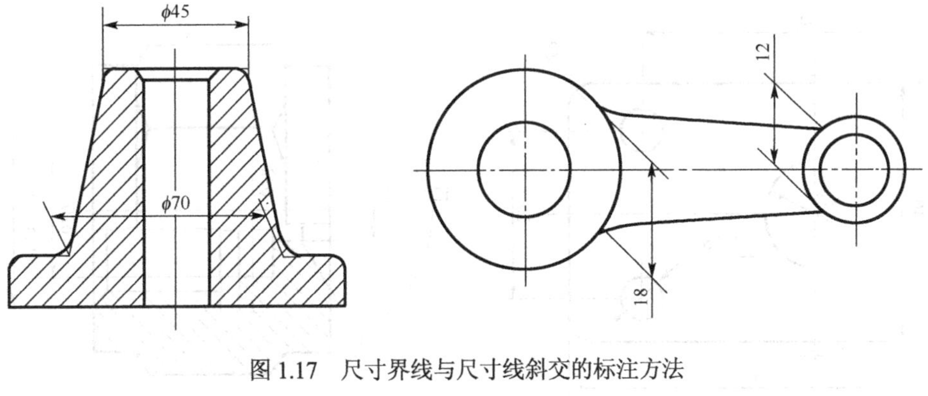

图 1.17　尺寸界线与尺寸线斜交的标注方法

化工图中标注角度的尺寸界线应沿径向引出，如图 1.18 (a) 所示；标注弦长的尺寸界线应平行于该弦的垂直平分线，如图 1.18 (b) 所示；标注弧长的尺寸界线应平行于该弧所对圆心角平分线，如图 1.18 (c) 所示，当弧度较大时，可沿径向引出，如图 1.18 (d) 所示。

化工图中圆形的直径和圆弧半径的尺寸线的终端应画成箭头，并按图 1.19 (a) 所示的方法标注。当圆弧的半径过大或在图纸范围内无法标出其圆心位置时，可按图 1.19（b）所示的形式标注，若不需要标出其圆心位置时，可按图 1.19（c）的形式标注。

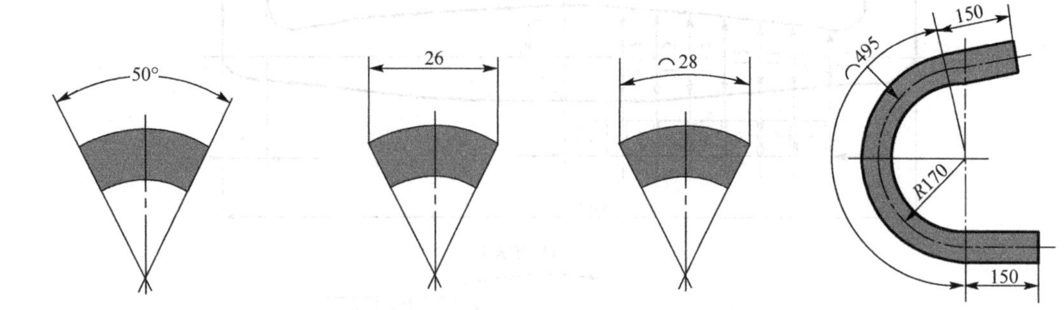

（a）标注角度的尺寸界线画法　（b）标注弦长的尺寸界线画法　（c）标注弧长的尺寸界线画法　（d）弧度较大时的弧长注法

图 1.18　角度的尺寸界线标注方式

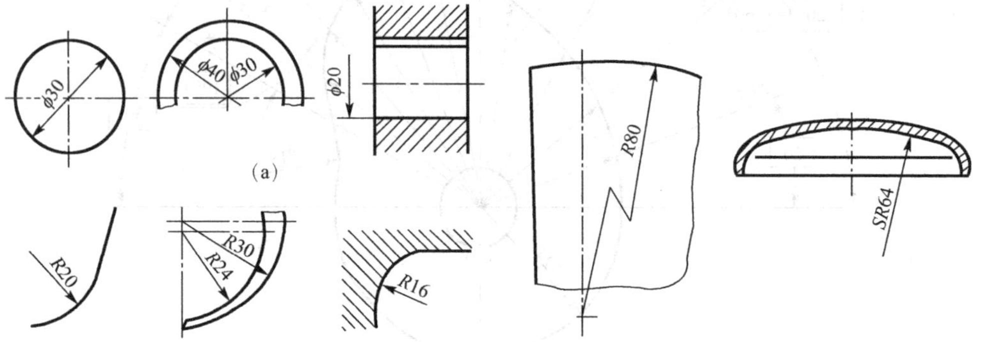

（b）　（c）

图 1.19　化工图中圆形及圆弧尺寸标注

当对称化工零件的图形只画一半或略大于一半时，尺寸线应略超过中心线或断裂处的边界，此时仅在尺寸线的一端画出箭头，如图 1.20 所示。

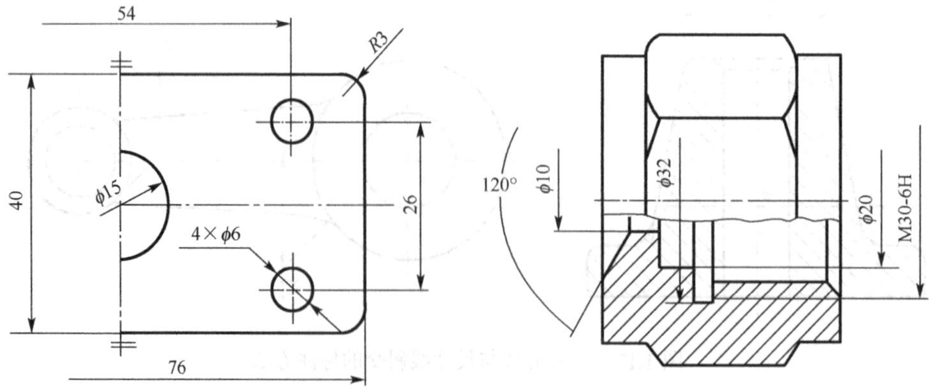

（a）　（b）

图 1.20　化工零件图绘制一半的方式

对于化工图中的小尺寸的标注方法可按图 1.21 所示的形式进行标注，可以使用斜线或圆点代替箭头进行标注。

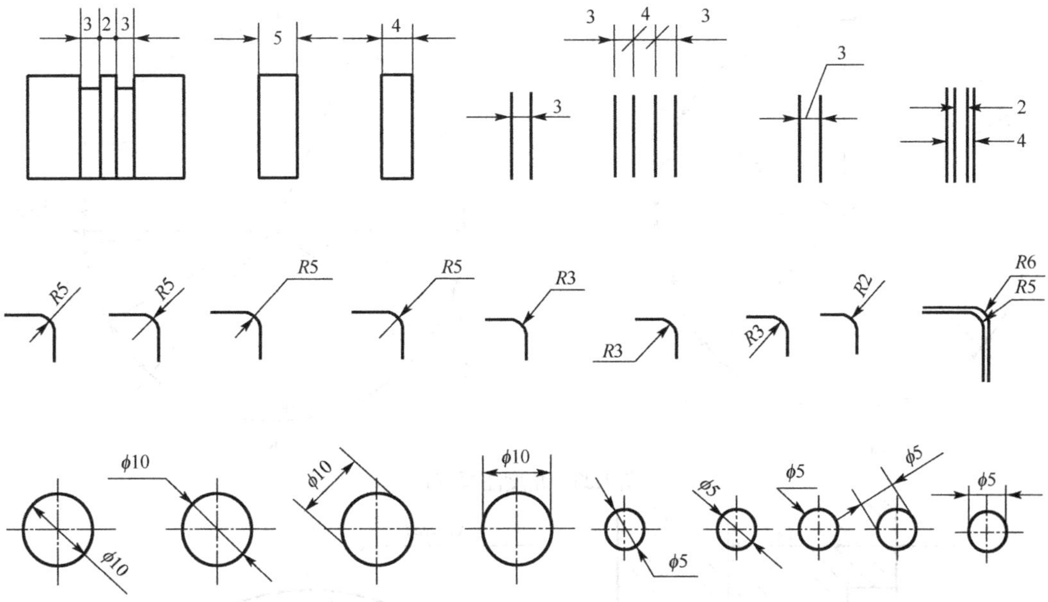

图 1.21　化工图中小尺寸标注

化工图中的线性尺寸数字的标注方向，一般按图 1.22 所示的方法标注。

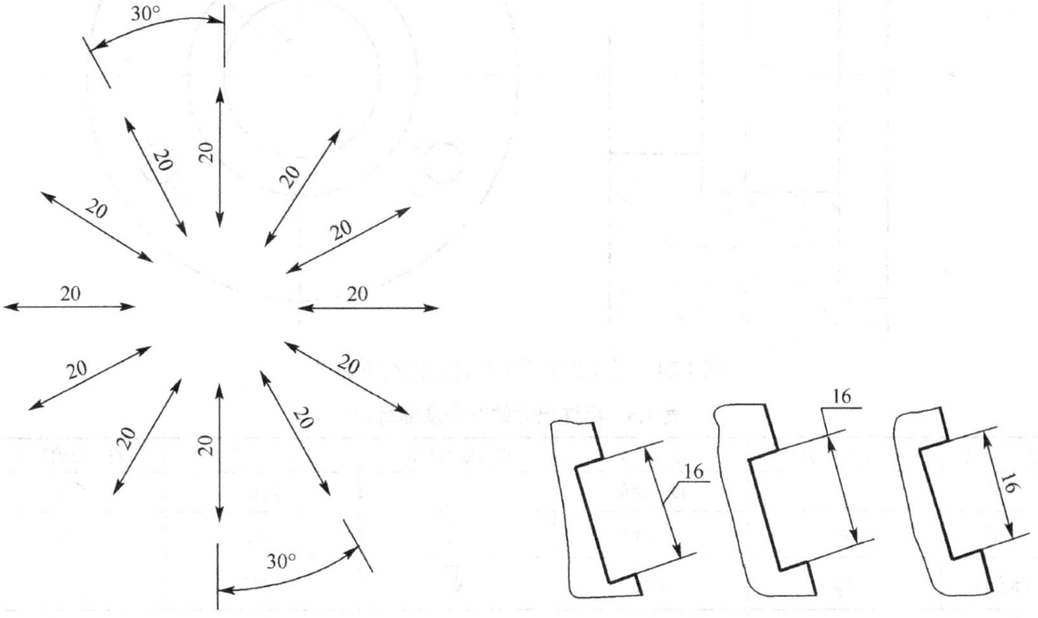

（a）尺寸数字的注写方向　　（b）向左倾斜 30° 范围内的尺寸数字的注写

图 1.22　化工图中线性尺寸数字注写方法

化工图中的角度数字一律写成水平方向，一般注写在如图 1.23（a）所示的尺寸线的中断处，必要时也可以按图 1.23（b）所示的形式进行标注。

化工图中的尺寸数字不可被任何图线所通过，否则应将该图线断开，如图 1.24 所示。

化工图中的标注尺寸的符号及缩写词应符合表 1.5 的规定，表中符号的线宽为 $h/10$（h 为字体高度）。标注示例参见图 1.25 所示。

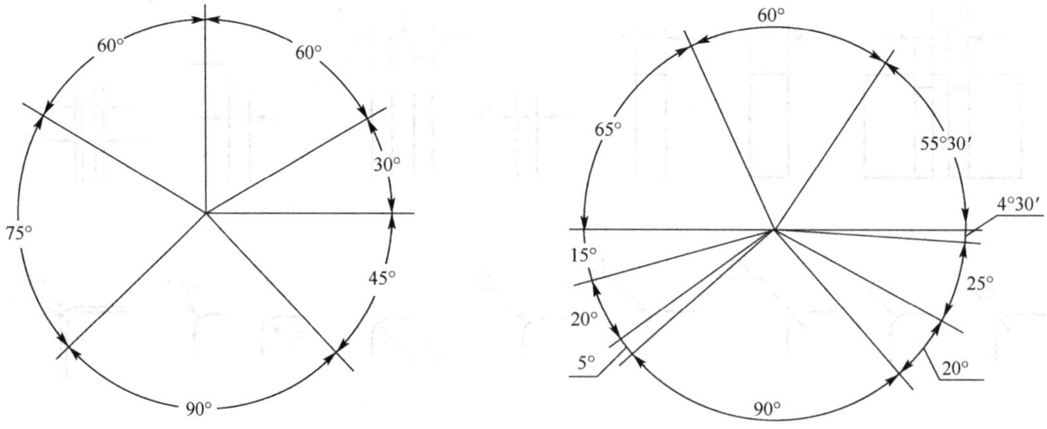

(a)　　　　(b)

图 1.23　角度注写方式

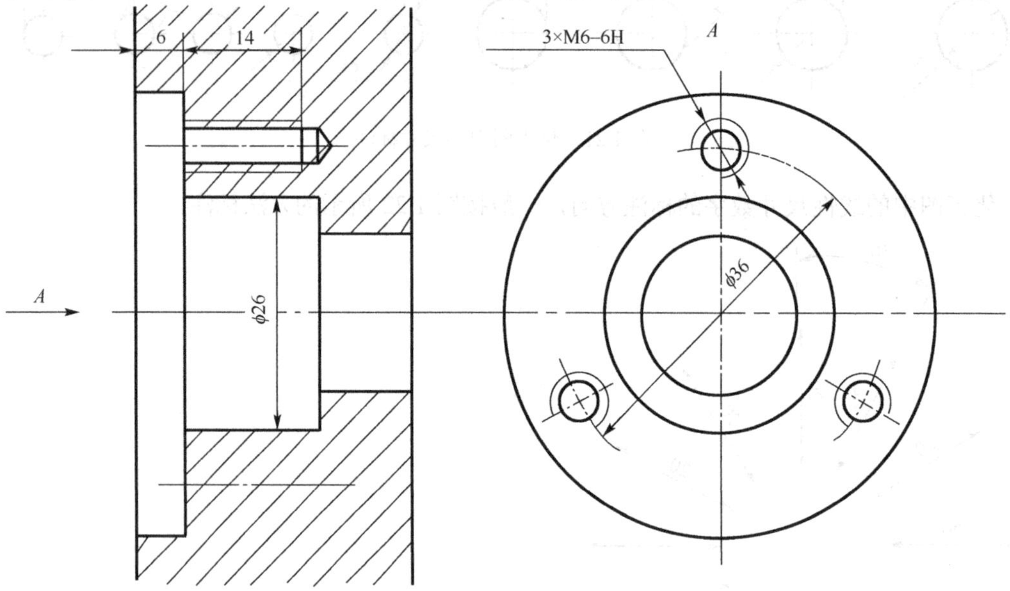

图 1.24　尺寸数字不可被任何图线所通过

表 1.5　标注尺寸的符号及缩写词

含　义	符号或缩写词	含　义	符号或缩写词	含　义	符号或缩写词
直径	*φ*	45° 倒角	*C*	弧长	⌒
半径	*R*	正方形	□	斜度	∠
球直径	*Sφ*	深度	↧	均布	EQS
球半径	*SR*	沉孔或锪平	⌴	锥度	◁
厚度	*t*	埋头孔	∨	展开长	○→

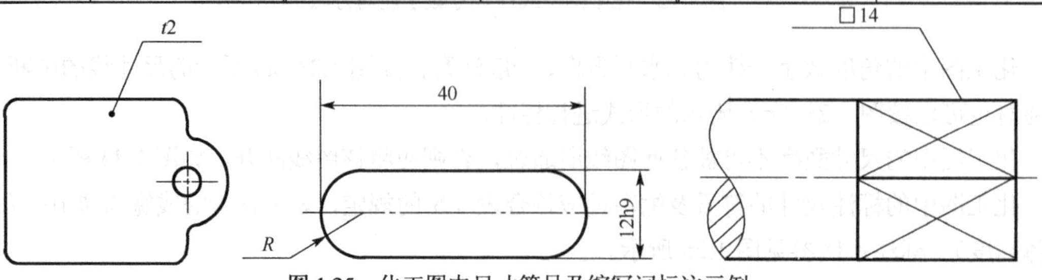

图 1.25　化工图中尺寸符号及缩写词标注示例

1.2 化工设计 CAD 绘图计算机硬件和软件配置

化工设计 CAD 绘图，需要有相关的电脑设施（即硬件配置要求），并安装相应的操作系统与 CAD 绘图软件（即软件配置要求），二者都是化工设计 CAD 绘图的工具，缺一不可。

1.2.1 化工设计 CAD 绘图相关计算机设备

由于计算机软件功能越来越多，程序也越来越复杂，对计算机性能要求也就越来越高。为了实现软件运行快速流畅，需要完成的第一项任务是确保计算机满足 CAD 绘图软件运行所需要的最低系统配置要求；如果计算机系统不满足这些要求，则在 AutoCAD 使用中可能会出现一些问题，例如出现无法安装或使用起来十分缓慢费时，甚至经常死机等现象。

若需安装 AutoCAD 2019 以上版本，建议采用如表 1.6 配置的计算机，以便获得更为快速的绘图操作效果。当然，若达不到以下计算机配置要求，也可以安装使用，只是安装了高版本 AutoCAD 的计算机运行速度可能较慢，操作需要一点耐心。一般而言，目前的个人计算机都可以满足安装和使用要求。安装过程中会自动检测 Windows 操作系统是 32 位（32bit）还是 64 位（64bit）版本。然后安装对应位数版本的 AutoCAD。不能在 32 位系统上安装 64 位版本的 AutoCAD，反之亦然。

其他相关硬件设施的配置，根据各自情况确定，如打印机、扫描仪、数码相机、刻录机等备选设备。

表 1.6　AutoCAD 2019 的系统及配置要求（参考）

AutoCAD 2019 专业化工具组合（including Specialized Toolsets）系统要求	
操作系统	• Microsoft® Windows® 7 SP1（含更新 KB4019990）（32 位和 64 位）
	• Microsoft Windows 8.1（含更新 KB2919355）（32 位和 64 位）
	• Microsoft Windows 10（仅限 64 位）（版本 1607 或更高版本）
处理器	基本要求：2.5–2.9 GHz 处理器
	建议：3+ GHz 处理器
内存	基本要求：8 GB
	建议：16 GB
显示器分辨率	传统显示器：1920×1080 真彩色显示器
	高分辨率和 4K 显示器： 在 Windows 10　64 位系统（配支持的显卡）上支持高达 3840×2160 的分辨率
显卡	基本要求：1 GB GPU，具有 29GB/s 带宽，与 DirectX 11 兼容
	建议：4 GB GPU，具有 106GB/s 带宽，与 DirectX 11 兼容
磁盘空间	6.0 GB
浏览器	Google Chrome™（适用于 AutoCAD Web）
网络	通过部署向导进行部署
	许可服务器以及运行依赖网络许可的应用程序的所有工作站都必须运行 TCP/IP 协议
	可以接受 Microsoft® 或 Novell TCP/IP 协议堆栈。 工作站上的主登录可以是 Netware 或 Windows
	除了应用程序支持的操作系统外，许可服务器还将在以下操作系统上运行：Windows Server® 2016、Windows Server 2012、Windows Server 2012 R2 和 Windows Server 2008 R2 Edition
	Citrix® XenApp™ 7.6、Citrix® XenDesktop™ 7.6

续表

AutoCAD 2019 专业化工具组合（including Specialized Toolsets）系统要求	
指针设备	Microsoft 鼠标兼容的指针设备
.NET Framework	.NET Framework 版本 4.7
AutoCAD for Mac 2019 系统要求	
操作系统	Apple® macOS® Mojave v10.14 或更高版本，High Sierra v10.13 或更高版本，Apple macOS Sierra v10.12 或更高版本
模型	Apple Mac Pro® 4.1 或更高版本；MacBook Pro® 5.1 或更高版本；iMac® 8.1 或更高版本
	Mac mini® 3.1 或更高版本；MacBook Air® 2.1 或更高版本；MacBook® 5.1 或更高版本
CPU 类型	64 位 Intel CPU［Intel Core Duo CPU，2 GHz 或更快（建议）］
内存	3 GB RAM（建议使用 4 GB 或更大空间）
显示器分辨率	1280×800 真彩色显示器（建议使用 2880×1800 Retina 显示器）
磁盘空间	3 GB 可用磁盘空间（用于下载和安装）
指针设备	Apple® Mouse、Apple Magic Mouse、Magic Trackpad、MacBook® Pro Trackpad 或 Microsoft 鼠标兼容的指针设备
打印机	Mac OS X 兼容打印机
介质	下载和从 DVD 安装
浏览器	Apple Safari® 5.0 或更高版本
操作系统语言	所有支持语言的 Mac OS X 操作系统
大型数据集、点云和三维建模的其他要求	
内存	8GB 或更大 RAM
磁盘空间	6GB 可用硬盘空间（不包括安装所需的空间）
显卡	1920×1080 或更高的真彩色视频显示适配器，128MB 或更大 VRAM，Pixel Shader 3.0 或更高版本，支持 Direct3D® 的工作站级显卡

注：如果要处理大型数据集、点云和三维建模，则建议使用 64 位操作系统；如果要使用模型文档或点云，则必须使用 64 位操作系统

1.2.2 化工设计 CAD 绘图相关软件

（1）推荐 CAD 绘图软件 AutoCAD 最新版本是 AutoCAD 2019，现在几乎是每年更新一个版本，目前版本是按年号序号标识，如 AutoCAD 2004，2008，2012，…，2016，2019 等。如图 1.26 所示 AutoCAD 不同版本。

从 AutoCAD 2010 以后的版本，一般分为 32 位（32bit）和 64 位（64bit）版本两种类型。安装过程中会自动检测 Windows 操作系统是 32 位还是 64 位版本，然后安装相应的 AutoCAD。

（2）推荐计算机操作系统 建议采用以下操作系统的 Service Pack（SP3、SP2、SP1）或更高版本：Microsoft® Windows® XP 、Windows Vista®、Windows 7、Windows 8.1、Windows 10 等。

AutoCAD 的版本越高，对操作系统和计算机的硬件配置要求也越高。采用高版本操作系统，不仅其操作使用简捷明了，而且运行 AutoCAD 速度也会相对加快，操作起来更为流畅。建议采用较高版本的 AutoCAD 与 Windows 操作系统，二者位数版本要一致。注意 AutoCAD 2017 以后版本要求 Windows 7 以上操作系统。

安装了 AutoCAD 以后，双击其快捷图标将进入 AutoCAD 绘图环境。其提供的操作界面非常友好，与 Windows XP、Windows Vista、Windows 7、Windows 8、Windows 10 等风格一致，功能强大。

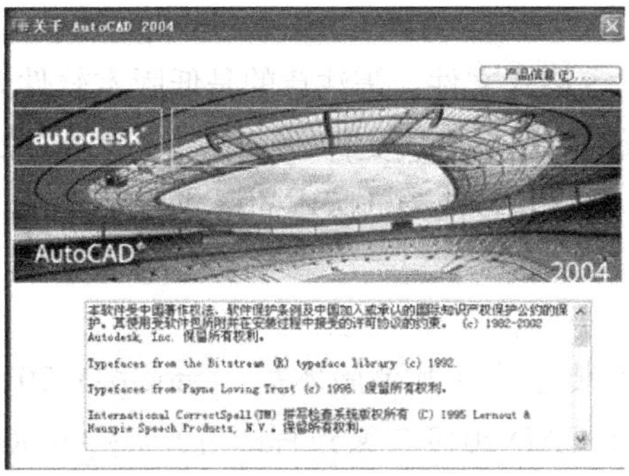

（a）AutoCAD 2004 版本

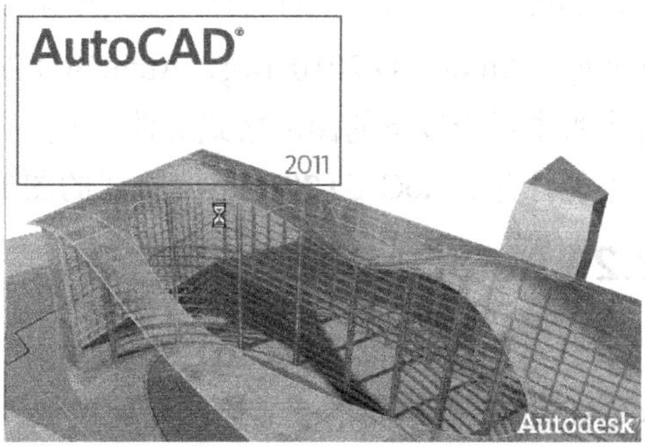

（b）AutoCAD 2011 版本

（c）AutoCAD 2014 版本

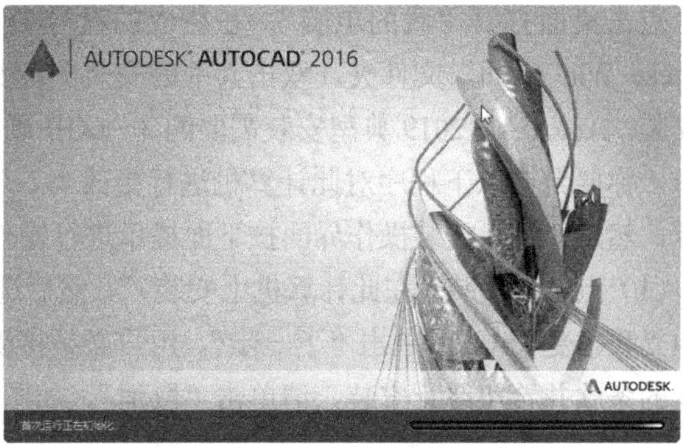

（d）AutoCAD 2016 版本

图 1.26　AutoCAD 不同版本示意

1.3　AutoCAD 软件安装方法简述

1.3.1　AutoCAD 软件简介

AutoCAD，即 Auto Computer Aided Design 英文第一个字母的简称，是美国 Autodesk（欧特克）有限公司（简称“欧特克”或“Autodesk”）的通用计算机辅助设计软件。其在建筑、家具设计、机械、电子、航天、船舶、轻工业、化工、石油和地质等诸多工程领域已得到广泛的应用。AutoCAD 是一个施工一体化、功能丰富，而且面向未来的世界领先设计软件，为全球工程领域的专业设计师们创立更加高效和富有灵活性以及互联性的新一代设计标准，标志着工程设计师们共享设计信息资源的传统方式有了重大突破，AutoCAD 已完成向互联网应用体系的全面升级，也极大地提高了工程设计效率与设计水平。

AutoCAD 的第 1 个版本——AutoCAD R1.0 是 1982 年 12 月发布的，至今已进行了多次的更新换代，从 AutoCAD R14、AutoCAD 2004、AutoCAD 2010 到现在新版本 AutoCAD 2019 等，其版本按年编号。其中比较经典的几个版本应算 AutoCAD R12、AutoCAD R14、AutoCAD 2000、AutoCAD 2004、AutoCAD 2010，AutoCAD 2012，这几个经典版本每次功能都有较为显著的变化，可以看作是不同阶段的里程碑。若要随时获得有关 Autodesk 公司及其软件产品的具体信息，可以访问其英文网站（http://usa.autodesk.com）或访问其中文网站（http://www.autodesk.com.cn）。AutoCAD 一直持续改进，不断创新，从二维绘图、工作效率、可用性、自动化、三维设计、三维模型出图等各方面推陈出新，不断进步，已经从当初的简单绘图平台发展成为综合的设计平台。

不同版本的 AutoCAD 对应不同的图形文件格式，例如，AutoCAD R14.dwg、AutoCAD 2000.dwg、AutoCAD 2010.dwg、AutoCAD 2018.dwg 等格式文件。需注意的是低版本软件只能打开本版本对应以下的图形格式文件，不能打开高版本的图形格式文件。例如，AutoCAD 2010 软件不能打开 AutoCAD 2018.dwg 格式的图形文件，需将其转换为低版本的格式才能打开。

1.3.2 AutoCAD 快速安装方法

本节结合新版本 AutoCAD 2019 介绍其快速安装方法（其他版本如 AutoCAD 2010～AutoCAD 2018 等版本的安装方法与此类似，参考 AutoCAD 2019 安装过程即可）。将 AutoCAD 2019 软件光盘插入到计算机的光驱驱动器中或使用 U 盘插入电脑进行安装。

点击桌面打开“我的电脑”，在相应的盘号 D 中打开：“D: AutoCAD_2019_Simplified_Chinese_Win_64bit”文件夹，双击其中的安装图标文件“setup.exe”或“install.exe”即开始进行安装。AutoCAD 2019 典型安装需要约 3～6GB 硬盘空间，软件较大。若 Window 7 以上系统提示“你要允许以下程序对此计算机进行更改吗？”点击“是（Y）”。将出现“安装初始化”提示，然后即进入安装操作界面按下面提示进行操作即可，如图 1.27 所示。

（1）点击“安装（在此计算机上安装）”。然后选择计算机所在国家/地区，选择接受许可协议中“我接受（A）”，单击“下一步”。用户必须接受协议才能继续安装。注意如果不同意许可协议的条款并希望终止安装，请单击“取消”。如图 1.28 所示。

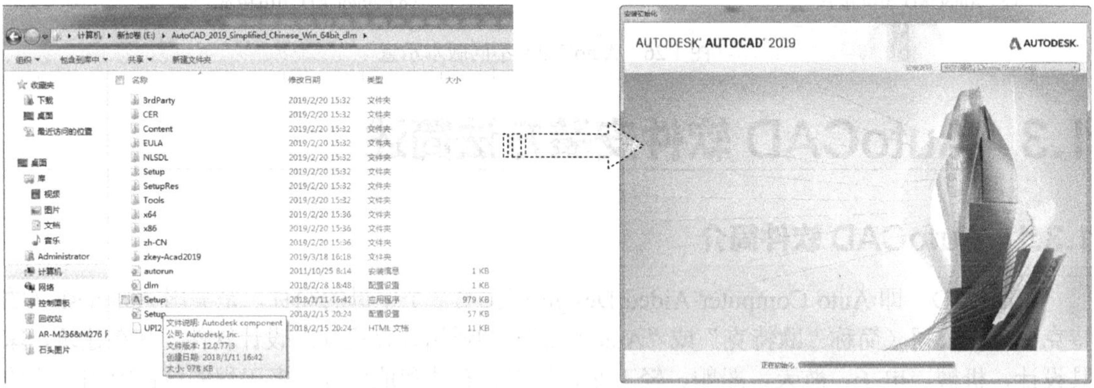

图 1.27 安装初始化后提示

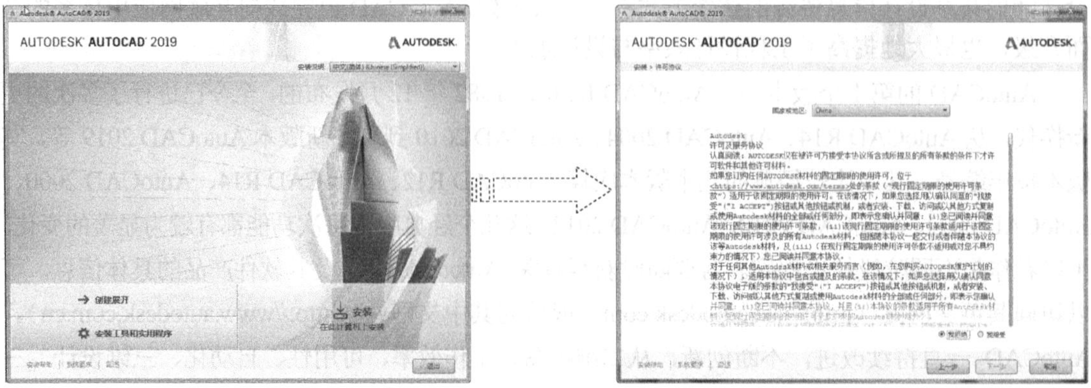

图 1.28 安装过程选择

（2）在弹出“配置安装”界面上，勾取要安装的产品内容，可以按默认内容安装。选择语言或接受默认语言为中文，选择设置安装路径。若不修改，按系统默认进行典型安装，一般安装在系统目录“C:\Program\Autodesk\”。若修改，单击“配置”更改相应配置（例如，安装类型、安装可选工具或更改安装路径），然后按提示单击“配置完成”返回安装操作界面。然后单击“安装”开始安装 AutoCAD（注：在 AutoCAD 安装中，不同电脑的 Windows 系统可能会要求计算机安装“.NET Framework”，点击选择安装更新该产品即可）。如图 1.29 所示。

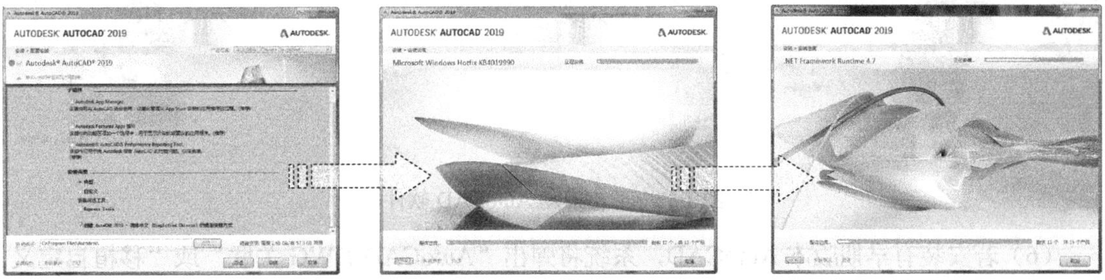

图 1.29　安装提示

（3）安装进行中，系统自动安装所需要的文件（产品），时间可能稍长，安装速度与计算机硬件配置有关系。如图 1.30 所示。

（4）安装完成。部分版本可能在安装完成后提示“您已成功安装选定产品”。点击“完成”屏幕将弹出提示“必须重新启动系统，以便配置修改生效”。可以点击“Y”或“N”。如图 1.31 所示。

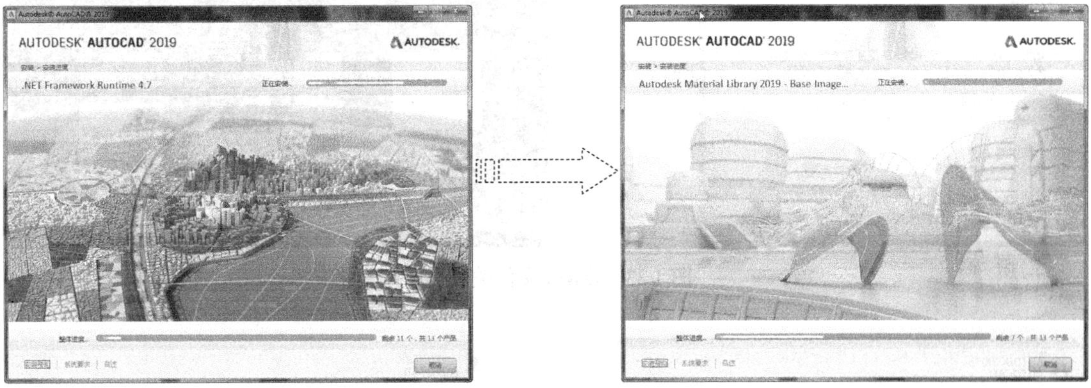

图 1.30　安装进行中

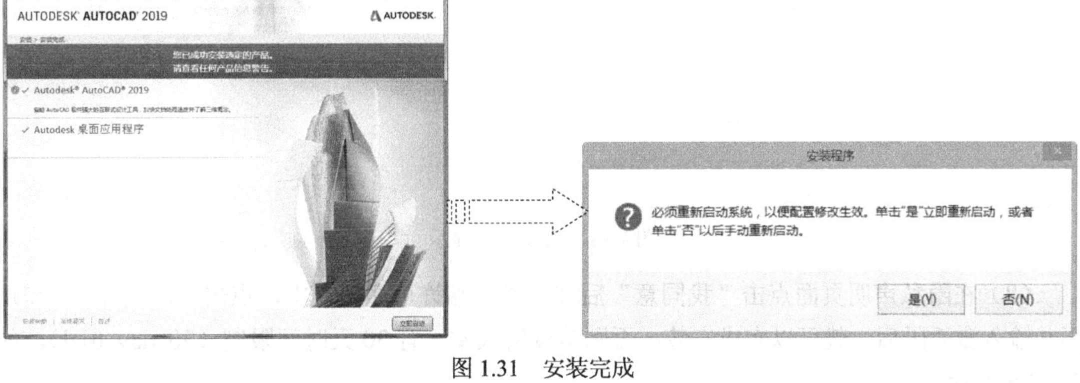

图 1.31　安装完成

（5）双击 AutoCAD 2019 桌面图标，启动 AutoCAD 2019，进入初始化及加载页面。如图 1.32 所示。

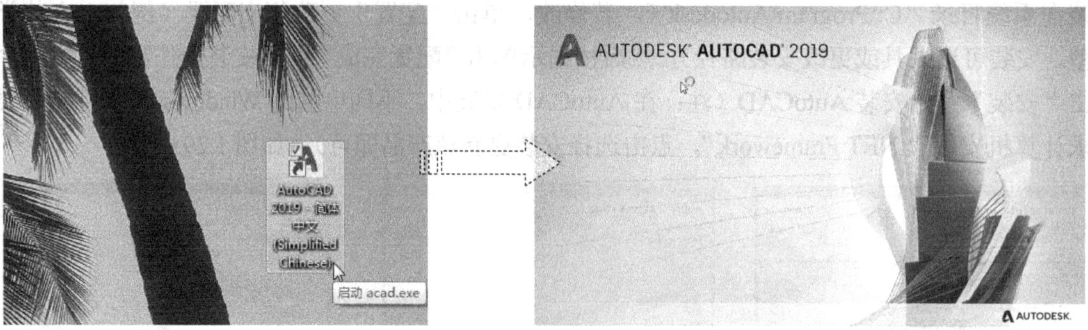

图 1.32　双击启动 AutoCAD 软件

（6）若安装有早期版本 AutoCAD，系统将弹出“AutoCAD-DWG 关联”或“移植自定义设置”。按需要勾取或全部不选择均可，最后点击“确定✓”。此项属于 AutoCAD 比较高的版本（例如 2017 版本以上）才具有的新功能特性。如图 1.33 所示。

（7）接着 AutoCAD 2019 将弹出产品许可类型选择页面。一般选择“输入序列号”。如图 1.34 所示。

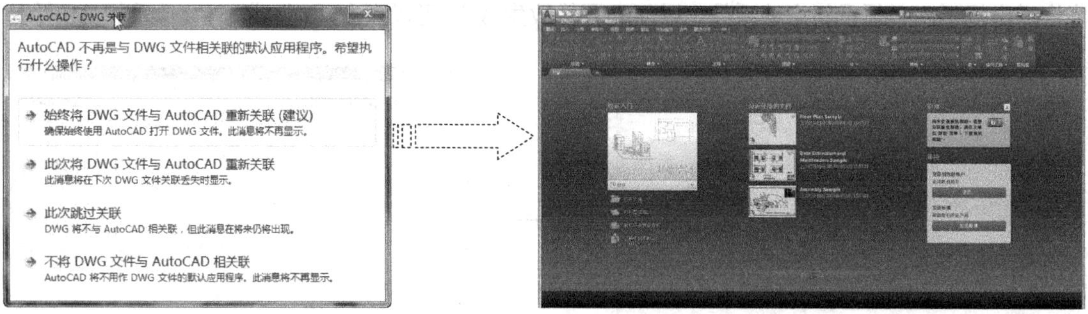

图 1.33　DWG 文件关联提示

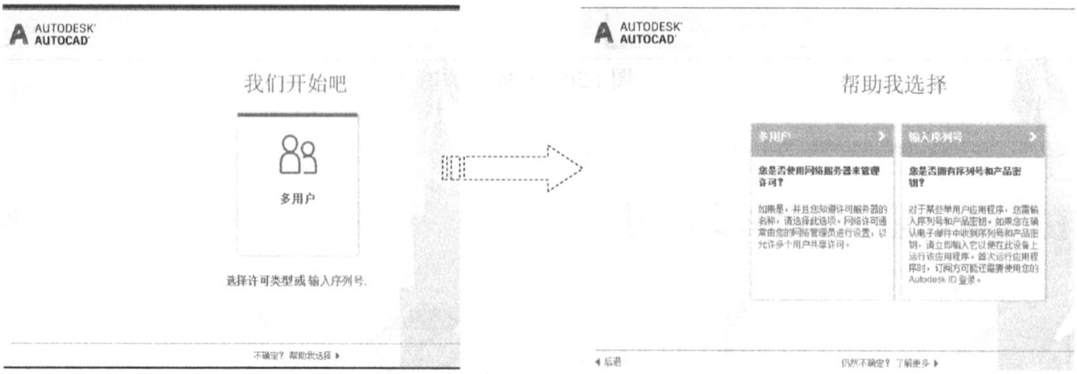

图 1.34　安装激活提示

（8）在隐私声明页面点击“我同意”后弹出“产品许可激活”中，点击“激活 A”，需购买并输入激活码后，就可以完成安装。否则是试用版本，有 30 天时间限制（30 day trial）。如图 1.35 所示。

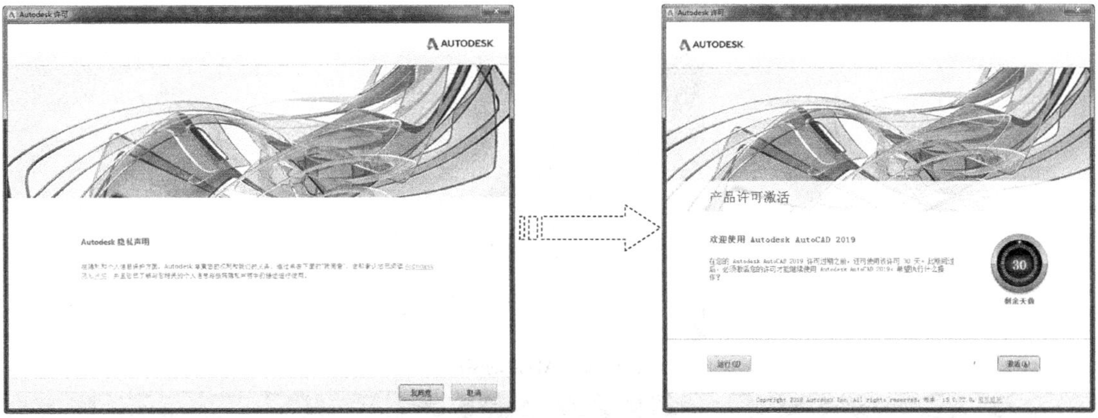

图 1.35　试用版本提示

（9）在 Autodesk 许可激活页面中输入序列号及密钥，点击“下一步”。再选择“我具有 autodesk 提供的激活码”输入激活码将进行软件产品激活。若选择网络激活，则点击“下一步”将提示“立即连接并激活”和“使用脱机方法激活”，按提示进行操作即可。如图 1.36 所示。

（10）若激活码不正确，则提示“激活输入错误”。正确激活成功后提示“感谢您激活”，单击“完成”即 AutoCAD 软件完成安装，可以使用该软件进行绘图操作。如图 1.37 所示。

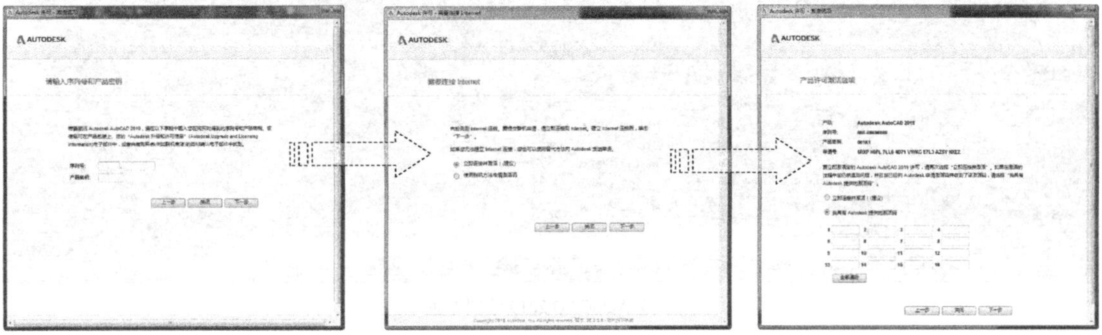

图 1.36　输入激活码进行产品激活

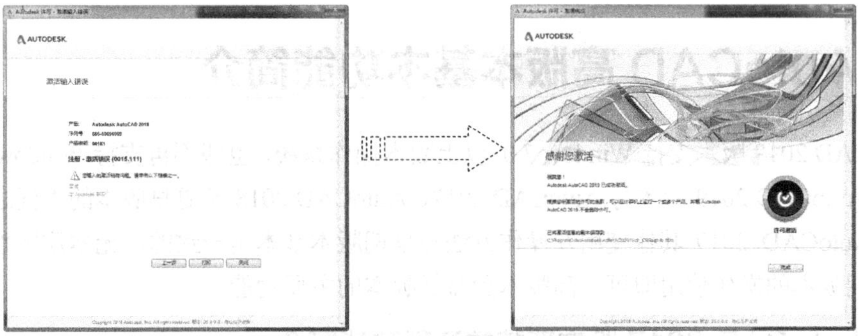

图 1.37　激活提示

（11）可以通过下列方式启动 AutoCAD 2019，如图 1.38 所示。

单击 AutoCAD 桌面快捷方式图标“AutoCAD 2019-简体中文（Simplified Chinese）”。安装 AutoCAD 时，将在桌面上自动创建一个 AutoCAD 快捷方式图标（除非用户在安装过程中清除了该选项）。双击 AutoCAD 图标可启动该程序。

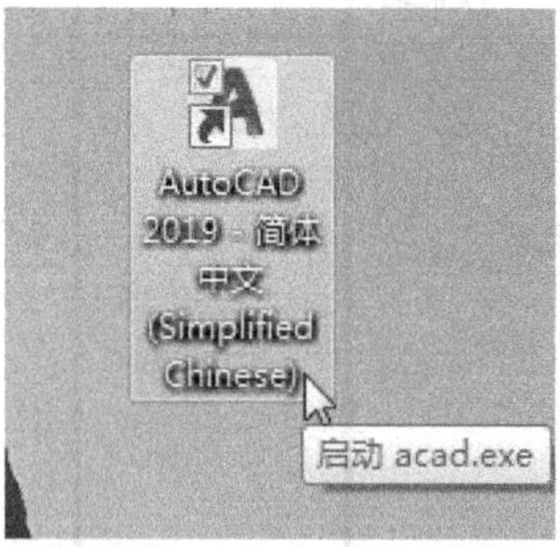

（a）AutoCAD 启动图标

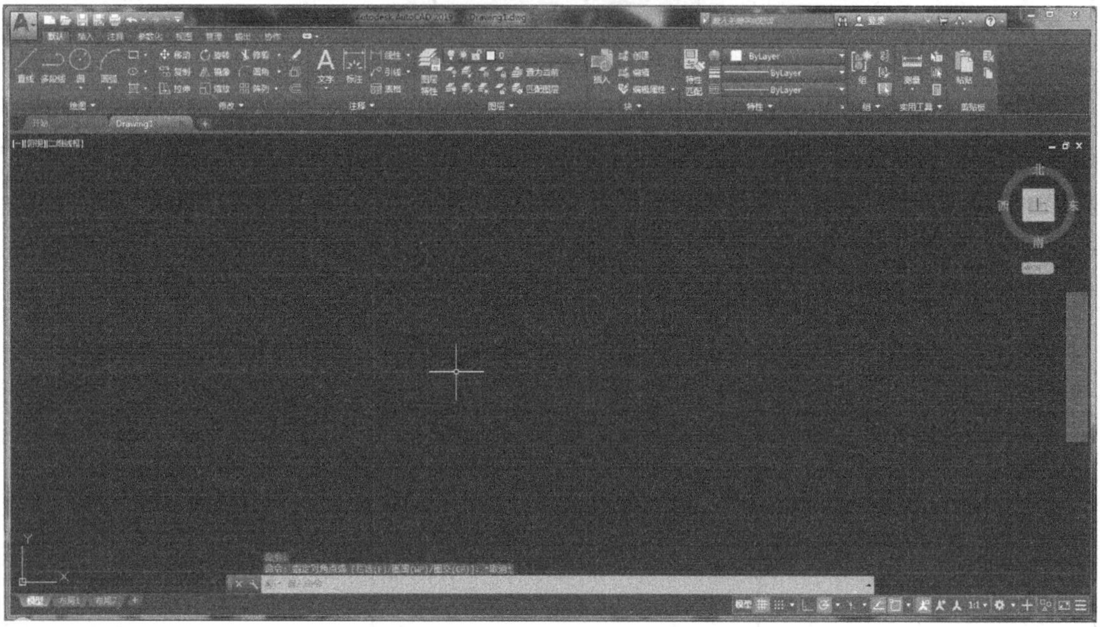

（b）AutoCAD 2019 绘图界面

图 1.38　启动和使用 AutoCAD 2019

1.4　AutoCAD 高版本基本功能简介

AutoCAD 2019 版本支持 Window 7.0 以上版本操作系统，也即不再支持 Window XP 系统。本节将对 AutoCAD 2019 版本与 AutoCAD 2017、AutoCAD 2018 及更早版本的不同之处进行简要介绍。AutoCAD 2019 其他使用及操作方法与早期版本基本是一致的，无本质区别，在操作中参考早期版本的操作使用即可。高版本涵盖低版本的主要功能。

1.4.1　AutoCAD 2017 版本新特性及新功能简介

AutoCAD 2017 的新特性、新功能主要包括如下内容：

（1）智能中心线和中心标记　创建和编辑中心线与中心标记十分简单。移动关联对象时，中心线和中心标记会自动与对象一起移动。如图 1.39 所示。智能中心线和中心标记具体操作方法案例讲解如下所述。

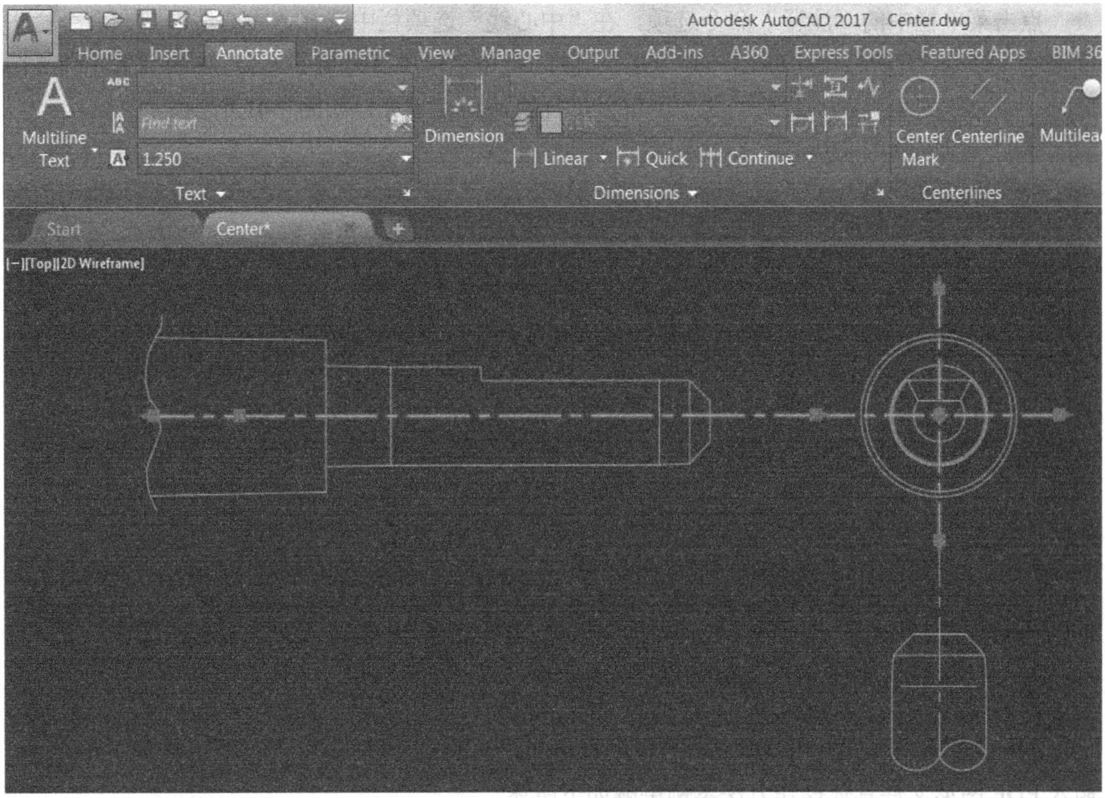

图 1.39　智能中心线和中心标记

① 创建圆心标记　点击菜单栏中的“注释”命令选项，在“中心线”选项栏中选择“圆心标记”或在命令栏中直接输入命令“CENTERMARK”或“CM”(注：命令字母不区分大小写)。移动圆形或圆弧图形时，圆心标记同步移动。如图 1.40 所示。

命令：CENTERMARK

选择要添加圆心标记的圆或圆弧：

选择要添加圆心标记的圆或圆弧：

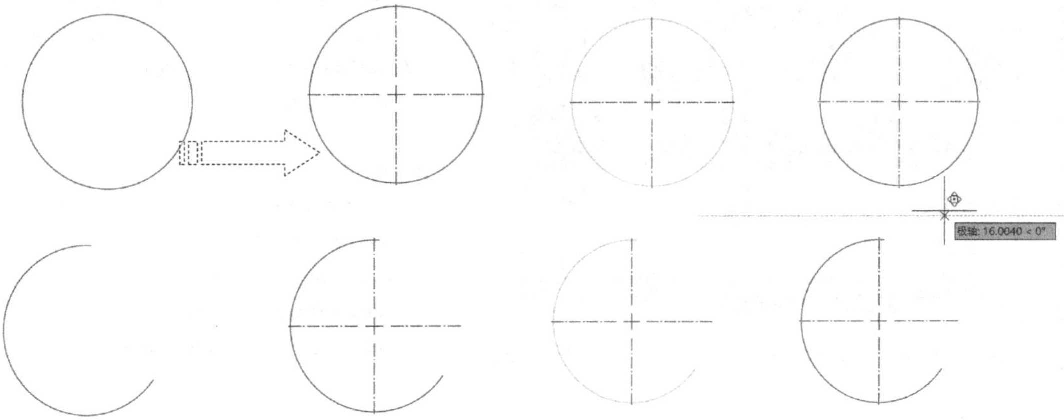

(a) 圆心标记　　(b) 同步移动

图 1.40　创建圆心标记

② 创建中心线

点击菜单栏中的“注释”命令选项，在“中心线”选项栏中选择“中心线”或在命令栏中直接输入命令“CENTERLINE”或“CL”（注：命令字母不区分大小写）。移动圆形或圆弧图形时，中心线同步移动。此功能的使用可以进行快速角度等分。如图 1.41 所示。

命令：CENTERLINE
选择第一条直线：
选择第二条直线：

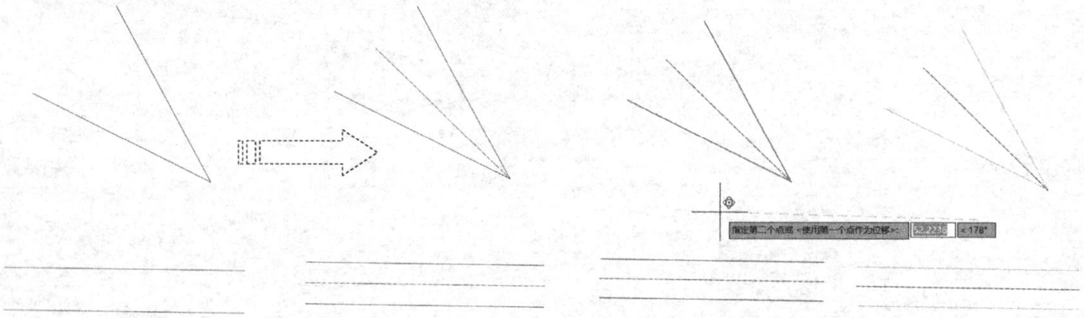

（a）中心线　　（b）同步移动

图 1.41　创建中心线

（2）导入 PDF　AutoCAD 软件已将 PDF 添加到“导入文件”格式中，可将几何图形、TrueType 文字和光栅图像作为 AutoCAD 对象从 PDF 文件或参考底图导入图形，如图 1.42 所示。输入 PDF 图形文件具体操作方法案例讲解如下所述。

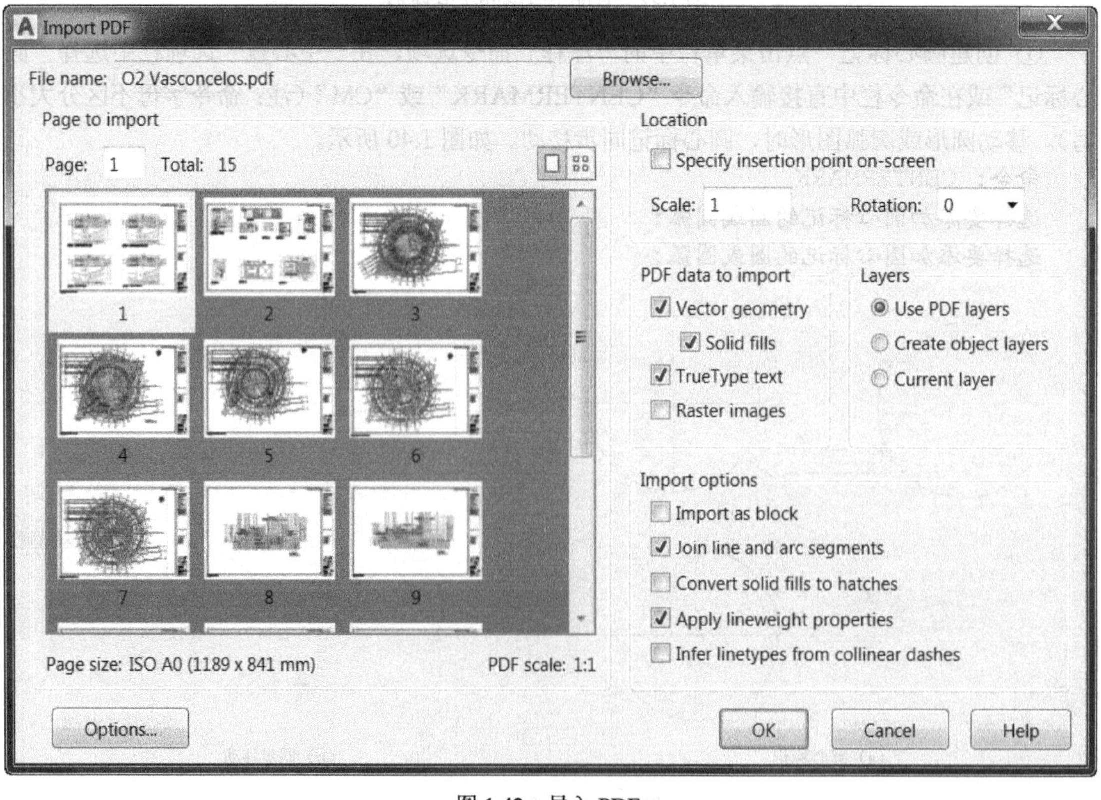

图 1.42　导入 PDF

点击菜单栏中的“插入”命令选项，在“输入”选项栏中选择“PDF 输入”或在命令栏中直接输入命令“PDFIMPORT”（注：命令字母不区分大小写）。回车后在弹出的对话框中选择要插入的 PDF 文件，然后在屏幕中点击指定插入位置等。使用此功能，可以将 PDF 图形自动转换为 CAD 图线，快速得到 DWG 图形。如图 1.43 所示。

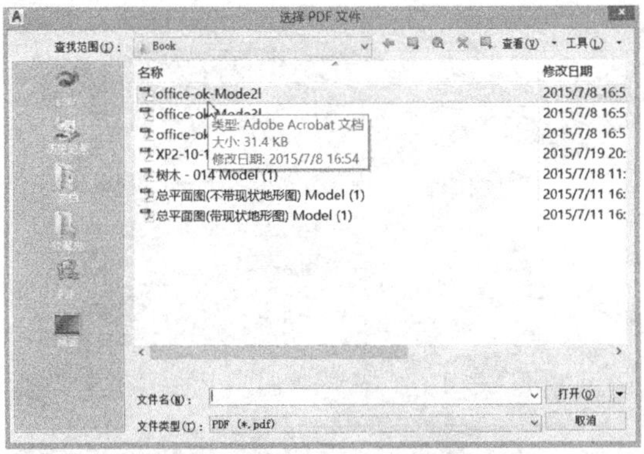

（a）选择 PDF 文件

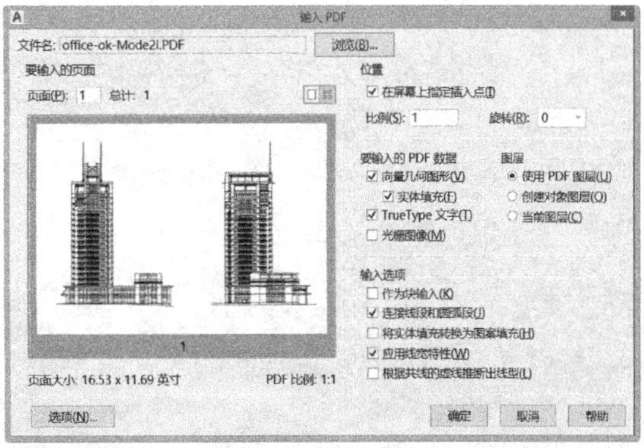

（b）设置文件参数

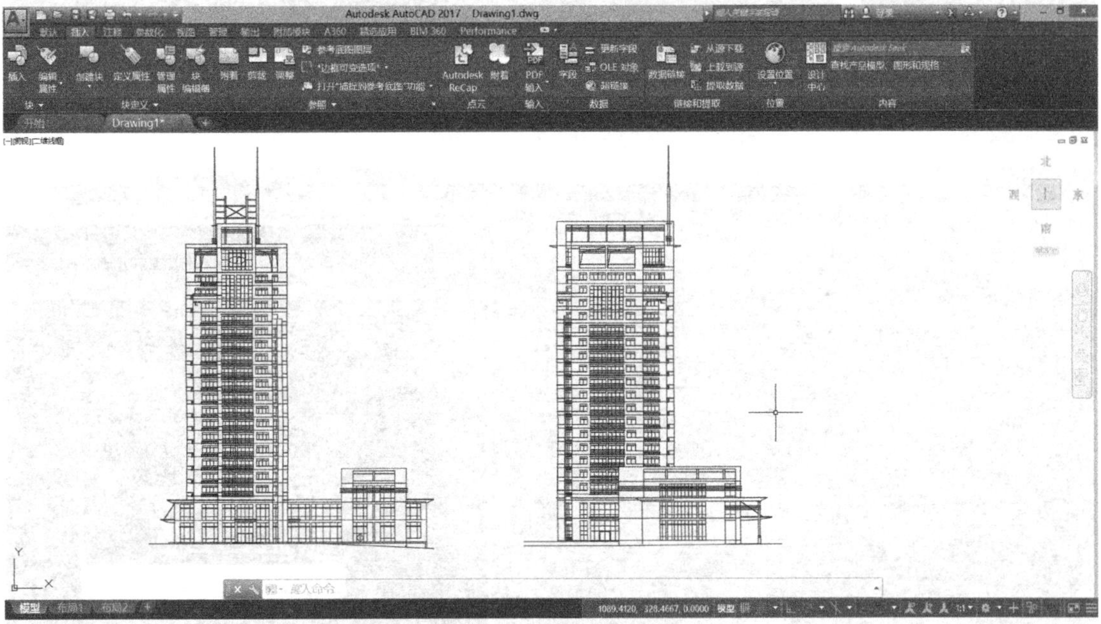

（c）点击指定插入位置

图 1.43　输入 PDF 图形文件

命令：PDFIMPORT

选择 PDF 参考底图或 [文件(F)] <文件>：(回车 Enter 选择 PDF 文件)

指定插入点 <0,0>：正在输入 PDF 文件的第 1 页：D:\新书 2019\Book\office-ok-Mode2l.PDF...

（3）增强的协调模型　直接在 AutoCAD 中附加和查看 Navisworks 和 BIM360 Glue（英文）模型。新增的功能可使用标准二维端点和中心对象捕捉，完成对附着协调模型的精确位置捕捉。如图 1.44 所示。

（4）AutoCAD 360 Pro 移动应用程序　AutoCAD 360 Pro 现在随附于固定期限的使用许可中。此应用程序可随时随地充分利用 AutoCAD 的强大功能，在各个移动设备之间绘制、编辑和查看二维 CAD 图形，在现场更准确地测量图形，从各类云存储服务（Google Drive、Dropbox 等）存取图形。脱机工作并在重新联机后同步更改。如图 1.45 所示。

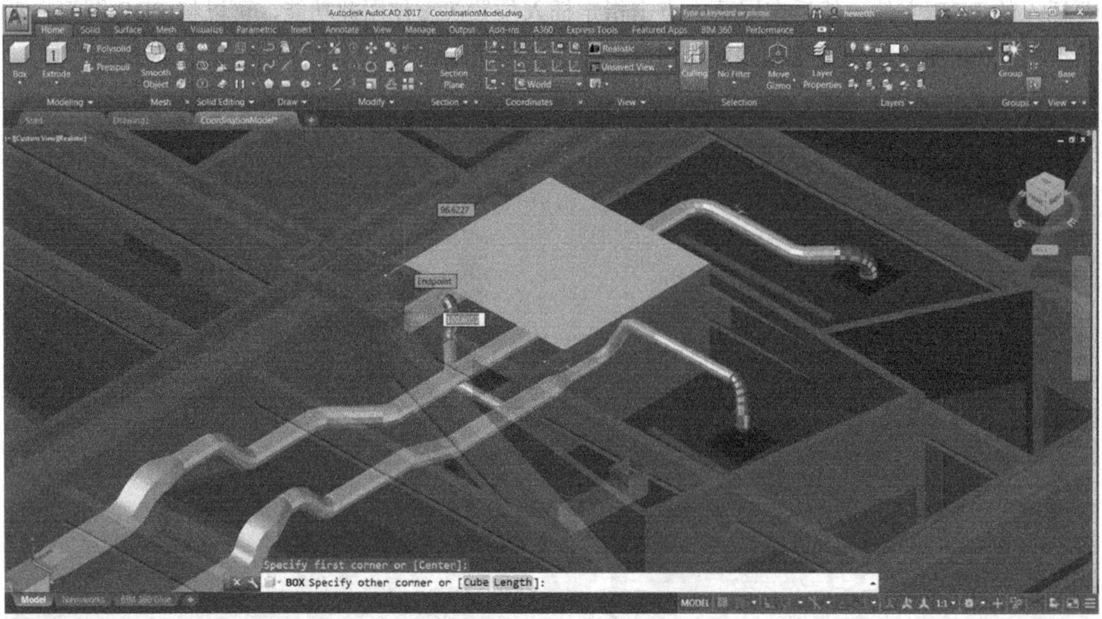

图 1.44 增强的协调模型

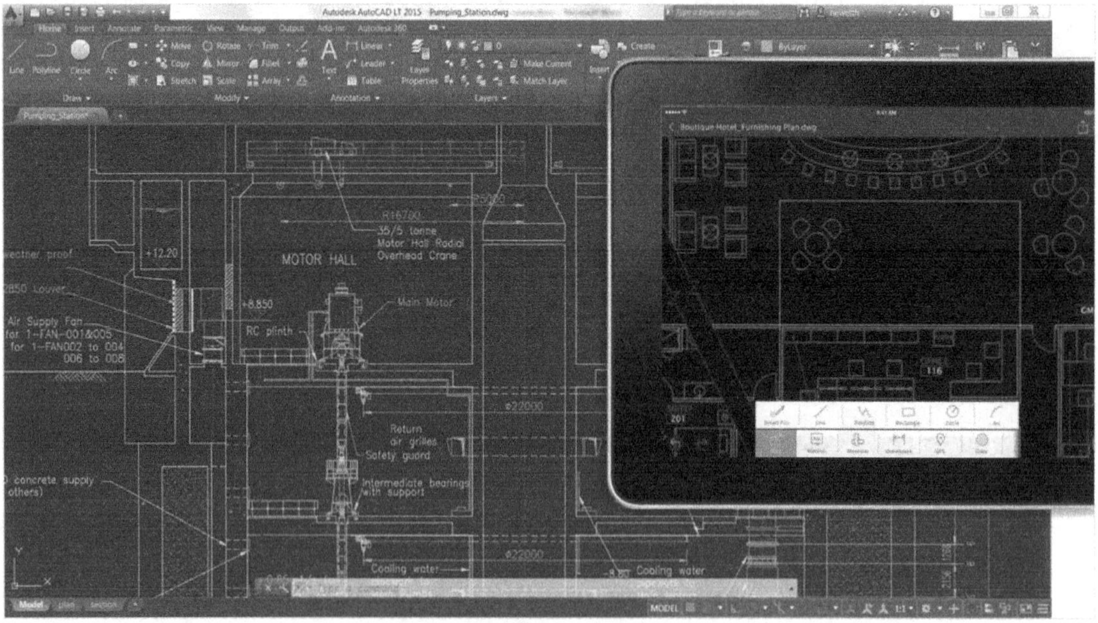

图 1.45 AutoCAD 360 Pro 移动应用程序

（5）共享设计视图 在云中共享二维和三维 CAD 图形。审阅者无需登录或甚至无需基于 AutoCAD 的产品即可查看您的图形，并且无法替换 DWG™ 源文件。如图 1.46 所示。

（6）增强的三维打印 三维打印有多个选项可供选择：将三维模型发送到外部三维打印服务。或安装 Print Studio 工具，从而连接到三维打印机或创建打印文件以供以后使用。如图 1.47 所示。

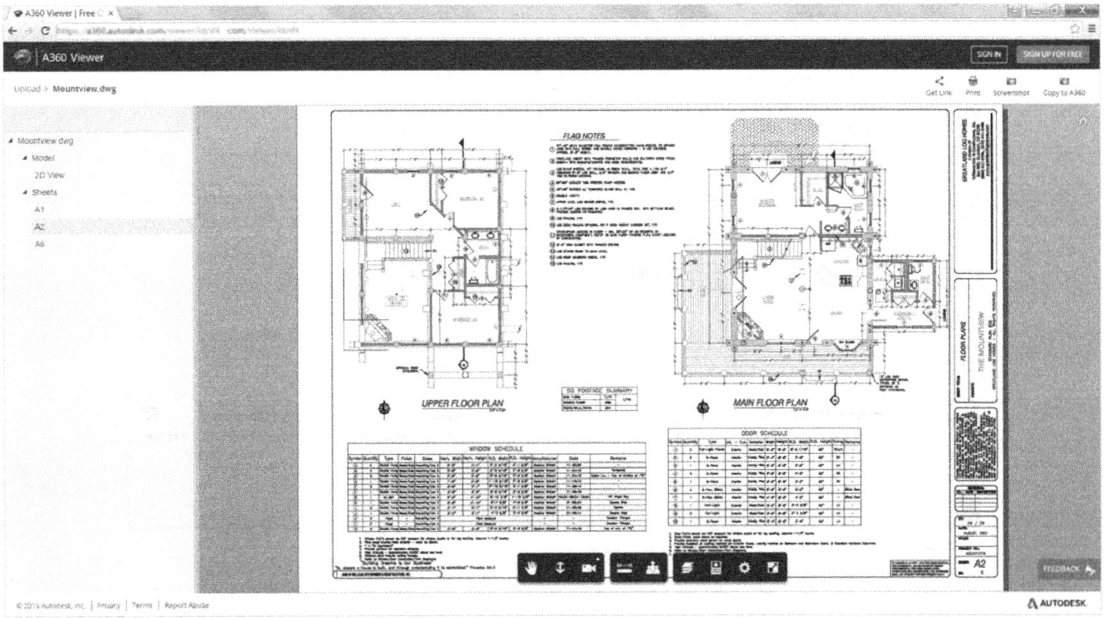

图 1.46　共享设计视图

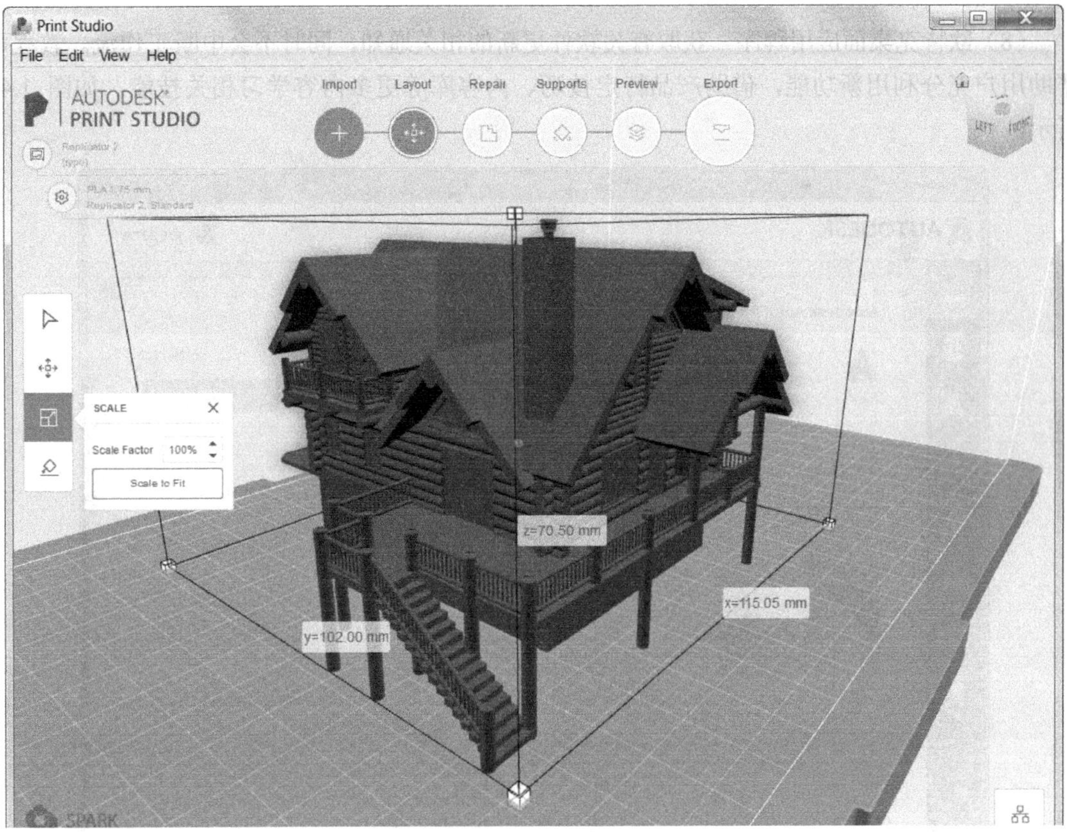

图 1.47　增强的三维打印

（7）增强的移植工具　轻松移植以前版本中的自定义设置和文件。软件会自动检测到相关设置，可以选择要移植的具体内容。如图 1.48 所示。

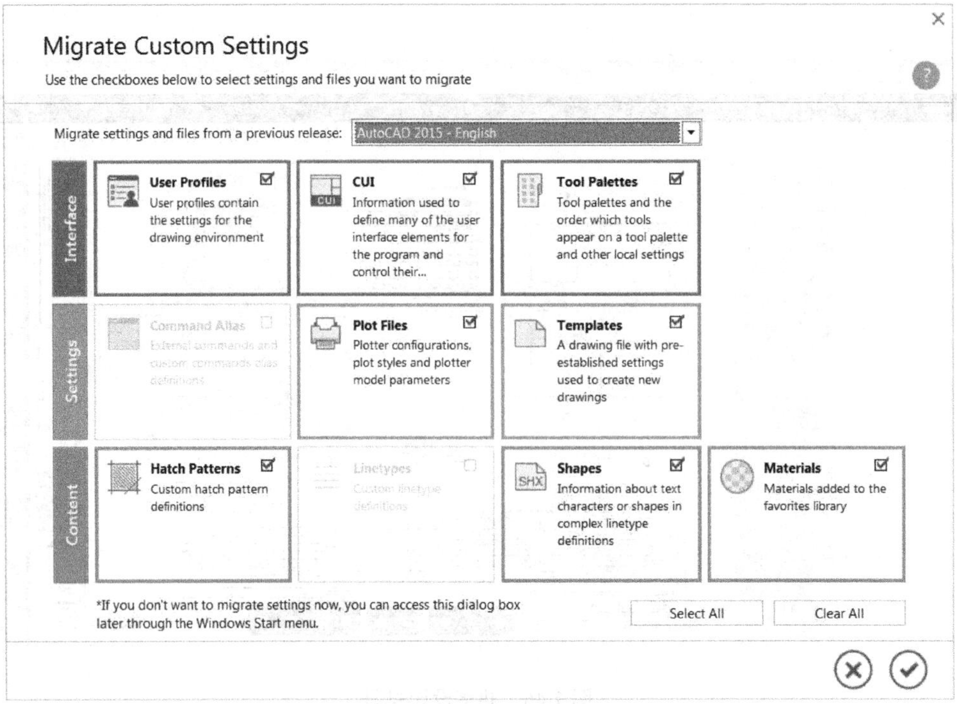

图 1.48 增强的移植工具

（8）欧特克桌面应用程序 获取有关软件更新的相关通知，同时不会中断工作流。教程可帮助用户充分利用新功能，借助产品特定技巧、内容库等更多内容学习相关技能。如图 1.49 所示。

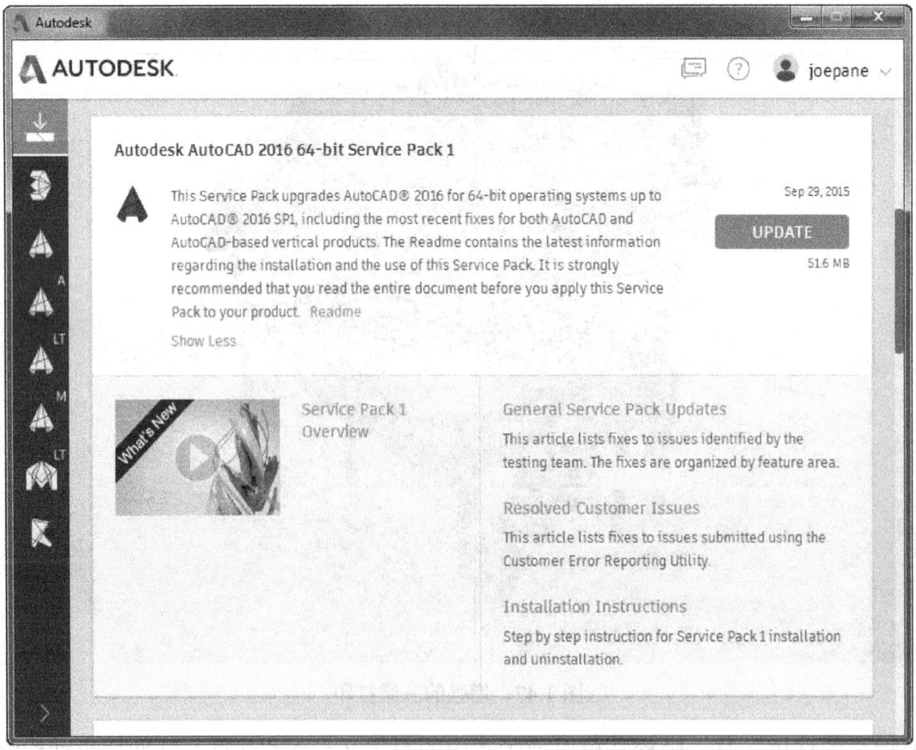

图 1.49 欧特克桌面应用程序

1.4.2 AutoCAD 2018 版本新特性及新功能简介

AutoCAD 2018 软件包含 AutoCAD 2017 版本增强功能和新功能，如外部参照路径修复和SHX 字体文件识别等。

（1）PDF 导入增强功能　从 AutoCAD 图形生成的 PDF 文件（包含 SHX 文字）可以将文字存储为几何对象。可以使用 PDFSHXTEXT 命令将 SHX 几何图形重新转换为文字，现在包含一个选项来进行 SHX 字体的最佳匹配。TXT2MTXT 命令已通过多项改进得到增强，包括用于强制执行均匀行距的选项。将几何图形从 PDF 中导入图形，包括 SHX 字体文件、填充、光栅图像和 TrueType 文字。如图 1.50 所示。

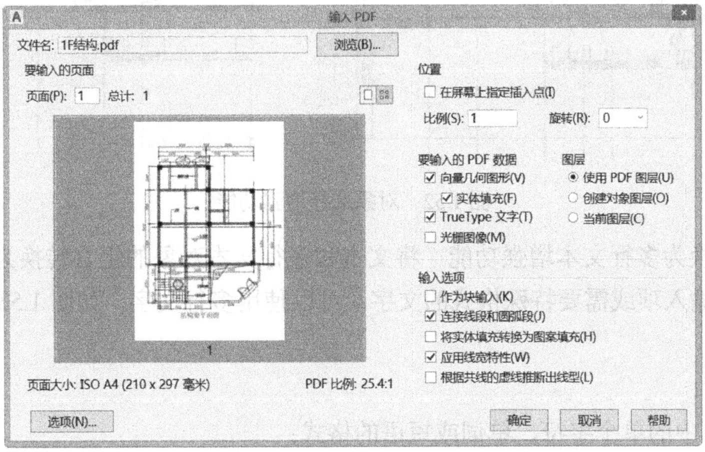

图 1.50　PDF 导入增强功能

（2）外部文件参考增强功能　外部参照的默认路径类型现已设置为“相对”。有两个新路径选项可用：“选择新路径”和“查找并替换”。使用工具修复外部参考文件中断开的路径，节省时间并最大程度地减少失败。可以将任意图形文件附着到当前图形中作为外部参照。附着的外部参照将链接到所指定图形文件的模型空间。当打开参照图形或者重新加载外部参照时，对该图形所做的更改将自动反映在当前图形中。附着的外部参照不会显著增加当前图形的大小。主命令和系统变量有 EXTERNALREFERENCES、REFPATHTYPE。如图 1.51 所示。

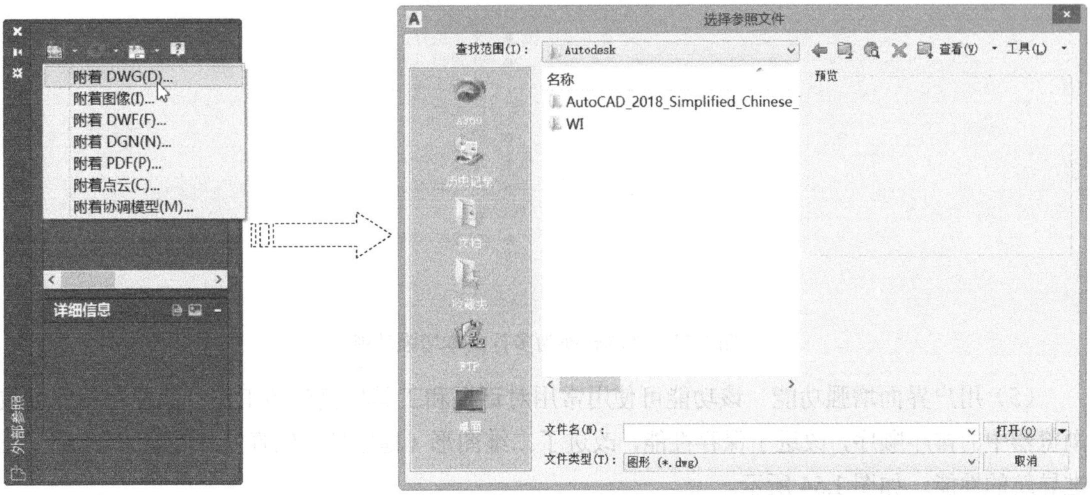

图 1.51　外部文件参考增强功能

（3）对象选择增强功能　即使平移或缩放关闭屏幕，选定对象也可保持在选择集中。选择图形对象：可通过单击单个对象来选择它们，从左到右拖动光标以选择完全封闭在选择矩形或套索（窗口选择）中的所有对象，从右到左拖动光标以选择由选择矩形或套索（窗交选择）相交的所有对象。按 Enter 键结束对象选择。如图 1.52 所示。

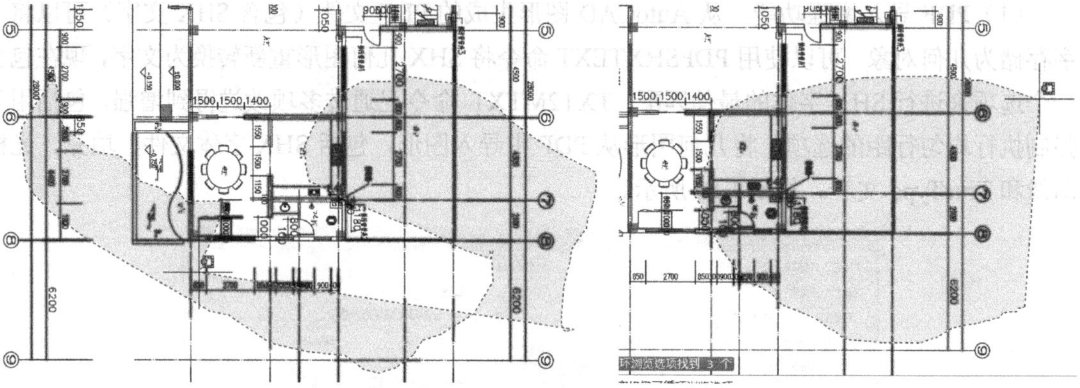

图 1.52　对象选择增强功能

（4）文本转换为多行文本增强功能　将文本和多行文本对象的组合转换为单个多行文本对象。对于较长的输入项或需要特殊格式的文字，可以使用多行文字。如图 1.53 所示，多行文字支持：

a．文字换行；

b．设置段落中的单个字符、单词或短语的格式；

c．栏；

d．堆叠文字；

e．项目符号和编号列表；

f．制表符和缩进。

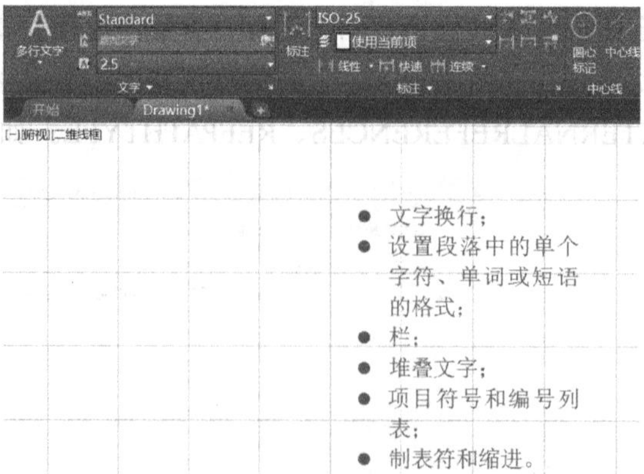

图 1.53　文本转换为多行文本增强功能

（5）用户界面增强功能　该功能可使用常用对话框和工具栏直观地工作。保存在文件导航浏览器中的排序顺序，改进了保存性能，改进了二维图形（稳定性、保真度、性能），改进了三维导航的性能。如图 1.54 所示。

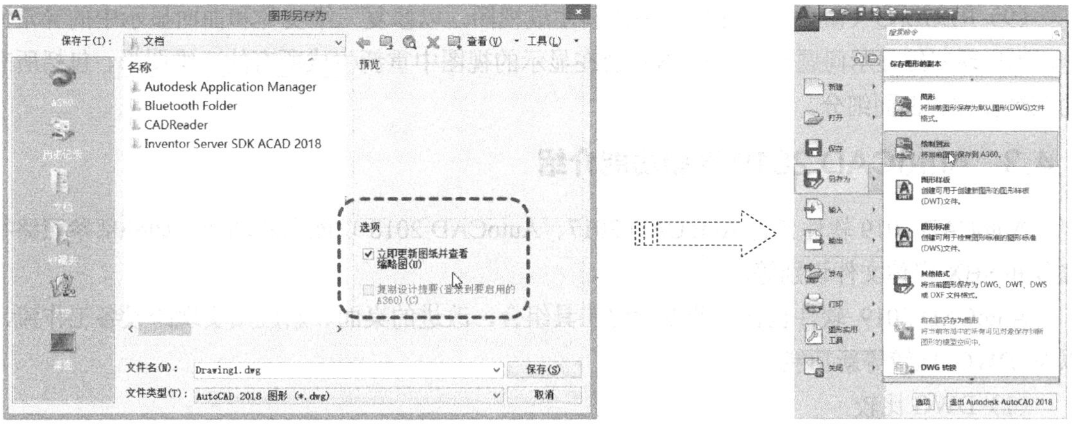

图 1.54　用户界面增强功能

（6）共享设计视图增强功能　将图形的设计视图发布到安全的位置，以供在 Web 浏览器中查看和共享。可以通过 Autodesk A360 从任意具有 Web 浏览器并且能访问 Internet 的计算机联机传输、编辑和管理 AutoCAD 视图和图形。“共享设计视图”功能提供了一种快速方法：只传输 DWG 文件视图而不会发布 DWG 文件本身。如图 1.55 所示。

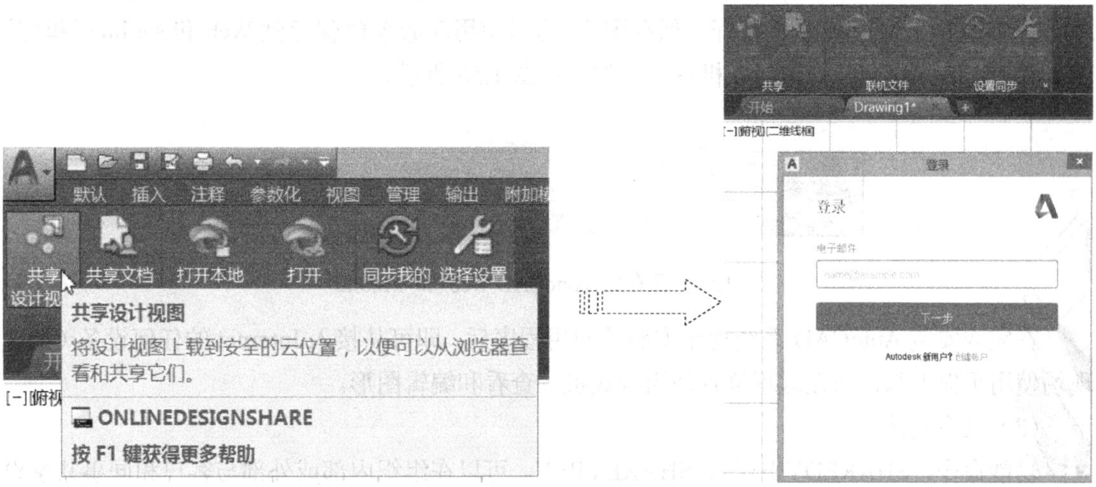

图 1.55　共享设计视图增强功能

（7）高分辨率 4K 显示器支持　支持在 4K 和更高分辨率的显示器上，享受最佳的查看体验。在 AutoCAD 2018 中对高分辨率显示器的支持继续得到改进。200 多个对话框和其他用户界面元素已经更新，以确保在高分辨率（4K）显示器上的高质量视觉体验。示例包括“编辑图层状态”“插入表格”对话框以及 Visual LISP 编辑器。在 Windows 10 的 64 位系统（配支持的显卡）上支持高达 3840×2160 的分辨率。

高分辨率（4K）监视器支持光标、导航栏和 UCS 图标等用户界面元素正确显示在高分辨率（4K）显示器上。对大多数对话框、选项板和工具栏进行了适当调整，以适应 Windows 显示比例设置。为了获得最佳效果，由于操作系统限制，请使用 Windows 10，并使用支持 DX11 的图形卡。

（8）AutoCAD 移动应用程序　使用 AutoCAD 移动应用程序在您的移动设备上查看、创建、编辑和共享 CAD 图形。

（9）REGEN3（命令） 在图形中重新生成视图，以修复三维实体和曲面显示中的异常问题。当出现三维显示问题时，REGEN3 会在显示的视图中重新生成所有的三维图形，包括所有的三维实体和曲面细分。

1.4.3 AutoCAD 2019 最新功能介绍

AutoCAD 2019 软件包含 AutoCAD 2017、AutoCAD 2018 功能和新功能，如外部参照路径修复和 SHX 字体文件识别等。

AutoCAD 2019 软件包含行业专业化工具组合，改进的桌面、新应用实现跨设备工作流，以及 DWG 比较等新功能。

（1）DWG 比较

功能命令：COMPARE、COMPAREINFO。使用“DWG 比较”功能，可以在模型空间中突出显示相同图形或不同图形的两个修订之间的差异。使用颜色，可以区分每个图形所独有的对象和通用的对象。可以通过关闭对象的图层将对象排除在比较之外。

（2）保存到 AutoCAD Web 和 Mobile

功能命令：OPENFROMWEBMOBILE、SAVETOWEBMOBILE。此功能仅适用于 64 位系统。

可以从全球提供 Internet 访问的任何远程位置，在任何桌面、Web 或移动设备上使用 Autodesk Web 和 Mobile 联机打开并保存图形。可以使用新命令（“保存到 Web 和 Mobile”和“从 Web 和 Mobile 中打开”）访问联机图形文件。如图 1.56 所示。

图 1.56 保存到 AutoCAD Web 和 Mobile

在完成安装 AutoCAD 系统提示安装的应用程序后，即可从接入 Internet 的任何设备（如在现场使用平板电脑，或在远程位置使用台式机）查看和编辑图形。

（3）共享视图

功能命令：SHAREDVIEWS、SHAREVIEW。可以在组织内部或外部与客户和同事共享设计，而无需发布图形文件。此功能替代了以前版本的“共享设计视图”。

“共享视图”功能从当前图形中提取设计数据，将其存储在云中，并生成可与同事和客户共享的链接。“共享视图”选项板显示所有共享视图的列表，可以在其中访问注释、删除视图或将其有效期延长至超过其 30 天的寿命。

当图形提供者的同事或客户收到来自图形提供者的链接时，他们可以使用从其 Web 浏览器运行的 Autodesk 查看器对来自任意联网 PC、平板电脑或移动设备的视图进行查看、审阅、添加注释和标记。

（4）图标刷新 在支持高分辨率的显示器中可执行其他操作，包括功能区和状态栏图标。对选项板和其他 UI 元素的操作可继续进行。对“命令行”窗口以及“快速访问”工具栏、常规工具栏和工具选项板的图标可执行主题集成操作。

（5）性能 AutoCAD 2019 提高了如何高效处理外部文件的性能，例如，提高了外部参照、字体文件和其他辅助文件位于访问速度缓慢的位置或缺失时有关的性能。

（6）帮助系统　已向大多数对话框主题添加了 UI 定位器，可更快找到 UI 中与对话框关联的命令。只需单击“帮助”系统中对话框主题顶部的命令图标，即可找到原始命令。例如，可以从“插入对话框”主题找到 INSERT 命令的位置。如图 1.57 所示。

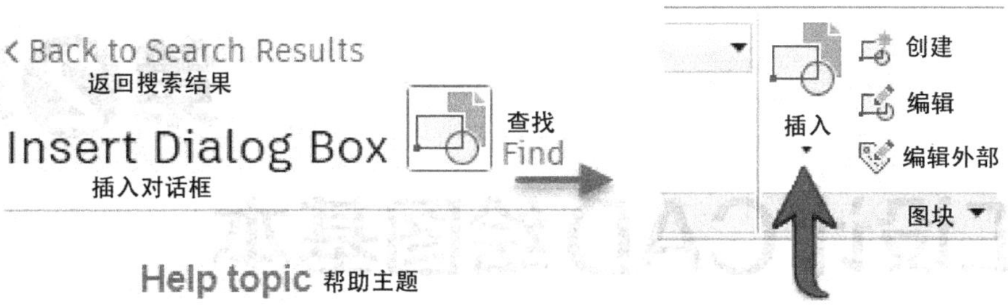

图 1.57　帮助系统功能提高

（7）质量增强功能　大量软件缺陷已得到评估和修复。

（8）网络安全　不断研究、识别和关闭潜在的安全漏洞。对于基于 AutoCAD 2019 的产品，引入了一个新的系统变量 SECUREREMOTEACCESS，它可以设置为限制从 Internet 或远程服务器位置访问文件。

第2章

化工设计CAD绘图基本使用方法

本章主要介绍化工设计 AutoCAD 绘图操作界面布局、相关操作功能分布区域、相关基本系统参数设置；文件新建立、已有文件打开、文件存储和关闭等各种基本操作。因目前有相当部分读者还在使用早期版本，且各个版本的主要功能基本一致。因此，本书将结合 AutoCAD 2014 以前版本及 2016 版本为例进行操作，AutoCAD 2010～AutoCAD 2019 等各个版本基本操作与此基本相同或类似。同时 AutoCAD 2017/2018 及 AutoCAD 2019 高版本其他新增加的特别功能命令，可参见本章相关小节内容及第 1 章、第 3 章中相关小节的专门介绍。学习使用 CAD 进行化工设计绘图和文件制作，得从其基本使用方法起步，心急不得，逐步深入，很快就会上手了。

2.1 AutoCAD 使用快速入门起步

AutoCAD 新版的操作界面风格与 Windows 系统和 Office 等软件基本一致，使用更为直观方便，比较符合人体视觉要求。熟悉其绘图环境和掌握基本操作方法，是学习使用 AutoCAD 的基础。

2.1.1 进入 AutoCAD 绘图操作界面

安装了 AutoCAD 以后，双击其快捷图标即可进入 AutoCAD 绘图操作界面，进入的 AutoCAD 初始界面在新版本中是默认的“草图与注释”绘图空间模式及“欢迎”对话框，如图 2.1 所示。AutoCAD 提供的操作界面非常友好，与 Windows 风格一致，功能也更强大。初次启动 CAD 时可以使用系统默认的相关参数即可。该模式界面操作区域显示默认状态为黑色，可以将其修改为白色等其他颜色界面（具体修改方法参见后面相关详细讲述）。

“草图与注释”绘图空间模式，与传统版本的布局样式有所不同，对以前的使用者可能有点不习惯；AutoCAD 2014 以前版本可以点击左上角或右下角“切换工作空间”按钮，在弹出的菜单中选择“AutoCAD 经典”模式，即可得到与以前传版本一样的操作界面，如图 2.2 所示。

工作空间是由分组组织的菜单、工具栏、选项板和功能区控制面板组成的集合，使用户可以在专门的、面向任务的绘图环境中工作；使用工作空间时，只会显示与任务相关的菜单、工具栏和选项板（注：箭头“　　”表示操作前后顺序，以后表述同此）。对 AutoCAD 2016 版本操作界面，切换为 AutoCAD 经典的方法是点击左上角“工作空间”右侧三角下拉按钮，选择“显示菜单栏”即可。其他功能面板的显示控制，可以在区域任意位置点击右键，选择勾取进行关闭或打开显示，即可得到类似“AutoCAD 经典”模式操作界面。

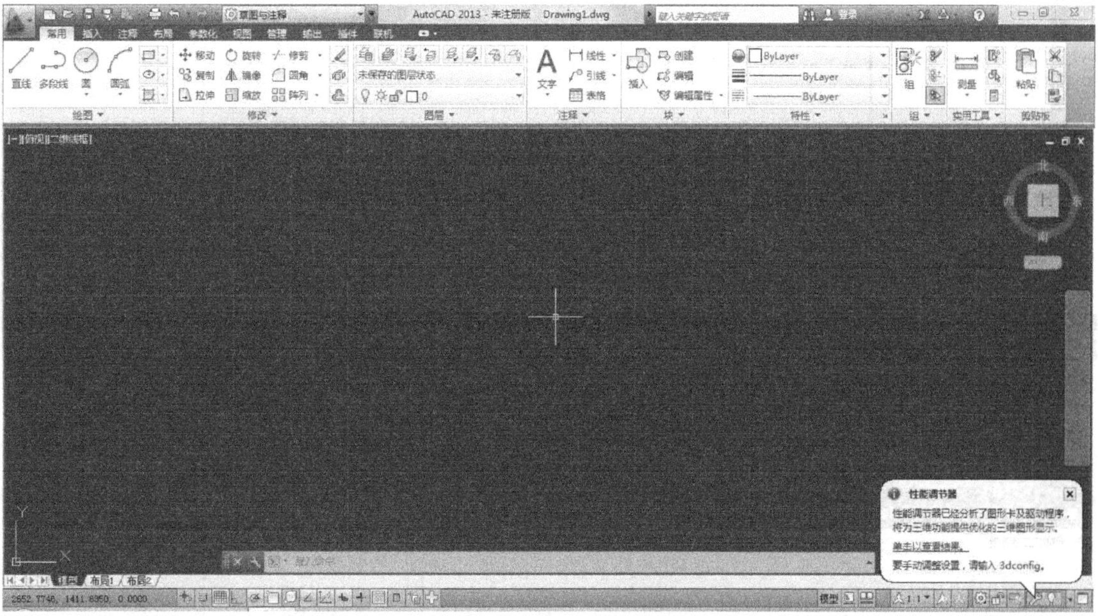

（a）AutoCAD 2013 版本操作界面

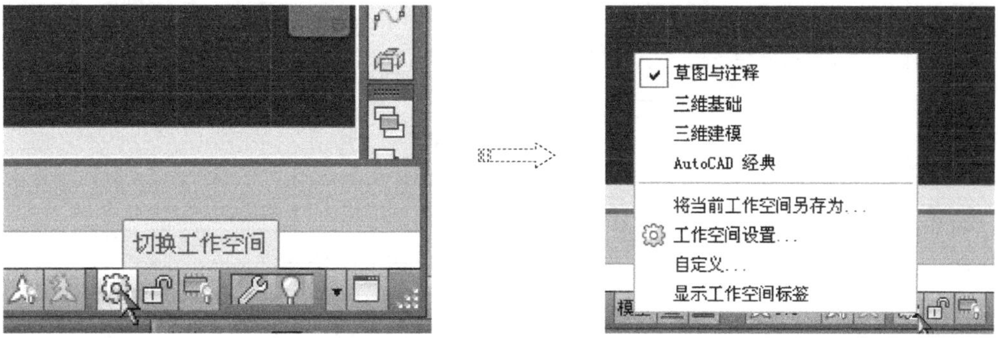

（b）切换“工作空间”操作界面

图 2.1　CAD 常见操作界面

为便于学习和与前面各种版本衔接，本书还是采用“AutoCAD 经典”模式进行论述，掌握了这种基本模式，其他各种模式操作是类似的，很容易掌握使用。如图 2.3 所示为 AutoCAD 经典绘图模式，该模式操作区域界面显示默认状态为黑色，为清晰起见，改为白色界面（具体修改方法参见后面相关详细论述）。其中的网格可以单击最下一栏相应中间位置的“网格显示”工具即可开启、关闭不显示网格（或按“F7”键即可）。

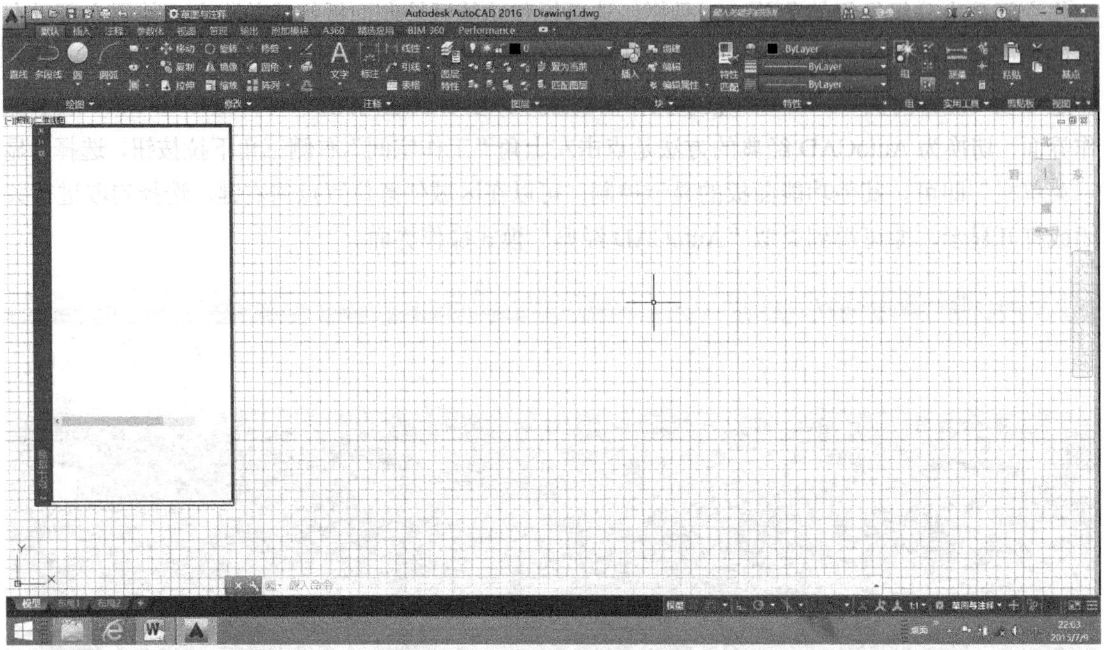

（a）“草图与注释”模式

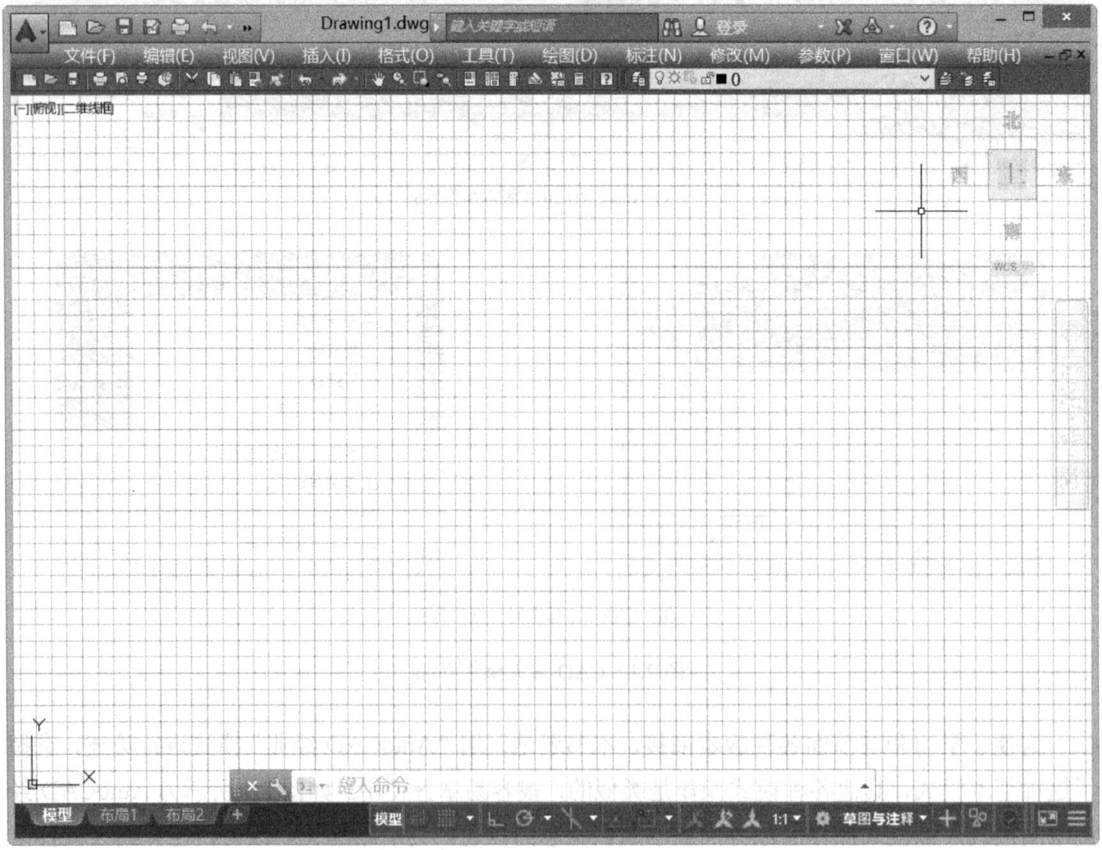

（b）经典模式

图 2.2　AutoCAD 2016 版本操作界面

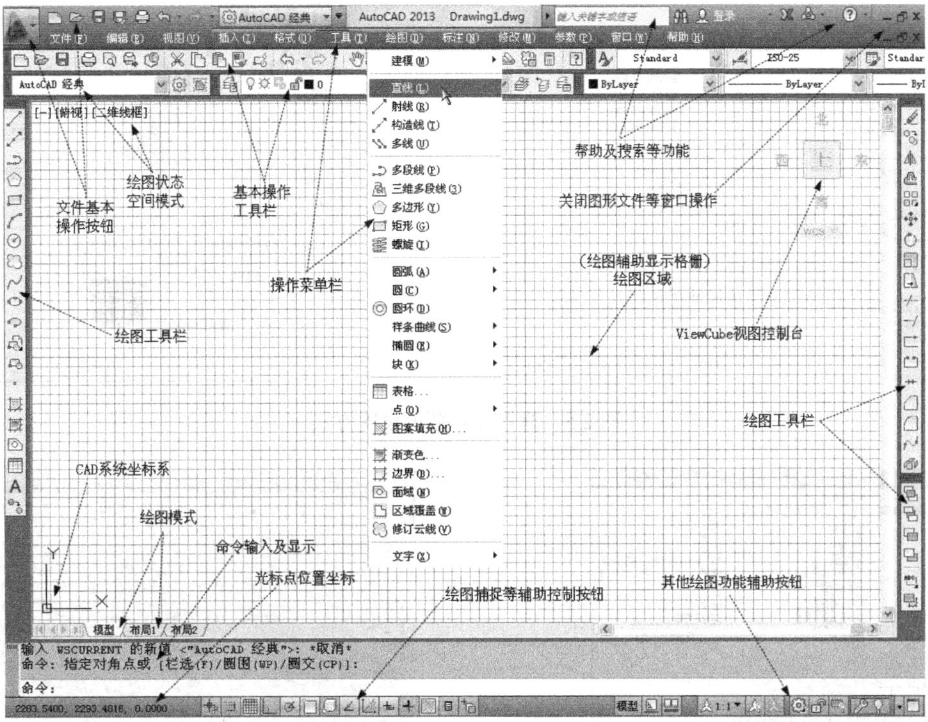

图 2.3 CAD 绘图操作界面布局（AutoCAD 经典）

若操作界面上出现的一些默认工具面板，一时还使用不到，可以先将其逐一关闭。若需使用，再通过“工具”下拉菜单中的“工具栏”将其打开即可弹出。或在菜单栏任意位置点击右键，在快捷菜单上选取需要的工具栏即可显示，如图 2.4 所示。

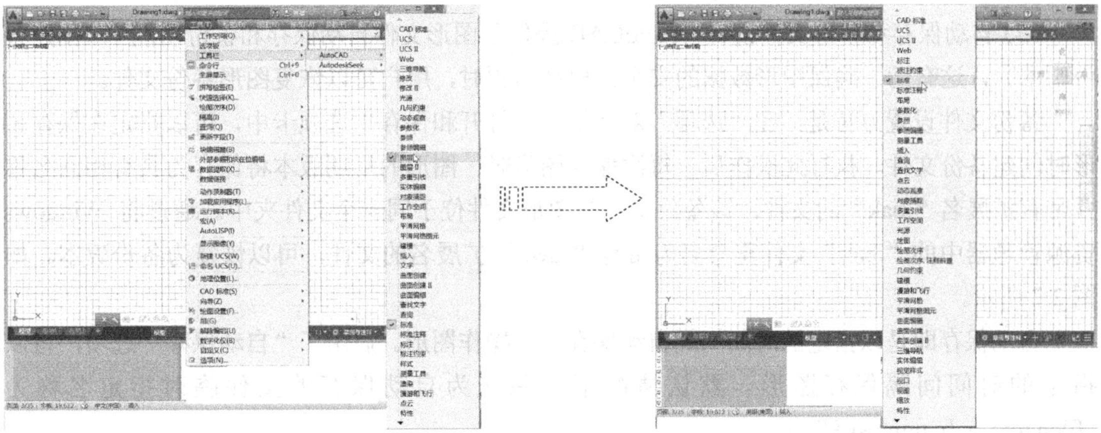

图 2.4 关闭、启动工具面板方法

2.1.2 AutoCAD 绘图环境基本设置

（1）操作区域背景显示颜色设置 单击“工具”下拉菜单，选择其中的“选项”，在弹出的“选项”对话框中，单击“显示”栏，再单击“颜色”按钮，弹出的“图形窗口颜色”对话框中即可设置操作区域背景显示颜色，单击“应用并关闭”按钮返回前一对话框，最后单击“确定”按钮即可完成设置。如图 2.5、图 2.6 所示。背景颜色根据个人绘图习惯设置，一般为白色或黑色。

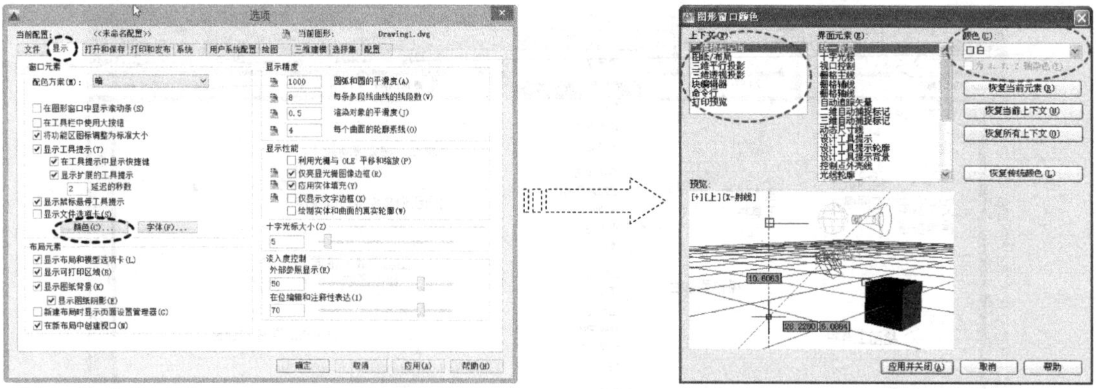

图 2.5　背景显示颜色设置方法

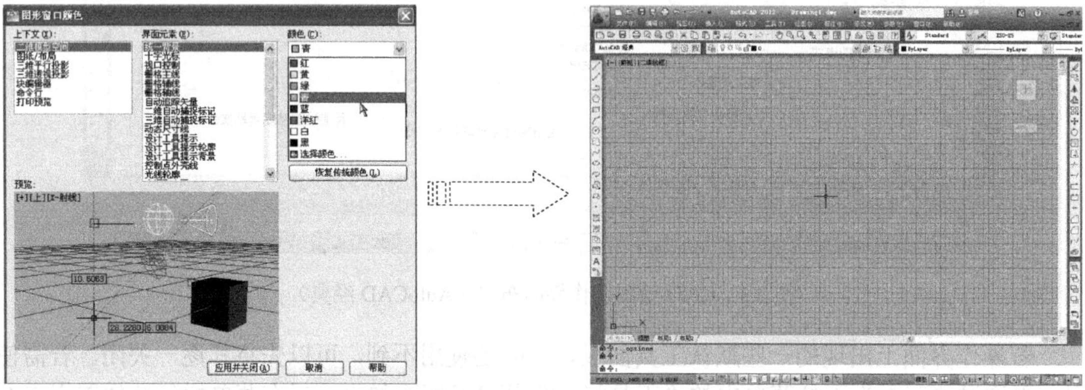

图 2.6　设置不同操作区域背景显示颜色

（2）自动保存和备份文件设置　AutoCAD 提供了图形文件自动保存和备份功能（即创建备份副本），这有助于确保图形数据的安全，出现问题时，用户可以恢复图形备份文件。

备份文件设置方法是，在“选项”对话框的“打开和保存”选项卡中，可以指定在保存图形时创建备份文件。执行此操作后，每次保存图形时，图形的早期版本将保存为具有相同名称并带有扩展名“.bak”的文件，该备份文件与图形文件位于同一个文件夹中。通过将 Windows 资源管理器中的“.bak”文件重命名为带有“.dwg”扩展名的文件，可以恢复为备份版本。如图 2.7 所示。

自动保存即是以指定的时间间隔自动保存当前操作图形。启用了“自动保存”选项，将以指定的时间间隔保存图形。默认情况下，系统为自动保存的文件临时指定名称为“filename_a_b_nnnn.sv$”。

其中：“Filename”为当前图形名，“a”为在同一工作任务中打开同一图形实例的次数，“b”为在不同工作任务中打开同一图形实例的次数，“nnnn”为随机数字。这些临时文件在图形正常关闭时自动删除。出现程序故障或电压故障时，不会删除这些文件。要从自动保存的文件中恢复图形的早期版本，请通过使用扩展名“.dwg”代替扩展名“.sv$”来重命名文件，然后再关闭程序。自动保存的类似信息显示：

```
命令:
自动保存到 C:\Documents and Settings\Administrator\local
settings\temp\Drawing1_1_1_9192.sv$ ...
```

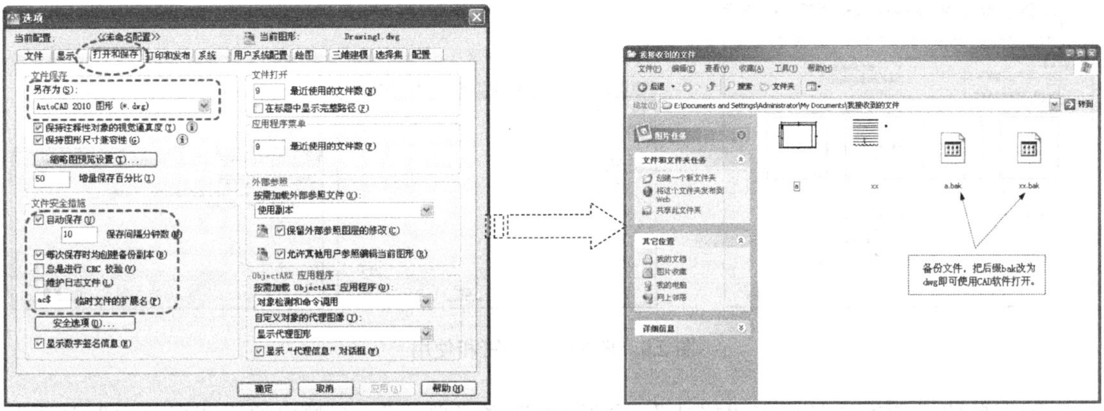

图 2.7　自动保存和备份文件设置

（3）图形文件 dwg 保存格式类型　点击“工具”下拉菜单，在“选项”对话框的“打开和保存”选项卡中，AutoCAD 2018 以上版本保存 dwg 图形文件的格式有所增加，主要包括：

AutoCAD 2018.dwg、AutoCAD 2013.dwg、AutoCAD 2000.dwg、AutoCAD R14.dwg 等不同版本 dwg 格式。如图 2.8（a）所示。

另外在“文件”下拉菜单，点击“另存为（A)”，在弹出的“图形另存为”对话框中，在“文件类型”中选择“dwg 格式”，包括 dwg\dws\dxf\dwt 等多种格式类型，如图 2.8（b）所示。

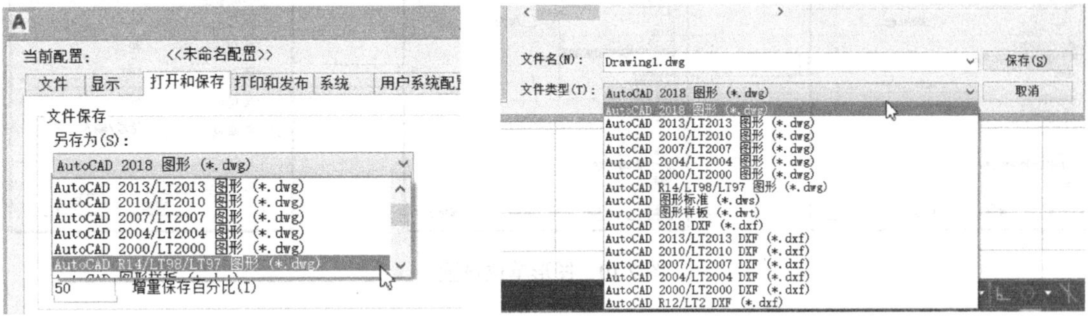

（a）“打开和保存”选项卡　　（b）“图形另存为”对话框

图 2.8　图形文件 dwg 保存格式类型

（4）图形文件密码设置　图形文件密码设置，是向图形添加密码并保存图形后，只有输入密码，才能打开图形文件。注意密码设置只适用于当前图形。

依次单击工具下拉菜单选择“选项”。在“选项”对话框的“打开和保存”选项卡中，单击“安全选项”。在“安全选项”对话框的“密码”选项卡中，输入密码，然后单击“确定”。接着在“确认密码”对话框中，输入使用的密码再单击“确定”。保存图形文件后，密码生效。如图 2.9 中左图所示。

要打开使用该图形文件，需输入密码，如图 2.9 中右图所示。如果密码丢失，将无法重新获得图形文件和密码，因此在向图形添加密码之前，应该创建一个不带密码保护的备份。

（5）图形单位设置　开始绘图前，必须基于要绘制的图形确定一个图形单位代表的实际大小，创建的所有对象都是根据图形单位进行测量的。然后据此约定创建实际大小的图形。例如，一个图形单位的距离通常表示实际单位的 1mm（毫米）、1cm（厘米）、1in（英寸）或 1ft（英尺）。

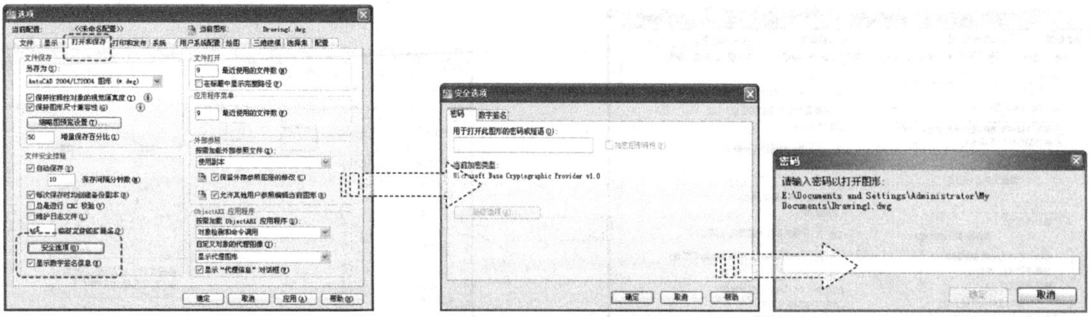

图 2.9　图形文件加密和使用

图形单位设置方法是单击“格式”下拉菜单选择“单位”。在弹出的“图形单位”对话框中即可进行设置长度、角度和插入比例等相关单位和精度数值。如图 2.10 所示，其中：

① 长度的类型一般设置为小数，长度精度数值为 0。设置测量单位的当前格式。该值包括“建筑”“小数”“工程”“分数”和“科学”。其中，“工程”和“建筑”格式提供英尺和英寸显示并假定每个图形单位表示一英寸，其他格式可表示任何真实世界单位，如 m（米）、mm（毫米）等。

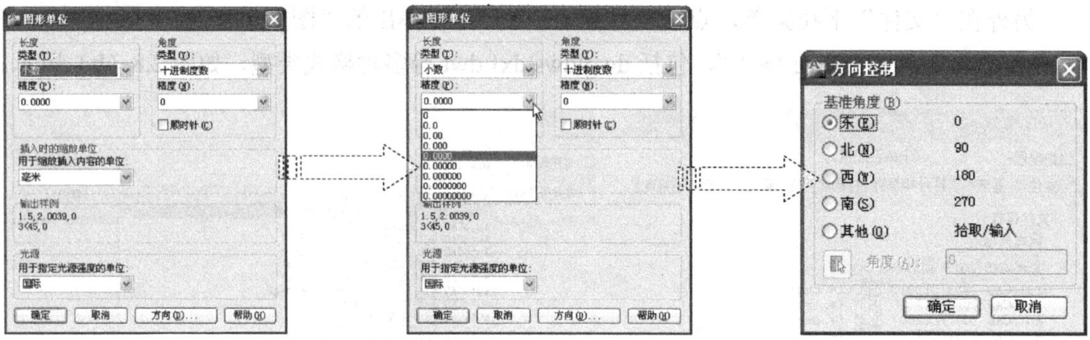

图 2.10　图形单位设置

② 角度的类型一般采用十进制度数，也可以采用其他类型。十进制度数以十进制数表示，百分度附带一个小写“g”后缀，弧度附带一个小写“r”后缀。度/分/秒格式用“° ”表示度，用“'”表示分，用“"”表示秒。以顺时针方向计算正的角度值，默认的正角度方向是逆时针方向。当提示用户输入角度时，可以单击所需方向或输入角度，而不必考虑“顺时针”设置。

③ 插入比例是控制插入到当前图形中的块和图形的测量单位。如果块或图形创建时使用的单位与该选项指定的单位不同，则在插入这些块或图形时，将对其按比例缩放。插入比例是源块或图形使用的单位与目标图形使用的单位之比。如果插入块时不按指定单位缩放，请选择“无单位”。

④ 光源控制。当前图形中光度控制光源的强度测量单位，不常用，可以使用默认值即可。

⑤ 方向控制。主要是设置零角度的方向作为基准角度。

（6）不同图形单位转换　如果按某一度量衡系统（英制或公制）创建图形，然后希望转换到另一系统，则需要使用“SCALE”功能命令按适当的转换系数缩放模型几何体，以获得准确的距离和标注。

例如，要将创建图形的单位从 in（英寸）转换为 cm（厘米），可以按 2.54 的因子缩放模型几何体。要将图形单位从厘米转换为英寸，则比例因子为 1/2.54 或大约 0.3937。

（7）图形界限设置　图形界限设置实质是指设置并控制栅格显示的界限，并非设置绘图区域边界。一般地，AutoCAD 的绘图区域是无限的，可以任意绘制图形，不受边界约束的。

图形界限设置方法是单击“格式”下拉菜单选择“图形界限”，或在命令提示下输入“limits”。然后指定界限的左下角点和右上角点即完成设置。该图形界限具体仅是 1 个图形辅助绘图点阵显示范围，如图 2.11 所示。

（8）控制主栅格线的频率　栅格是点或线的矩阵，遍布指定为栅格界限的整个区域。使用栅格类似于在图形下放置一张坐标纸。利用栅格可以对齐对象并直观显示对象之间的距离。可以将栅格显示为点矩阵或线矩阵。对于所有视觉样式，栅格均显示为线。仅在当前视觉样式设定为“二维线框”时栅格才显示为点。默认情况下，在二维和三维环境中工作时都会显示栅格线。打印图纸时不打印栅格。如果栅格以线而非点显示，则颜色较深的线（称为主栅格线）将间隔显示。在以小数单位或英尺和英寸绘图时，主栅格线对于快速测量距离尤其有用。可以在“草图设置”对话框中控制主栅格线的频率。如图 2.12 所示。

要关闭主栅格线的显示，请将主栅格线的频率设定为 1。

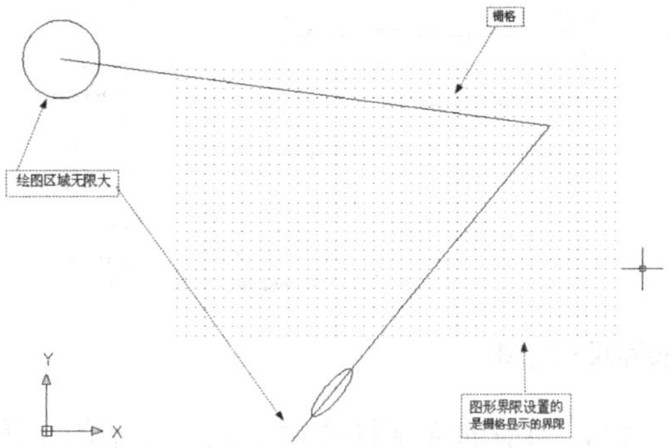

图 2.11　图形界限设置

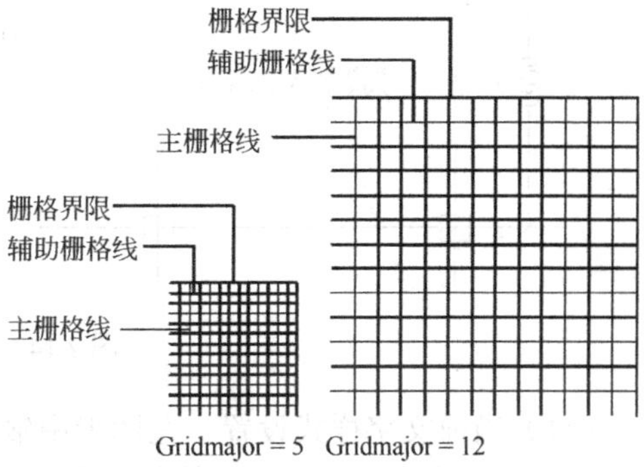

图 2.12　控制主栅格线的频率

（9）文件自动保存格式设置　在对图形进行处理时，应当经常进行保存。图形文件的文件扩展名为“.dwg”，除非更改保存图形文件所使用的默认文件格式，否则将使用最新的图形文件格式保存图形。AutoCAD 默认文件格式是“AutoCAD 2010 图形（.dwg）”，这个格式版本较高，若使用低于 AutoCAD 2010 版本大软件如 AutoCAD 2004 版本，图形文件不能打开。因此可以将图形文件设置为稍低版本格式，如“AutoCAD 2000 图形（.dwg）”。

具体设置方法是：单击“格式”下拉菜单选择“选项”命令，在弹出的“选项”对话框单击“打开和保存”栏，对其中“文件保存”下方“另存为”进行选择即可进行设置为不同的格式，然后单击确定按钮，AutoCAD 图形保存默认文件格式将改变为所设置的格式。如图 2.13 所示。

（10）绘图比例设置　在进行 CAD 绘图时，一般是按 1∶1 进行绘制，即实际尺寸是多少，绘图绘制多少，例如：轴距为 6000mm，在绘图时绘制 6000，如图 2.14 所示。所需绘图比例则通过打印输出时再设定所需要的比例大小，详细内容参考后面打印输出相关章节。对于详图或节点大样图，可以先将其放大相同的倍数后再进行绘制，例如细部为 6mm，在绘图时可以放大 10 倍，绘制 60mm，然后在打印时按相应比例控制输出即可，详细内容参考后面打印输出相关章节。

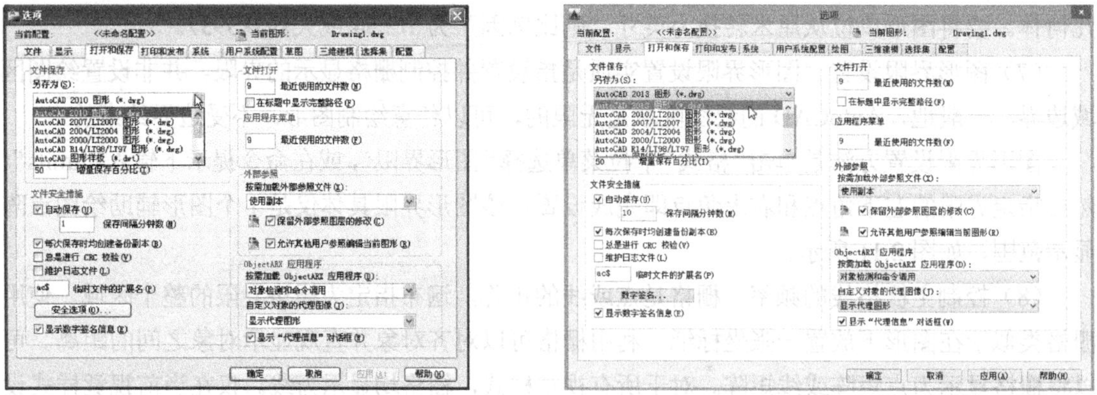

（a）AutoCAD 2014 以前版本　　　（b）AutoCAD 2015 以后版本

图 2.13　图形文件保存格式设置

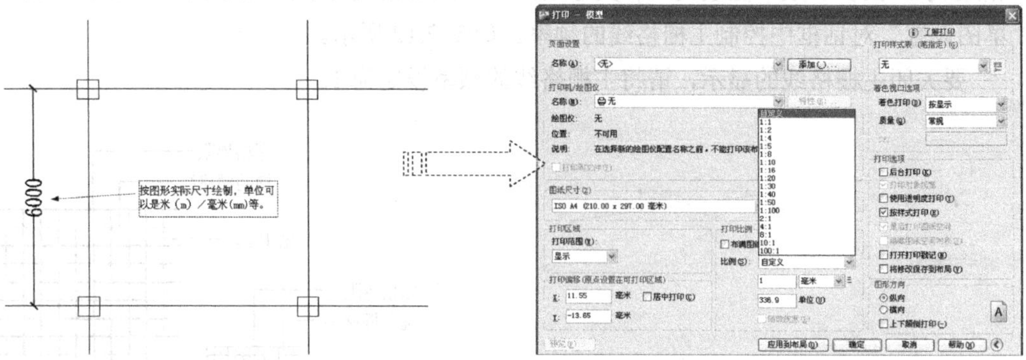

图 2.14　可按实际尺寸绘图

（11）当前文字样式设置　在图形中输入文字时，当前的文字样式决定输入文字的字体、字号、角度、方向和其他文字特征，图形中的所有文字都具有与之相关联的文字样式。输入文字时，程序将使用当前文字样式。当前文字样式用于设置字体、字号、倾斜角度、方向和其他文字特征。如果要使用其他文字样式来创建文字，可以将其他文字样式置于当前。

设置方法是单击“格式”下拉菜单选择“文字样式”命令，在弹出“文字样式”对话框中进行设置，包括样式、字体、字高等，然后单击“置为当前”按钮，再依次单击“应用”“关闭”按钮即可。如图 2.15 所示。

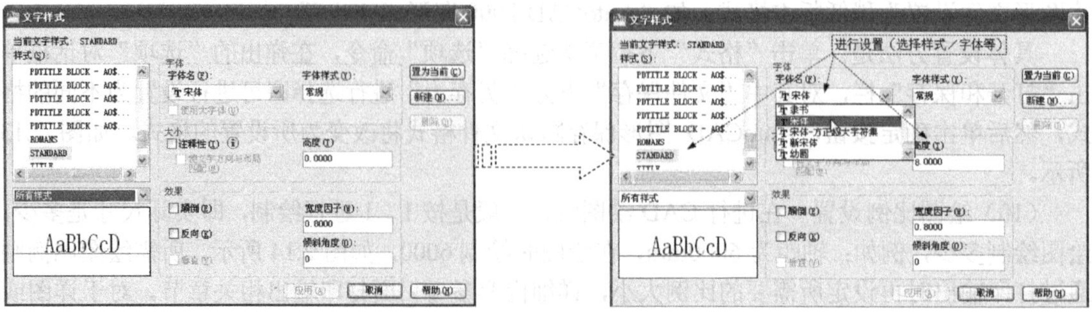

图 2.15　文字样式设置

（12）当前标注样式设置　标注样式是标注设置的命名集合，可用来控制标注的外观，如箭头样式、文字位置和尺寸公差等。可以通过更改设置控制标注的外观，同时为了便于使用、维护标注标准，可以将这些设置存储在标注样式中。在进行尺寸标注时，所标注将使用当前标注样式中的设置；如果要修改标注样式中的设置，则图形中的所有标注将自动使用更新后的样式。

设置方法是：单击“格式”下拉菜单选择“标注样式”命令，在弹出“标注样式”对话框中单击“修改”按钮弹出“修改标注样式”进行设置，依次单击相应的栏，包括“线”“符号”和“箭头”“文字”“主单位”等，根据图幅大小设置合适的数值，然后单击“确定”按钮返回上一窗口，再依次单击“置为当前”“关闭”按钮即可。如图 2.16 所示。

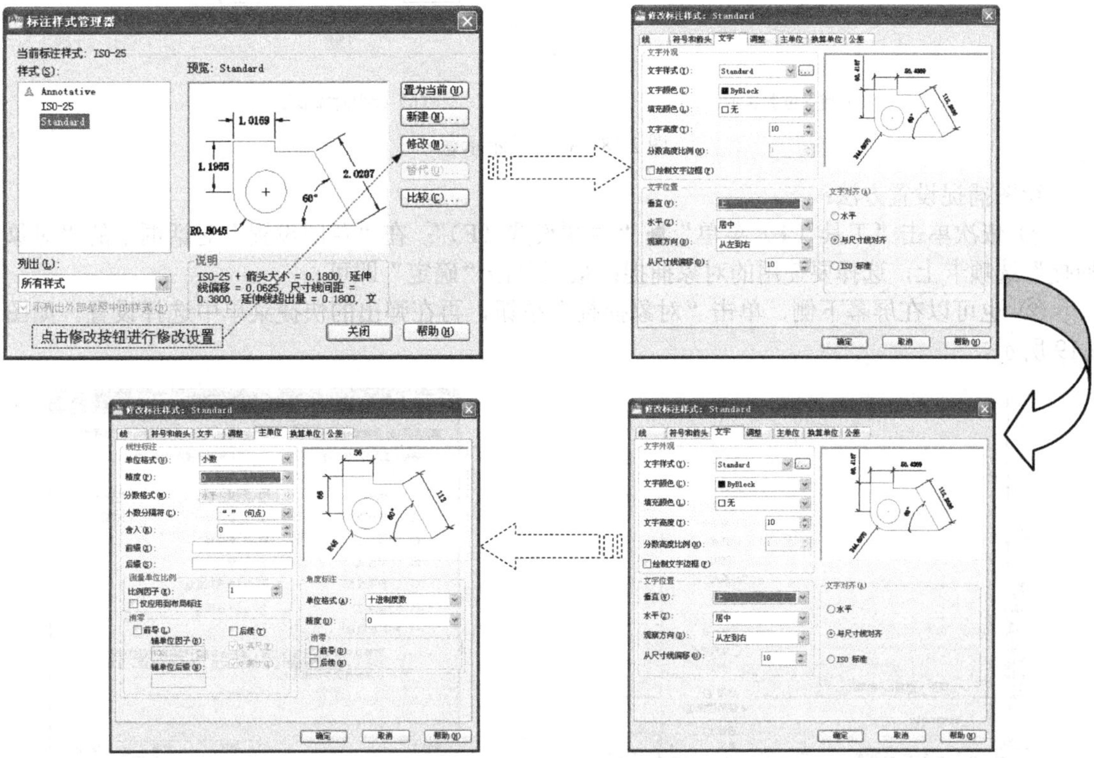

图 2.16 标注样式依次设置

若调整修改后标注等显示效果不合适，重复上述操作，继续修改调整其中的数据参数，直至合适为止，如图 2.17 所示。

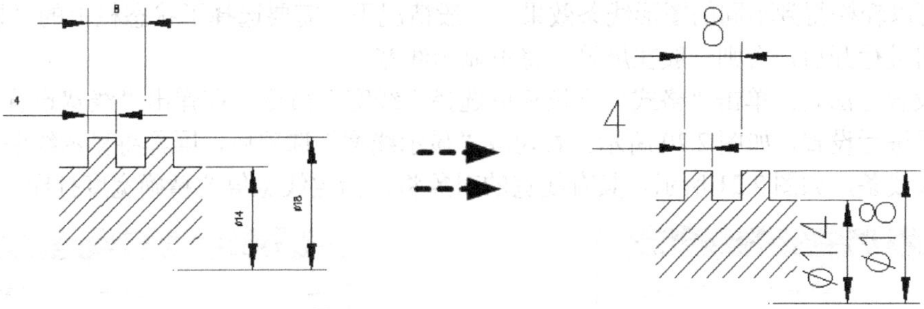

图 2.17 不同标注样式显示效果

（13）绘图捕捉位置设置 使用对象捕捉可指定对象上的精确位置。例如，使用对象捕捉可以绘制到圆心或多段线中点的直线。不论何时提示输入点，都可以指定对象捕捉。默认情况下，当光标移到对象的对象捕捉位置时，将显示标记和工具提示，如图 2.18 所示。

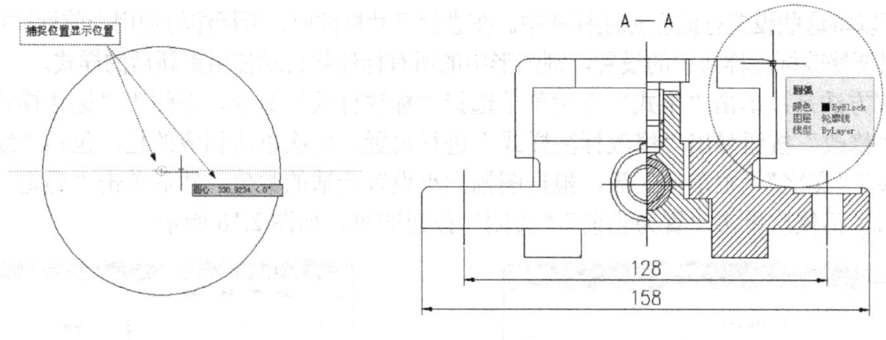

（a）捕捉位置显示　　　　（b）捕捉对象显示

图 2.18　捕捉显示示意

绘图捕捉设置方法：

① 依次单击“工具（T）菜单”▶“草图设置（F）”；在“草图设置”对话框中的“对象捕捉”选项卡上，选择要使用的对象捕捉；最后单击“确定”即可。

② 也可以在屏幕下侧，单击“对象捕捉”按钮，再在弹出的快捷菜单中选择设置。如图 2.19 所示。

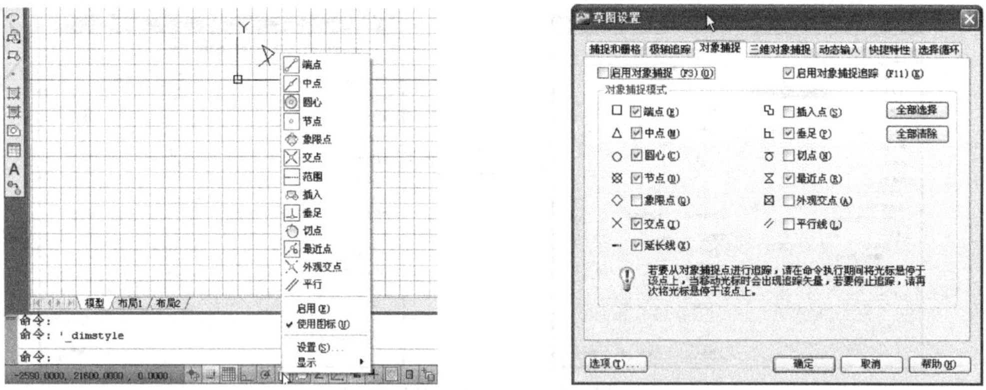

图 2.19　捕捉设置

（14）线宽设置　线宽是指定给图形对象以及某些类型的文字的宽度值。使用线宽，可以用粗线和细线清楚地表现出各种不同线条，以及细节上的不同，也通过为不同的图层指定不同的线宽，可以轻松得到不同的图形线条效果。一般情况下，需要选择了状态栏上的“显示/隐藏线宽”按钮进行开启，否则一般在屏幕上将不显示线宽。

线宽设置方法是：单击“格式”下拉菜单选择“线宽”命令，在弹出“线宽设置”对话框中相关按钮进行设置，如图 2.20 所示。若勾取“显示线宽”选项后，屏幕将显示线条宽度，包括各种相关线条，如图 2.21 所示。具有线宽的对象将以指定线宽值的精确宽度打印。

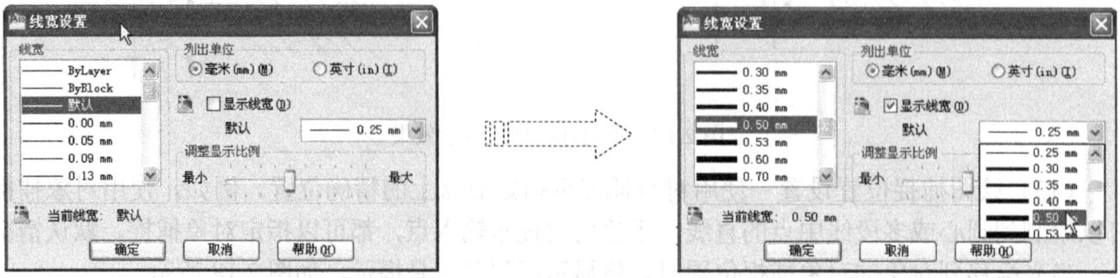

图 2.20　线宽设置

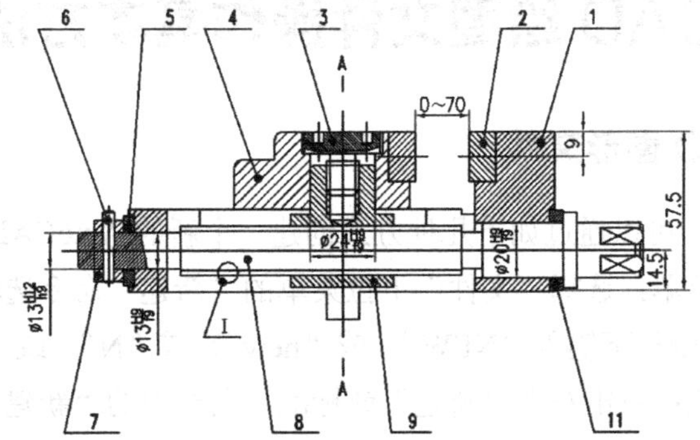

图 2.21　各种线条都显示线宽

需要说明的是，在模型空间中，线宽以像素为单位显示，并且在缩放时不发生变化。因此，在模型空间中精确表示对象的宽度时不应该使用线宽。例如，如果要绘制一个实际宽度为 0.5mm 的对象，不能使用线宽，而应用宽度为 0.5 mm 的多段线表示对象。

指定图层线宽的方法是：依次单击“工具”下拉菜单选择“选项板”，然后选择“图层”面板，弹出图层特性管理器，单击与该图层关联的线宽；在“线宽”对话框的列表中选择线宽；最后单击“确定”关闭各个对话框。如图 2.22 所示。

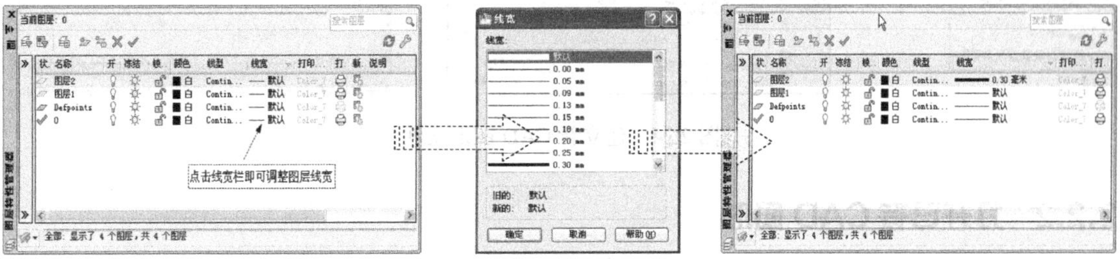

图 2.22　指定图层线宽

（15）坐标系可见性和位置设置　屏幕中的坐标系可以显示或关闭不显示。打开或关闭 UCS 图标显示的方法是依次单击“视图（V）”➤“显示（L）”➤“UCS 图标（U）”➤“开（O）”，复选标记指示图标是开还是关。

UCS 坐标系一般将在 UCS 原点或当前视口的左下角显示 UCS 图标，要在这两者之间位置进行切换，可以通过依次单击“视图”➤“显示 UCS 坐标”➤“原点”即可切换。如果图标显示在当前 UCS 的原点处，则图标中有一个加号（+）。如果图标显示在视口的左下角，则图标中没有加号。如图 2.23 所示。

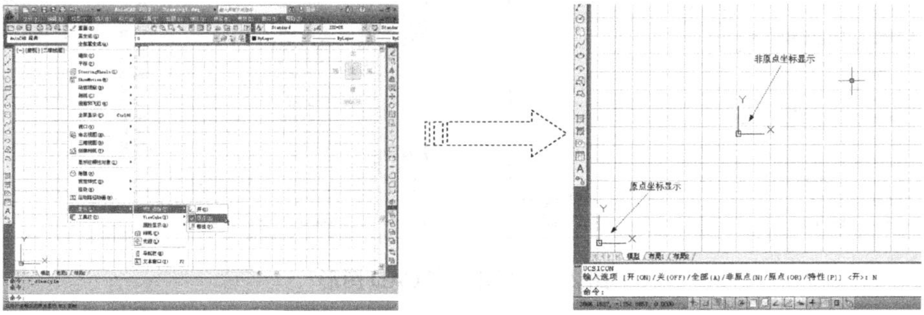

图 2.23　坐标系显示位置设置

2.2 AutoCAD绘图文件操作基本方法

2.2.1 建立新CAD图形文件

启动AutoCAD后，可以通过如下几种方式创建一个新的AutoCAD图形文件。

- “文件”下拉菜单：选择“文件”下拉菜单的“新建”命令选项。
- 在“命令:”命令行下输入“NEW”（或“new”）或“N”（或“n”），不区分大小写。
- 使用标准工具栏：单击左上“新建”或标准工具栏中的“新建”命令图标按钮。
- 直接使用“Ctrl+N”快捷键。

执行上述操作后，将弹出“选择样板”对话框，可以选取“acad”文件或使用默认样板文件直接点击“打开”按钮即可。如图2.24所示。

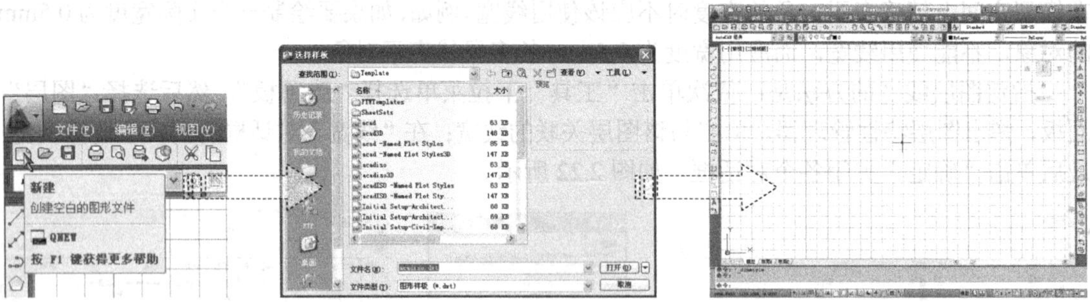

图2.24 建立新CAD图形文件

2.2.2 打开已有CAD图形

启动AutoCAD后，可以通过如下几种方式打开一个已有的AutoCAD图形文件。

- 打开“文件”下拉菜单，选择“打开”命令选项。
- 使用标准工具栏：单击标准工具栏中的“打开”命令图标。
- 在“命令:”命令行下输入“OPEN”或“open”。
- 直接使用“Ctrl+O”快捷键。

执行上述操作后，将弹出“选择文件”对话框，在“查找范围”中单击选取文件所在位置，然后选中要打开的图形文件，最后单击“打开”按钮即可。如图2.25所示。

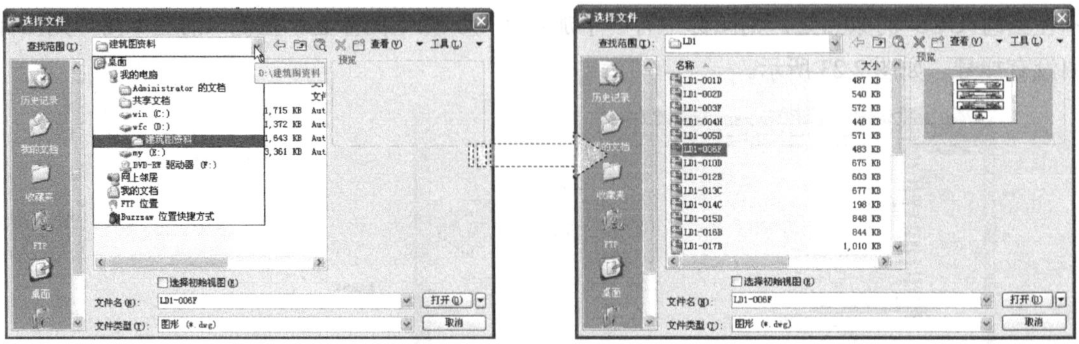

图2.25 打开已有CAD图形

2.2.3 保存 CAD 图形

启动 AutoCAD 后，可以通过如下几种方式保存绘制好的 AutoCAD 图形文件：

■ 单击“文件”下拉菜单选择其中的“保存”命令选项。

■ 使用标准工具栏：单击标准工具栏中的“保存”命令图标。

■ 在“命令：”命令行下输入“SAVE”或“save”。

■ 直接使用“Ctrl+S”快捷键。

执行上述操作后，将弹出的“图形另存为”对话框中，在“保存于”中单击选取要保存文件的位置，然后输入图形文件名称，最后单击“保存”按钮即可。如图 2.26 所示。对于非首次保存的图形，CAD 不再提示上述内容，而是直接保存图形。

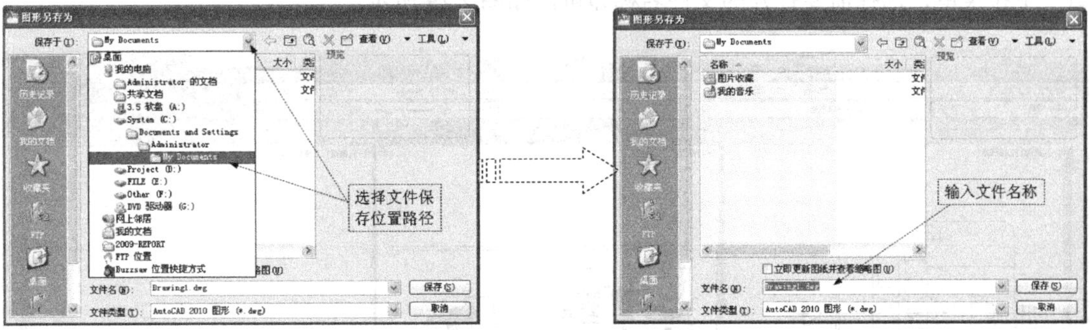

图 2.26　保存 CAD 图形

若以另外一个名字保存图形文件，可以通过单击“文件”下拉菜单的选择“另存为”命令选项。执行“另存为”命令后，AutoCAD 将弹出图形如图 2.26 所示对话框，操作与前述保存操作相同。

2.2.4 关闭 CAD 图形

启动 AutoCAD 后，可以通过如下几种方式关闭图形文件：

■ 在“文件”下拉菜单的选择“关闭”命令选项。

■ 在“命令：”命令行下输入“CLOSE”或“close”。

■ 单击图形右上角的“×”，如图 2.27 所示。

执行“关闭”命令后，若该图形没有存盘，AutoCAD 将弹出警告“是否将改动保存到*****.dwg？”，提醒需不需要保存图形文件。选择“是（Y）”，将保存当前图形并关闭它，选择“否（N）”将不保存图形直接关闭它，选择“取消”表示取消关闭当前图形的操作。如图 2.28 所示。

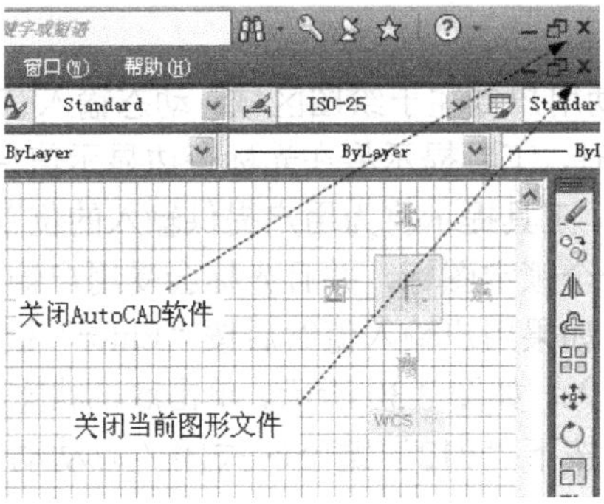

图 2.27　单击“×”关闭 CAD 图形

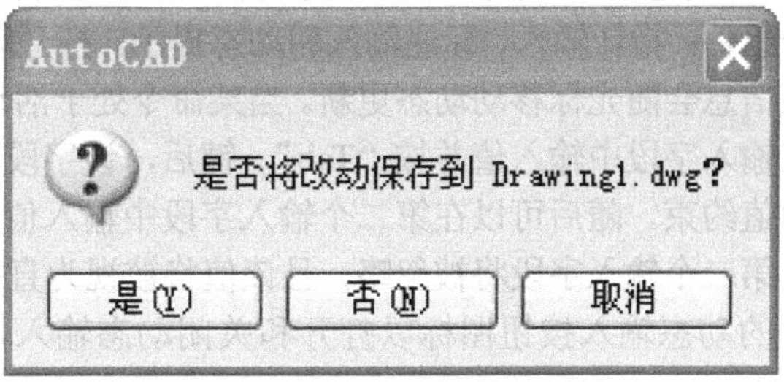

图 2.28　AutoCAD 询问提示

2.2.5 退出 AutoCAD 软件

可以通过如下方法实现退出 AutoCAD：

- 从“文件”下拉菜单中选择“退出”命令选项。
- 在“命令：”命令行下输入“EXIT”或“exit”后回车。
- 在“命令：”命令行下输入“QUIT”（退出）或“quit”后回车。
- 单击图形右上角的“×”，如图 2.27 所示。

2.2.6 同时打开多个 CAD 图形文件

AutoCAD 支持同时打开多个图形文件，若需在不同图形文件窗口之间切换，可以打开“窗口”下拉菜单，选择需要打开的文件名称即可，如图 2.29 所示。

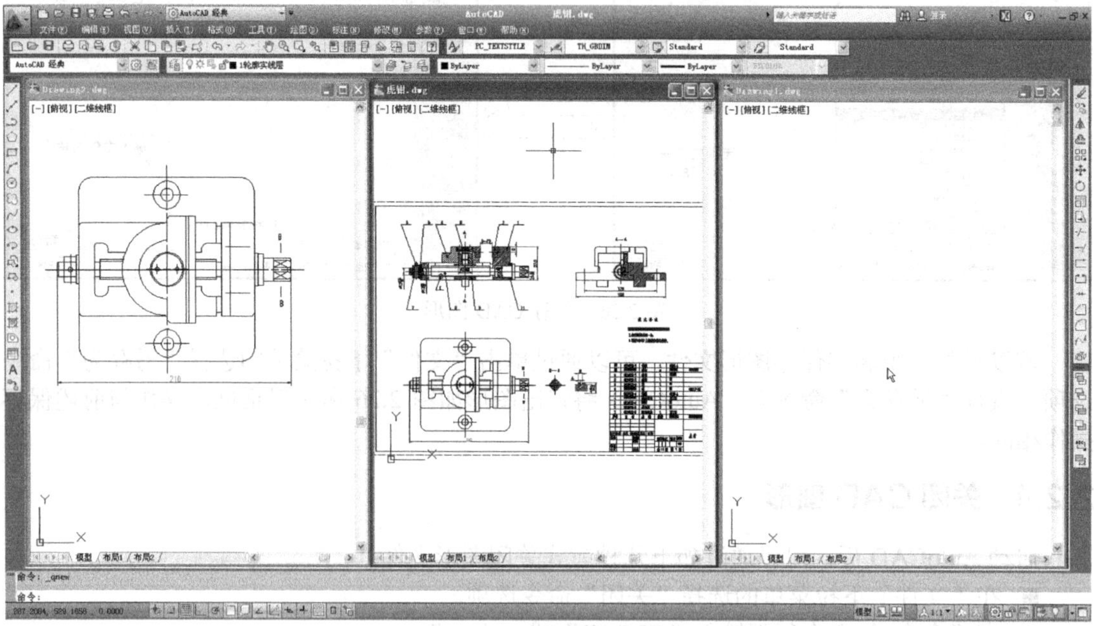

图 2.29 不同图形文件窗口切换

2.3 常用 AutoCAD 绘图辅助控制功能

2.3.1 CAD 绘图动态输入控制

“动态输入”在光标附近提供了一个命令界面，以帮助用户专注于绘图区域。动态输入有 3 个组件：指针输入、标注输入和动态提示。打开动态输入时，工具提示将在光标旁边显示信息，该信息会随光标移动动态更新。当某命令处于活动状态时，工具提示将为用户提供输入的位置。在输入字段中输入值并按“Tab”键后，该字段将显示一个锁定图标，并且光标会受用户输入的值约束。随后可以在第二个输入字段中输入值。另外，如果用户输入值然后按“Enter”键，则第二个输入字段将被忽略，且该值将被视为直接距离输入，如图 2.30 所示。单击底部状态栏上的动态输入按钮图标以打开和关闭动态输入，也可以按下“F12”键临时关闭 / 启动动态输入。

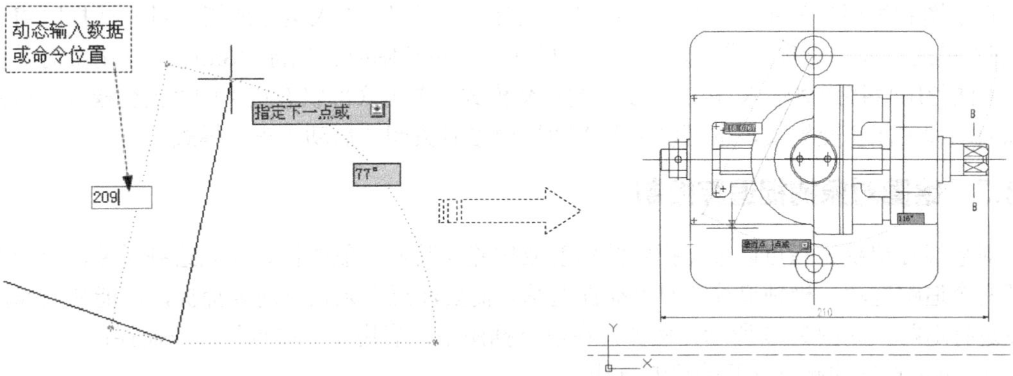

图 2.30　动态输入操作显示

对动态显示可以通过设置进行控制。在底部状态栏上的动态输入按钮图标上单击鼠标右键，然后单击“设置”以控制在启用“动态输入”时每个部件所显示的内容，可以设置指针输入、标注输入、动态提示等事项内容，如图 2.31 所示。

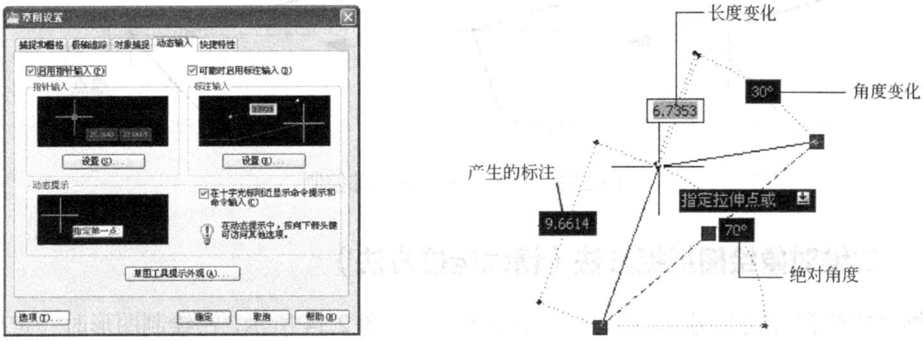

（a）动态设置对话框　　（b）标注输入动态显示

图 2.31　动态输入控制

2.3.2　正交模式控制

约束光标在水平方向或垂直方向移动。在正交模式下，光标移动限制在水平或垂直方向上（相对于在当前 UCS 坐标系中，将平行于 UCS 的 X 轴的方向定义为水平方向，将平行于 Y 轴的方向定义为垂直方向）。如图 2.32 所示。

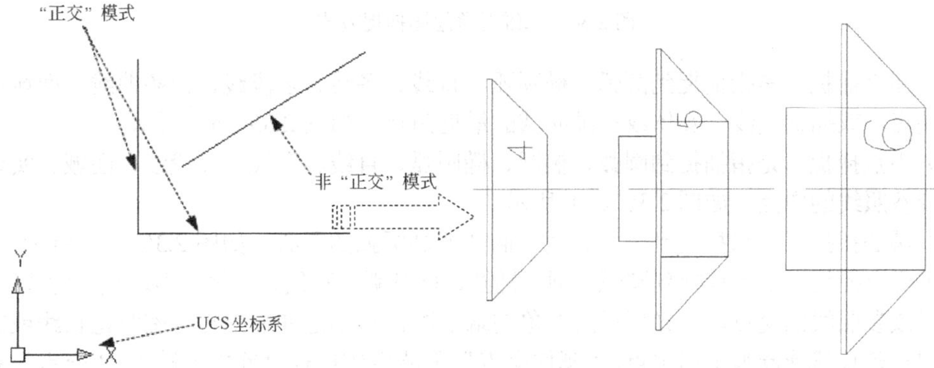

图 2.32　正交模式控制

在绘图和编辑过程中，可以随时打开或关闭“正交”。输入坐标或指定对象捕捉时将忽略“正交”模式。要临时打开或关闭“正交”模式，请按住临时替代键“Shift”（使用临时替代键时，无法使用直接距离输入方法）。要控制正交模式，单击底部状态栏上的“正交模式”按钮图标以启动和关闭正交模式，也可以按下“F8”键临时关闭 / 启动“正交模式”。

2.3.3 绘图对象捕捉追踪控制

对象捕捉追踪是指可以按照指定的角度或按照与其他对象的特定关系绘制对象，自动追踪包括两个追踪选项：极轴追踪和对象捕捉追踪。需要注意必须设置对象捕捉，才能从对象的捕捉点进行追踪，如图 2.33 所示。例如，在以下插图中，启用了“端点”对象捕捉：

① 单击直线的起点 *a* 开始绘制直线；

② 将光标移动到另一条直线的端点 *b* 处获取该点；

③ 然后沿水平对齐路径移动光标，定位要绘制的直线的端点 *c*。

可以通过单击底部状态栏上的“极轴”或“对象追踪”按钮打开或关闭自动追踪。也可以按下“F11”键临时关闭 / 启动“对象追踪”。

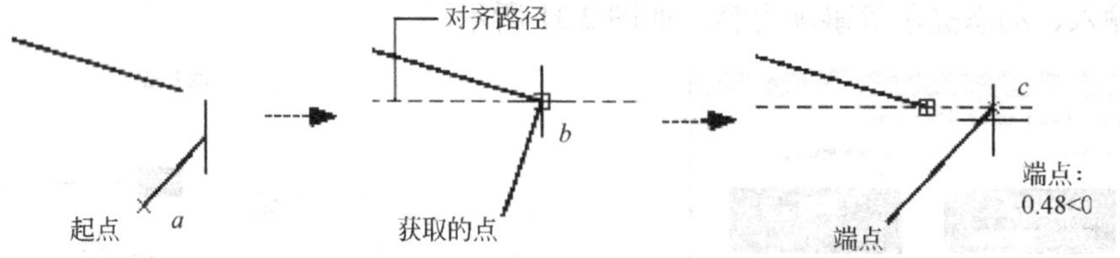

图 2.33　绘图对象捕捉追踪控制

2.3.4 二维对象绘图捕捉方法（精确定位方法）

二维对象捕捉方式有端点、中点、圆心等多种，如图 2.34 所示，在绘制图形时一定要掌握，可以精确定位绘图位置。常用的捕捉方法如下所述。捕捉方式可以用于绘制图形时准确定位，使得所绘制图形快速定位于相应的位置点。

图 2.34　二维对象绘图捕捉方式

（1）端点捕捉　是指捕捉到圆弧、椭圆弧、直线、多线、多段线、样条曲线、面域或射线最近的端点，或捕捉宽线、实体或三维面域的最近角点，如图 2.35（a）所示。

（2）中点捕捉　是指捕捉到圆弧、椭圆、椭圆弧、直线、多线、多段线、面域、实体、样条曲线或参照线的中点，如图 2.35（b）所示。

（3）圆心捕捉　是指捕捉到圆弧、圆、椭圆或椭圆弧的圆心。如图 2.35（c）所示。

（4）交点捕捉　是指捕捉到圆弧、圆、椭圆、椭圆弧、直线、多线、多段线、射线、面域、样条曲线或参照线的交点。当光标经过对象的端点时，自动延伸捕捉显示临时延长线或圆弧，以便用户在延长线或圆弧上指定点。“延伸交点”不能用作执行对象捕捉模式。“交点”和“延伸交点”不能和三维实体的边或交点一起使用。外观交点捕捉是指不在同一平面，但在当前视图中看起来可能相交的两个对象的视觉交点。“延伸外观交点”不能用作执行对象捕捉模式。“外观交点”和“延伸外观交点”不能和三维实体的边或角点一起使用。如图 2.36 所示。

（5）象限点捕捉　是指捕捉到圆弧、圆、椭圆或椭圆弧的象限点，如图 2.37 所示。

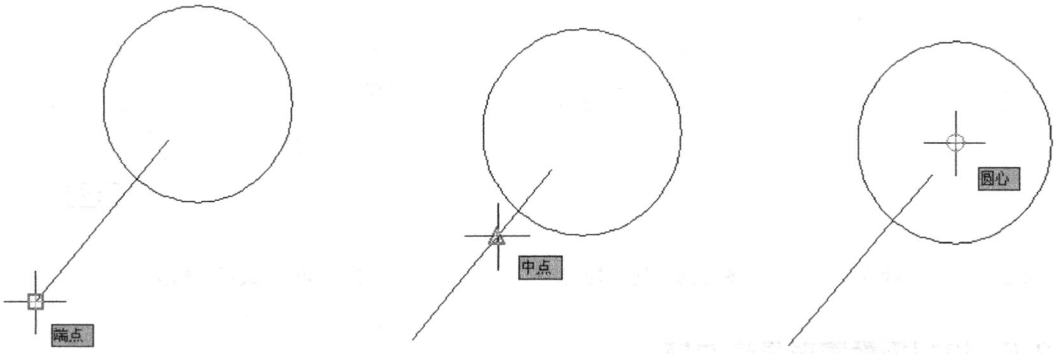

（a）端点捕捉　（b）中点捕捉　（c）圆心捕捉

图 2.35　捕捉方式示意

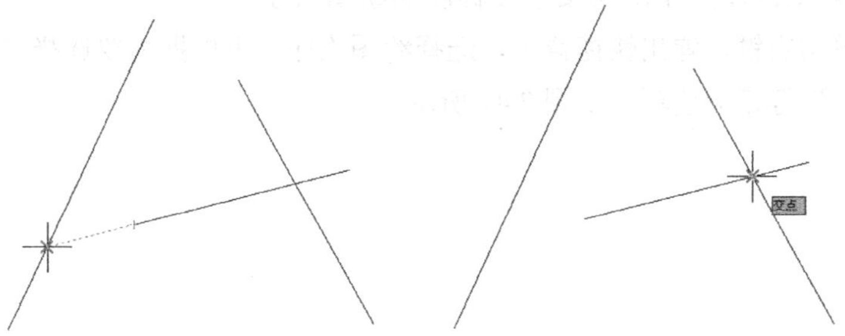

（a）延伸交点　（b）交点

图 2.36　交点捕捉

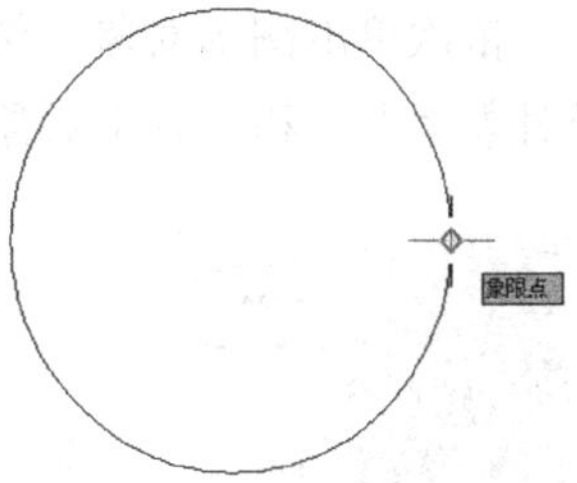

图 2.37　象限点捕捉

（6）垂足捕捉　是指捕捉圆弧、圆、椭圆、椭圆弧、直线、多线、多段线、射线、面域、实体、样条曲线或构造线的垂足，如图 2.38 所示。当正在绘制的对象需要捕捉多个垂足时，将自动打开“递延垂足”捕捉模式。可以用直线、圆弧、圆、多段线、射线、参照线、多线或三维实体的边作为绘制垂直线的基础对象。可以用“递延垂足”在这些对象之间绘制垂直线。当靶框经过“递延垂足”捕捉点时，将显示 AutoSnap 工具提示和标记。

（7）切点捕捉　是指捕捉到圆弧、圆、椭圆、椭圆弧或样条曲线的切点。当正在绘制的对象需要捕捉多个垂足时，将自动打开“递延垂足”捕捉模式。可以使用“递延切点”来绘制与圆弧、多段线圆弧或圆相切的直线或构造线。当靶框经过“递延切点”捕捉点时，将显示标记和 AutoSnap 工具提示。当用“自选项”结合“切点”捕捉模式来绘制出开始于圆弧或圆的直线以外的对象时，第一个绘制的点是与在绘图区域最后选定的点相关的圆弧或圆的切点，如图 2.39 所示。

（8）最近点捕捉　是指捕捉到圆弧、圆、椭圆、椭圆弧、直线、多线、点、多段线、射线、样条曲线或参照线距离当前光标位置的最近点，如图 2.40 所示。

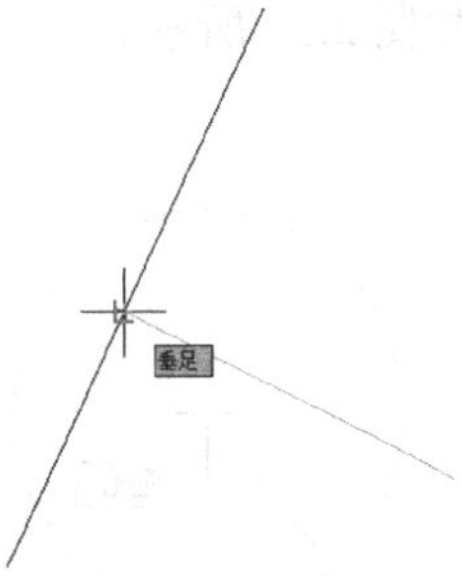

图 2.38 垂足捕捉

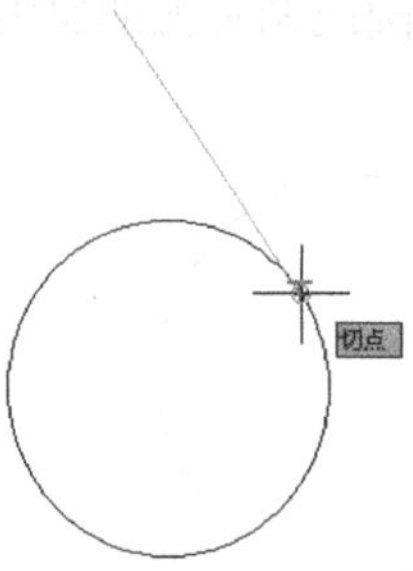

图 2.39 切点捕捉

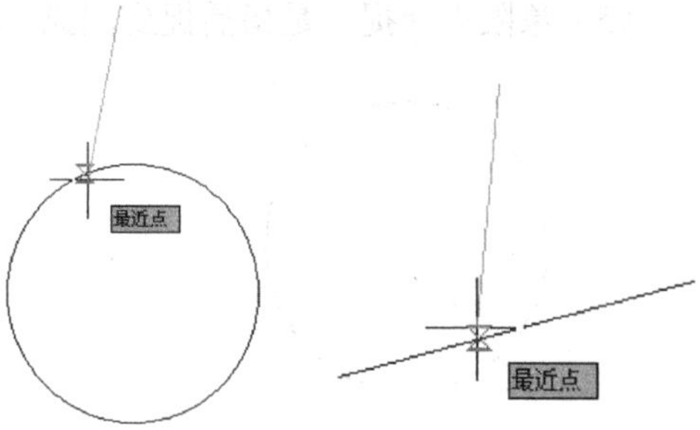

图 2.40 最近点捕捉

2.3.5 控制重叠图形显示次序

重叠对象（例如文字、宽多段线和实体填充多边形）通常按其创建次序显示，新创建的对象显示在现有对象前面。可以使用 DRAWORDER 改变所有对象的绘图次序（显示和打印次序），使用 TEXTTOFRONT 可以更改图形中所有文字和标注的绘图次序。

依次单击图形对象，然后单击右键，弹出快捷菜单，选择绘图次序，再根据需要选择“置于对象之上”和“置于对象之下”等相应选项，如图 2.41 所示。

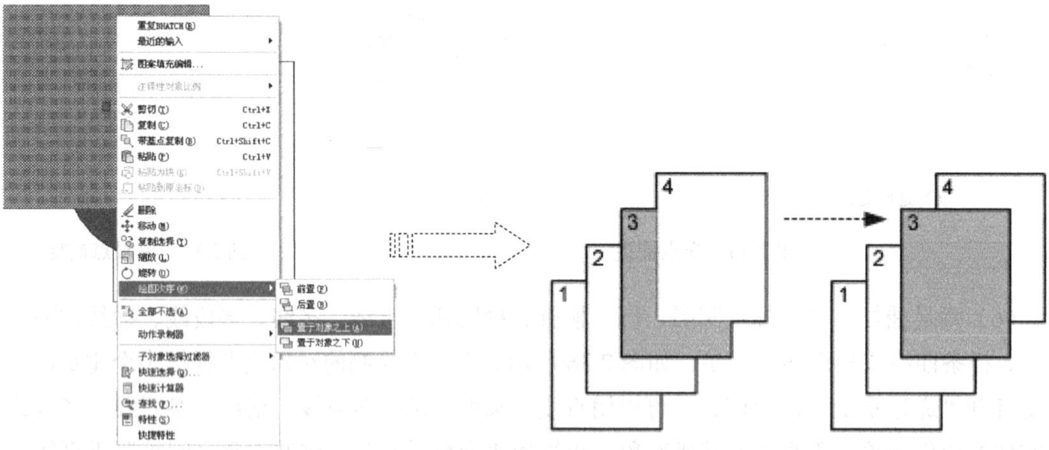

图 2.41 控制重叠图形显示次序

2.4 AutoCAD 绘图快速操作方法

2.4.1 全屏显示方法

“全屏显示”是指屏幕上仅显示菜单栏、“模型”选项卡和“布局”选项卡（位于图形底部）、状态栏和命令行。“全屏显示”按钮位于应用程序状态栏的右下角，使用鼠标直接单击该按钮图标即可实现开启或关闭“全屏显示”。或打开“视图”下拉菜单选择“全屏显示”即可，如图 2.42 所示。

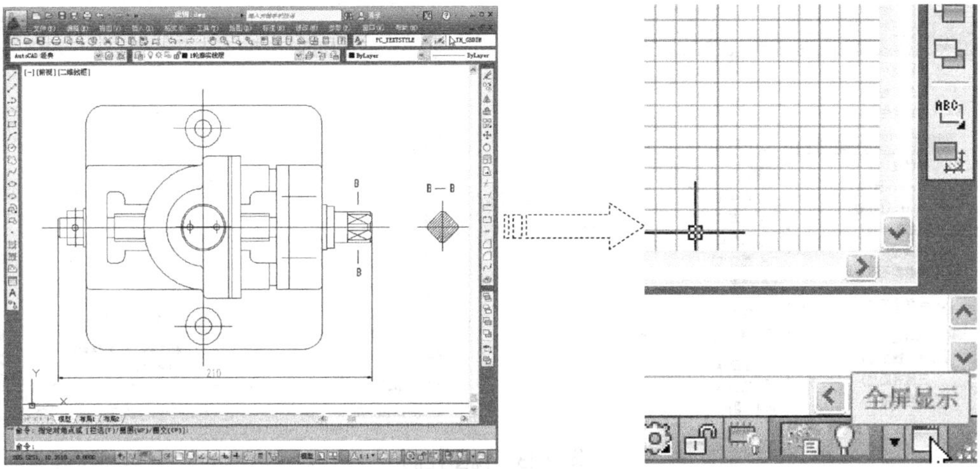

（a）一般显示绘图环境

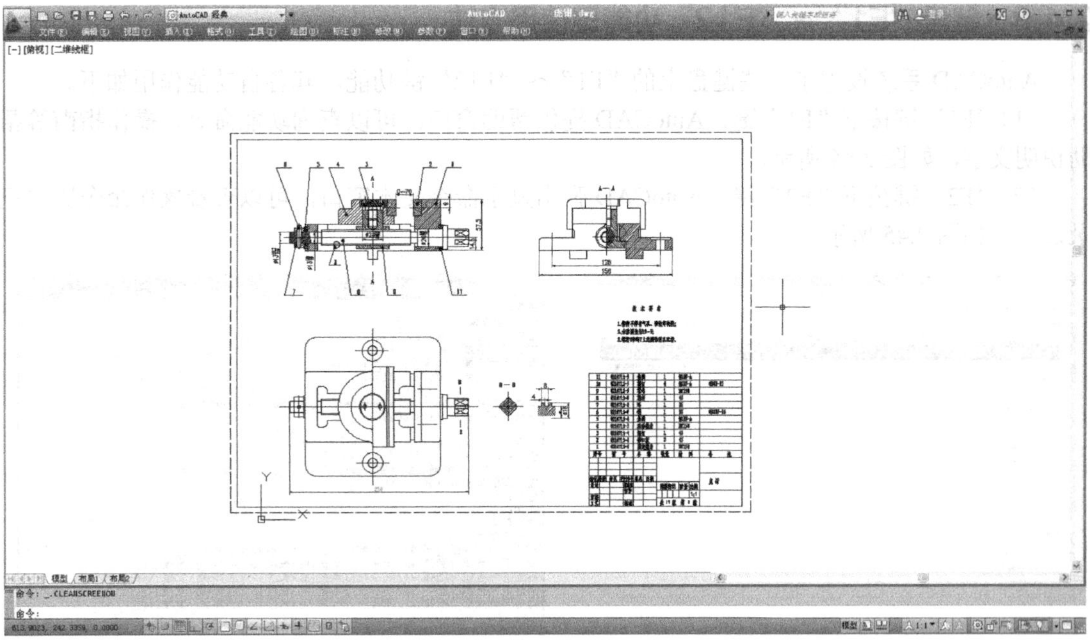

（b）全屏显示绘图环境

图 2.42　全屏显示

2.4.2　视图控制方法

视图控制只是对图形在屏幕上显示的位置进行改变和控制，并不更改图形中对象的位置和大小等。可以通过以下方法移动或缩放视图。

- 缩放屏幕视图范围：前后转动鼠标中间的轮子即可；或者不选定任何对象，在绘图区域单击鼠标右键，在弹出的快捷菜单中选择“缩放”，然后拖动鼠标即可进行。
- 平移屏幕视图范围：不选定任何对象，在绘图区域单击鼠标右键，在弹出的快捷菜单中选择“平移”，然后拖动鼠标即可进行，如图 2.43 所示。
- 在“命令”输入“ZOOM”或“Z”（缩放视图）、“PAN”或“P”（平移视图）。
- 单击“标准”工具栏上的“实时缩放”或“实时平移”按钮，也可以单击底部状态栏上的“缩放”“平移”，即图标 。

要随时停止平移视图或缩放视图，请按“Enter”键或“Esc”键。

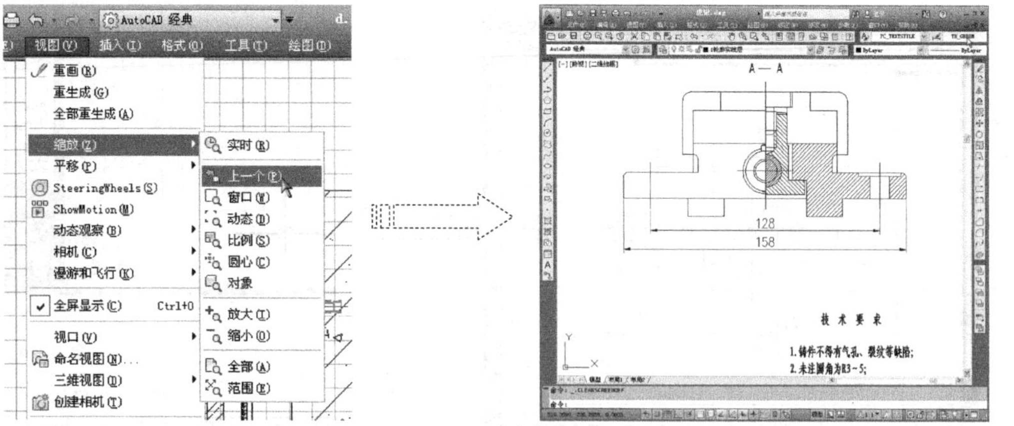

图 2.43 视图控制

2.4.3 键盘“F1”～“F12”功能键使用方法

AutoCAD 系统设置了一些键盘上的“F1”～“F12”键功能，其各自功能作用如下。

（1）“F1”键按下“F1”键，AutoCAD 提供帮助窗口，可以查询功能命令、操作指南等帮助说明文字，如图 2.44 所示。

（2）“F2”键按下“F2”键，AutoCAD 弹出显示命令文本窗口，可以查看操作命令历史记录过程，如图 2.45 所示。

图 2. 44 “F1”键提供帮助功能

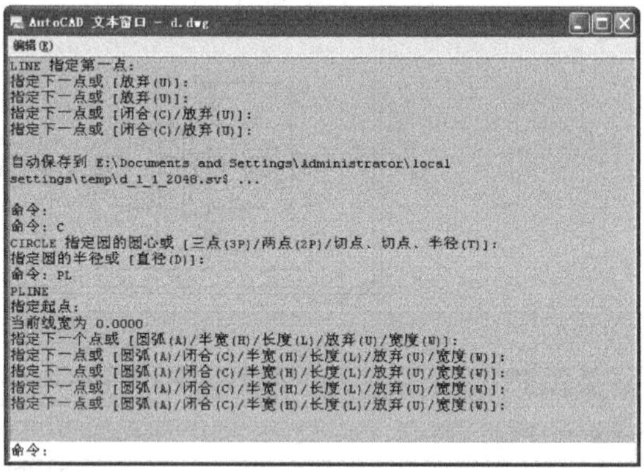

图 2.45 “F2”键显示命令文本窗口

（3）“F3”键开启、关闭对象捕捉功能。按下“F3”键，AutoCAD 控制绘图对象捕捉进行切换，再按一下“F3”键，关闭对象捕捉功能，再按一下“F3”键，启动对象捕捉功能，如图 2.46 所示。

（4）“F4”键开启、关闭三维对象捕捉功能，如图 2.47 所示。

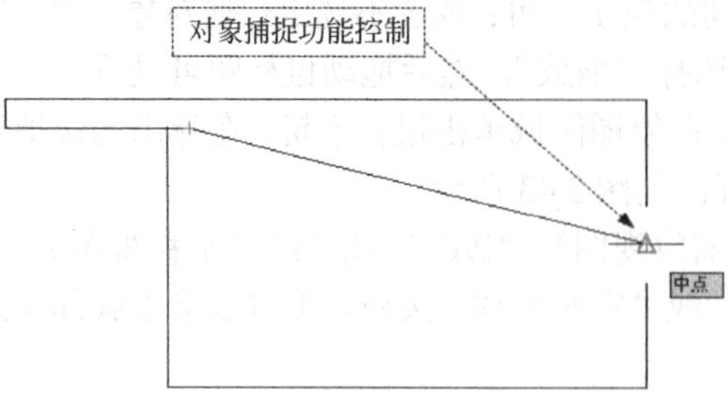

图 2.46 “F3”键控制捕捉功能

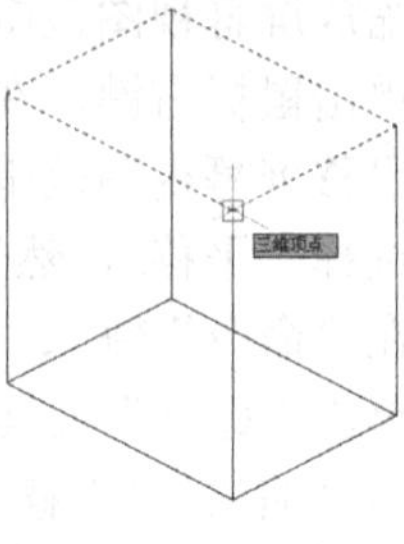

图 2.47 三维对象捕捉功能

（5）“F5”键　按下“F5”键，AutoCAD 提供在切换等轴测平面不同视图，包括等轴测平面俯视、等轴测平面右视、等轴测平面左视。这在绘制等轴测图时使用。如图 2.48 所示。

（6）“F6”键　按下“F6”键，AutoCAD 控制开启或关闭动态 UCS 坐标系。这在绘制三维图形使用 UCS 用。

（7）“F7”键　按下“F7”键，AutoCAD 控制显示或隐藏格栅线。如图 2.49 所示。

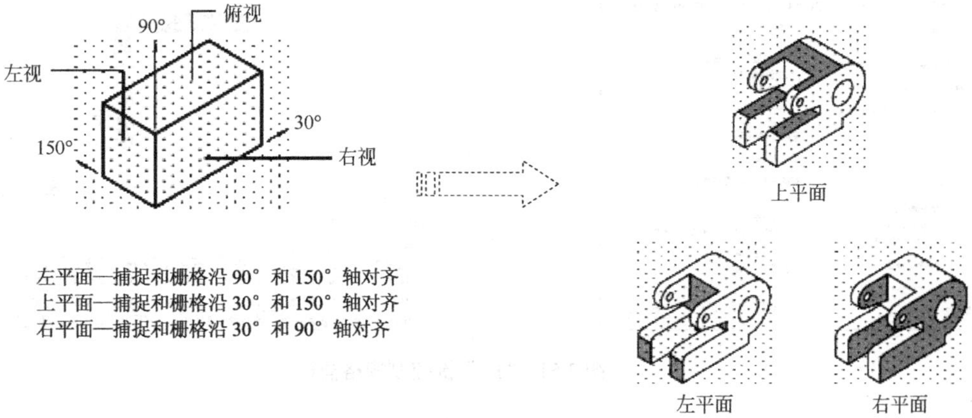

图 2.48　“F5”键切换等轴测平面不同视图

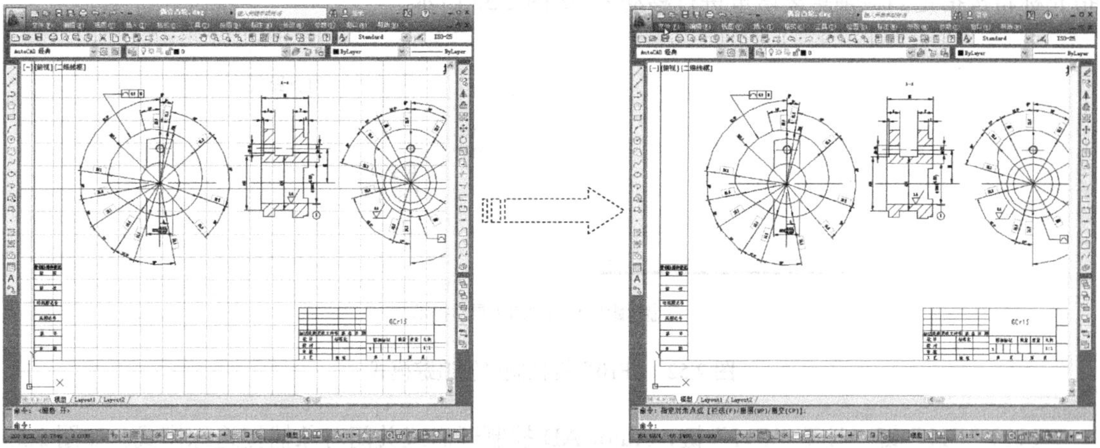

图 2.49　“F7”键控制显示或隐藏格栅线

（8）“F8”键　按下“F8”键，AutoCAD 控制绘图时图形线条是否为水平 / 垂直方向和倾斜方向，称为正交模式控制，如图 2.50 所示。

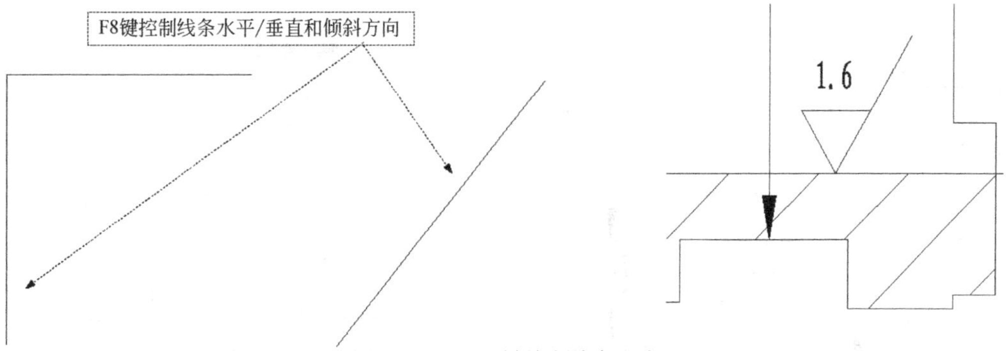

图 2.50　“F8”键控制线条方向

（9）“F9” 键　按下 “F9” 键，AutoCAD 控制绘图时通过指定栅格距离大小设置进行捕捉。与“F3”键不同，“F9”控制捕捉位置是不可见矩形栅格距离位置，以限制光标仅在指定的 X 和 Y 间隔内移动。打开或关闭此种捕捉模式，可以通过单击状态栏上的 “捕捉模式”、按 “F9” 键，或使用 SNAPMODE 系统变量，来打开或关闭捕捉模式。如图 2.51 所示。

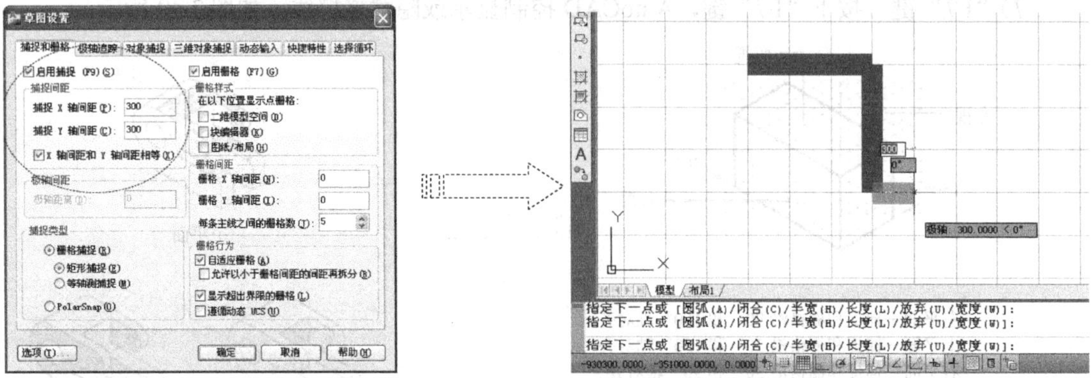

图 2.51　“F9” 键控制栅格捕捉

（10）“F10” 键　按下 “F10” 键，AutoCAD 控制开启或关闭极轴追踪模式（极轴追踪是指光标将按指定的极轴距离增量进行移动），如图 2.52 所示。

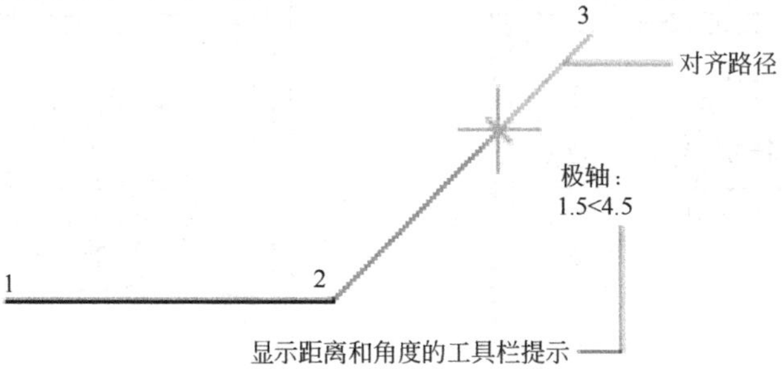

图 2.52　“F10” 键控制极轴追踪模式

（11）“F11” 键　按下 “F11” 键，AutoCAD 控制开启或关闭对象捕捉追踪模式。如图 2.53 所示。

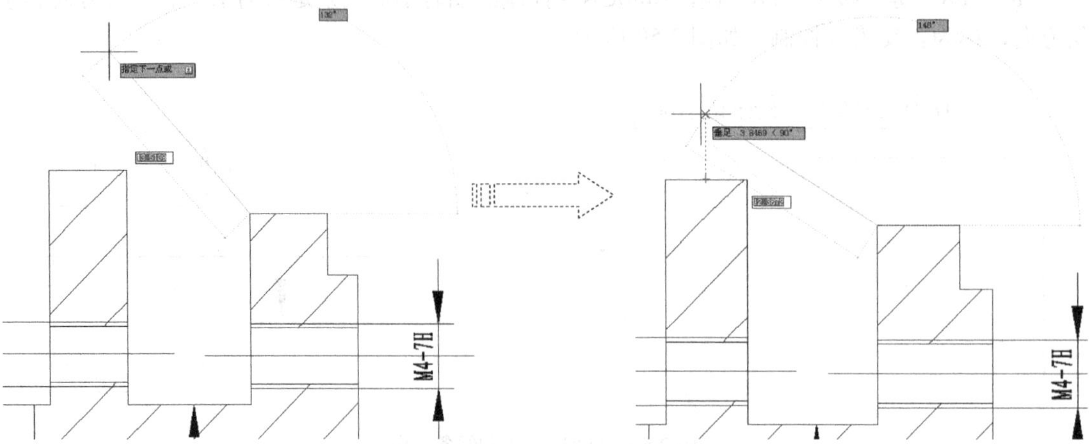

图 2.53　“F11” 键控制对象捕捉追踪模式

（12）“F12”键　按下“F12”键，AutoCAD 控制开启或关闭动态输入模式，如图 2.54 所示。

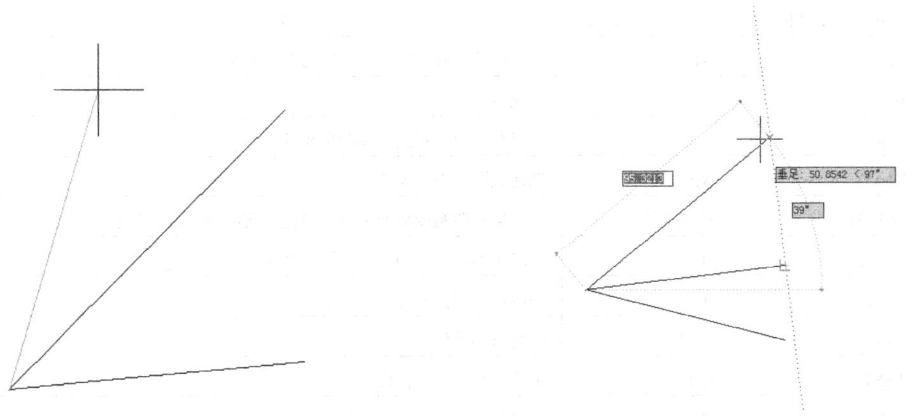

（a）关闭动态输入　　（b）开启动态输入

图 2.54 “F12”键控制动态输入模式

2.4.4 AutoCAD 功能命令别名（简写或缩写形式）

AutoCAD 软件绘图的各种功能命令是使用英语单词形式，即使是 AutoCAD 中文版也是如此，不能使用中文命令进行输入操作。例如，绘制直线的功能命令是“line”，输入的命令是“line”，不能使用中文“直线”作为命令输入。

另外，AutoCAD 软件绘图的各种功能命令不区分大小写，功能相同，在输入功能命令时可以使用大写字母，也可以使用小写字母。例如,输入绘制直线的功能命令时，可以使用“LINE”，也可以使用“line”，输入形式如下：

命令：LINE

或：

命令：line

AutoCAD 软件提供多种方式启动各种功能命令。一般可以通过以下 3 种方式执行相应的功能命令：

- 打开下拉菜单选择相应的功能命令选项。
- 单击相应工具栏上的相应功能命令图标。
- 在“命令：”命令行提示下直接输入相应功能命令的英文字母（注：不能使用中文汉字作为命令输入）。

命令别名是在命令提示下代替整个命令名而输入的缩写或简写。例如，可以输入“c”代替“circle”来启动 CIRCLE 命令。别名与键盘快捷键不同，快捷键是多个按键的组合，例如 SAVE 的快捷键是“CTRL+S”。

具体地说，在使用 AutoCAD 软件绘图的各种功能命令时，部分绘图和编辑等功能命令可以使用其缩写形式代替，二者作用完全相同。例如，绘制直线的功能命令“line”，其缩写形式为“l”，在输入时可以使用“LINE”或“line”，也可以使用“L”或“l”，它们作用完全相同，即：

命令：LINE

或：

命令：L

AutoCAD 软件常用的绘图和编辑功能命令别名（缩写形式）主要有如表 2.1 所列。

表 2.1 AutoCAD 软件常用的绘图和编辑功能命令别名（缩写形式）

序号	功能命令全称	命令缩写形式	功能作用
1	ALIGN	AL	在二维和三维空间中将对象与其他对象对齐
2	ARC	A	创建圆弧
3	AREA	AA	计算对象或所定义区域的面积和周长
4	ARRAY	AR	创建按图形中对象的多个副本
5	BHATCH	H 或 BH	使用填充图案或渐变填充来填充封闭区域或选定对象
6	BLOCK	B	从选定的对象中创建一个块定义
7	BREAK	BR	在两点之间打断选定对象
8	CHAMFER	CHA	给对象加倒角
9	CHANGE	CH	更改现有对象的特性
10	CIRCLE	C	创建圆
11	COPY	CO 或 CP	在指定方向上按指定距离复制对象
12	DDEDIT	ED	编辑单行文字、标注文字、属性定义和功能控制边框
13	DDVPOINT	VP	设置三维观察方向
14	DIMBASELINE	DBA	从上一个标注或选定标注的基线处创建线性标注、角度标注或坐标标注
15	DIMALIGNED	DAL	创建对齐线性标注
16	DIMANGULAR	DAN	创建角度标注
17	DIMCENTER	DCE	创建圆和圆弧的圆心标记或中心线
18	DIMCONTINUE	DCO	创建从先前创建的标注的尺寸界线开始的标注
19	DIMDIAMETER	DDI	为圆或圆弧创建直径标注
20	DIMEDIT	DED	编辑标注文字和尺寸界线
21	DIMLINEAR	DLI	创建线性标注
22	DIMRADIUS	DRA	为圆或圆弧创建半径标注
23	DIST	DI	测量两点之间的距离和角度
24	DIVIDE	DIV	创建沿对象的长度或周长等间隔排列的点对象或块
25	DONUT	DO	创建实心圆或较宽的环
26	DSVIEWER	AV	打开“鸟瞰视图”窗口
27	DVIEW	DV	使用相机和目标来定义平行投影或透视视图
28	ELLIPSE	EL	创建椭圆或椭圆弧
29	ERASE	E	从图形中删除对象
30	EXPLODE	X	将复合对象分解为其组件对象
31	EXPORT	EXP	以其他文件格式保存图形中的对象
32	EXTEND	EX	扩展对象以与其他对象的边相接
33	EXTRUDE	EXT	通过延伸对象的尺寸创建三维实体或曲面
34	FILLET	F	给对象加圆角
35	HIDE	HI	重生成不显示隐藏线的三维线框模型
36	IMPORT	IMP	将不同格式的文件输入当前图形中
37	INSERT	I	将块或图形插入当前图形中
38	LAYER	LA	管理图层和图层特性
39	LEADER	LEAD	创建连接注释与特征的线
40	LENGTHEN	LEN	更改对象的长度和圆弧的包含角

续表

序号	功能命令全称	命令缩写形式	功能作用
41	LINE	L	创建直线段
42	LINETYPE	LT	加载、设置和修改线型
43	LIST	LI	为选定对象显示特性数据
44	LTSCALE	LTS	设定全局线型比例因子
45	LWEIGHT	LW	设置当前线宽、线宽显示选项和线宽单位
46	MATCHPROP	MA	将选定对象的特性应用于其他对象
47	MIRROR	MI	创建选定对象的镜像副本
48	MLINE	ML	创建多条平行线
49	MOVE	M	在指定方向上按指定距离移动对象
50	MTEXT	MT 或 T	创建多行文字对象
51	OFFSET	O	创建同心圆、平行线和平行曲线
52	PAN	P	将视图平面移到屏幕上
53	PEDIT	PE	编辑多段线和三维多边形网格
54	PLINE	PL	创建二维多段线
55	POINT	PO	创建点对象
56	POLYGON	POL	创建等边闭合多段线
57	PROPERTIES	CH	控制现有对象的特性
58	PURGE	PU	删除图形中未使用的项目，例如块定义和图层
59	RECTANG	REC	创建矩形多段线
60	REDO	U	恢复上一个用 UNDO 或 U 命令放弃的效果
61	REDRAW	R	刷新当前视口中的显示
62	REVOLVE	REV	通过绕轴扫掠对象创建三维实体或曲面
63	ROTATE	RO	绕基点旋转对象
64	SCALE	SC	放大或缩小选定对象，使缩放后对象的比例保持不变
65	SECTION	SEC	使用平面和实体、曲面或网格的交集创建面域
66	SLICE	SL	通过剖切或分割现有对象，创建新的三维实体和曲面
67	SOLID	SO	创建实体填充的三角形和四边形
68	SPLINE	SPL	创建通过拟合点或接近控制点的平滑曲线
69	SPLINEDIT	SPE	编辑样条曲线或样条曲线拟合多段线
70	STRETCH	S	拉伸与选择窗口或多边形交叉的对象
71	STYLE	ST	创建、修改或指定文字样式
72	SUBTRACT	SU	通过减法操作来合并选定的三维实体或二维面域
73	TORUS	TOR	创建圆环形的三维实体
74	TRIM	TR	修剪对象以与其他对象的边相接
75	UNION	UNI	通过加操作来合并选定的三维实体、曲面或二维面域
76	UNITS	UN	控制坐标和角度的显示格式和精度
77	VIEW	V	保存和恢复命名视图、相机视图、布局视图和预设视图
78	VPOINT	VP	设置图形的三维可视化观察方向
79	WBLOCK	W	将对象或块写入新图形文件
80	WEDGE	WE	创建三维实体楔体

2.5 AutoCAD 图形坐标系

在命令提示输入点时，可以使用定点设备指定点，也可以在命令提示下输入坐标值。打开动态输入时，可以在光标旁边的工具提示中输入坐标值。可以按照笛卡尔坐标（*X*,*Y*）或极坐标输入二维坐标。笛卡尔坐标系有三个轴，即 *X*、*Y* 和 *Z* 轴。输入坐标值时，需要指示沿 *X*、*Y* 和 *Z* 轴相对于坐标系原点（0,0,0）点的距离（以单位表示）及其方向（正或负）。在二维中，在 *XY* 平面（也称为工作平面）上指定点。工作平面类似于平铺的网格纸。笛卡尔坐标的 *X* 值指定水平距离，*Y* 值指定垂直距离。原点（0,0）表示两轴相交的位置。 极坐标使用距离和角度来定位点。使用笛卡尔坐标和极坐标，均可以基于原点（0,0）输入绝对坐标，或基于上一指定点输入相对坐标。输入相对坐标的另一种方法是：通过移动光标指定方向，然后直接输入距离。此方法称为直接距离输入。可以用科学、小数、工程、建筑或分数格式输入坐标。可以使用百分度、弧度、勘测单位或度/分/秒输入角度。UNITS 命令控制了单位的格式。

AutoCAD 图形的位置是由坐标系来确定的，AutoCAD 环境下使用 2 个坐标系，即世界坐标系、用户坐标系。

一般地，AutoCAD 以屏幕的左下角为坐标原点“O（0，0，0）”，“*X*”轴为水平轴，向右为正；“*Y*”轴为垂直轴，向上为正；“*Z*”轴则根据右手规则确定，垂直于“*XOY*”平面，指向使用者，如图 2.55（a）所示。这样的坐标系称为世界坐标系（World Coordinate System），简称 WCS，有时又称通用坐标系，世界坐标系是固定不变的。AutoCAD 允许根据绘图时的不同需要，建立自己专用的坐标系，即用户坐标系（User Coordinate System），简称 UCS，用户坐标系主要在三维绘图时使用。如果图标显示在当前 UCS 的原点处，则图标中有一个加号（+）。如果图标显示在视口的左下角，则图标中没有加号。常见的 AutoCAD 的 UCS 图标如图 2.55（b）所示。

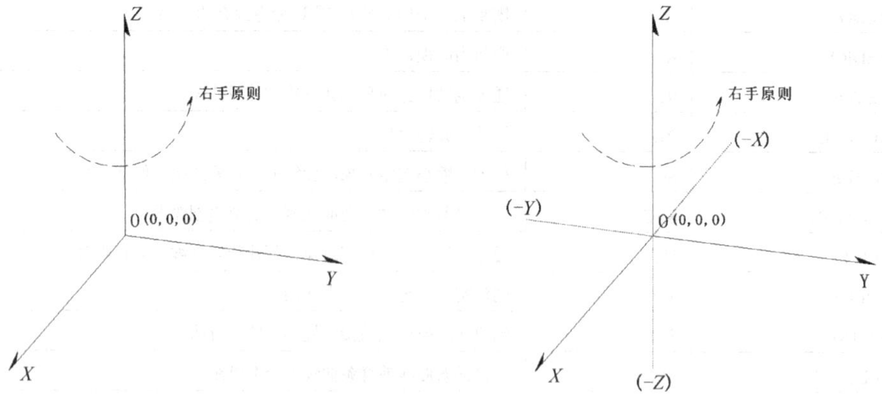

（a）AutoCAD 方向确定原则

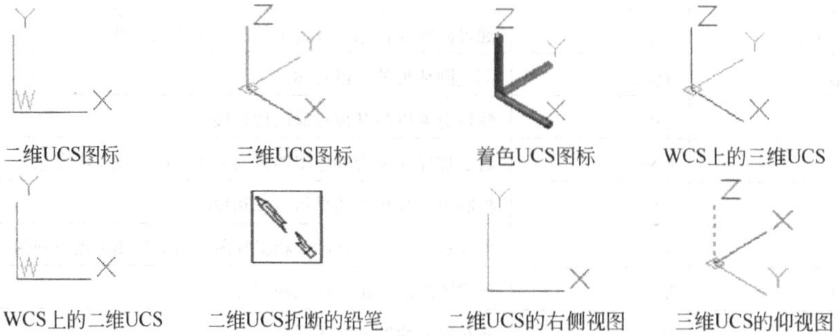

（b）常见 UCS 图标

图 2.55 AutoCAD 坐标

2.5.1 AutoCAD 坐标系设置

（1）坐标系的形式 AutoCAD 在屏幕上最常见的坐标系表示形式，如图 2.56 所示。在 AutoCAD 环境下进行图形绘制时，可以采用绝对直角坐标、相对直角坐标、相对极坐标、球坐标或柱坐标等方法确定点的位置，后两种坐标在三维坐标系中使用，在此不详细论述。

可以使 AutoCAD 显示或隐藏其坐标系图标。坐标显示的设置可由如下 2 种方法实现：

■ 在“命令:”下输入 UCSICON 命令，即：

命令：UCSICON（控制坐标系图标显示）

输入选项 [开(ON)/关(OFF)/全部(A)/非原点(N)/原点(OR)/特性(P)] <开>：（输入 ON 或 OFF 控制显示）

■ 打开“视图”下拉菜单，选择“显示”命令。接着选择“UCS 图标”命令，最后选择“开”命令在开 / 关进行切换。

（2）坐标显示 在屏幕的左下角状态栏中，AutoCAD 提供了一组用逗号隔开的数字，从左至右分别代表 *X* 轴、*Y* 轴和 *Z* 轴的坐标值，如图 2.57 所示。当移动鼠标时，坐标值将随着变化，状态栏中所显示的坐标值是光标的当前位置。在二维坐标系下，随着光标的移动，（*X*，*Y*）数值不断发生变化，而 *Z* 值保持一定的稳定性。

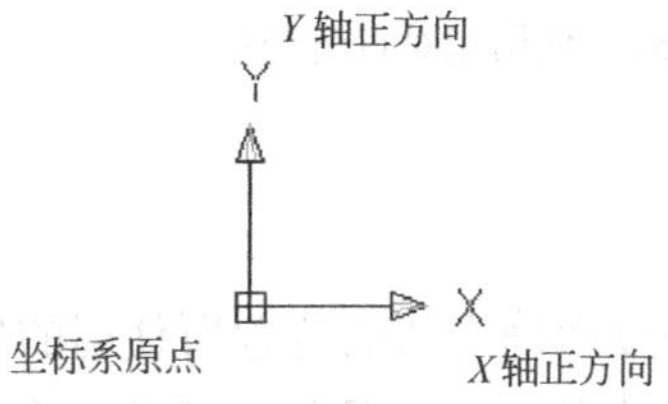

图 2.56 常见坐标系形式

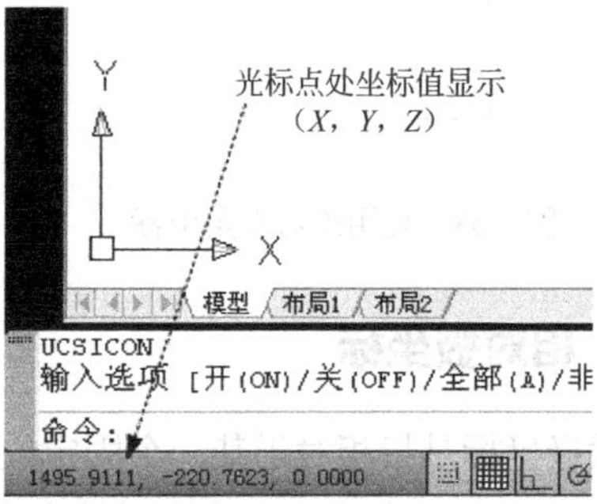

图 2.57 坐标值（*X*，*Y*，*Z*）

2.5.2 绝对直角坐标

AutoCAD 通过直接输入坐标值“（*X*，*Y*，*Z*）”在屏幕上上确定唯一的点位置，该坐标“（*X*，*Y*，*Z*）”是相对于坐标系的原点（0，0，0）的，称为绝对直角坐标。在二维平面条件下，只需考虑 *X*、*Y* 的坐标值即可，*Z* 的值恒为 0，即（*X*，*Y*）。

AutoCAD 绝对直角坐标的输入方法为：在命令提示后通过键盘直接以“*X*，*Y*”形式输入，例如图 2.58 所示的直线 AB。若坐标数值为负，则直线的方向与正值相反。

命令：LINE（输入绘制直线 AB 命令）

指定第一点：6,8（输入直线起点 A 的坐标值）

指定下一点或 [放弃(U)]：12,28（输入直线终点 B 的坐标值）

指定下一点或 [放弃(U)]：（回车结束）

2.5.3 相对直角坐标

除了绝对直角坐标外，AutoCAD 还可以利用“@*X*、*Y*、*Z*”方法精确地设定点的位置。“@*X*、*Y*、*Z*”表示相对于上一个点分别在 *X*、*Y*、*Z* 方向的距离。这样的坐标称为相对直角坐标。在二维平面环境（*XOY* 平面）下绘制图形对象，可以不考虑 *Z* 坐标，AutoCAD 将 *Z* 坐标保持为 0

不变，也即以“@*X*,*Y*”形式来表示。

AutoCAD 相对直角坐标的输入方法为：在命令提示后通过键盘直接以“@*X*，*Y*”形式输入。直线 *AC* 可以按相同方法（@0，13）绘制得到。若坐标数值为负，则直线的方向与正值相反。例如，以前述 *B* 为起点，绘制 *C* 点，如图 2.59 所示。

命令：LINE（输入绘制直线 *BC* 命令）

指定第一点：（直线起点捕捉端点 *B*）

指定下一点或 [放弃(U)]:@10，-8（输入直线终点 *C* 相对于 *B* 点的坐标值）

指定下一点或 [放弃(U)]：(回车)

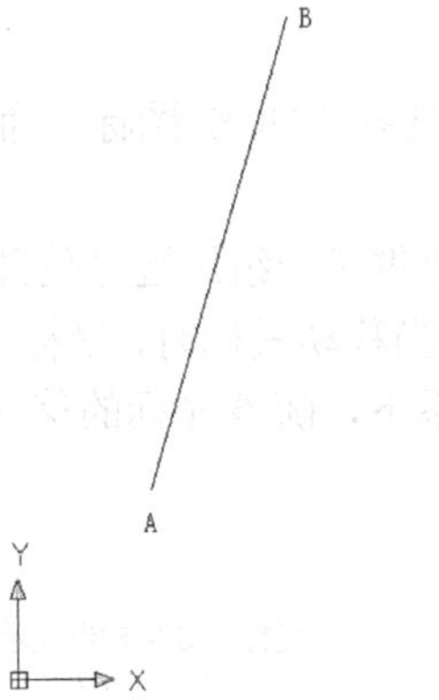

图 2.58 使用绝对直角坐标

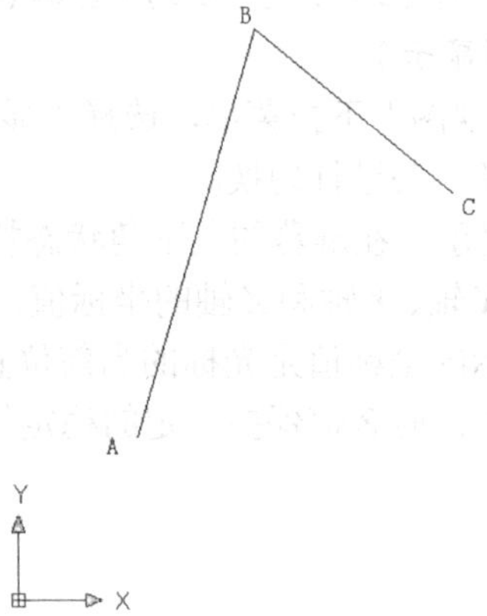

图 2.59 使用相对直角坐标

2.5.4 相对极坐标

相对极坐标是指相对于某一个固定位置点的距离和角度而确定新的位置所使用的坐标。在 AutoCAD 中默认的角度方向为逆时针方向，用极坐标进行点的定位总是相对于前一个点，而不是相对于原点。

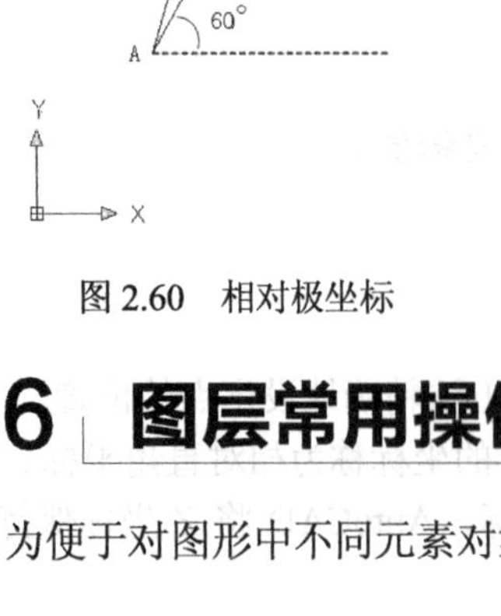

图 2.60 相对极坐标

AutoCAD 相对极坐标的输入方法为：在命令提示后通过键盘直接以“@*X*<*Y*”形式输入，其中 *X* 表示相对于前一个点的距离大小，*Y* 表示与坐标系水平 *X* 轴直线的角度大小。若坐标数值或角度为负，则直线的方向与正值相反，角度方向为顺时针方向。例如，如图 2.60 所示绘制直线 *AD*。

命令：LINE（输入绘制直线 *AD* 命令）

指定第一点：（直线起点捕捉端点 *A*）

指定下一点或 [放弃(U)]：@12<60（输入直线终点 *D* 相对于 *A* 点的距离 12 和与水平轴线的角度 60°）

指定下一点或 [放弃(U)]：(回车)

2.6 图层常用操作

为便于对图形中不同元素对象进行控制，AutoCAD 提供了图层（Layer）功能，即不同的透明存储层，可以存储图形中不同元素对象。每个图层都有一些相关联的属性，包括图层名、颜色、线型、线宽和打印样式等。图层是绘制图形时最为有效的图形对象管理手段和方式，极大地方便了图形的操作。此外，图层的建立、编辑和修改也简洁明了，操作极为便利。

2.6.1　建立新图层

通过如下几种方式建立 AutoCAD 新图层：

- 在“命令:”命令提示下输入“LAYER”命令。
- 打开“格式”下拉菜单，选择“图层”命令。
- 单击图层工具栏上的图层特性管理器图标。

执行上述操作后，系统将弹出“图层特性管理器”对话框。单击其中的“新建图层”按钮，在当前图层选项区域下将以“图层 1，图层 2……”的名称建立相应的图层，即为新的图层，该图层的各项参数采用系统默认值。然后单击“图层特性管理器”对话框右上角按钮关闭或自动隐藏。每一个图形都有 1 个 0 层，其名称不可更改，且不能删除该图层。其他所建立的图层各项参数是可以修改的，包括名称、颜色等属性参数，如图 2.61 所示。

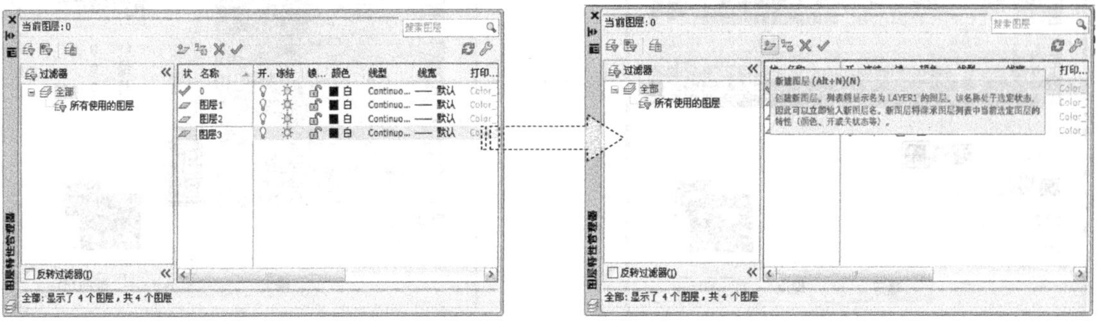

图 2.61　建立新的图层

2.6.2　图层相关参数的修改

可以对 AutoCAD 图层如下的属性参数进行编辑与修改。

（1）图层名称　图层的取名原则应简单易记，与图层中的图形对象紧密关联。图层名称的修改很简单，按前述方法打开“图层特性管理器”对话框，单击要修改图层名称后按箭头键“→”，该图层的名称出现一个矩形框，变为可修改，可以进行修改。也可以单击右键，在弹出的菜单中选择“重命名图层”即可修改，如图 2.62 所示。AutoCAD 系统对图层名称有一定的限制条件，不能采用“<、\、？、=、*、:”等符号作为图层名，其长度约 255 个字符。

（2）设置为当前图层　当前图层是指正在进行图形绘制的图层，即当前工作层，所绘制的图形将存放在当前图层中。因此，要绘制某类图形对象元素时，最好先将该类图形对象元素所在的图层设置为当前图层。

按前述方法打开“图层特性管理器”对话框，单击要设置为当前图层的图层，再单击“置为当前”按钮，该图层即为当前工作图层。如图 2.62 所示。

（3）图层颜色　AutoCAD 系统默认图层的颜色为白色或黑色。也可以根据绘图的需要修改图层的颜色。先按前面所述的方法启动“图层特性管理器”对话框，然后单击颜色栏下要改变颜色的图层所对应的图标。系统将弹出“选择颜色”对话框，在该对话框中用光标拾取颜色，最后单击“确定”按钮。该图层上的图形元素对象颜色即以此作为其色彩，如图 2.63 所示。

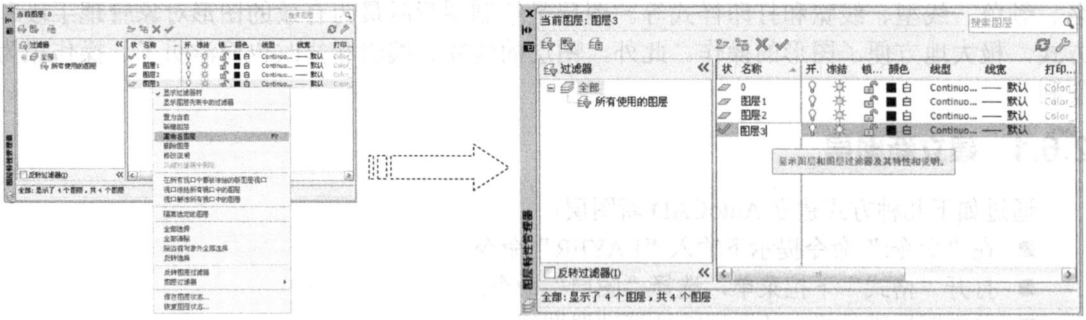

图 2.62 修改图层名称

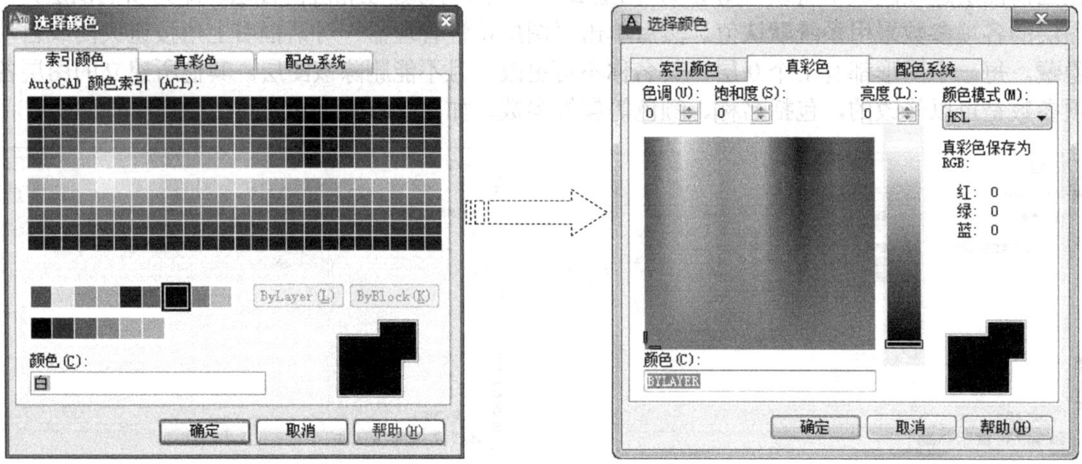

图 2.63 修改图层颜色

（4）删除图层和隐藏图层　先按前面所述的方法启动“图层特性管理器”对话框，然后在弹出“图层特性管理器”对话框中，单击要删除的图层，再单击“删除”按钮，最后单击“确定”按钮。该图层即被删除。只有图层为空图层时，即图层中无任何图形对象元素时，才能对其进行删除操作。此外“0”“defpoints”图层不能被删除。

隐藏图层操作是指将该图层上的所有图形对象元素隐藏起来，不在屏幕中显示出来，但图形对象元素仍然保存在图形文件中。

要隐藏图层，先按前面所述的方法启动“图层特性管理器”对话框，然后单击“开”栏下要隐藏的图层所对应的电灯泡图标，该图标将填充满颜色即是关闭隐藏。该图层上的图形元素对象不再在屏幕中显示出来。要重新显示该图层图形对象，只需单击该对应图标，使其变空即可。如图 2.64 所示。

（5）冻结与锁定图层　冻结图层是指将该图层设置为既不在屏幕上显示，也不能对其进行删除等编辑操作的状态。锁定图层与冻结图层不同之处在于该锁定后的图层仍然在屏幕上显示。注意当前图层不能进行冻结操作。

其操作与隐藏图层相似。先按前面所述的方法启动，然后单击“冻结/锁定”栏下要冻结/锁定的图层所对应的锁头图标，该图标将发生改变（颜色或形状改变）。冻结后图层上的图形元素对象不再在屏幕中显示出来，而锁定后图层上的图形元素对象继续在屏幕中显示出来但不能删除。要重新显示该图层图形对象，只需单击该对应图标，使图标发生改变即可。如图 2.65 所示。

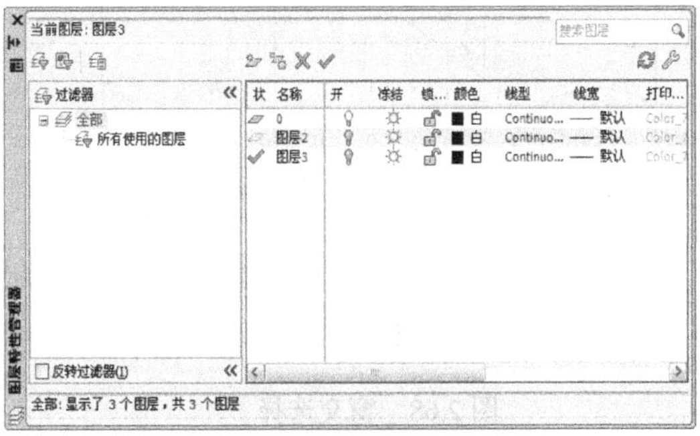

图 2.64　隐藏图层

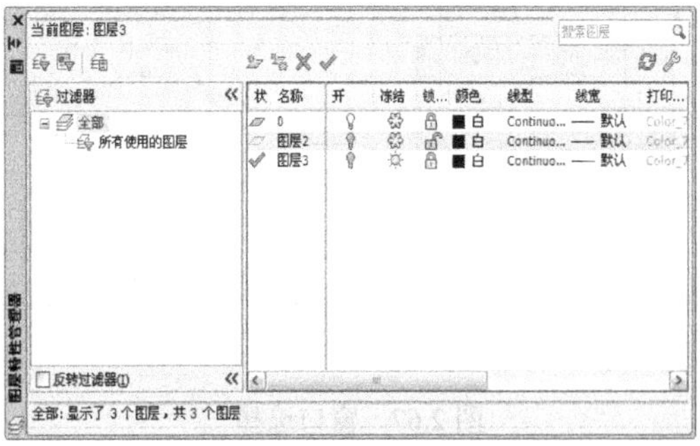

图 2.65　冻结与锁定图层

2.7 CAD 图形常用选择方法

在进行绘图时，需要经常选择图形对象进行操作。AutoCAD 提供了多种图形选择方法，其中最为常用的方式如下所述。

2.7.1　使用拾取框光标

矩形拾取框光标放在要选择对象的位置时，将亮显对象，单击鼠标左键即可选择图形对象。按住“Shift”键并再次选择对象，可以将其从当前选择集中删除。如图 2.66 所示。

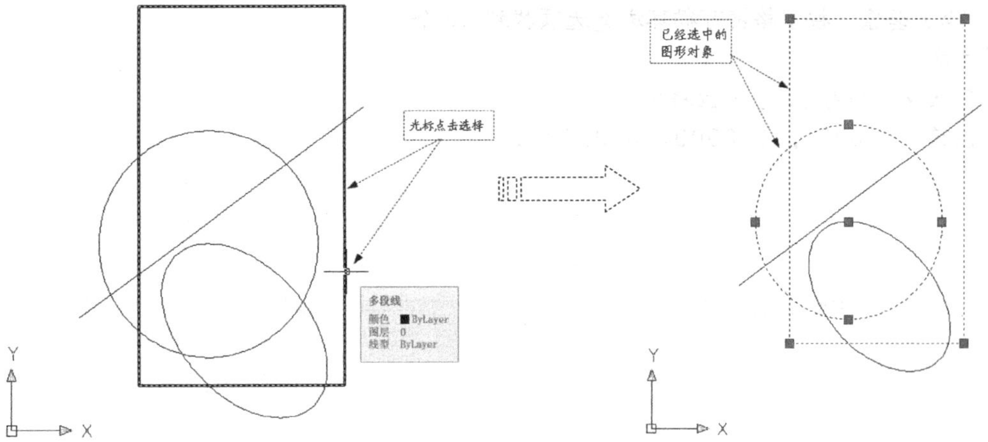

图 2.66　使用拾取框光标选择图形

2.7.2　使用矩形窗口选择图形

矩形窗口选择图形是指从第一点向对角点拖动光标的方向来确定选择的对象。使用“窗口选择”选择对象时，通常整个对象都要包含在矩形选择区域中才能选中。

（1）窗口选择　从左向右拖动光标，以仅选择完全位于矩形区域中的对象（自左向右方向，即从第 1 点至第 2 点方向进行选择），如图 2.67 所示。

（2）窗交选择　从左向右拖动光标，以选择矩形窗口包围的或相交的对象（自右向左方向，即从第 1 点至第 2 点方向进行选择），如图 2.68 所示。

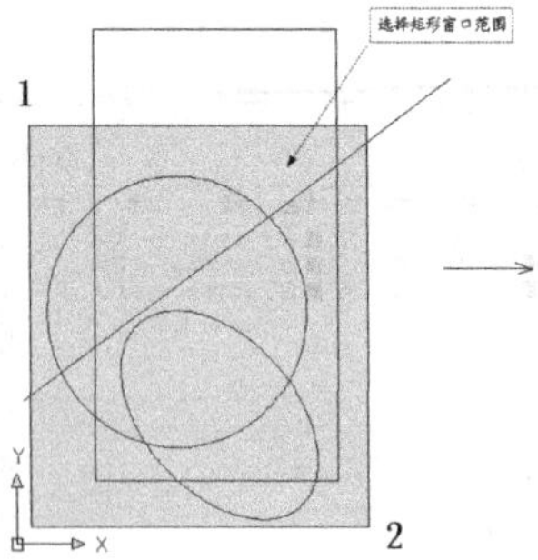

图 2.67　窗口选择

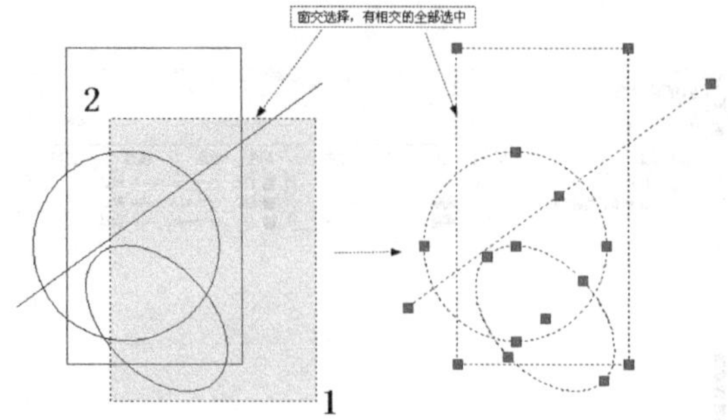

图 2.68　窗交选择

2.7.3　任意形状窗口选择图形

在 AutoCAD 2015～2019 及以上版本中，增加了图形选择的新功能，即可以任意形状的图形进行图形选择功能。操作方法如下，如图 2.69 所示。

（1）执行相关功能命令后，在提示“选择对象”时，按住鼠标左键不放，同时移动光标即可进行选择。

（2）对象选择完成后松开鼠标，穿越的图形被选择中，同时图形显示颜色改变。

（3）移动光标的方向顺时针或逆时针均可。只要窗口形状线（即“套索”）全部或部分穿越的图形，均被选中。

命令：MOVE

窗口(W)套索　按空格键可循环浏览选项找到 10 个

选择对象：

指定基点或 [位移(D)] <位移>：

指定位移 <0.0000, 0.0000, 0.0000>：

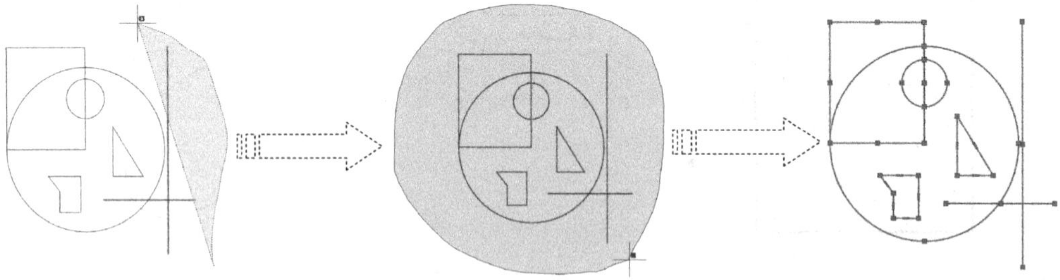

（a）套索全部穿越选择

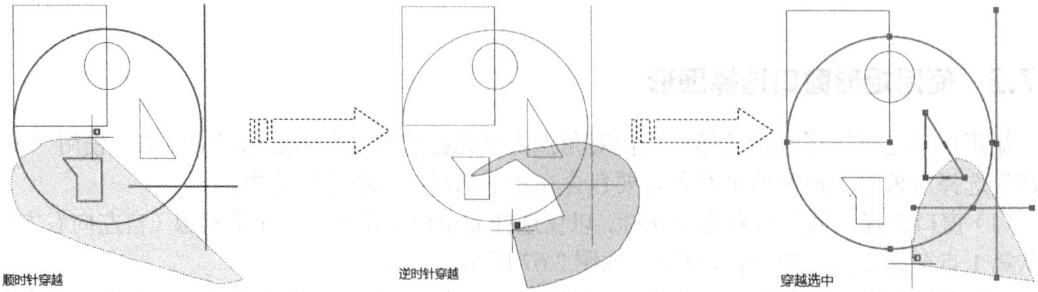

（b）套索部分穿越选择

图 2.69　任意形状窗口选择图形

2.8　常用 CAD 绘图快速操作技巧方法

在进行绘图操作时，有一些技巧是个人在实践中总结出来的，在相关 AutoCAD 文献中不易找到。本小节将介绍一些实用的 CAD 操作方法技巧，对绘图大有益处。熟能生巧，是最为有效的方法。

2.8.1　图形线型快速修改

CAD 图形线型是由虚线、点和空格组成的重复图案，显示为直线或曲线。可以通过图层将线型指定给对象，也可以不依赖图层而明确指定线型。在工程开始时加载工程所需的线型，以便在需要时使用。

（1）加载线型　加载线型的步骤如下：

① 依次单击“常用”选项卡 ➢ “特性”面板 ➢ “线型”。

② 在“线型”下拉列表中，单击“其他”。然后，在“线型管理器”对话框中，单击“加载”。

③ 在“加载或重载线型”对话框中，选择一种线型。单击“确定”。

如果未列出所需线型，请单击“文件”。在“选择线型文件”对话框中，选择一个要列出其线型的“lin”文件，然后单击该文件。此对话框将显示存储在选定的“lin”文件中的线型定义。选择一种线型。单击“确定”。

可以按住 Ctrl 键来选择多个线型，或者按住“Shift”键来选择一个范围内的线型。

④ 单击“确定”。 如图 2.70 所示。

（2）设定和更改当前线型　所有对象都是使用当前线型（显示在“特性”工具栏上的“线型”控件中）创建的，也可以使用“线型”控件设定当前的线型。如果将当前线型设定为“ByLayer”，则将使用指定给当前图层的线型来创建对象。 如果将当前线型设定为“ByBlock”，则将对象编组到块中之前，将使用“Continuous”线型来创建对象。将块插入到图形中时，此类对象将采用当前线型设置。 如果不希望当前线型成为指定给当前图层的线型，则可以明确指定其他线型。CAD 软件中某些对象（文字、点、视口、图案填充和块）不显示线型。

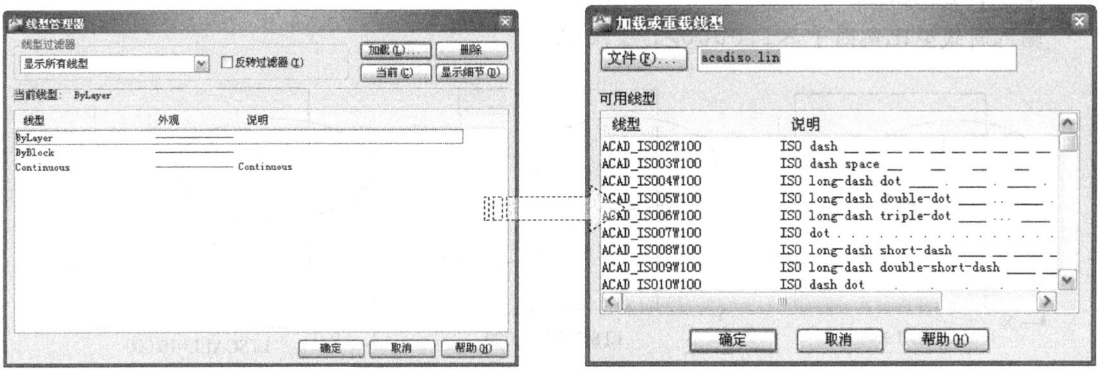

图 2.70　加载线型

为全部新图形对象设定线型的步骤如下：

① 依次单击“常用”选项卡 ➢ “特性”面板 ➢ “线型”。

② 在“线型”下拉列表中，单击“其他”。然后，在“线型管理器”对话框中，单击“加载”。

可以按住 Ctrl 键来选择多个线型，或者按住“Shift”键来选择一个范围内的线型。

③ 在“线型管理器”对话框中，执行以下操作之一：

选择一个线型并选择“当前”，以该线型绘制所有的新对象。

选择“ByLayer”以便用指定给当前图层的线型来绘制新对象。

选择“ByBlock”以便用当前线型来绘制新对象，直到将这些对象编组为块。将块插入到图形中时，块中的对象将采用当前线型设置。

④ 单击“确定”。

更改指定给图层的线型的步骤如下：

① 依次单击“常用”选项卡 ➤“图层”面板 ➤“图层特性”。

② 在“图层特性”管理器中，选择要更改的线型名称。

③ 在“选择线型”对话框中，选择所需的线型，单击“确定”。

④ 再次单击“确定”。

更改图形对象的线型方法，选择要更改其线型的对象。依次单击“常用”选项卡 ➤“选项板”面板 ➤“特性”。在“特性”选项板上，单击“线型”控件。选择要指定给对象的线型。可以通过以下三种方案更改对象的线型：

① 将对象重新指定给具有不同线型的其他图层。如果将对象的线型设定为“ByLayer”，并将该对象重新指定给其他图层，则该对象将采用新图层的线型。

② 更改指定给该对象所在图层的线型。如果将对象的线型设定为“ByLayer”，则该对象将采用其所在图层的线型。如果更改了指定给图层的线型，则该图层上指定了“ByLayer”线型的所有对象都将自动更新。

③ 为对象指定一种线型以替代图层的线型。可以明确指定每个对象的线型。如果要用其他线型来替代对象由图层决定的线型，请将现有对象的线型从“ByLayer”更改为特定的线型（例如 dashed）。

（3）控制线型比例　通过全局更改或分别更改每个对象的线型比例因子，可以以不同的比例使用同一种线型。默认情况下，全局线型和独立线型的比例均设定为 1.0。比例越小，每个绘图单位中生成的重复图案数越多。例如，设定为 0.5 时，每个图形单位在线型定义中显示两个重复图案。不能显示一个完整线型图案的短直线段显示为连续线段。对于太短，甚至不能显示一条虚线的直线，可以使用更小的线型比例。如图 2.71 所示。

```
命令：LTSCALE
输入新线型比例因子 <1.0000>: 1.000
```

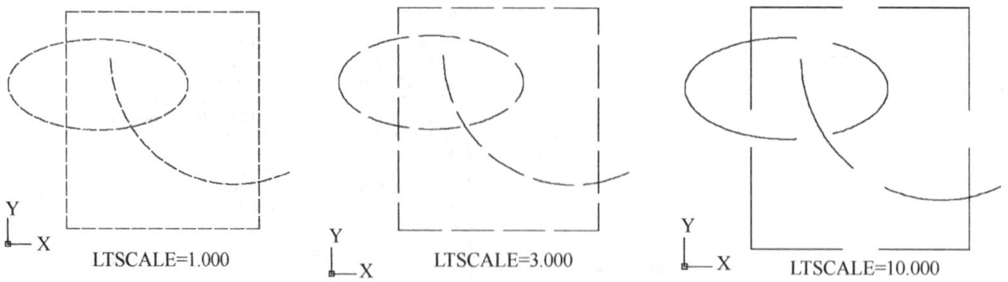

图 2.71　不同全局线型比例因子显示效果

“全局比例因子”的值控制 LTSCALE 系统变量，该系统变量可以全局更改新建对象和现有对象的线型比例。“当前对象缩放比例”的值控制 CELTSCALE 系统变量，该系统变量可以设定新建对象的线型比例。用 LTSCALE 的值与 CELTSCALE 的值相乘可以获得显示的线型比例。可以轻松地分别更改或全局更改图形中的线型比例。在布局中，可以通过 PSLTSCALE 调节各个视口中的线型比例。

2.8.2 快速准确定位复制方法

要将图形准确复制到指定位置，可以使用“带基点复制”的功能方法，即将选定的对象与指定的基点一起复制到剪贴板，然后将图形准确粘贴到指定位置。操作方法如下，如图 2.72 所示。

① 菜单方法　打开下拉菜单“编辑（E）” ➤ “带基点复制（B）”。

② 快捷菜单方法　终止所有活动命令，在绘图区域中单击鼠标右键，然后从剪贴板中选择“带基点复制”。

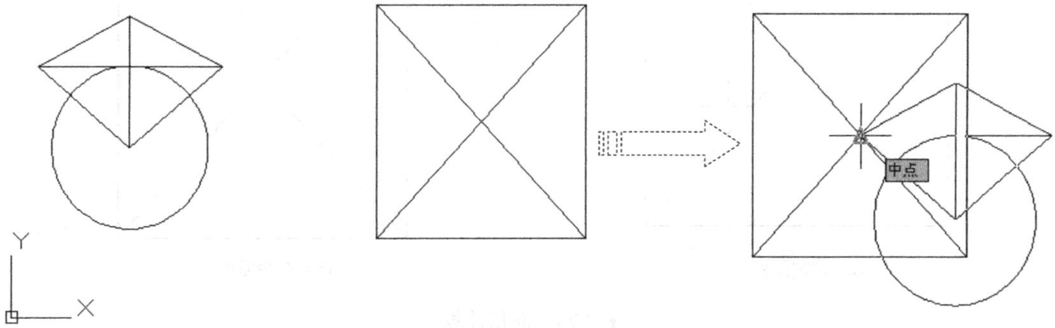

图 2.72　将图形准确复制到指定位置

2.8.3 图形面积和长度快速计算方法

（1）使用 AREA 功能命令　计算对象或所定义区域的面积和周长，可以使用 AREA 命令。操作步骤是在“工具（T）”下拉菜单 ➤ “查询（Q）” ➤ “面积（A）”。

命令: AREA

指定第一个角点或 [对象(O)/增加面积(A)/减少面积(S)] <对象(O)>:

选择对象:

区域 = 15860.5147, 周长 = 570.0757

其中：

① “对象（O)”选项：可以计算选定对象的面积和周长。可以计算圆、椭圆、样条曲线、多段线、多边形、面域和三维实体的面积。如果选择开放的多段线，将假设从最后一点到第一点绘制了一条直线，然后计算所围区域中的面积。计算周长时，将忽略该直线的长度；计算面积和周长时将使用宽多段线的中心线。

② “增加面积（A）”选项：打开“加”模式后，继续定义新区域时应保持总面积平衡。可以使用“增加面积”选项计算各个定义区域和对象的面积、周长，以及所有定义区域和对象的总面积。也可以进行选择以指定点。将显示第一个指定的点与光标之间的橡皮线。要加上的面积以绿色亮显，如图 2.73（a）所示。按“Enter”键 AREA 将计算面积和周长，并返回打开“加”模式后通过选择点或对象定义的所有区域的总面积。如果不闭合这个多边形，将假设从最后一点到第一点绘制了一条直线，然后计算所围区域中的面积。计算周长时，该直线的长度也会计算在内。

③ “减少面积（S）”选项：与“增加面积”选项类似，但减少面积和周长。可以使用“减少面积”选项从总面积中减去指定面积。也可以通过点指定要减去的区域。将显示第一个指定

的点与光标之间的橡皮线，指定要减去的面积以红色亮显，如图 2.73（b）所示。

计算由指定点所定义的面积和周长。所有点必须都在与当前用户坐标系（UCS）的 XY 平面平行的平面上。将显示第一个指定的点与光标之间的橡皮线。指定第二个点后，将显示具有绿色填充的直线段和多段线。 继续指定点以定义多边形，然后按“Enter”键完成周长定义。如果不闭合这个多边形，将假设从最后一点到第一点绘制了一条直线，然后计算所围区域中的面积。计算周长时，该直线的长度也会计算在内。

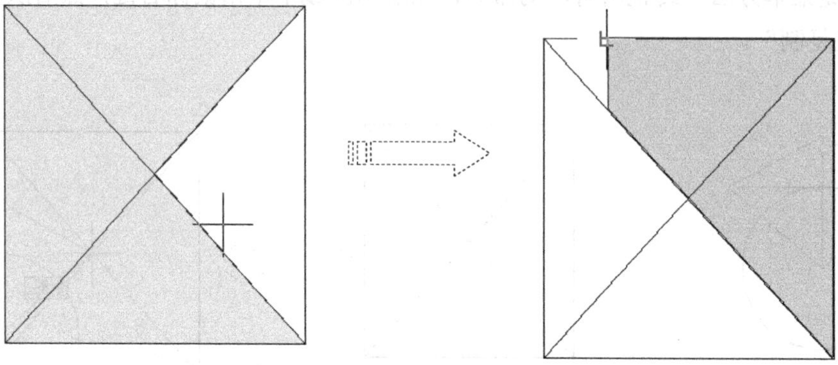

（a）增加面积　　（b）减少面积

图 2.73　面积计算

（2）使用 PLINE 和 LIST 命令计算面积　可使用 PLINE 创建闭合多段线，也可使用 BOUNDARY 可创建闭合多段线或面域。然后选择闭合图形使用 LIST 或“特性”选项板来查找面积，按下“F2”键可以看到面积等提示，如图 2.74 所示。

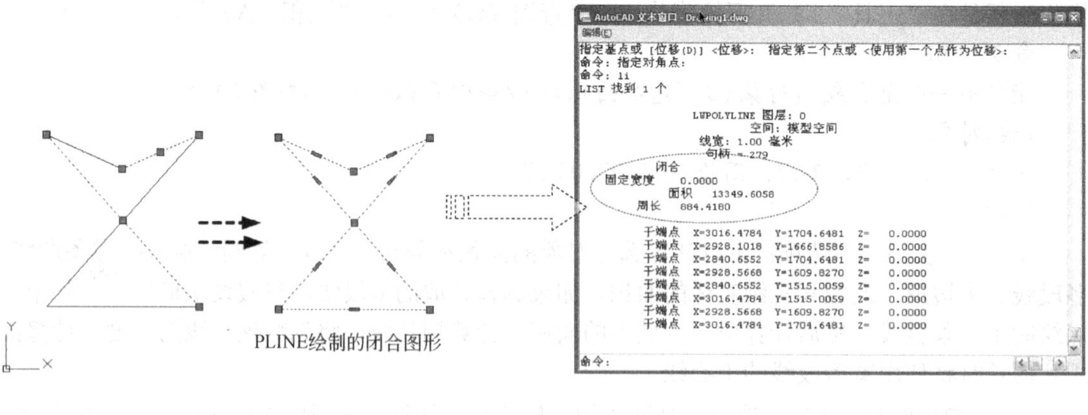

图 2.74　使用 PLINE 和 LIST 命令计算面积

（3）使用 BOUNDARY 和 LIST 命令计算面积　使用 BOUNDARY 从封闭区域创建面域或多段线，然后使用 LIST 计算面积方法，按下“F2”键可以看到面积等提示，如图 2.75 所示。

```
命令:BOUNDARY
拾取内部点： 正在选择所有对象...
正在选择所有可见对象...
正在分析所选数据...
正在分析内部孤岛...
```

拾取内部点：

BOUNDARY 已创建 1 个多段线

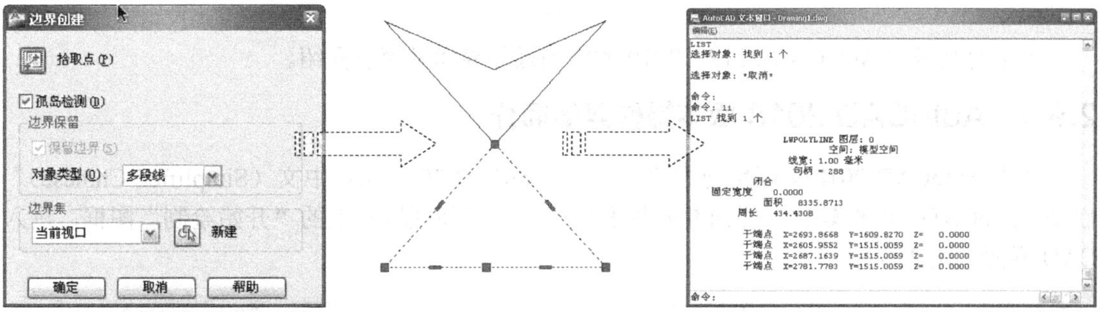

图 2.75 使用 BOUNDARY 和 LIST 命令计算面积

2.8.4 当前视图中图形显示精度快速设置

当前视图中图形显示精度设置也即设置当前视口中对象的分辨率，其功能命令是 VIEWRES。VIEWRES 使用短矢量控制圆、圆弧、样条曲线和圆弧式多段线的外观。矢量数目越大，圆或圆弧的外观越平滑。例如，如果创建了一个很小的圆然后将其放大，它可能显示为一个多边形。使用 VIEWRES 增大缩放百分比并重生成图形，可以更新圆的外观并使其平滑，如图 2.76 所示。

VIEWRES 设置保存在图形中。要更改新图形的默认值，请指定新图形所基于的样板文件中的 VIEWRES 设置。如果命名（图纸空间）布局首次成为当前设置而且布局中创建了默认视口，此初始视口的显示分辨率将与“模型”选项卡视口的显示分辨率相同。

命令：VIEWRES

是否需要快速缩放？[是(Y)/否(N)] <Y>：Y

输入圆的缩放百分比 (1-20000) <100>：20000（注意：最小为 1，最大 2 为 20000。）

正在重生成模型。

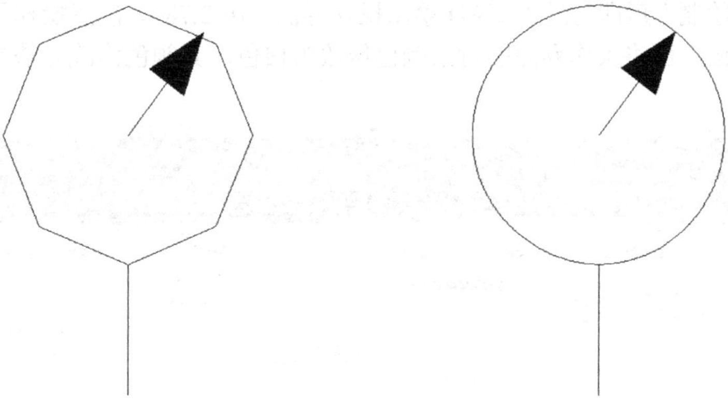

（a）VIEWRES=100　　（b）VIEWRES=20000

图 2.76 不同图形显示精度效果

2.9 AutoCAD 2018、2019 版本绘图操作界面介绍

本节对高版本 AutoCAD 2018、2019 的绘图操作界面做简要介绍。

2.9.1 AutoCAD 2018 版本操作界面简介

双击 AutoCAD 2018 桌面快捷方式图标“AutoCAD 2018-简体中文（Simplified Chinese）”启动 AutoCAD 2018 软件，弹出初始界面后，点击中间区域左上的“开始绘制”图框，进入 CAD 界面（图 2.77）。

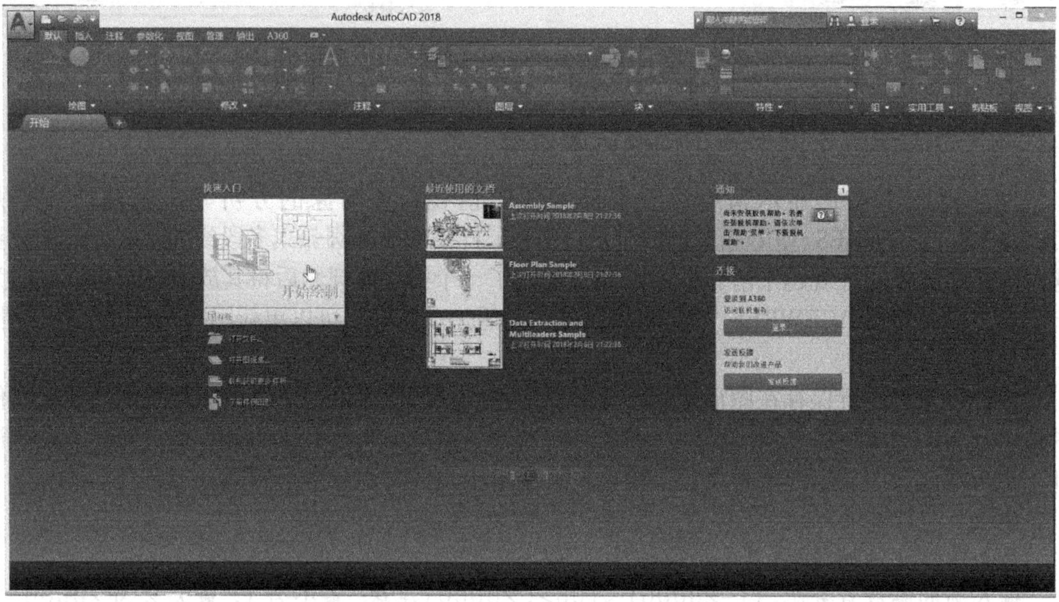

图 2.77 启动 AutoCAD 2018 版本操作界面

点击“开始绘制”后即可进入 CAD 绘图操作界面（图 2.78）。注意操作界面默认的颜色为黑色，为便于阅读，已将操作界面的背景颜色修改为白色，其颜色修改方法参考第 2 章 2.1 节相关讲述。

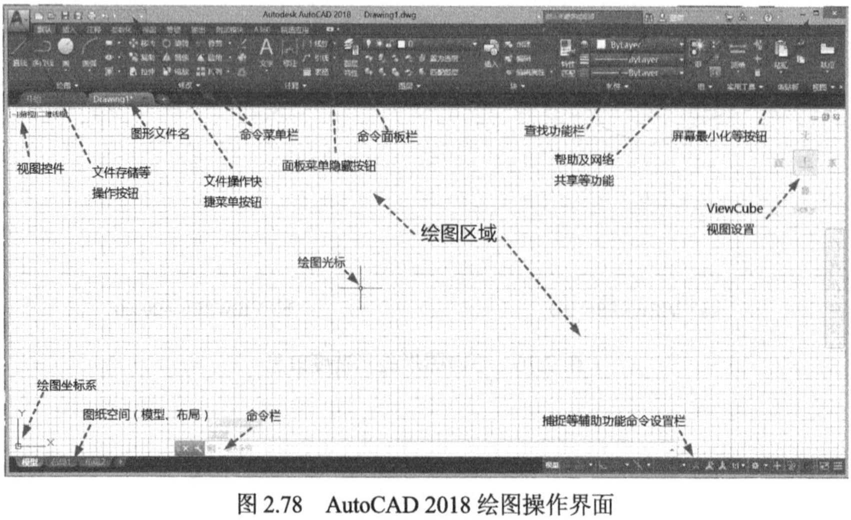

图 2.78 AutoCAD 2018 绘图操作界面

自 AutoCAD 2015 版本开始，绘图界面默认模式做了改变，不再是经典模式。通过以下步骤，很快就能创建经典工作界面：

（1）对 AutoCAD 2017 版本操作界面，切换为 AutoCAD 经典菜单模式的方法是点击左上角的“草图与注释/工作空间”右侧三角下拉按钮，选择“显示菜单栏/隐藏菜单栏”即可得到熟悉的传统操作界面——AutoCAD 经典。其他功能面板的显示控制，可以在区域任意位置点击右键，选择勾取进行关闭或打开显示，即可得到类似“AutoCAD 经典”模式操作界面。

（2）对 AutoCAD 2018 版本操作界面，切换为 AutoCAD 经典菜单模式的方法如下。

① 在 AutoCAD 2018 操作界面左上角单击快速启动栏的按钮，在下拉菜单中单击“显示菜单栏”命令，如图 2.79 所示。再次单击快速启动栏的按钮，在下拉菜单中单击“隐藏菜单栏”命令，隐藏菜单栏，或者在菜单栏工具条上右击，单击“显示菜单栏”，则系统不显示经典菜单栏。

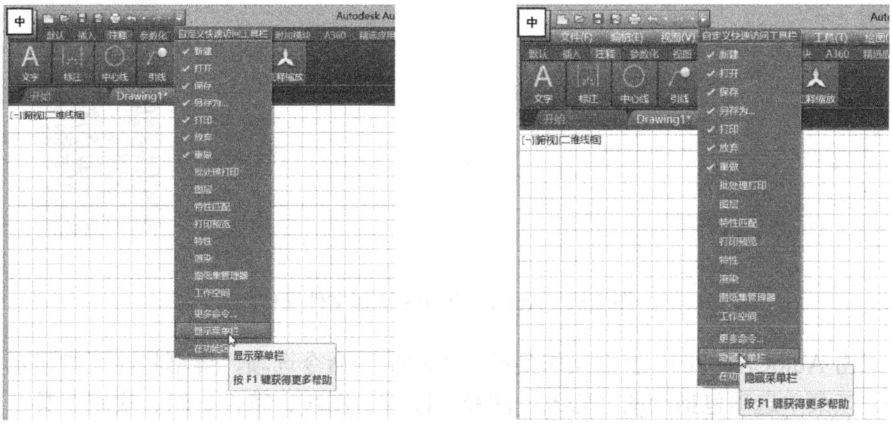

图 2.79　“切换工作空间”选项

② 经过上一步操作后，系统显示经典菜单栏，包含“文件、编辑、视图、插入、格式、工具、绘图、标注、修改、参数、窗口、帮助”，如图 2.80 所示。

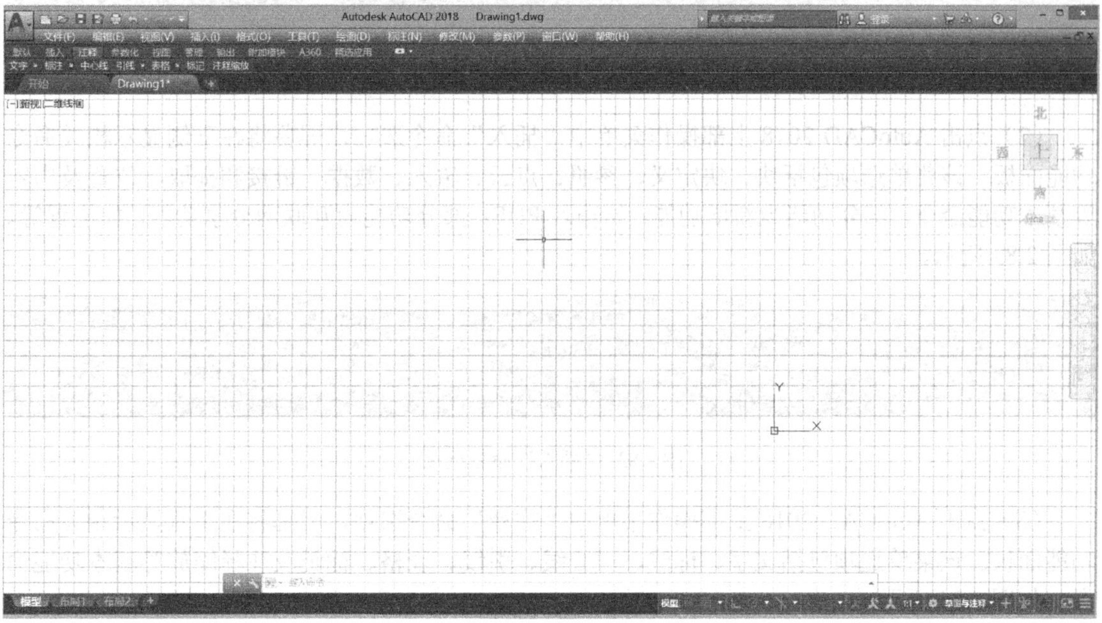

图 2.80　操作界面显示经典菜单栏

2.9.2 AutoCAD 2018 主要功能命令菜单简介

点击 AutoCAD 2018 左上角的“A”大图标，为 AutoCAD 2018 图形文件基本操作菜单，包括打开文件、保存文件、输入输出文件、发布打印文件等功能命令以及最近使用图形文件历史记录。A 图标右侧最上面一栏为自定义快速访问工具栏，与前述文件菜单功能基本一致。如图 2.81 所示。

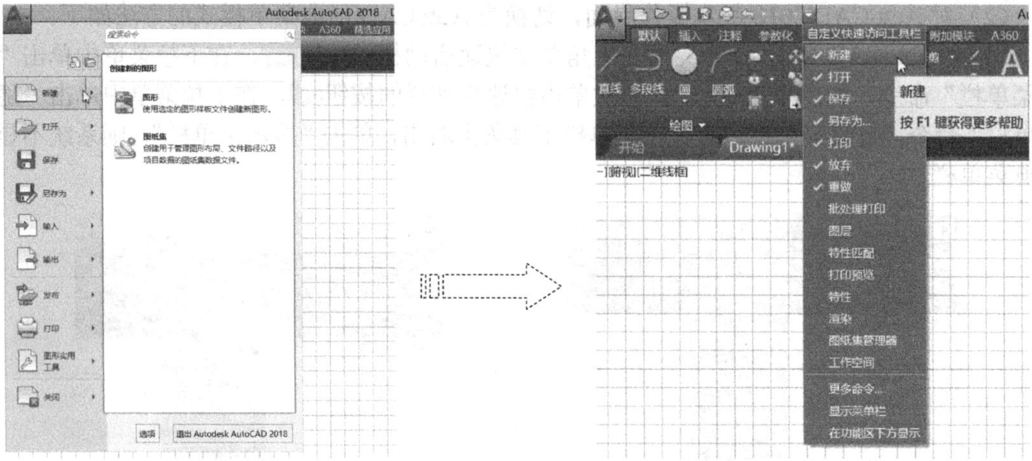

图 2.81　AutoCAD2018 快捷文件操作

（1）点击 AutoCAD 2018 上部操作菜单中“默认”命令选项，屏幕将在下侧显示相关命令功能面板。该菜单选项包括绘图、修改、注释、图层、图块、特性、组、实用工具、剪贴板、视图等基本功能命令栏（各个命令栏的大部分功能命令操作与早期版本一致，可参考后面章节论述，后同此）。如图 2.82 所示。

图 2.82　“默认”命令选项

（2）点击 AutoCAD 2018 上部操作菜单中“插入”命令选项，屏幕将在下侧显示相关命令功能面板。该菜单选项包括块、块定义、参照、点云、输入、数据、链接和提取、位置及内容等基本功能命令，部分功能为新增功能，如输入 PDF；部分功能为互联网分享功能，如位置等。如图 2.83 所示。

图 2.83　“插入”命令选项

（3）点击 AutoCAD 2018 上部操作菜单中“注释”命令选项，屏幕将在下侧显示相关命令功能面板。该菜单选项包括文字、标注、中心线、引线、表格、标记及注释缩放等基本功能命令，如图 2.84 所示。

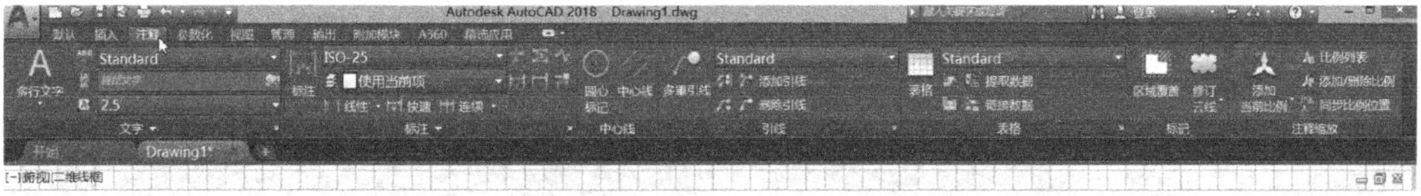

图 2.84 “注释”命令选项

（4）点击 AutoCAD 2018 上部操作菜单中“参数化”命令选项，屏幕将在下侧显示相关命令功能面板。该菜单选项包括几何、标注及管理等基本功能命令。如图 2.85 所示。

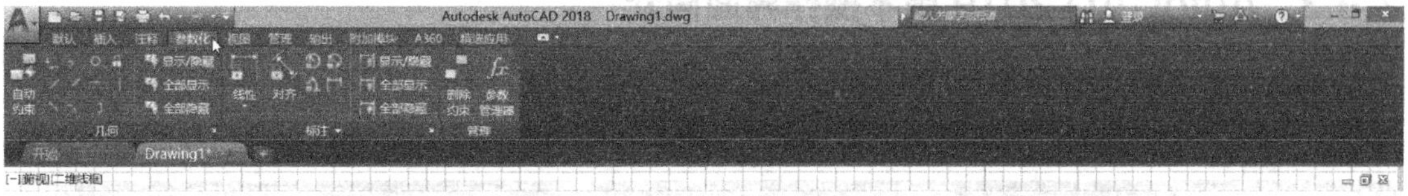

图 2.85 “参数化”命令选项

（5）点击 AutoCAD 2018 上部操作菜单中“视图”命令选项，屏幕将在下侧显示相关命令功能面板。该菜单选项包括视口工具、模型视口、选项板、界面等基本功能命令。如图 2.86 所示。

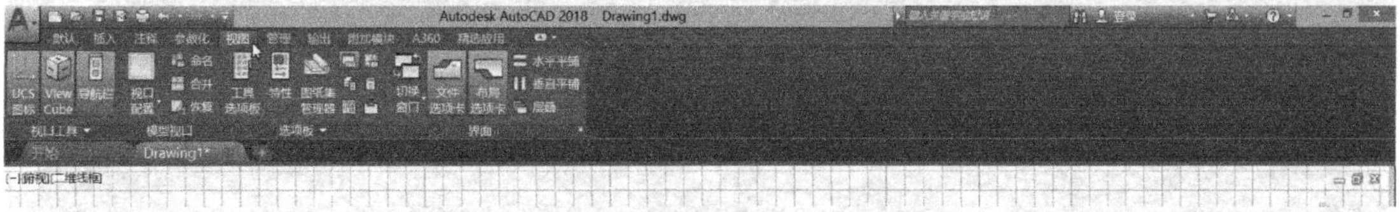

图 2.86 “视图”命令选项

（6）点击 AutoCAD 2018 上部操作菜单中“管理”命令选项，屏幕将在下侧显示相关命令功能面板。该菜单选项包括动作录制器、自定义设置、应用程序及 CAD 标准等基本功能命令。动作录制器为新增功能，可以将图形绘制过程进行录制并可动画播放，适合于互联网沟通分享。注意其录制文件为宏文件*.actm 格式。如图 2.87 所示。

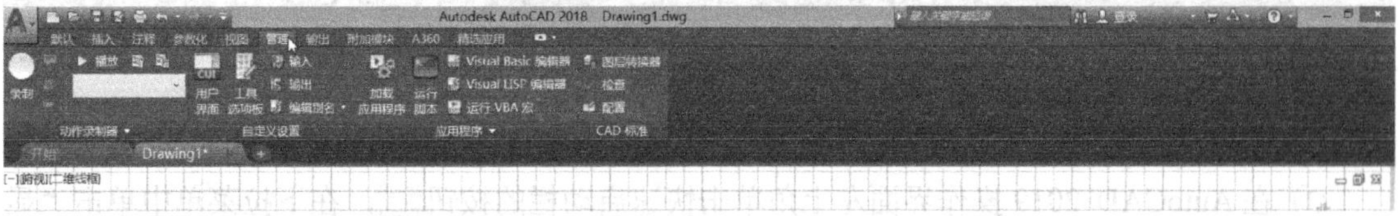

图 2.87 “管理”命令选项

（7）分别点击 AutoCAD 2018 上部操作菜单中“输出”命令选项，屏幕将在下侧显示相关命令功能面板，包括打印、预览、输出 PDF 格式文件等功能命令。如图 2.88 所示。

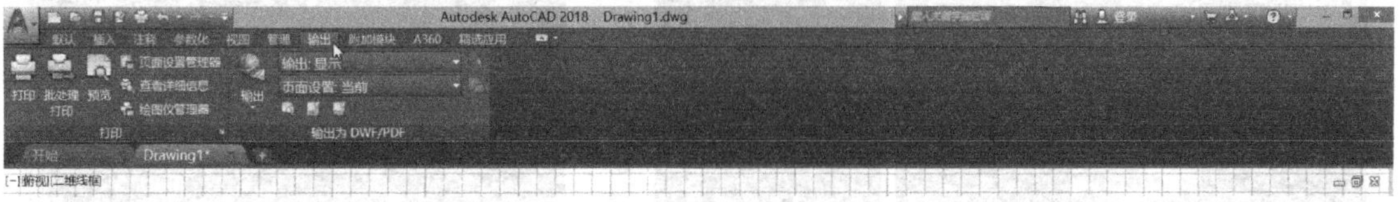

图 2.88 “输出”命令选项

（8）分别点击 AutoCAD 2018 上部操作菜单中“附加模块”“A360”“精选应用”等命令选项，屏幕将在下侧显示相关命令功能面板。这些菜单对应的基本功能命令，在一般的绘图中不常用，其重点在于加强互联网的分享功能，在这里不做进一步阐述。如图 2.89 所示。

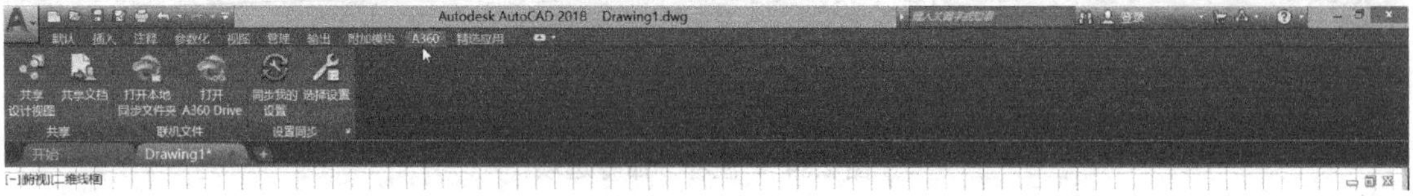

图 2.89 “附加模块”等命令选项

2.9.3 AutoCAD 2019 版本操作界面简介

AutoCAD 2019 版本绘图界面与 AutoCAD 2018 版本类似，包括坐标系、命令栏、菜单、绘图区域、面板栏、文件操作等功能与设置，可参考前面小节 AutoCAD 2018 版本的内容（图 2.90）。

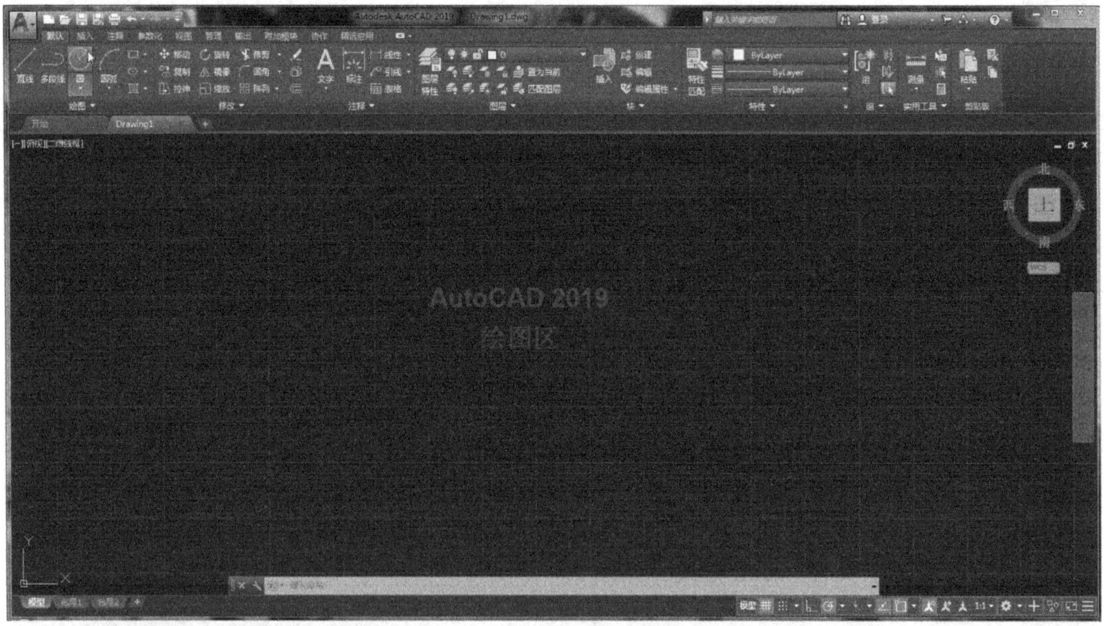

图 2.90 AutoCAD 2019 版本绘图操作界面

对 AutoCAD 2019 版本操作界面，切换为 AutoCAD 经典菜单模式的方法如下。

① 在 AutoCAD 2019 操作界面左上角单击快速启动栏的按钮，在下拉菜单中单击“显示菜单栏”命令，如图 2.91 所示。

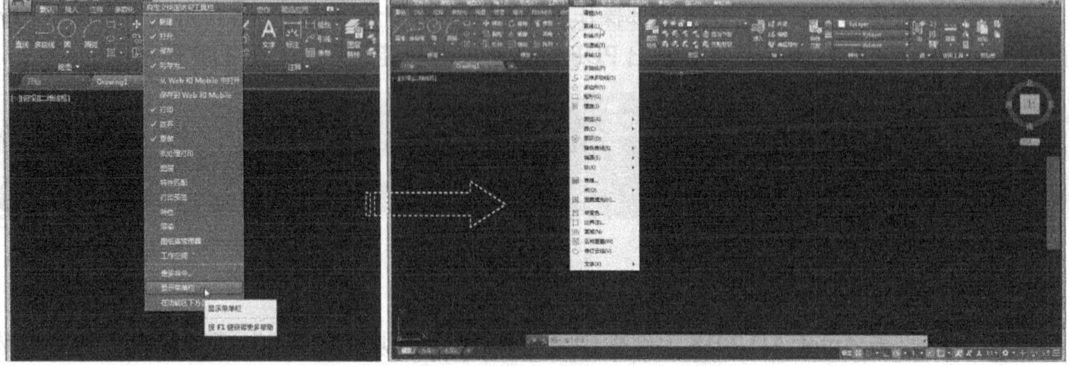

图 2.91 切换为 AutoCAD 经典菜单模式

② 再次单击快速启动栏的按钮，在下拉菜单中单击“隐藏菜单栏”命令可隐藏菜单栏，或者在菜单栏工具条上右击，单击“显示菜单栏”，则系统不显示经典菜单栏。

对 AutoCAD 2019 版本操作界面，切换为 AutoCAD 全屏绘图模式的方法如下。

① 在 AutoCAD 2019 操作屏幕右下方，点击“全屏显示”图标即可（图 2.92）。

② 在“命令:”行输入“CLEANSCREENON”或“CLEANSCREENOFF”即可进行切换。

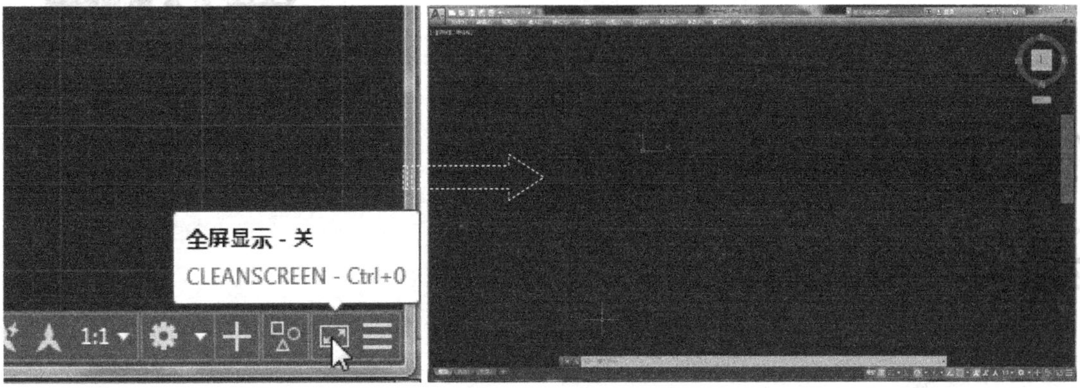

图 2.92　切换为 AutoCAD 全屏绘图模式

2.9.4 AutoCAD 2019 版本新功能命令介绍

（1）DWG 图形差异比较　COMPARE，该功能命令主要是对两个 DWG 图形差异进行比较并标注或显示不同之处。执行 COMPARE 命令后屏幕弹出“DWG 比较”对话框，点击“…”图标选择要比较的图形文件，然后点击“比较”即可进行操作（图 2.93）。

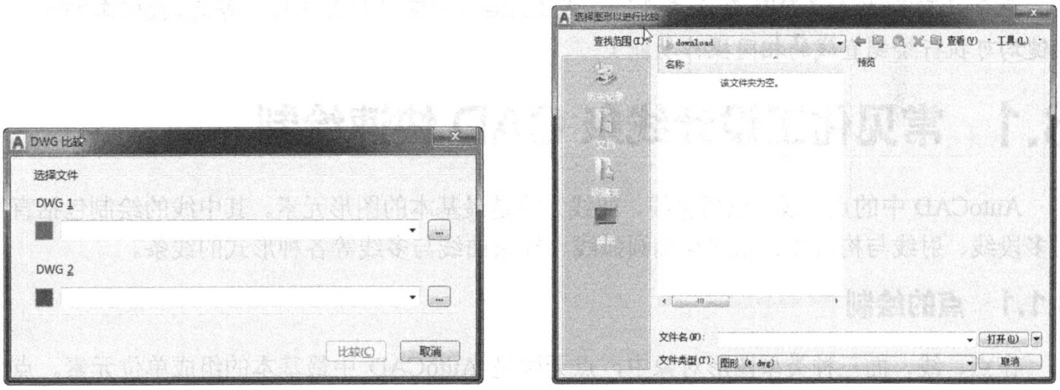

图 2.93　DWG 图形差异比较

（2）文件信息比较　COMPAREINFO，该功能命令主要是对两个 DWG 图形文件的相关信息进行比较，并标注或显示不同之处。执行“COMPAREINFO”命令后，屏幕弹出“有关比较文件的信息”（图 2.94）。

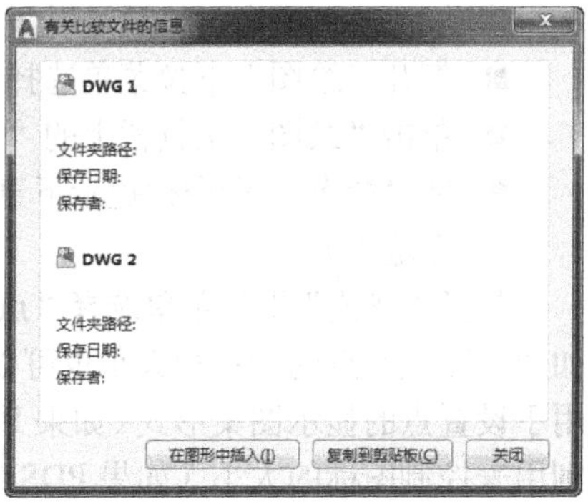

图 2.94　文件信息比较

第3章

化工设计 CAD 基本图形绘制方法

本章主要介绍使用 AutoCAD 进行化工设计绘图中基本图形绘制的方法和技巧，包括：直线、折线、弧线和曲线等各种线条绘制；圆形、矩形、多边形、表格等各种规则和不规则图形绘制；较为复杂图形绘制思路和方法。AutoCAD 的绘图功能十分强大，使用方便，用途广泛，能够应对各种图形的绘制，是化工设计绘图及文件制作的有力助手。

需要说明一点，CAD 绘图时，在“命令:”行输入相关命令后，回车即可执行该命令进行操作。**AutoCAD 操作命令不区分字母大小写，大小写均相同。**例如：

命令：LINE（输入 LINE、L、l 或 line 或 Line、LiNE、linE、LIne 等后，按回车“Enter”按键均可执行绘制直线的相同操作功能）

3.1 常见化工设计线条 CAD 快速绘制

AutoCAD 中的点、线（包括直线、曲线）等是最基本的图形元素。其中线的绘制包括直线与多段线、射线与构造线、弧线与椭圆弧线、样条曲线与多线等各种形式的线条。

3.1.1 点的绘制

在点、线、面三种类型图形对象中，点无疑是 AutoCAD 中最基本的组成单位元素。点可以作为捕捉对象的节点。点的 AutoCAD 功能命令为 POINT（简写形式为 PO）。其绘制方法是在提示输入点的位置时，直接输入点的坐标或者使用鼠标选择点的位置即可。

启动 POINT 命令可以通过以下 3 种方式：

- 打开“绘图”下拉菜单选择命令“点”选项中的“单点”或“多点”命令。
- 单击“绘图”工具栏上的“点”命令图标。
- 在“命令:”命令行提示下直接输入“POINT”或“PO”命令（不能使用“点”作为命令输入）。

打开“格式”下拉菜单选择“点样式”命令选项，就可以选择点的图案形式和图标的大小，如图 3.1 所示。点的形状和大小也可以由系统变量 PDMODE 和 PDSIZE 控制，其中变量 PDMODE 用于设置点的显示图案形式（如果 PDMODE 的值为 1，则指定不显示任何图形），变量 PDSIZE 则用来控制图标的大小（如果 PDSIZE 设置为 0，将按绘图区域高度的百分之五生成点对象）。

正的 PDSIZE 值指定点图形的绝对尺寸。负值将解释为视口尺寸的百分比。修改 PDMODE 和 PDSIZE 之后，AutoCAD 下次重生成图形时改变现有点的外观。重生成图形时将重新计算所有点的尺寸。进行点绘制操作如下。

命令：POINT（输入画点命令）

当前点模式： PDMODE=99 PDSIZE=25.0000（系统变量的 PDMODE、PDSIZE 设置数值）

指定点：（使用鼠标在屏幕上直接指定点的位置，或直接输入点的坐标 X，Y，Z 数值）

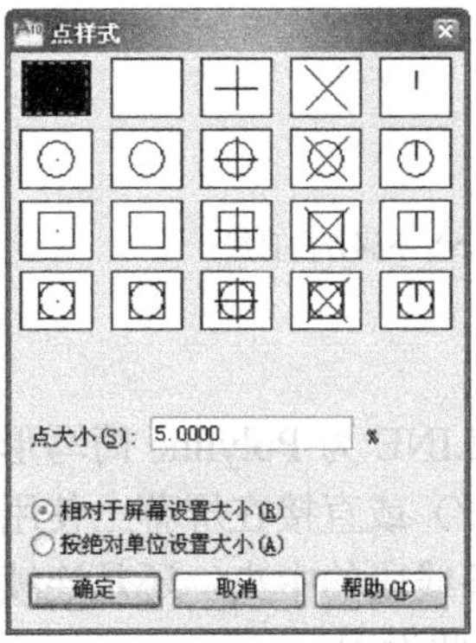

图 3.1 设置点样式

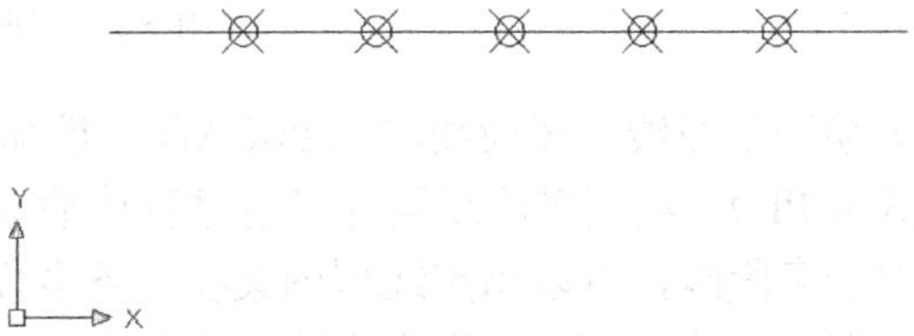

图 3.2 利用点标记等分线段

点的功能一般不单独使用，常常在进行线段等分时作为等分标记使用。最好先选择点的样式，要显示其位置最好不使用“.”的样式，因为该样式不易看到。操作如下和如图 3.2 所示。

命令:DIVIDE（打开“绘图”下拉菜单选择“点”命令选项，再选择“定数等分或定距等分”）

选择要定数等分的对象：

输入线段数目或 [块(B)]： 6

3.1.2 直线与多段线绘制

（1）绘制直线 直线的 AutoCAD 功能命令为 LINE（简写形式为 L），绘制直线可通过直接输入端点坐标（X，Y）或直接在屏幕上使用鼠标点取。可以绘制一系列连续的直线段，但每条直线段都是一个独立的对象，按 “Enter” 键结束命令。

启动 LINE 命令可以通过以下 3 种方式：

■ 打开“绘图”下拉菜单选择“直线”命令选项。
■ 单击“绘图”工具栏上的“直线”命令图标。
■ 在“命令:”命令行提示下直接输入“LINE”或“L”命令（不能使用“直线”作为命令输入）。

要绘制斜线、水平和垂直的直线，可以结合使用“F8”键。反复按下“F8”键即可进行斜线与水平或垂直方向之间切换。以在“命令:”行直接输入“LINE”或“L”命令为例，说明直线的绘制方法，如图 3.3 所示。

特别说明，在绘制图形时，图形的端点定位一般采用在屏幕上捕捉直接点取其位置，或输入相对坐标数值进行定位，通常不使用直接输入其坐标数值（X,Y）或（X,Y,Z），因为使用坐标数值比较烦琐。后面论述同此。

命令：LINE（输入绘制直线命令）

指定第一点：175，128（指定直线起点 A 或输入端点坐标）

指定下一点或 [放弃（U）]：545，442（按下“F8”后指定直线终点 B 或输入端点坐标

545，442）

指定下一点或 [放弃（U）]：（回车）

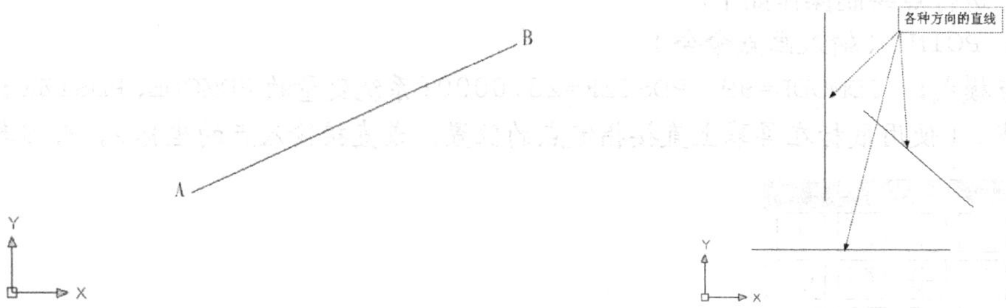

（a）绘制直线 AB　　（b）不同方向直线

图 3.3　绘制直线

（2）绘制多段线　多段线的 AutoCAD 功能命令为 PLINE（PLINE 为 Polyline 简写形式，简写形式为 PL），绘制多段线同样可通过直接输入端点坐标（*X*，*Y*）或直接在屏幕上使用鼠标点取。对于多段线，可以指定线型图案在整条多段线中是位于每条线段的中央，还是连续跨越顶点，如图 3.4 所示。可以通过设置 PLINEGEN 系统变量来执行此设置。

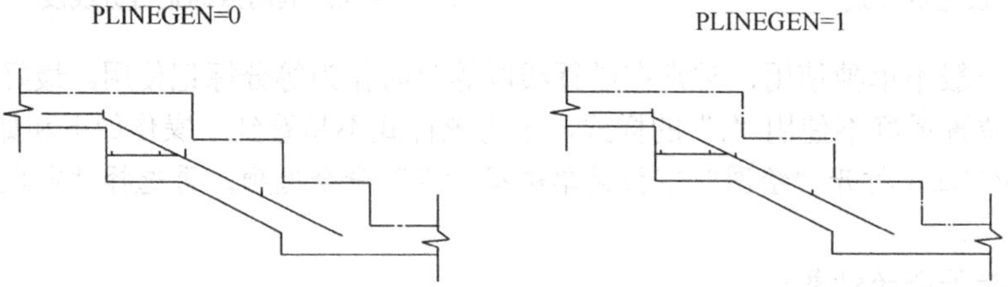

（a）线型在二维多段线中居中　　（b）线型在二维多段线中连续

图 3.4　设置多段线

启动 PLINE 命令可以通过以下 3 种方式：

■ 打开“绘图”下拉菜单选择“多段线”命令选项。

■ 单击“绘图”工具栏上的“多段线”命令图标。

■ 在“命令:”命令行提示下直接输入“PLINE”或“PL”命令（不能使用“多段线”作为命令输入）。

绘制时要在斜线、水平和垂直之间进行切换，可以使用“F8”键。以在“命令:”直接输入“PLINE”或“PL”命令为例，说明多段线的绘制方法。

① 使用 PLINE 绘制由直线构成的多段线，如图 3.5（a）所示。

命令：PLINE（绘制由直线构成的多段线）

指定起点：13,151（确定起点 A 位置）

当前线宽为 0.0000

指定下一个点或 [圆弧（A）/半宽（H）/长度（L）/放弃（U）/宽度（W）]：13,83（依次输入多段线端点 B 的坐标或直接在屏幕上使用鼠标点取）

指定下一点或 [圆弧（A）/闭合（C）/半宽（H）/长度（L）/放弃（U）/宽度（W）]:40，83（下一点 C）

指定下一点或 [圆弧（A）/闭合（C）/半宽（H）/长度（L）/放弃（U）/宽度（W）]:66，133（下一点 D）

指定下一点或 [圆弧（A）/闭合（C）/半宽（H）/长度（L）/放弃（U）/宽度（W）]：82，64（下一点 E）

……

指定下一点或 [圆弧（A）/闭合（C）/半宽（H）/长度（L）/放弃（U）/宽度（W）]：（回车结束操作）

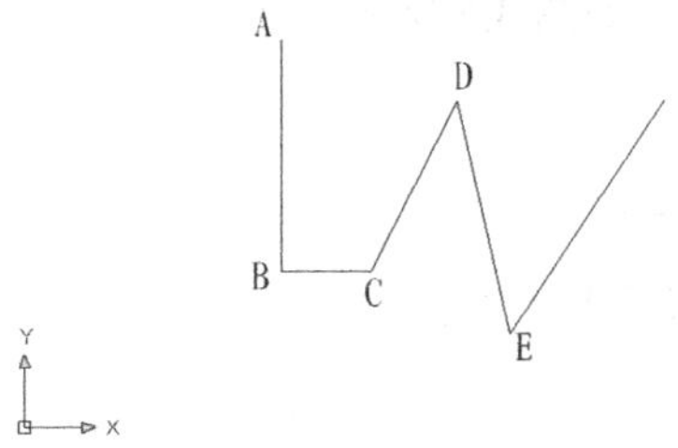

（a）纯直线形式

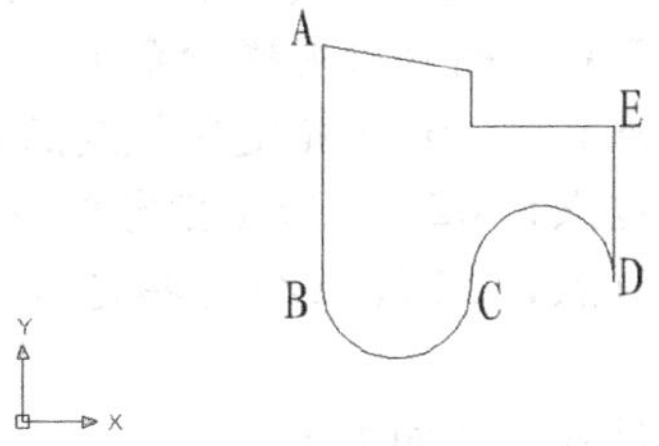

（b）直线与弧线结合

图 3.5 绘制多段线

② 使用 PLINE 绘制由直线与弧线构成的多段线，如图 3.5（b）所示。

命令：PLINE（绘制由直线与弧线构成的多段线）

指定起点：7，143（确定起点 A 位置）

当前线宽为 0.0000

指定下一个点或 [圆弧（A）/半宽（H）/长度（L）/放弃（U）/宽度（W）]：7，91（输入多段线端点 B 的坐标或直接在屏幕上使用鼠标点取）

指定下一点或 [圆弧（A）/闭合（C）/半宽（H）/长度（L）/放弃（U）/宽度（W）]：A（输入 A 绘制圆弧段造型）

指定圆弧的端点或

[角度（A）/圆心（CE）/闭合（CL）/方向（D）/半宽（H）/直线（L）/半径（R）/第二个点（S）/放弃（U）/宽度（W）]：41，91（指定圆弧的第 1 个端点 C）

指定圆弧的端点或

[角度（A）/圆心（CE）/闭合（CL）/方向（D）/半宽（H）/直线（L）/半径（R）/第二个点（S）/放弃（U）/宽度（W）]：73，91（指定圆弧的第 2 个端点 D）

指定圆弧的端点或

[角度（A）/圆心（CE）/闭合（CL）/方向（D）/半宽（H）/直线（L）/半径（R）/第二个点（S）/放弃（U）/宽度（W）]：L（输入 L 切换回绘制直线段造型）

指定下一点或 [圆弧（A）/闭合（C）/半宽（H）/长度（L）/放弃（U）/宽度（W）]：73，125（下一点 E）

指定下一点或 [圆弧（A）/闭合（C）/半宽（H）/长度（L）/放弃（U）/宽度（W）]：（下一点）

……

指定下一点或 [圆弧（A）/闭合（C）/半宽（H）/长度（L）/放弃（U）/宽度（W）]：C（闭合多段线）

3.1.3 射线与构造线绘制

（1）绘制射线　射线指沿着一个方向无限延伸的直线，主要用来定位辅助绘图线。射线具有一个确定的起点并单向无限延伸。其 AutoCAD 功能命令为 RAY，直接在屏幕上使用鼠标点取。

启动 RAY 命令可以通过以下方式：

- 打开“绘图”下拉菜单选择“射线”命令选项。
- 在“命令:”命令行提示下直接输入“RAY”命令（不能使用“射线”作为命令输入）。

AutoCAD 绘制一条射线并继续提示输入通过点以便创建多条射线。起点和通过点定义了射线延伸的方向，射线在此方向上延伸到显示区域的边界。按“Enter”键结束命令。以在“命令:”直接输入“RAY”命令为例，说明射线的绘制方法，如图 3.6 所示。

命令：RAY（输入绘射线命令）

指定起点：8，95（指定射线起点 A 的位置）

指定通过点：62，139（指定射线所通过点的位置 B）

指定通过点：112，121（指定射线所通过点的位置 C）

......

指定通过点：（回车）

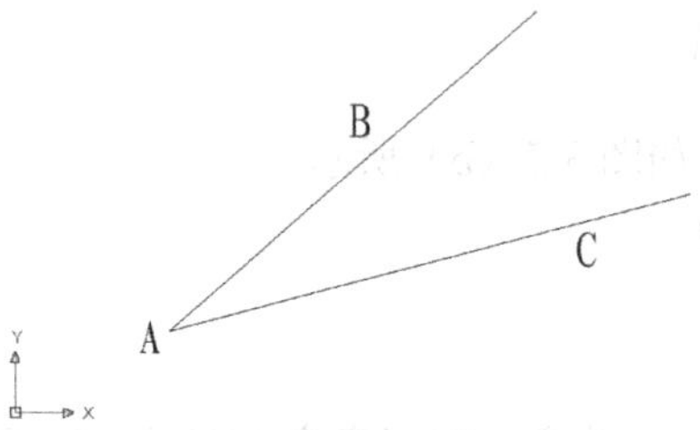

图 3.6 绘制射线

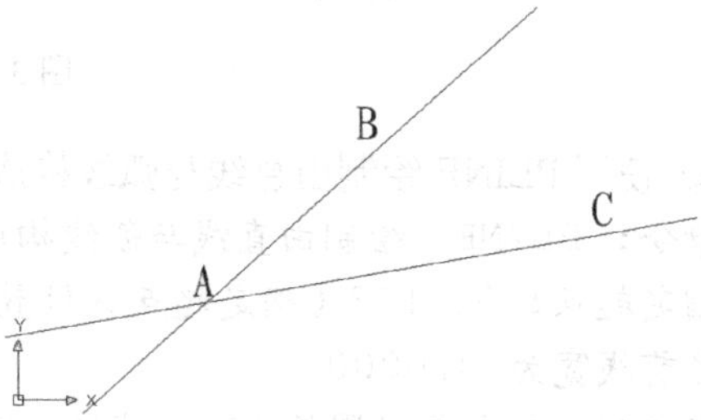

图 3.7 绘制构造线

（2）绘制构造线 构造线指两端方向是无限长的直线，主要用来定位的辅助绘图线，即用来定位对齐边角点的辅助绘图线。其 AutoCAD 功能命令为 XLINE（简写形式为 XL），可直接在屏幕上使用鼠标点取。

启动 XLINE 命令可以通过以下 3 种方式：

- 打开“绘图”下拉菜单选择“构造线”命令选项。
- 单击“绘图”工具栏上的“构造线”命令图标。
- 在“命令:”命令行提示下直接输入“XLINE”或“XL”命令（不能使用“构造线”作为命令输入）。

使用两个通过点指定构造线（无限长线）的位置。以在“命令:”直接输入“XLINE”命令为例，说明构造线的绘制方法，如图 3.7 所示。

命令：XLINE（绘制构造线）

指定点或 [水平（H）/垂直（V）/角度（A）/二等分（B）/偏移（O）]：8，95（指定构造直线起点 A 位置）

指定通过点：62，139（指定构造直线通过点位置 B）

指定通过点：112，121 （指定下一条构造直线通过点位置 C）

指定通过点：（指定下一条构造直线通过点位置）

......

指定通过点：

指定通过点：（回车）

3.1.4 圆弧线与椭圆弧线绘制

（1）绘制圆弧线 圆弧线可以通过输入端点坐标进行绘制，也可以直接在屏幕上使用鼠标点取。其AutoCAD功能命令为ARC(简写形式为A)。在进行绘制时，如果未指定点就按“Enter”键，AutoCAD将把最后绘制的直线或圆弧的端点作为起点，并立即提示指定新圆弧的端点。这将创建一条与最后绘制的直线、圆弧或多段线相切的圆弧。

启动ARC命令可以通过以下3种方式：

- 打开“绘图”下拉菜单选择“圆弧”命令选项。
- 单击“绘图”工具栏上的“圆弧”命令图标。
- 在“命令:”命令行提示下直接输入“ARC”或“A”命令（不能使用“圆弧”作为命令输入）。

以在“命令:”直接输入“ARC”命令为例，说明圆弧线的绘制方法，如图3.8所示。

命令：ARC（绘制弧线）

指定圆弧的起点或［圆心（C）］：20，102（指定起始点位置A）

指定圆弧的第二个点或［圆心（C）/端点（E）］：61，139（指定中间点位置B）

指定圆弧的端点：113，122（指定起终点位置C）

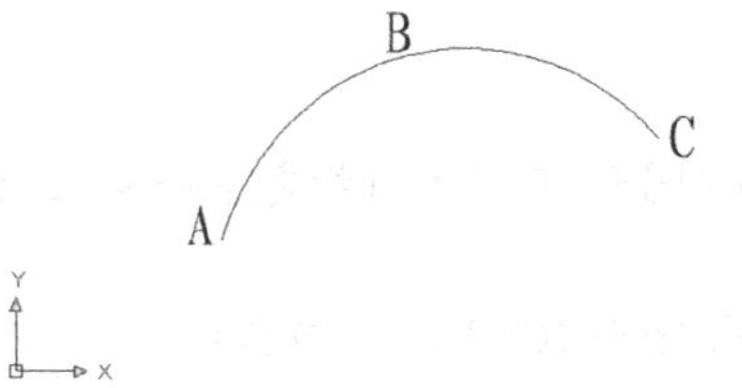

图3.8 绘制圆弧线

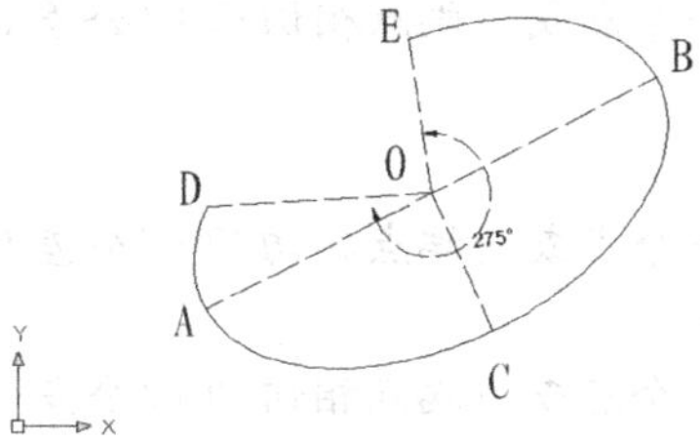

图3.9 绘制椭圆弧线

（2）绘制椭圆弧线 椭圆弧线的AutoCAD功能命令为ELLIPSE（简写形式为EL），与椭圆是一致的，只是在执行ELLIPSE命令后再输入“A”进行椭圆弧线绘制。一般根据两个端点定义椭圆弧的第1条轴，第1条轴的角度确定了整个椭圆的角度。第1条轴既可定义椭圆的长轴也可定义短轴。

启动ELLIPSE命令可以通过以下3种方式：

- 打开“绘图”下拉菜单选择“椭圆”命令选项，再执行命令选项“圆弧”。
- 单击“绘图”工具栏上的“椭圆弧”命令图标。
- 在“命令:”命令行提示下直接输入“ELLIPSE”或“EL”命令后再输入“A”（不能使用“椭圆弧”作为命令输入）。

以在“命令:”直接输入“ELLIPSE”命令为例，说明椭圆弧线的绘制方法，如图3.9所示。

命令：ELLIPSE（绘制椭圆曲线）

指定椭圆的轴端点或［圆弧（A）/中心点（C）］：A（输入A绘制椭圆曲线）

指定椭圆弧的轴端点或［中心点（C）］：（指定椭圆轴线端点A）

指定轴的另一个端点：（指定另外一个椭圆轴线端点B）

指定另一条半轴长度或［旋转（R）］：（指定与另外一个椭圆轴线距离OC）

指定起始角度或［参数（P）］：（指定起始角度位置D）

指定终止角度或［参数（P）/包含角度（I）］：（指定终点角度位置E）

3.1.5 样条曲线与多线绘制

（1）绘制样条曲线 样条曲线是一种拟合不同位置点的曲线，其AutoCAD功能命令为SPLINE（简写形式为SPL）。样条曲线与使用ARC命令连续绘制的多段曲线图形不同之处，样条曲线是一体的，且曲线光滑流畅，而使用ARC命令连续绘制的多段曲线图形则是由几段组成的。SPLINE 在指定的允差范围内把光滑的曲线拟合成一系列的点。AutoCAD 使用 NURBS（非均匀有理 B 样条曲线）数学方法，其中存储和定义了一类曲线和曲面数据。

启动 SPLINE 命令可以通过以下 3 种方式：

■ 打开“绘图”下拉菜单选择“样条曲线”命令选项。

■ 单击“绘图”工具栏上的“样条曲线”命令图标。

■ 在“命令:”命令行提示下直接输入“SPLINE”或“SPL”命令（不能使用“样条曲线”作为命令输入）。

以在“命令:”行直接输入“SPLINE”命令为例，说明样条曲线的绘制方法，如图 3.10 所示。

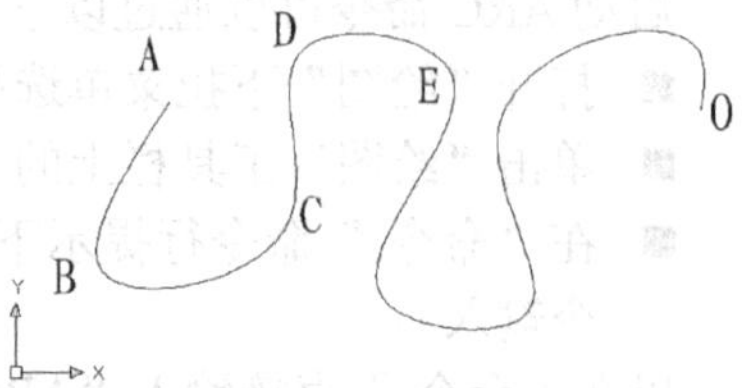

图 3.10 绘制样条曲线

命令：SPLINE（输入绘制样条曲线命令）

当前设置：方式=拟合 节点=弦

指定第一个点或 [方式(M)/节点(K)/对象(O)]：（指定样条曲线的第 1 点 A 或选择对象进行样条曲线转换）

输入下一个点或 [起点切向(T)/公差(L)]：（指定下一点 C 位置或选择备选项）

输入下一个点或 [端点相切(T)/公差(L)/放弃(U)/闭合(C)]：（指定下一点 D 位置或选择备选项）

......

输入下一个点或 [端点相切(T)/公差(L)/放弃(U)/闭合(C)]：（指定下一点 O 位置或选择备选项）

输入下一个点或 [端点相切(T)/公差(L)/放弃(U)/闭合(C)]：（回车）

指定切向：（回车）

（2）绘制多线　多线也称多重平行线，指由两条相互平行的直线构成的线型。其 AutoCAD 绘制命令为 MLINE（简写形式为 ML）。其中的比例因子参数 Scale 是控制多线的全局宽度（这个比例不影响线型比例），该比例基于在多线样式定义中建立的宽度。比例因子为 2 绘制多线时，其宽度是样式定义的宽度的两倍。负比例因子将翻转偏移线的次序，即当从左至右绘制多线时，偏移最小的多线绘制在顶部。负比例因子的绝对值也会影响比例。比例因子为 0 将使多线变为单一的直线。

启动 MLINE 命令可以通过以下 3 种方式：

■ 打开“绘图”下拉菜单选择“多线”命令选项。

■ 单击“绘图”工具栏上的“多线”命令图标。

■ 在“命令:”命令行提示下直接输入“MLINE”或“ML”命令（不能使用“多线”作为命令输入）。

多线的样式，打开“绘图”下拉菜单，选择命令“多线样式”选项。在弹出的对话框中就可以新建多线形式、修改名称、设置特性和加载新的多行线的样式等，如图 3.11 所示。

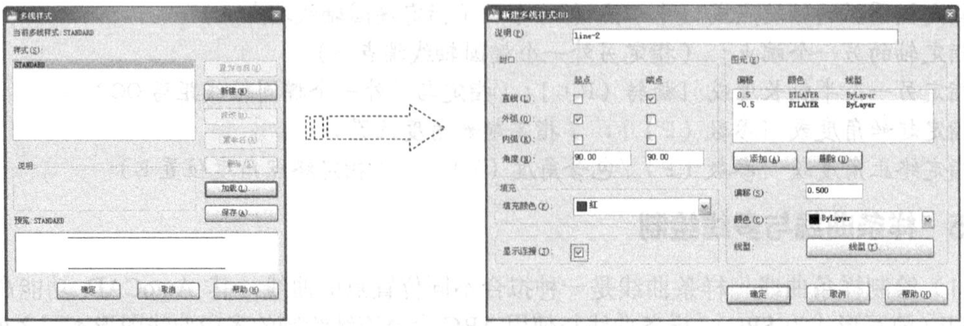

图 3.11 设置多线

以在“命令:”直接输入“MLINE”命令为例，说明多线的绘制方法，如图 3.12 所示。

命令：MLINE（绘制多线）
当前设置：对正 = 上，比例 = 20.00，样式 = STANDARD
指定起点或 [对正（J）/比例（S）/样式（ST）]：S（输入“S”设置多线宽度）
输入多线比例 <20.00>： 120（输入多线宽度）
当前设置：对正 = 上，比例 = 120.00，样式 = STANDARD
指定起点或 [对正（J）/比例（S）/样式（ST）]：（指定多线起点位置）
指定下一点：（指定多线下一点位置）
指定下一点或 [放弃（U）]：（指定多线下一点位置）
指定下一点或 [闭合（C）/放弃（U）]：（指定多线下一点位置）
指定下一点或 [闭合（C）/放弃（U）]：（指定多线下一点位置）
指定下一点或 [闭合（C）/放弃（U）]：（指定多线下一点位置）
……
指定下一点或 [闭合（C）/放弃（U）]：C（回车）

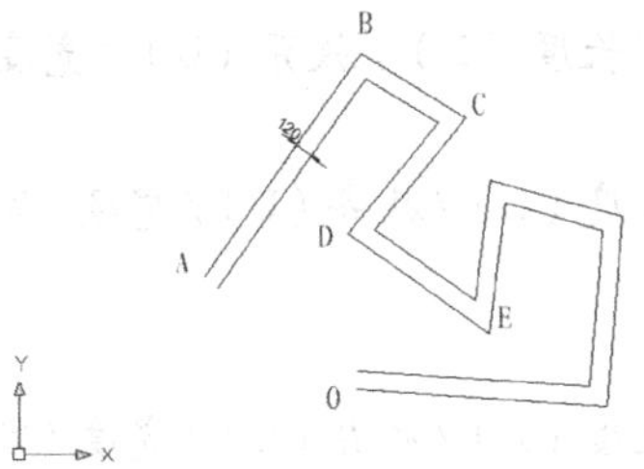

图 3.12 绘制多线

图 3.13 绘制云彩线

3.1.6 云线（云彩线）绘制

云线（云彩线）是指由连续圆弧组成的线条造型。云线的 AutoCAD 命令是 REVCLOUD，REVCLOUD 在系统注册表中存储上一次使用的圆弧长度，当程序和使用不同比例因子的图形一起使用时，用 DIMSCALE 乘以此值以保持统一。

启动命令可以通过以下 3 种方式：

- 打开“绘图”下拉菜单选择“修订云线”命令选项。
- 单击“绘图”工具栏上的“修订云线”命令图标。
- 在“命令:”直接输入“REVCLOUD”命令。

其绘制方法如下所述，如图 3.13 所示。

命令：REVCLOUD（绘制云彩线）
最小弧长：15　最大弧长：15　样式：普通
指定起点或 [弧长(A)/对象(O)] <对象>：A（输入“A”设置云彩线的大小）
指定最小弧长 <15>：10（输入云彩线最小弧段长度）
指定最大弧长 <10>：18（输入云彩线最大弧段长度）
指定起点或 [对象(O)] <对象>:（指定云彩线起点位置）
沿云线路径引导十字光标...（拖动鼠标进行云彩线绘制）
反转方向 [是(Y)/否(N)] <否>：N
修订云线完成（回车完成绘制）

3.1.7 其他特殊线绘制

AutoCAD 提供了绘制具有宽度的线条功能，可以绘制等宽度和不等宽度的线条。

（1）等宽度的线条　绘制等宽度的线条，可以使用 PLINE、TRACE 命令来实现，具体绘制方法如下所述：

① 使用 PLINE 命令绘制等宽度的线条，如图 3.14 所示。

命令：PLINE（使用 PLINE 命令绘制等宽度的线条）

指定起点：（指定等宽度的线条起点 A）

当前线宽为 0.0000

指定下一个点或 [圆弧（A）/半宽（H）/长度（L）/放弃（U）/宽度（W）]：W（输入“W”设置线条宽度）

指定起点宽度 <0.0000>：15（输入起点宽度）

指定端点宽度 <15.0000>：15（输入端点宽度）

指定下一个点或 [圆弧（A）/半宽（H）/长度（L）/放弃（U）/宽度（W）]：（依次输入多段线端点坐标或直接在屏幕上使用鼠标点取 B）

指定下一点或 [圆弧（A）/闭合（C）/半宽（H）/长度（L）/放弃（U）/宽度（W）]：（指定下一点位置 C）

指定下一点或 [圆弧（A）/闭合（C）/半宽（H）/长度（L）/放弃（U）/宽度（W）]：（指定下一点位置 D）

......

指定下一点或 [圆弧（A）/闭合（C）/半宽（H）/长度（L）/放弃（U）/宽度（W）]：（指定下一点位置）

指定下一点或 [圆弧（A）/闭合（C）/半宽（H）/长度（L）/放弃（U）/宽度（W）]：（回车结束操作）

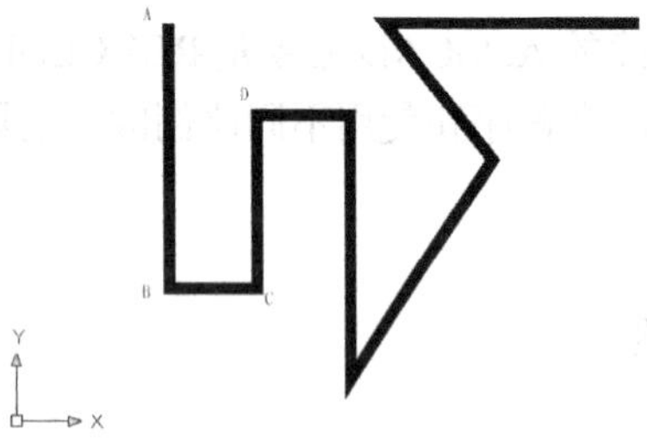

图 3.14　使用 PLINE 命令绘制等宽度线条

图 3.15　使用 TRACE 命令绘制宽度线

② 使用 TRACE 命令绘制宽度线。如图 3.15 所示。使用 TRACE 命令时，只有下一个线段的终点位置确定后，上一段的线段才在屏幕上显示出来。宽线的端点在宽线的中心线上，而且总是被剪切成矩形。TRACE 自动计算连接到邻近线段的合适倒角。AutoCAD 直到指定下一线段或按“Enter”键之后才画出每条线段。考虑到倒角的处理方式，TRACE 命令没有放弃选项。如果“填充”模式打开，则宽线是实心的。如果“填充”模式关闭，则只显示宽线的轮廓。

命令：TRACE（使用 TRACE 绘制等宽度的线条）

指定宽线宽度 <1.2000>：8

指定起点：（指定起点位置 A）

指定下一点：（指定下一点位置 B）

指定下一点：（指定下一点位置 C）

……

指定下一点：(回车)

（2）不等宽度的线条　绘制不等宽度的线条，可以使用 PLINE 命令来实现，具体绘制方法如下所述，其他不等宽线条按相同方法绘制，如图 3.16 所示。

命令：PLINE（使用 PLINE 命令绘制不等宽度的线条）

指定起点：（指定等宽度的线条起点 A）

当前线宽为 0.0000

指定下一个点或 [圆弧（A）/半宽（H）/长度（L）/放弃（U）/宽度（W）]：W（输入“W”设置线条宽度）

指定起点宽度 <0.0000>：15（输入起点宽度）

指定端点宽度 <15.0000>：3（输入线条宽度与前面不一致）

指定下一个点或 [圆弧（A）/半宽（H）/长度（L）/放弃（U）/宽度（W）]：（依次输入多段线端点坐标或直接在屏幕上使用鼠标点取 B）

指定下一点或 [圆弧（A）/闭合（C）/半宽（H）/长度（L）/放弃（U）/宽度（W）]：W（输入“W”设置线条宽度）

指定起点宽度 <3.0000>：5（输入起点宽度）

指定端点宽度 <5.0000>：1（输入线条宽度与前面不一致）

指定下一点或 [圆弧（A）/闭合（C）/半宽（H）/长度（L）/放弃（U）/宽度（W）]：（指定下一点位置 C）

……

指定下一点或 [圆弧（A）/闭合（C）/半宽（H）/长度（L）/放弃（U）/宽度（W）]：（指定下一点位置）

指定下一点或 [圆弧（A）/闭合（C）/半宽（H）/长度（L）/放弃（U）/宽度（W）]：（回车结束操作）

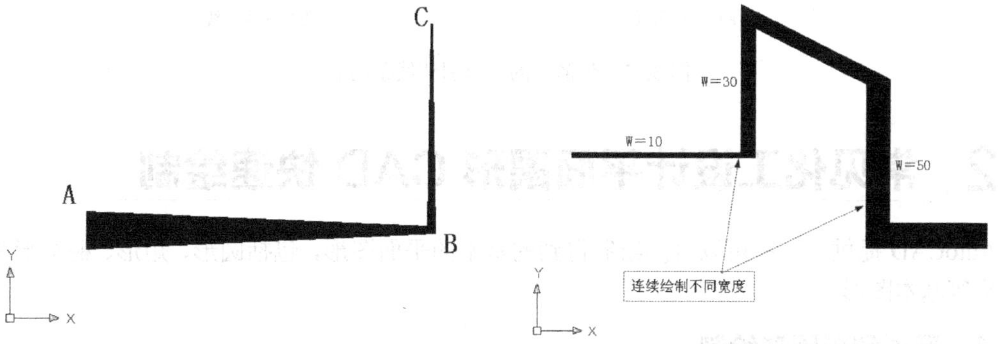

(a) 绘制不等宽度的线条 ABC　　(b) 其他形式

图 3.16　绘制不等宽度的线条

（3）带箭头的注释引线线条　绘制带箭头的注释引线线条，可以使用 LEADER 命令快速实现，具体绘制方法如下所述，如图 3.17 所示。

① 直线引线绘制，如图 3.17（a）。

命令：LEADER

指定引线起点：

指定下一点：

指定下一点或 [注释(A)/格式(F)/放弃(U)] <注释>: (回车。)

指定下一点或 [注释(A)/格式(F)/放弃(U)] <注释>: (回车。)

输入注释文字的第一行或 <选项>: (回车)

输入注释选项 [公差(T)/副本(C)/块(B)/无(N)/多行文字(M)] <多行文字>: (回车输入文字内容"ABC"。)

② 曲线引线绘制，如图 3.17（b）。

命令：LEADER

指定引线起点：

指定下一点：

指定下一点或 [注释(A)/格式(F)/放弃(U)] <注释>: F(输入"F")

输入引线格式选项 [样条曲线(S)/直线(ST)/箭头(A)/无(N)] <退出>: S(输入"S")

指定下一点或 [注释(A)/格式(F)/放弃(U)] <注释>: (回车)

输入注释文字的第一行或 <选项>: (回车)

输入注释选项 [公差(T)/副本(C)/块(B)/无(N)/多行文字(M)] <多行文字>: (回车输入文字内容"ABC")

（a）直线引线　　（b）曲线引线

图 3.17　带箭头的注释引线线条绘制

3.2 常见化工设计平面图形 CAD 快速绘制

AutoCAD 提供了一些可以直接绘制得到的基本的平面图形，包括圆形、矩形、椭圆形和正多边形等基本图形。

3.2.1 圆形和椭圆形绘制

（1）绘制圆形　常常使用到的 AutoCAD 基本图形是圆形，其 AutoCAD 绘制命令是 CIRCLE（简写形式为 C）。启动 CIRCLE 命令可以通过以下 3 种方式：

- 打开"绘图"下拉菜单选择"圆形"命令选项。
- 单击"绘图"工具栏上的"圆形"命令图标。
- 在"命令:"命令行提示下直接输入"CIRCLE"或"C"命令。

可以通过中心点或圆周上三点中的一点创建圆，还可以选择与圆相切的对象。以在"命令:"

直接输入“CIRCLE”命令为例，说明圆形的绘制方法，如图 3.18 所示。

命令：CIRCLE（绘制圆形）

指定圆的圆心或 [三点（3P）/两点（2P）/相切、相切、半径（T）]：（指定圆心点位置 O）

指定圆的半径或 [直径（D）] <20.000>：50（输入圆形半径或在屏幕上直接点取）

（2）绘制椭圆形　椭圆形的 AutoCAD 绘制命令与椭圆曲线是一致的，均是 ELLIPSE（简写形式为 EL）命令。

启动 ELLIPSE 命令可以通过以下 3 种方式：

■ 打开“绘图”下拉菜单选择“椭圆形”命令选项。

■ 单击“绘图”工具栏上的“椭圆形”命令图标。

■ 在“命令:”命令行提示下直接输入“ELLIPSE”或“EL”命令。

以在“命令:”直接输入“ELLIPSE”命令为例，说明椭圆形的绘制方法，如图 3.19 所示。

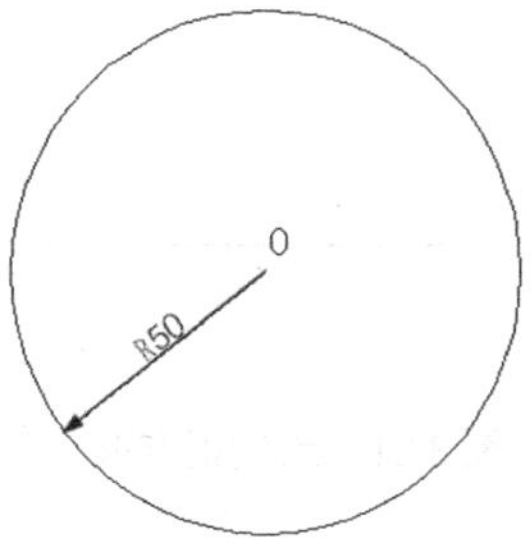

图 3.18　绘制圆形

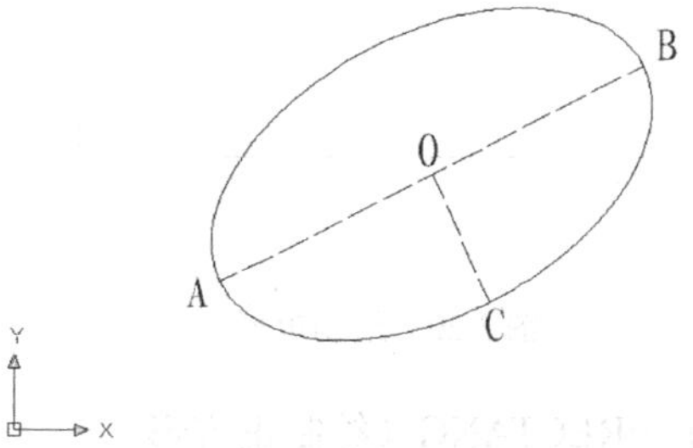

图 3.19　绘制椭圆形

命令：ELLIPSE（绘制椭圆形）

指定椭圆的轴端点或 [圆弧（A）/中心点（C）]：（指定一个椭圆形轴线端点 A）

指定轴的另一个端点：（指定该椭圆形轴线另外一个端点 B）

指定另一条半轴长度或 [旋转（R）]：（指定与另外一个椭圆轴线长度距离 OC）

3.2.2　矩形和正方形绘制

（1）绘制矩形　矩形最为常见的基本图形，其 AutoCAD 绘制命令是 RECTANG 或 RECTANGLE（简写形式为 REC）。当使用指定的点作为对角点创建矩形，矩形的边与当前 UCS 的 X 或 Y 轴平行。

启动 RECTANG 命令可以通过以下 3 种方式：

■ 打开“绘图”下拉菜单选择“矩形”命令选项。

■ 单击“绘图”工具栏上的“矩形”命令图标。

■ 在“命令:”命令行提示下直接输入“RECTANG”或“REC”命令。

使用长和宽创建矩形时，第 2 个指定点将矩形定位在与第一角点相关的四个位置之一内。以在“命令:”直接输入“RECTANG”命令为例，说明矩形的绘制方法，如图 3.20 所示。

命令:RECTANG（绘制矩形）

指定第一个角点或 [倒角(C)/标高(E)/圆角(F)/厚度(T)/宽度(W)]：

指定另一个角点或 [面积(A)/尺寸(D)/旋转(R)]：D（输入“D”指定尺寸）

指定矩形的长度 <0.0000>：1000（输入矩形的长度）

指定矩形的宽度 <0.0000>：1500（输入矩形的宽度）

指定另一个角点或 [面积(A)/尺寸(D)/旋转(R)]:(移动光标以显示矩形可能的四个位置之一并单击需要的一个位置)

(2) 绘制正方形　绘制正方形可以使用 AutoCAD 的绘制正多边形命令 POLYGON 或绘制矩形命令 RECTANG。启动命令可以通过以下 3 种方式:

- ■ 打开“绘图”下拉菜单选择“正多边形”或“矩形”命令选项。
- ■ 单击“绘图”工具栏上的“正多边形”或“矩形”命令图标。
- ■ 在“命令:”命令行提示下直接输入“POLYGON”或“RECTANG”命令。

以在“命令:”行直接输入“POLYGON”或“RECTANG”命令为例，说明等边多边形的绘制方法。如图 3.21 所示。

图 3.20　绘制矩形

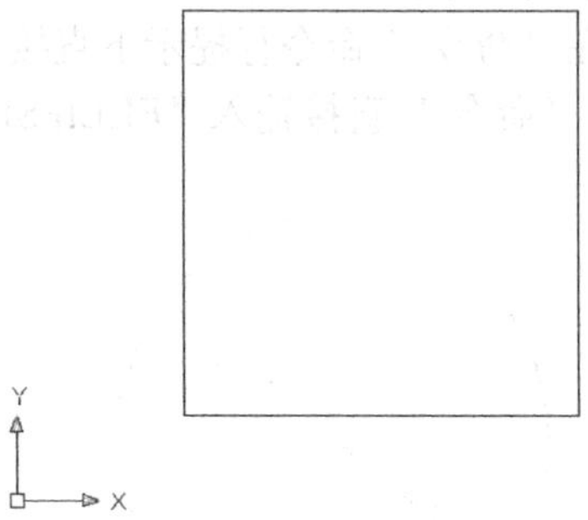

图 3.21　绘制正方形

① 命令:RECTANG（绘制正方形）
指定第一个角点或 [倒角(C)/标高(E)/圆角(F)/厚度(T)/宽度(W)]:
指定另一个角点或 [面积(A)/尺寸(D)/旋转(R)]: D（输入“D”指定尺寸）
指定矩形的长度 <0.0000>: 1000（输入正方形的长度）
指定矩形的宽度 <0.0000>:1000（输入正方形的宽度）
指定另一个角点或 [面积(A)/尺寸(D)/旋转(R)]:（移动光标以显示矩形可能的四个位置之一并单击需要的一个位置）

② 命令: POLYGON　（绘制正方形）
输入边的数目 <4>: 4（输入正方形边数）
指定正多边形的中心点或 [边(E)]: E（输入“E”绘制正方形）
指定边的第一个端点:（在屏幕上指定边的第一个端点位置）
指定边的第二个端点: 50（输入正方形边长长度，若输入“-50”，是负值其位置相反）

3.2.3 圆环和螺旋线绘制

(1) 绘制圆环　圆环是由宽弧线段组成的闭合多段线构成的。圆环具有内径和外径的图形，可以认为是圆形的一种特例，如果指定内径为零，则圆环成为填充圆，其 AutoCAD 功能命令是 DONUT。圆环内的填充图案取决于 FILL 命令的当前设置。

启动命令可以通过以下 2 种方式:

- ■ 打开“绘图”下拉菜单选择“圆环”命令选项。
- ■ 在“命令:”命令行提示下直接输入“DONUT”命令。

AutoCAD 根据中心点来设置圆环的位置。指定内径和外径之后，AutoCAD 提示用户输入绘制圆环的位置。以在“命令:”行直接输入“DONUT”命令为例，说明等圆环的绘制方法，如图 3.22 所示。

命令：DONUT（绘制圆环）
指定圆环的内径 <0.5000>：20（输入圆环内半径）
指定圆环的外径 <1.0000>：50（输入圆环外半径）
指定圆环的中心点或 <退出>：（在屏幕上点取圆环的中心点位置 0）
指定圆环的中心点或 <退出>：（指定下一个圆环的中心点位置）
......
指定圆环的中心点或 <退出>：（回车）

若先将填充（FILL）命令关闭，再绘制圆环，则圆环以线框显示，如图 3.23 所示。

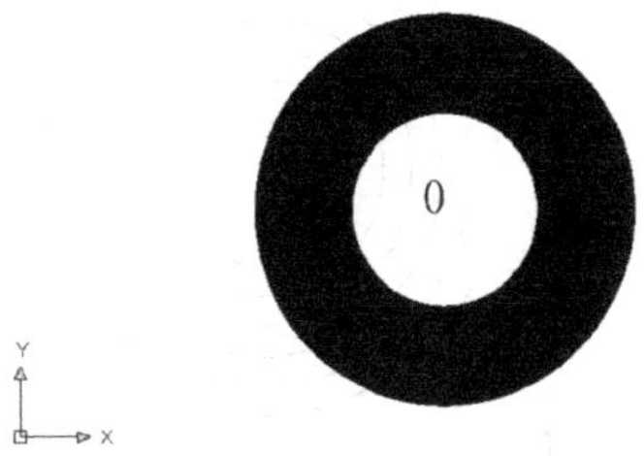

图 3.22 绘制圆环

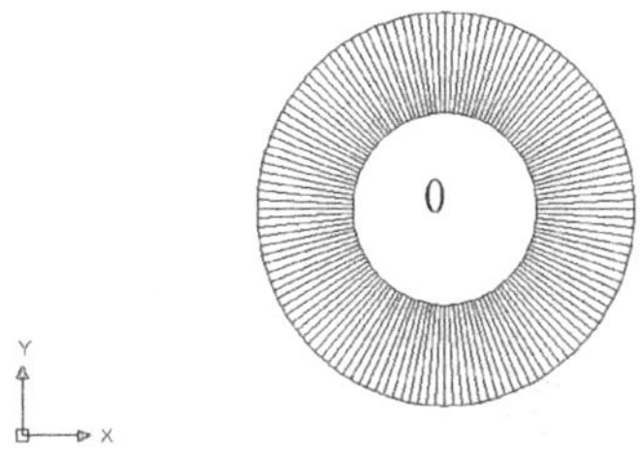

图 3.23 圆环以线框显示

① 关闭填充命令。
命令：FILL（填充控制命令）
输入模式 [开（ON）/ 关（OFF）] <开>:OFF（输入“OFF”关闭填充）
② 绘制圆环。
命令：DONUT（绘制圆环）
指定圆环的内径 <10.5000>：50（输入圆环内半径）
指定圆环的外径 <15.0000>：150（输入圆环外半径）
指定圆环的中心点或 <退出>：（在屏幕上点取圆环的中心点位置 0）
指定圆环的中心点或 <退出>：（指定下一个圆环的中心点位置）
......
指定圆环的中心点或 <退出>：（回车）

（2）绘制螺旋　螺旋就是开口的二维或三维螺旋（可以通过 SWEEP 命令将螺旋用作路径。例如，可以沿着螺旋路径来扫掠圆，以创建弹簧实体模型，在此略，如图 3.24 所示）。其 AutoCAD 功能命令是 HELIX。螺旋是真实螺旋的样条曲线近似，长度值可能不十分准确。

如果指定一个值来同时作为底面半径和顶面半径，将创建圆柱形螺旋。默认情况下，为顶面半径和底面半径设置的值相同。不能指定 0 来同时作为底面半径和顶面半径。如果指定不同的值来作为顶面半径和底面半径，将创建圆锥形螺旋。如果指定的高度值为 0，则将创建扁平的二维螺旋。

启动螺旋命令可以通过以下 2 种方式。

■ 打开“绘图”下拉菜单选择“螺旋”命令选项。
■ 在“命令:”命令行提示下直接输入“HELIX”命令。

以在“命令:”行直接输入“HELIX”命令为例，说明二维螺旋的绘制方法，如图 3.25 所示。
命令：HELIX（绘制二维螺旋）
圈数 = 3.0000　　扭曲=CCW
指定底面的中心点：
指定底面半径或 [直径(D)] <14.3880>：15

指定顶面半径或 [直径(D)] <15.0000>: 50

指定螺旋高度或 [轴端点(A)/圈数(T)/圈高(H)/扭曲(W)] <40.2430>: T（输入“T”设置螺旋圈数）

输入圈数 <3.0000>: 6

指定螺旋高度或 [轴端点(A)/圈数(T)/圈高(H)/扭曲(W)] <40.2430>: H（输入“H”指定的高度值）

指定圈间距 <13.4143>: 0（指定的高度值为 0，则将创建扁平的二维螺旋）

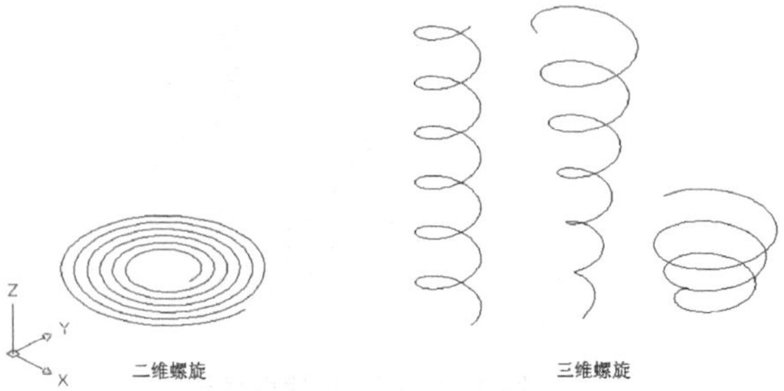

图 3.24 二、三维螺旋对比

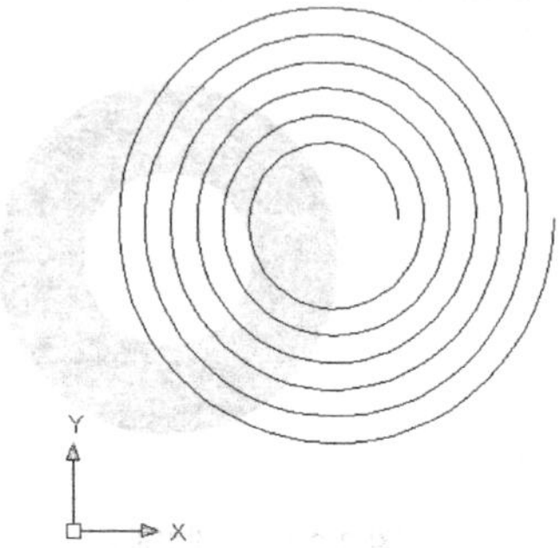

图 3.25 绘制二维螺旋

3.2.4 正多边形绘制和创建区域覆盖

（1）绘制正多边形 正多边形也称等边多边形，其 AutoCAD 绘制命令是 POLYGON，可以绘制包括正方形、等六边形等图形。当正多边形边数无限大时，其形状逼近圆形。正多边形是一种多段线对象，AutoCAD 以零宽度绘制多段线，并且没有切线信息。可以使用 PEDIT 命令修改这些值。

启动命令可以通过以下 3 种方式：

- 打开“绘图”下拉菜单选择“正多边形”命令选项。
- 单击“绘图”工具栏上的“正多边形”命令图标。
- 在“命令:”命令行提示下直接输入“POLYGON”命令。

以在“命令:”行直接输入“POLYGON”命令为例，说明等边多边形的绘制方法。

① 以内接圆确定等边多边形，如图 3.26 所示。内接于圆是指定外接圆的半径，正多边形的所有顶点都在此圆周上。

命令：POLYGON （绘制等边多边形）

输入边的数目 <4>: 6（输入等边多边形的边数）

指定正多边形的中心点或 [边（E）]: （指定等边多边形中心点位置 0）

输入选项 [内接于圆（I）/外切于圆（C）] <I>: I（输入“I”以内接圆确定等边多边形）

指定圆的半径: 50（指定内接圆半径）

② 以外切圆确定等边多边形，如图 3.27 所示。外切于圆是指定从正多边形中心点到各边中点的距离。

命令：POLYGON（绘制等边多边形）

输入边的数目 <4>: 6（输入等边多边形的边数）

指定正多边形的中心点或 [边（E）]: （指定等边多边形中心点位置 0）

输入选项 [内接于圆（I）/外切于圆（C）] <I>:C（输入“C”以外切圆确定等边多边形）

指定圆的半径: 50（指定外切圆半径）

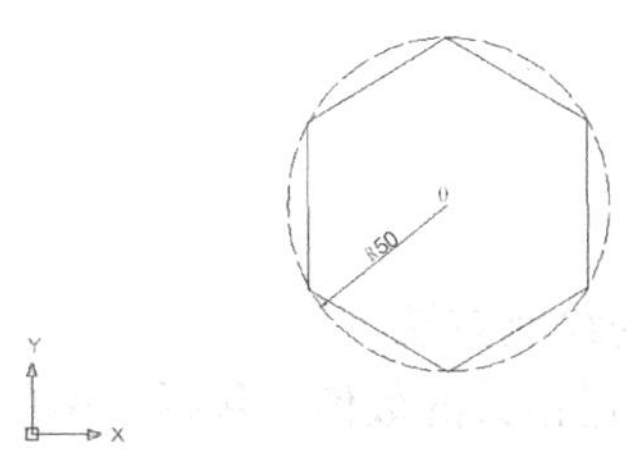

图 3.26　使用内接圆确定等边多边形

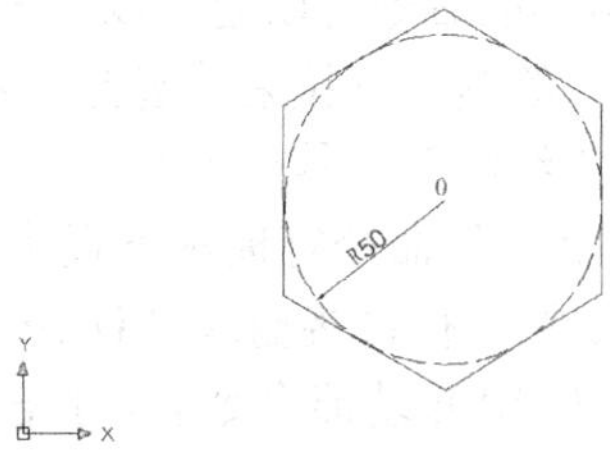

图 3.27　使用外切圆确定等边多边形

（2）创建区域覆盖图形　使用区域覆盖对象可以在现有对象上生成一个空白区域，用于添加注释或详细的屏蔽信息。区域覆盖对象是一块多边形区域，它可以使用当前背景色屏蔽底层的对象。此区域以区域覆盖线框为边框，可以打开此区域进行编辑，也可以关闭此区域进行打印。通过使用一系列点来指定多边形的区域可以创建区域覆盖对象，也可以将闭合多段线转换成区域覆盖对象，如图 3.28 所示。

创建多边形区域的 AutoCAD 命令是 WIPEOUT。启动命令可以通过以下 2 种方式，其绘制方法如下所述，如图 3.29 所示。

■ 打开“绘图”下拉菜单选择“区域覆盖”命令选项。

■ 在“命令:”行直接输入“WIPEOUT”命令。

命令: WIPEOUT（创建区域覆盖图形）
指定第一点或 [边框(F)/多段线(P)] <多段线>:（指定多边形区域的起点 A 位置）
指定下一点:（指定多边形区域下一点 B 位置）
指定下一点或 [放弃(U)]:（指定多边形区域下一点 C 位置）
指定下一点或 [闭合(C)/放弃(U)]:（指定多边形区域下一点 D 位置）
……
指定下一点或 [闭合(C)/放弃(U)]:（回车结束）

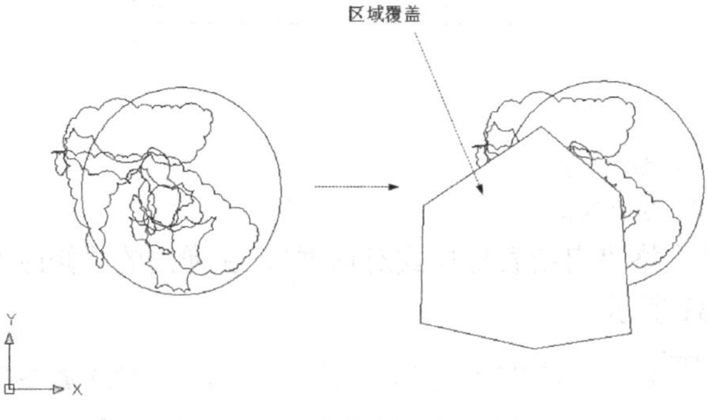

图 3.28　区域覆盖效果

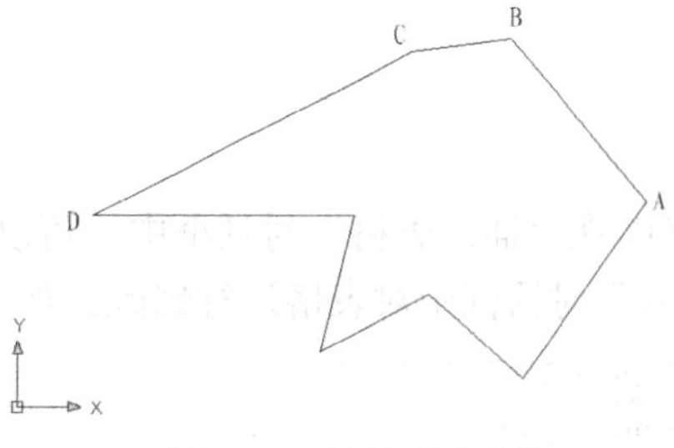

图 3.29　绘制区域覆盖

3.3 常见化工设计 CAD 表格图形快速绘制

CAD 提供了多种方法绘制表格。一般可以通过如下两种方法完成表格绘制，即表格命令及组合功能命令方法。

3.3.1 利用表格功能命令绘制表格

利用表格功能命令绘制表格的方法是使用 TABLE 等 CAD 功能命令进行绘制。

启动表格功能命令可以通过以下 3 种方式：

- 打开“绘图”下拉菜单选择“表格”命令选项。
- 单击“绘图”工具栏上的“表格”命令图标。
- 在“命令:”命令行提示下直接输入“TABLE”命令。

以在“命令:”行直接输入“TABLE”命令为例，说明表格的绘制方法。

① 执行 TABLE 功能命令后，弹出“插入表格”对话框，设置相关的数值，包括表格的列数、列宽、行数、行高、单元样式等各种参数。

② 单击“确定”后要求在屏幕上指定表格位置，点击位置后要求输入表格标题栏文字内容，然后单击“确定”得到表格。

③ 单击表格任意单元格，该单元格显示黄色，可以输入文字内容，如图 3.30 所示。

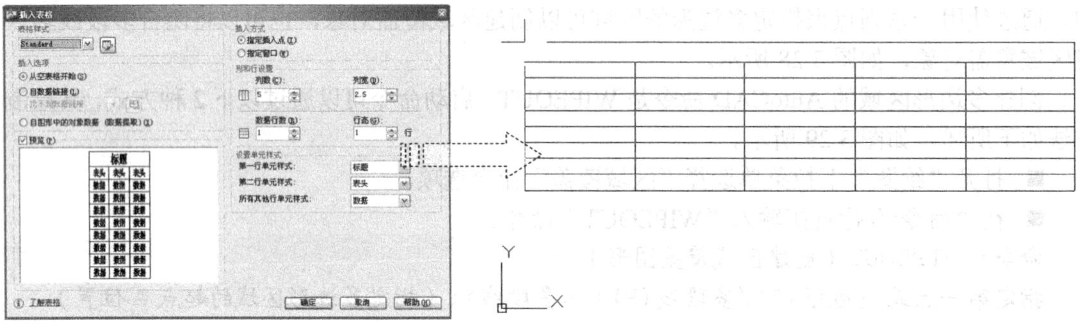

（a）创建表格线

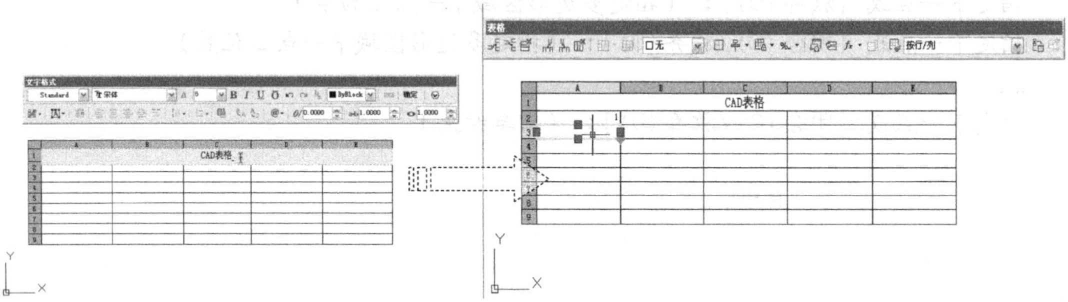

（b）标注文字

图 3.30 绘制表格

④ 在“插入表格”对话框中，可以点击表格“启动表格样式对话框”，在弹出的“修改表格样式”对话框中对表格进行修改。如图 3.31 所示。

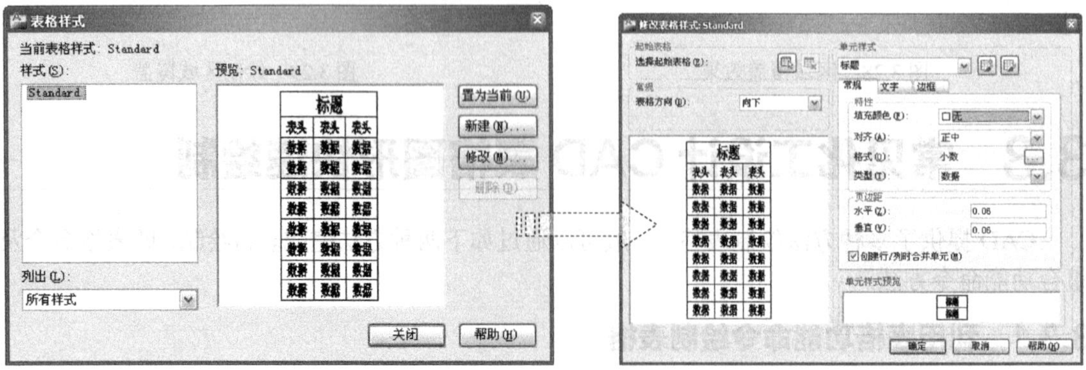

图 3.31 修改表格样式

3.3.2　利用组合功能命令绘制表格

利用组合功能命令绘制表格的方法是使用 LINE（或 PLINE）、OFFSET、TRIM 及 MOVE、TEXT、MTEXT、SCALE 等 CAD 功能命令进行绘制（注：其中文字标注 MTEXT 等编辑命令的使用方法参见后面章节介绍）。

① 先使用 LINE 命令绘制水平和竖直方向的表格定位线。再按表格宽度、高度要求使用 OFFSET\TRIM 等进行偏移、修剪等。如图 3.32 所示。

命令：LINE（回车）
指定第一点：
指定下一点或 [放弃(U)]：<正交 开>
指定下一点或 [放弃(U)]：（回车）
命令：OFFSET（回车）
当前设置：删除源=否　图层=源　OFFSETGAPTYPE=0
指定偏移距离或 [通过(T)/删除(E)/图层(L)] <通过>：150
选择要偏移的对象，或 [退出(E)/放弃(U)] <退出>：（回车）
指定要偏移的那一侧上的点，或 [退出(E)/多个(M)/放弃(U)] <退出>：
选择要偏移的对象，或 [退出(E)/放弃(U)] <退出>：
……
指定要偏移的那一侧上的点，或 [退出(E)/多个(M)/放弃(U)] <退出>：
选择要偏移的对象，或 [退出(E)/放弃(U)] <退出>：（回车）

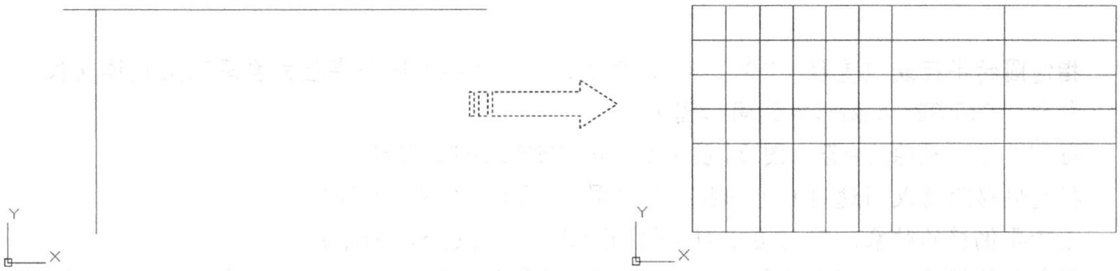

图 3.32　绘制表格线条

② 使用 MTEXT 或 TEXT 功能命令标注文字内容即可。文字的大小可以使用 SCALE 进行调整，文字的位置可以使用 MOVE 功能命令调整。如图 3.33 所示。

命令：MTEXT（回车）
当前文字样式："Standard"　文字高度：2.5　注释性：否
指定第一角点：
指定对角点或 [高度(H)/对正(J)/行距(L)/旋转(R)/样式(S)/宽度(W)/栏(C)]：（在对话框中输入文字等）
命令：MOVE（回车）
选择对象：找到 1 个
选择对象：（回车）
指定基点或 [位移(D)] <位移>：

指定第二个点或 <使用第一个点作为位移>：（点取位置后回车）

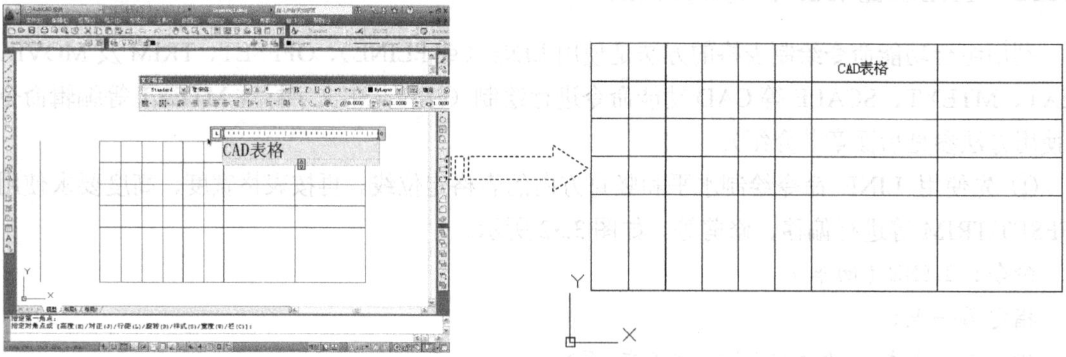

图 3.33　标注文字内容

3.4 化工设计复合 CAD 平面图形绘制

复合平面图形是指不能直接使用 AutoCAD 提供的基本命令一次生成的图形，但可以通过使用多个命令得到的组合图形（其中一些编辑功能命令参考后面章节介绍）。如图 3.34 所示的复合平面图形，由等多边形、圆形和弧线等构成；下面以此图为例介绍复合平面图形的绘制方法。其他类型的复合图形，同样可以按此方法进行绘制（注：其中使用到的部分编辑修改命令，在后面章节将详细论述）。

① 使用 CIRCLE 绘制 2 个同心圆，如图 3.35 所示。

命令：CIRCLE（绘制 1 个小圆形）

指定圆的圆心或 [三点（3P）/两点（2P）/相切、相切、半径（T）]：（指定圆心点位置）

指定圆的半径或 [直径（D）] <0.000>：250（输入圆形半径或在屏幕上直接点取）

命令：OFFSET（偏移得到同心圆）

当前设置：删除源=否　图 3.层=源　OFFSETGAPTYPE=0

指定偏移距离或 [通过(T)/删除(E)/图 3.层(L)] <0.0000>:　50

选择要偏移的对象，或 [退出(E)/放弃(U)] <退出>:(回车)

指定要偏移的那一侧上的点，或 [退出(E)/多个(M)/放弃(U)] <退出>:(指定要偏移的那一侧上的点)

选择要偏移的对象，或 [退出(E)/放弃(U)] <退出>:(回车)

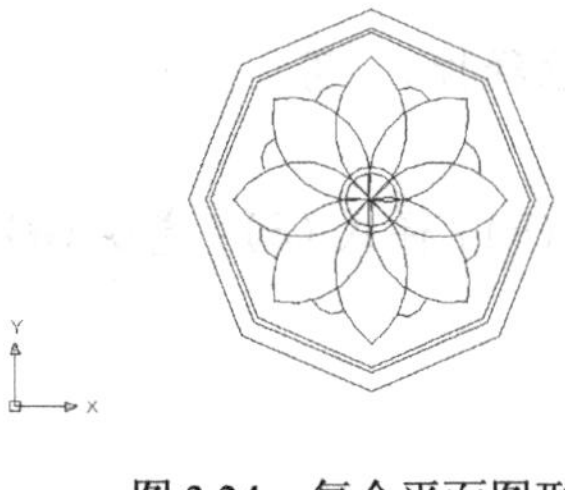

图 3.34　复合平面图形

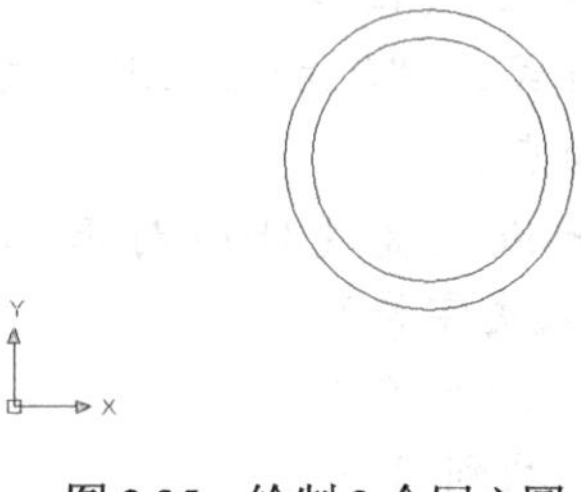

图 3.35　绘制 2 个同心圆

② 使用 POLYGON、OFFSET 命令建立 3 个等八边形，其中心点位于圆心位置，如图 3.36

所示。

命令：POLYGON （绘制等边多边形）

输入边的数目 <4>：8（输入等边多边形的边数）

指定正多边形的中心点或［边（E）］：（指定等边多边形中心点位置）

输入选项［内接于圆（I）/外切于圆（C）］<I>：I（输入“I”以内接圆确定等边多边形）

指定圆的半径：1500（指定内接圆半径）

命令：OFFSET（偏移得到同心等八边形）

当前设置：删除源=否　图 3.层=源　OFFSETGAPTYPE=0

指定偏移距离或［通过(T)/删除(E)/图 3.层(L)］<0.0000>：50

选择要偏移的对象，或［退出(E)/放弃(U)］<退出>：(回车)

指定要偏移的那一侧上的点，或［退出(E)/多个(M)/放弃(U)］<退出>：(指定要偏移的那一侧上的点)

选择要偏移的对象，或［退出(E)/放弃(U)］<退出>：（回车）

③ 绘制 2 条弧线构成一个梭形状，如图 3.37 所示。

命令：ARC（绘制弧线）

指定圆弧的起点或［圆心（C）］：（指定起始点位置）

指定圆弧的第二个点或［圆心（C）/端点（E）］：（指定中间点位置）

指定圆弧的端点：（指定起终点位置）

命令:MIRROR （生成对成弧线）

找到 1 个（选择弧线）

指定镜像线的第一点：

指定镜像线的第二点：

要删除源对象吗？［是(Y)/否(N)］<N>:N（输入“N”）

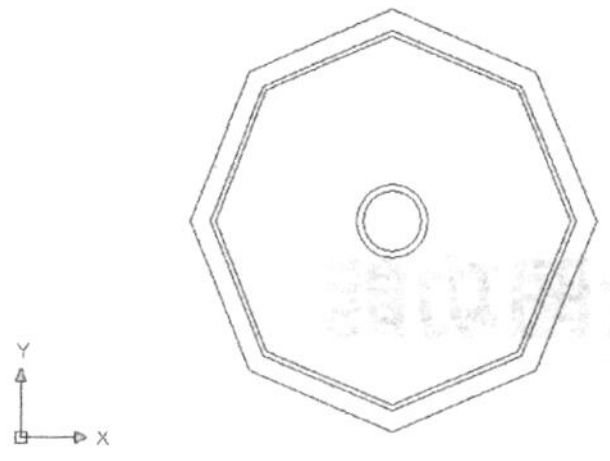

图 3.36　建立 3 个等八边形

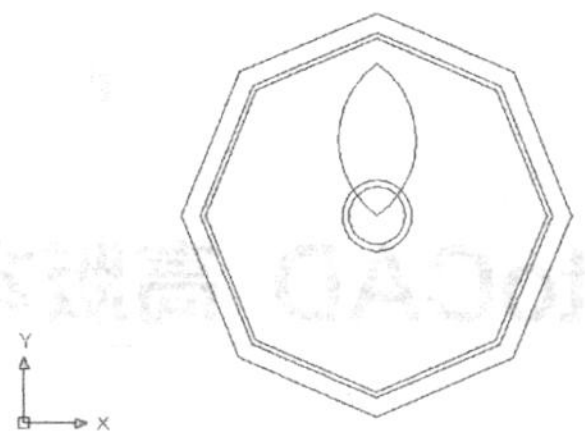

图 3.37　绘制 2 条弧线

④ 利用阵列（ARRAY）功能（环形阵列），将梭形弧线造型进行环形方向阵列，生成全部梭形图形。如图 3.38 所示。

命令:ARRAY

选择对象：找到 1 个

选择对象：

输入阵列类型［矩形(R)/路径(PA)/极轴(PO)］<极轴>：PO

类型 = 极轴　关联 = 是

指定阵列的中心点或［基点(B)/旋转轴(A)］：

输入项目数或［项目间角度(A)/表达式(E)］<4>：8

指定填充角度(+=逆时针、-=顺时针)或［表达式(EX)］<360>：360

按 Enter 键接受或 [关联(AS)/基点(B)/项目(I)/项目间角度(A)/填充角度(F)/行(ROW)/层(L)/旋转项目(ROT)/退出(X)]<退出>:

图 3.38　阵列生成全部梭形

⑤ 按上述相同方法，使用 ARC、TRIM、MOVE、ARRAY 等命令，绘制梭形夹角处的弧线并进行阵列，如图 3.39 所示。最后即可完成该复合平面图形绘制。

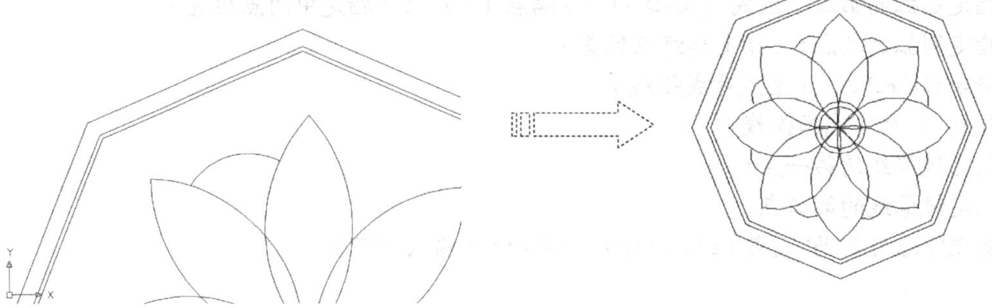

图 3.39　绘制夹角处弧线

3.5 AutoCAD 高版本特有的绘图功能

3.5.1 AutoCAD 2017 特有的绘图功能

（1）定距等分　定距等分是指沿对象长度或周长按指定间隔创建点对象或块。其 AutoCAD 命令是 MEASURE。启动命令可以通过以下 3 种方式，其绘制方法如下所述。

■ 打开“绘图”下拉菜单选择“定距等分”命令选项。

■ 在“命令:”行直接输入“定距等分”命令 MEASURE。

■ 点击“默认”菜单下的“绘图”栏倒三角▼，选择“点”命令选项中的“定距等分”图标即可。

命令: MEASURE

选择要定距等分的对象:

指定线段长度或 [块(B)]:7.85

执行“定距等分”命令前，可以使用 DDPTYPE 命令设置点的样式及大小，从而更为直观地观察等分效果，如图 3.40 所示。

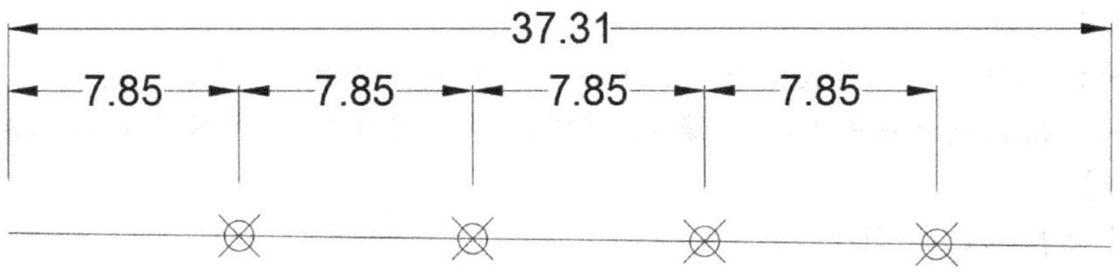

图 3.40　定距等分

（2）修订云线　包括矩形修订云线、多边形修订云线、徒手画修订云线。矩形修订云线是指通过绘制矩形创建修订云线图形。其 AutoCAD 命令是 REVCLOUD。启动命令可以通过以下 3 种方式，其绘制方法如下所述，如图 3.41 所示。

- 打开“绘图”下拉菜单选择“定距等分”命令选项。执行 REVCLOUD 命令后按提示选项输入相应的命令，即可进行多边形修订云线、徒手画修订云线。
- 在“命令:”行直接输入定距等分命令 REVCLOUD。
- 点击“默认”菜单下的绘图栏倒三角▼，选择“矩形修订云线”即可。

命令:REVCLOUD

最小弧长: 1.0000　最大弧长: 1.0000　样式: 普通　类型: 矩形

指定第一个角点或 [弧长(A)/对象(O)/矩形(R)/多边形(P)/徒手画(F)/样式(S)/修改(M)] <对象>: P

最小弧长: 1.0000　最大弧长: 1.0000　样式: 普通　类型: 多边形

指定起点或 [弧长(A)/对象(O)/矩形(R)/多边形(P)/徒手画(F)/样式(S)/修改(M)] <对象>:

指定下一点:

指定下一点或 [放弃(U)]:

指定下一点或 [放弃(U)]:

指定下一点或 [放弃(U)]:

指定下一点或 [放弃(U)]:

指定下一点或 [放弃(U)]:

命令: 指定对角点或 [栏选(F)/圈围(WP)/圈交(CP)]:

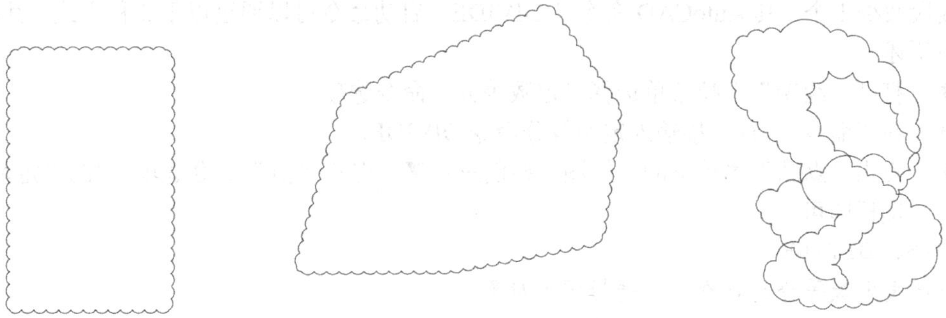

（a）矩形　（b）多边形　（c）徒手画

图 3.41　修订云线

此功能除直接绘制修订云线外，还可以将闭合的图形转换为修订云线。如图 3.42 所示。

命令:REVCLOUD

最小弧长: 1.0000　最大弧长: 1.0000　样式: 普通　类型: 矩形

指定第一个角点或 [弧长(A)/对象(O)/矩形(R)/多边形(P)/徒手画(F)/样式(S)/修改(M)] <对象>: a

指定最小弧长 <1.0000>: 2

指定最大弧长 <2.0000>: 3

指定第一个角点或 [弧长(A)/对象(O)/矩形(R)/多边形(P)/徒手画(F)/样式(S)/修改(M)] <对象>: O

选择对象:

反转方向 [是(Y)/否(N)] <否>: n

修订云线完成。

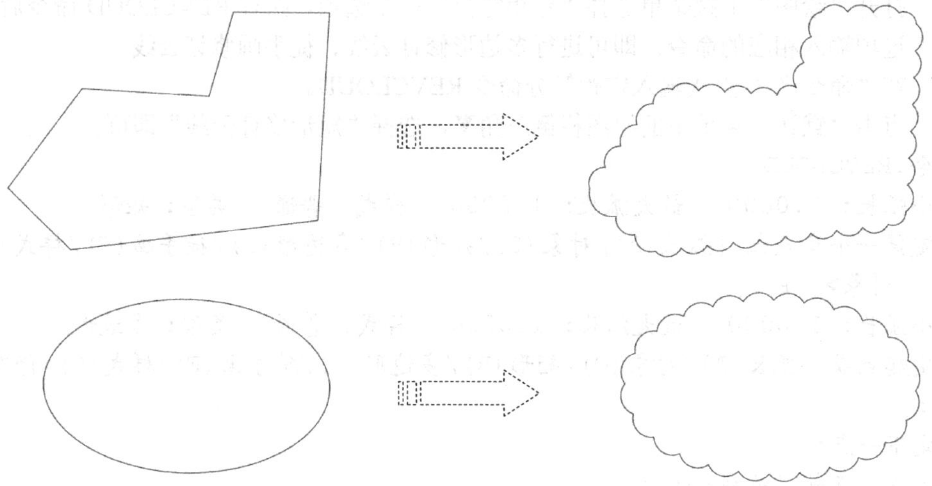

图 3.42　将闭合的图形转换为修订云线

3.5.2 AutoCAD 2018 特有的绘图功能

AutoCAD 2018 除包括 AutoCAD 2017 以下版本的绘图功能外，还有新的功能。

（1）定数等分　创建沿对象的长度或周长等间隔排列的点对象或块，创建的点对象数比指定的线段数少 1 个。其 AutoCAD 命令是 DIVIDE。启动命令可以通过以下 3 种方式，其绘制方法如下所述。

- 打开“绘图”下拉菜单选择“定数等分”命令选项。
- 在“命令:”行直接输入定距等分命令 DIVIDE。
- 点击“默认”菜单下的“绘图”栏倒三角▼，选择“点”命令选项 中的“定数等分”图标即可。

命令: DIVIDE

选择要定数等分的对象: (选择图形对象)

输入线段数目或 [块(B)]: 6

执行“定数等分”命令前，可以先使用 PTYPE、DDPTYPE 命令设置点的样式及大小，从而更为直观地观察等分效果，如图 3.43 所示。

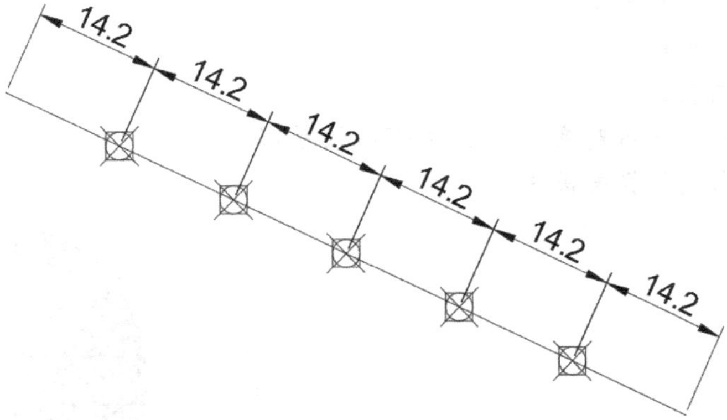

图3.43 定数等分

（2）合并多行文字（命令TXT2MTXT） TXT2MTXT命令功能是将单行或多行文字对象转换或者合并为一个或多个多行文字对象。如图3.44所示。

命令：TXT2MTXT

选择要合并的文字对象...

窗交(C) 套索 按空格键可循环浏览选项找到 0 个

选择对象或 [设置(SE)]：找到 1 个

选择对象或 [设置(SE)]：找到 1 个，总计 2 个

选择对象或 [设置(SE)]：找到 1 个，总计 3 个

选择对象或 [设置(SE)]：找到 1 个，总计 4 个

选择对象或 [设置(SE)]：（回车）

5 个文字对象已删除，1 个多行文字对象已添加。

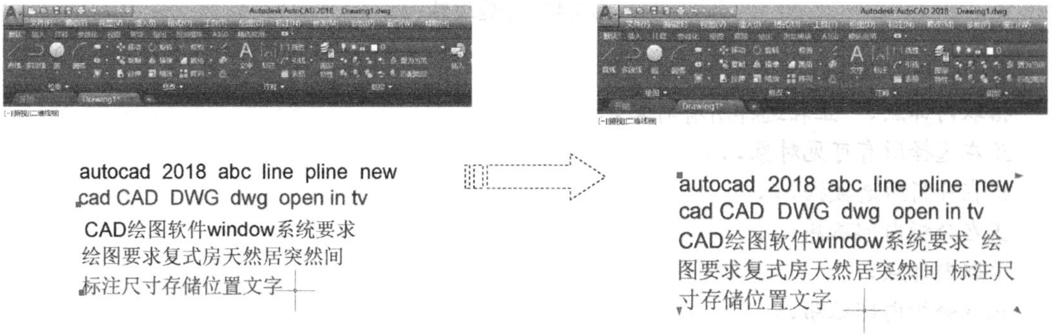

图3.44 合并多行文字为单一多行文字

3.5.3 AutoCAD 2019特有的绘图功能

AutoCAD 2019除包括AutoCAD 2018以下版本的绘图功能外，还有新的功能。

（1）渐变色 执行渐变色命令GRADIENT可以直接绘制闭合图形的渐变色效果，如图3.45所示。

命令：GRADIENT

拾取内部点或 [选择对象(S)/放弃(U)/设置(T)]: 正在选择所有对象...
正在选择所有可见对象...
正在分析所选数据...
正在分析内部孤岛...
拾取内部点或 [选择对象(S)/放弃(U)/设置(T)]:
已删除图案填充边界关联性。

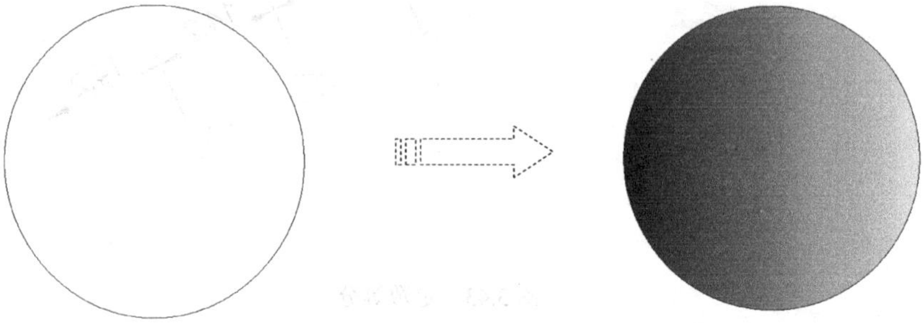

图 3.45 绘制渐变色

(2) 创建边界 执行创建边界(BOUNDARY)命令后，将按选择对象的类型确定边界范围，如图 3.46 所示。

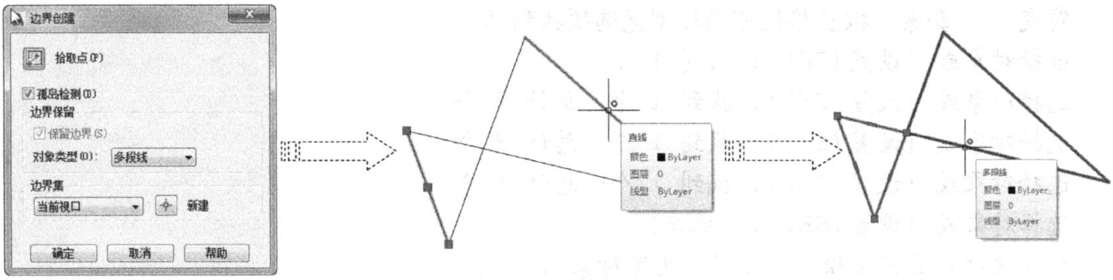

图 3.46 创建边界

命令: BOUNDARY
拾取内部点: 正在选择所有对象...
正在选择所有可见对象...
正在分析所选数据...
正在分析内部孤岛...
拾取内部点:
正在分析内部孤岛...
拾取内部点:
BOUNDARY 已创建 2 个多段线

第4章

化工设计 CAD 图形修改和编辑基本方法

本章详细阐述使用 AutoCAD 进行化工设计绘图中的 CAD 图形修改和编辑功能基本方法，包括删除、复制、移动、旋转、镜像和剪切等各种操作。AutoCAD 的编辑修改功能与其绘图功能一样强大，使用方便，用途广泛，是化工设计绘图及文件制作的好帮手。

4.1 化工设计 CAD 图形常用编辑与修改方法

4.1.1 删除和复制图形

（1）删除图形　删除编辑功能的 AutoCAD 命令为 ERASE（简写形式为 E）。启动删除命令可以通过以下 3 种方式。

- 打开“修改”下拉菜单选择【删除】命令选项。
- 单击“修改”工具栏上的“删除”命令图标。
- 在“命令:”命令行提示下直接输入“ERASE”或“E”命令。

选择图形对象后，按“Delete”键同样可以删除图形对象，作用与 ERASE 一样。以在“命令:”行直接输入“ERASE”或“E”命令为例，说明删除编辑功能的使用方法，如图 4.1 所示。

命令：ERASE（执行删除编辑功能）
选择对象：找到 1 个（依次选择要删除的图线）
选择对象：找到 1 个，总计 2 个
选择对象：找到 1 个，总计 3 个
选择对象：（回车，图形的一部分被删除）

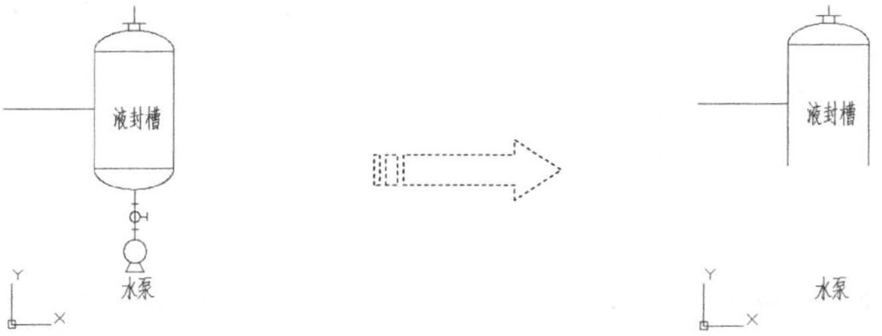

图 4.1　删除编辑功能

（2）复制图形　要获得相同的图形对象，可以复制生成。复制编辑功能的 AutoCAD 命令为 COPY（简写形式为 CO 或 CP）。启动复制命令可以通过以下 3 种方式。

■ 打开“修改”下拉菜单选择“复制”命令选项。

■ 单击“修改”工具栏上的“复制”命令图标。

■ 在“命令:”命令行提示下直接输入“COPY”或“CP”命令。

复制编辑操作有两种方式，即只复制一个图形对象和复制多个图形对象。以在“命令:”行直接输入 COPY 或“CP”命令为例，说明复制编辑功能的使用方法，如图 4.2 所示。

① 命令: COPY（进行图形对象单一复制）

选择对象：找到 1 个

选择对象：

当前设置：　复制模式 = 多个

指定基点或 [位移(D)/模式(O)] <位移>:

指定第二个点或 [阵列(A)] <使用第一个点作为位移>:

指定第二个点或 [阵列(A)/退出(E)/放弃(U)] <退出>:

......

指定第二个点或 [阵列(A)/退出(E)/放弃(U)] <退出>:

② 命令: COPY（进行图形对象阵列复制）

选择对象：找到 1 个（选择图形）

选择对象：（回车）

当前设置：　复制模式 = 多个

指定基点或 [位移(D)/模式(O)] <位移>:（指定复制图形起点位置）

指定第二个点或 [阵列(A)] <使用第一个点作为位移>:（进行复制，指定复制图形复制点位置）

指定第二个点或 [阵列(A)/退出(E)/放弃(U)] <退出>: A（输入“A”指定在线性阵列中排列的副本数量，确定阵列相对于基点的距离和方向。默认情况下，阵列中的第一个副本将放置在指定的位移；其余的副本使用相同的增量位移放置在超出该点的线性阵列中）

输入要进行阵列的项目数：5

指定第二个点或 [布满(F)]:

指定第二个点或 [阵列(A)/退出(E)/放弃(U)] <退出>:

指定第二个点或 [阵列(A)/退出(E)/放弃(U)] <退出>:（回车）

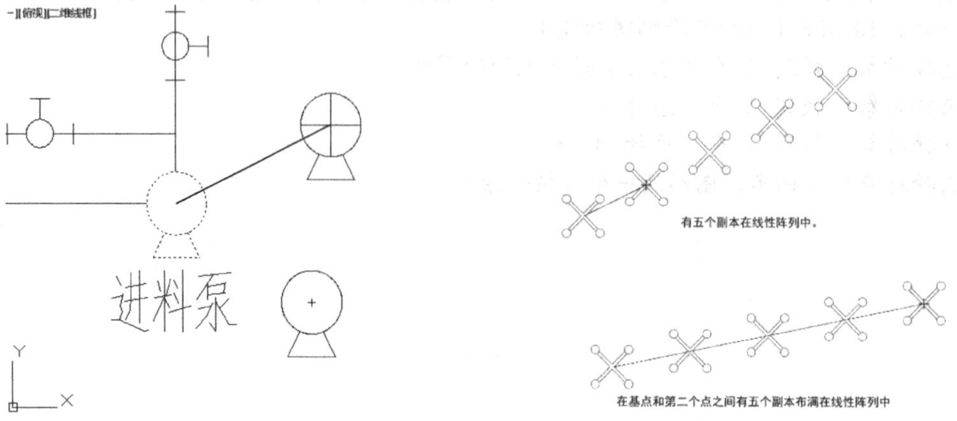

（a）单一复制图形　　（b）使用阵列多个复制

图 4.2　复制图形

4.1.2　镜像和偏移图形

（1）镜像图形　镜像编辑功能的 AutoCAD 命令为 MIRROR（简写形式为 MI）。镜像生成的图形对象与原图形对象呈某种对称关系（如左右对称、上下对称）。启动 MIRROR 命令可以通过以下 3 种方式。

■ 打开“修改”下拉菜单选择“镜像”命令选项。
■ 单击“修改”工具栏上的“镜像”命令图标。
■ 在“命令:”命令行提示下直接输入“MIRROR”或“MI”命令。

镜像编辑操作有两种方式，即镜像后将原图形对象删除和镜像后将原图形对象保留。以在“命令:”行直接输入“MIRROR”或“MI”命令为例，说明镜像编辑功能的使用方法，如图 4.3 所示。

命令：MIRROR（进行镜像得到一个对称部分）

选择对象：找到 21 个(选择图形)

选择对象：(回车)

指定镜像线的第一点：（指定镜像第一点位置）

指定镜像线的第二点：（指定镜像第二点位置）

要删除源对象吗？[是(Y)/否(N)]<N>：N（输入“N”保留原有图形，输入“Y”删除原有图形）

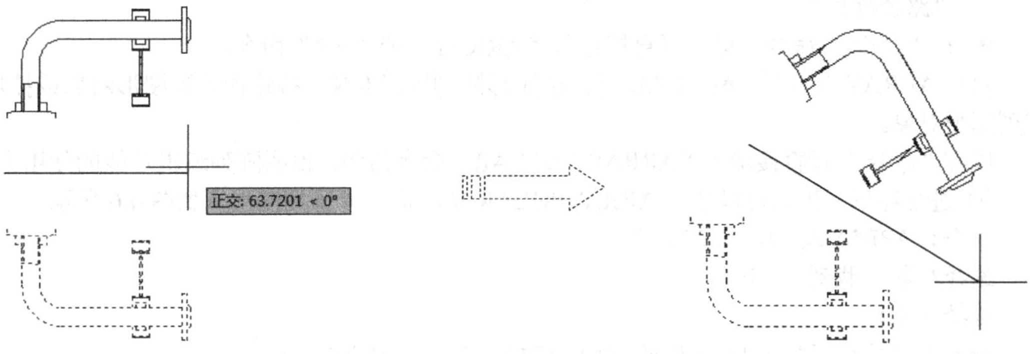

图 4.3　不同方向镜像图形

（2）偏移图形　偏移编辑功能主要用来创建平行的图形对象，其命令为 OFFSET（简写形式为 O）。启动 OFFSET 命令可以通过以下 3 种方式。

■ 打开“修改”下拉菜单选择“偏移”命令选项。
■ 单击“修改”工具栏上的“偏移”命令图标。
■ 在“命令:” 命令行提示下直接输入 OFFSET 或 O 命令。

以在“命令:”直接输入“OFFSET”或“O”命令为例，说明偏移编辑功能的使用方法，如图 4.4 所示。在进行偏移编辑操作时，若输入的偏移距离或指定通过点位置过大，则得到的图形将有所变化，如图 4.5 所示。

命令：OFFSET（偏移生成形状相似的图形）

当前设置：删除源=否　图层=源　OFFSETGAPTYPE=0

指定偏移距离或 [通过(T)/删除(E)/图层(L)] <0.0000>:50（输入偏移距离或指定通过点位置）

选择要偏移的对象，或 [退出(E)/放弃(U)] <退出>:(选择要偏移的图形)

指定要偏移的那一侧上的点，或 [退出(E)/多个(M)/放弃(U)] <退出>:（指定偏移方

向位置)

选择要偏移的对象，或 [退出(E)/放弃(U)] <退出>:(回车结束)

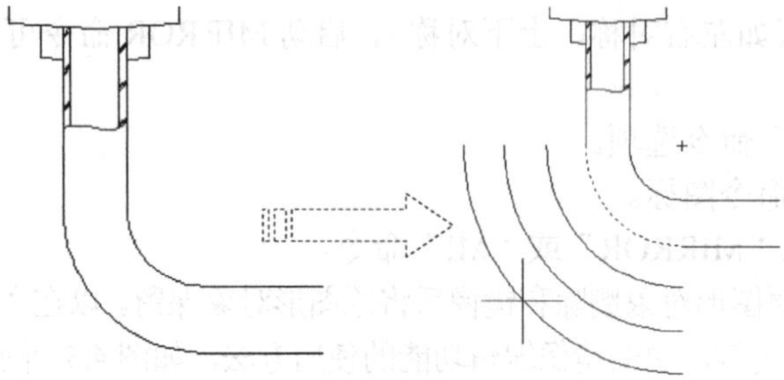

图 4.4 偏移编辑功能

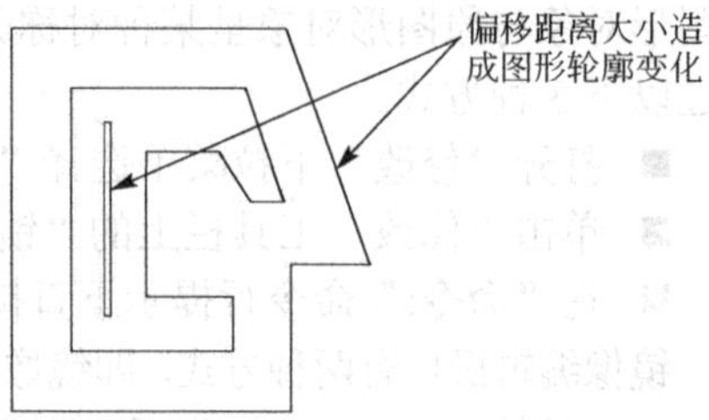

图 4.5 偏移后图形改变

4.1.3 阵列与移动图形

(1) 阵列图形 利用阵列编辑功能可以快速生成多个图形对象，其 AutoCAD 的命令为 ARRAY（简写形式为 AR）命令。启动 ARRAY 命令可以通过以下 3 种方式。

- 打开“修改”下拉菜单选择“阵列”命令选项。
- 单击“修改”工具栏上的“阵列”命令图标（可进一步选择“矩形阵列”“环形阵列”“路径阵列”）。
- 在“命令:”命令行提示下直接输入“ARRAY”或“AR”命令。

执行 ARRAY 命令后，AutoCAD 可以按矩形阵列图形对象、按路径阵列图形对象或按环形阵列图形对象。

以在“命令:”行直接输入“ARRAY”或“AR”命令为例，说明阵列编辑功能的使用方法:

① 进行环形（极轴可以使用 ARRAYPOLAR 功能命令）阵列图形，如图 4.6 所示。

命令: ARRAY 或 ARRAYPOLAR

选择对象: 找到 1 个

选择对象:

输入阵列类型 [矩形(R)/路径(PA)/极轴(PO)] <极轴>: po

类型 = 极轴 关联 = 是

指定阵列的中心点或 [基点(B)/旋转轴(A)]:

输入项目数或 [项目间角度(A)/表达式(E)] <4>: 8

指定填充角度(+=逆时针、-=顺时针)或 [表达式(EX)] <360>:360

按 Enter 键接受或 [关联(AS)/基点(B)/项目(I)/项目间角度(A)/填充角度(F)/行(ROW)/层(L)/旋转项目(ROT)/退出(X)] <退出>:(回车)

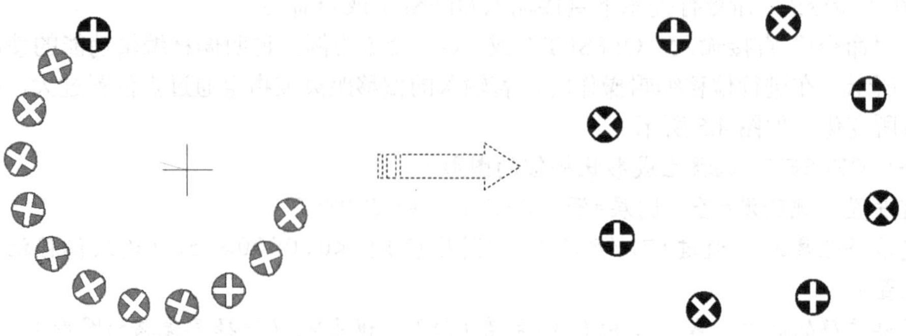

图 4.6 环形（极轴）阵列图形

② 进行路径阵列（可以使用 ARRAYPATH 功能命令）图形，如图 4.7 所示。

命令:ARRAYPATH

选择对象：指定对角点：找到 14 个

选择对象：

类型 = 路径　关联 = 是

选择路径曲线：

输入沿路径的项数或 [方向(O)/表达式(E)] <方向>：6

指定沿路径的项目之间的距离或 [定数等分(D)/总距离(T)/表达式(E)] <沿路径平均定数等分(D)>：D

按 Enter 键接受或 [关联(AS)/基点(B)/项目(I)/行(R)/层(L)/对齐项目(A)/Z 方向(Z)/退出(X)] <退出>：

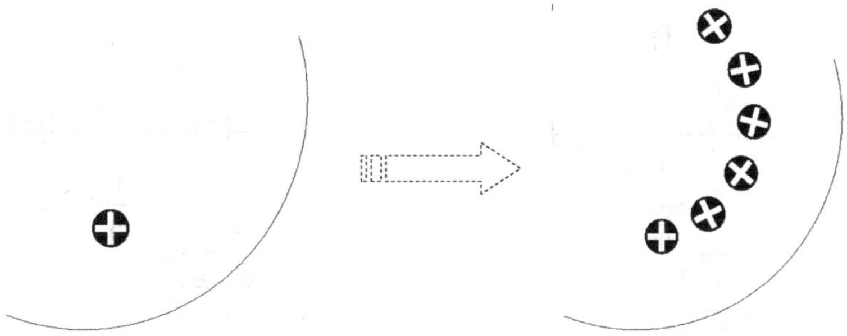

图 4.7　路径阵列图形

③ 进行矩形阵列（可以使用 ARRAYRECT 功能命令）图形，如图 4.8 所示。

命令：ARRAYRECT

选择对象：指定对角点：找到 14 个

选择对象：

类型 = 矩形　关联 = 是

为项目数指定对角点或 [基点(B)/角度(A)/计数(C)] <计数>：C

输入行数或 [表达式(E)] <4>：4

输入列数或 [表达式(E)] <4>：3

指定对角点以间隔项目或 [间距(S)] <间距>：200

按 Enter 键接受或 [关联(AS)/基点(B)/行(R)/列(C)/层(L)/退出(X)] <退出>：

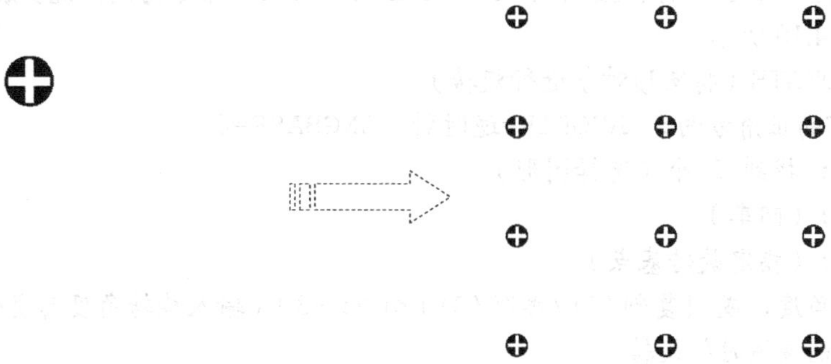

图 4.8　矩形阵列图形

（2）移动图形　移动编辑功能的 AutoCAD 命令为 MOVE（简写形式为 M）。启动 MOVE

命令可以通过以下 3 种方式。

■ 打开“修改”下拉菜单选择“移动”命令选项。

■ 单击“修改”工具栏上的“移动”命令图标。

■ 在“命令:”命令行提示下直接输入“MOVE”或“M”命令。

以在“命令:”行直接输入“MOVE”或“M”命令为例，说明移动编辑功能的使用方法，如图 4.9 所示。

命令：MOVE（移动命令）

选择对象：指定对角点：找到 8 个（选择对象）

选择对象：（回车）

指定基点或 [位移(D)] <位移>： （指定移动基点位置）

指定第二个点或 <使用第一个点作为位移>：（指定移动位置）

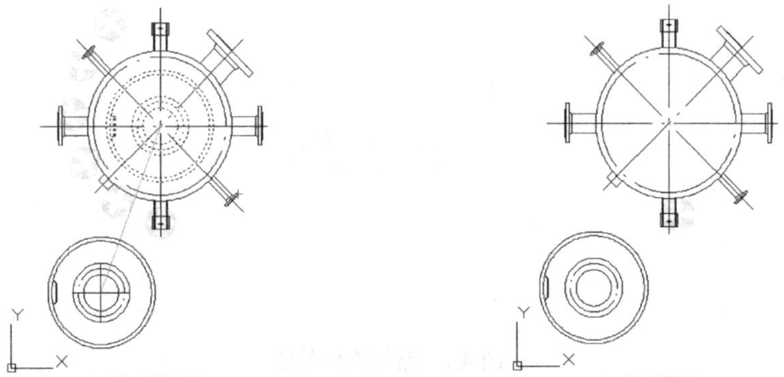

（a）移动进行中　　（b）移动结果

图 4.9　移动图形

4.1.4　旋转与拉伸图形

（1）旋转图形　旋转编辑功能的 AutoCAD 命令为 ROTATE（简写形式为 RO）。启动 ROTATE 命令可以通过以下 3 种方式。

■ 打开“修改”下拉菜单选择“旋转”命令选项。

■ 单击“修改”工具栏上的“旋转”命令图标。

■ 在“命令:”命令行提示下直接输入“ROTATE”或“RO”命令。

输入旋转角度若为正值（+），则对象逆时针旋转。输入旋转角度若为负值（–），则对象顺时针旋转。以在“命令:”行直接输入“ROTATE”或“RO”命令为例，说明旋转编辑功能的使用方法，如图 4.10 所示。

命令：ROTATE（将图形对象进行旋转）

UCS 当前的正角方向：ANGDIR=逆时针　ANGBASE=0

选择对象：找到 1 个（选择图形）

选择对象：（回车）

指定基点：（指定旋转基点）

指定旋转角度，或 [复制(C)/参照(R)] <0>：-30（输入旋转角度为负值按顺时针旋转，若输入为正值则按逆时针旋转）

（2）拉伸图形　拉伸编辑功能的 AutoCAD 命令为 STRETCH（简写形式为 S）。启动 STRETCH 命令可以通过以下 3 种方式：

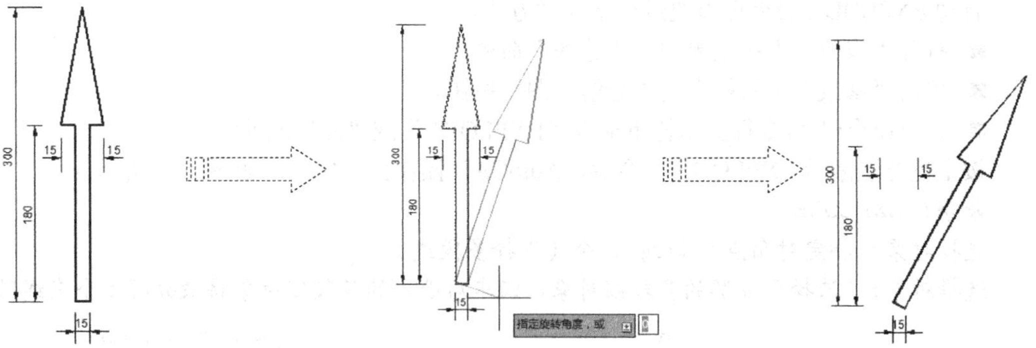

图 4.10　旋转图形

■ 打开“修改”下拉菜单选择“拉伸”命令选项。
■ 单击“修改”工具栏上的“拉伸”命令图标。
■ 在“命令:”命令行提示下直接输入“STRETCH”或“S”命令。

以在“命令:”行直接输入“STRETCH”或“S”命令为例，说明拉伸编辑功能的使用方法，拉伸图形时使用穿越方式选择图形比较方便，如图 4.11 所示。

命令：STRETCH（将图形对象进行拉伸）
以交叉窗口或交叉多边形选择要拉伸的对象...
选择对象：指定对角点：找到 1 个（以穿越方式选择图形）
选择对象：（回车）
指定基点或 [位移(D)] <位移>：（指定拉伸基点）
指定第二个点或 <使用第一个点作为位移>：（指定拉伸位置点）

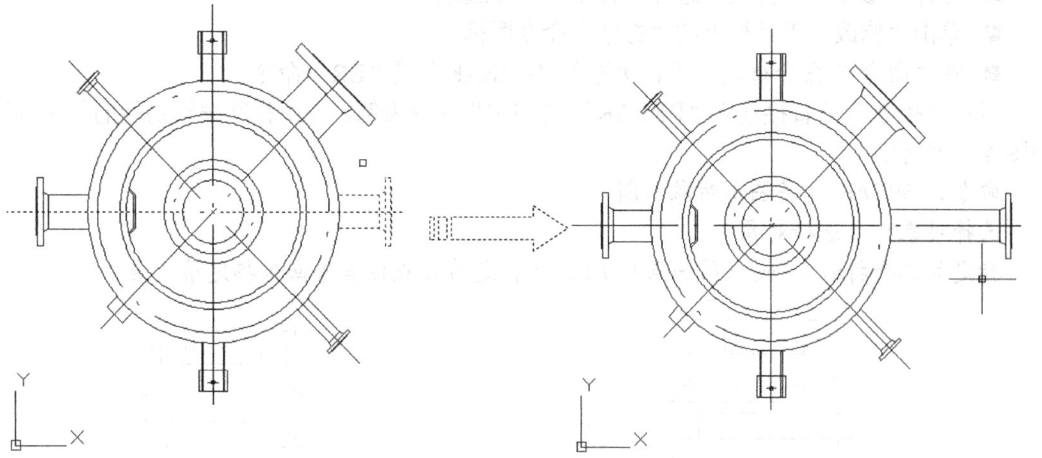

图 4.11　拉伸图形

4.1.5　分解与打断图形

（1）分解图形　AutoCAD 提供了将图形对象分解的功能命令 EXPLODE（简写形式为 X）。EXPLODE 命令可以将多段线、多行线、图块、填充图案和标注尺寸等从创建时的状态转换或化解为独立的对象。许多图形无法编辑修改时，可以试一试分解功能命令，或许会有帮助。但图形分解保存退出文件后不能复原。注意若线条是具有一定宽度的多段线，分解后宽度为默认的 0 宽度线条。

启动EXPLODE命令可以通过以下3种方式。

■ 打开“修改”下拉菜单中的“分解”命令。

■ 单击“修改”工具栏上的“分解”图标按钮。

■ 在“命令:”命令行提示符下输入“EXPLODE”或“X”并回车。

按上述方法激活EXPLODE命令后，AutoCAD操作提示如下，如图4.12所示。

命令：EXPLODE

选择对象：指定对角点：找到 1 个（选择多段线）

选择对象：（选择要分解的多段线对象，回车后选中的多段线对象将被分解多个直线段）

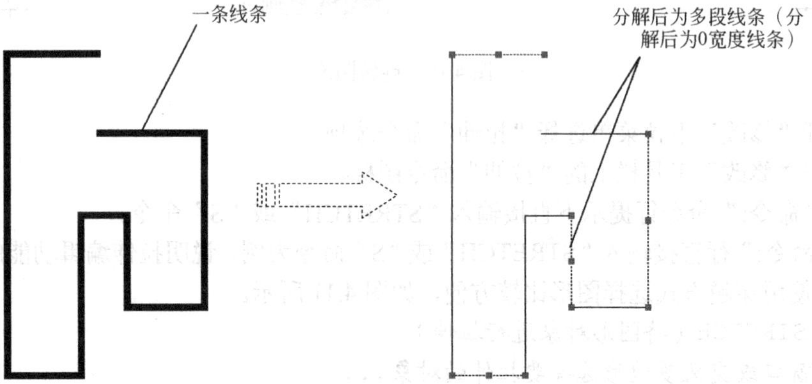

图4.12 分解图形

（2）打断图形 打断编辑功能的AutoCAD命令为BREAK（简写形式为BR）。启动BREAK命令可以通过以下3种方式。

■ 打开“修改”下拉菜单选择“打断”命令选项。

■ 单击“修改”工具栏上的“打断”命令图标。

■ 在“命令:”命令行提示下直接输入“BREAK”或“BR”命令。

以在“命令:”行直接输入“BREAK”或“BR”命令为例，说明打断编辑功能的使用方法，如图4.13所示。

命令：BREAK （将图形对象打断）

选择对象：（选择对象）

指定第二个打断点 或 [第一点(F)]：（指定第2点位置或回车指定第1点）

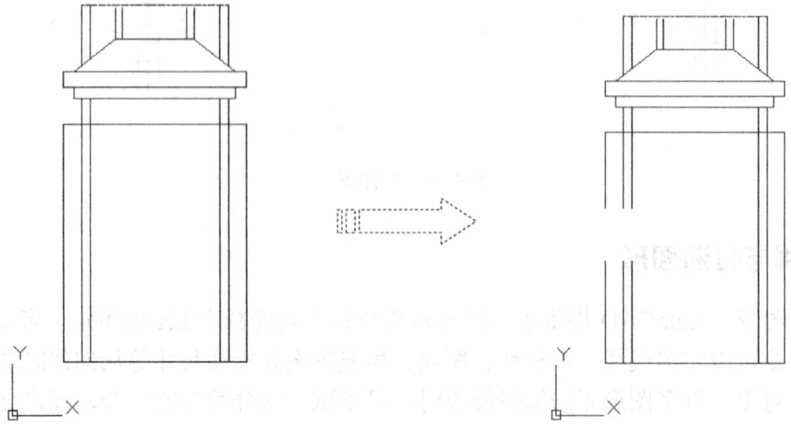

图4.13 打断编辑功能

4.1.6 修剪与延伸图形

（1）修剪图形 剪切编辑功能的AutoCAD命令为TRIM（简写形式为TR）。启动TRIM命令可以通过以下3种方式。

■ 打开“修改”下拉菜单选择“修剪”命令选项。

■ 单击“修改”工具栏上的“修剪”命令图标。

■ 在“命令:”命令行提示下直接输入“TRIM”或“TR”命令。

以在“命令:”行直接输入“TRIM”或“TR”命令为例，说明修剪编辑功能的使用方法，如图4.14所示。

命令：TRIM（对图形对象进行修剪）
当前设置:投影=UCS，边=无
选择剪切边...
选择对象或 <全部选择>： 找到 1 个（选择修剪边界）
选择对象：（回车）
选择要修剪的对象，或按住 Shift 键选择要延伸的对象，或
[栏选(F)/窗交(C)/投影(P)/边(E)/删除(R)/放弃(U)]：（选择修剪对象）
选择要修剪的对象，或按住 Shift 键选择要延伸的对象，或
[栏选(F)/窗交(C)/投影(P)/边(E)/删除(R)/放弃(U)]：（回车）

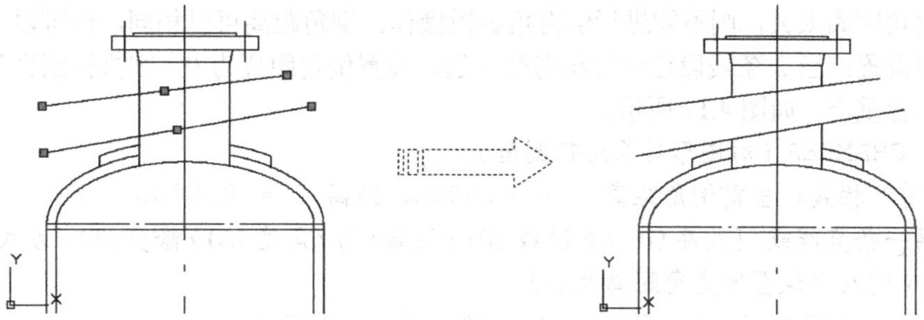

图4.14 修剪图形

（2）延伸图形 延伸编辑功能的AutoCAD命令为EXTEND（简写形式为EX）。启动EXTEND命令可以通过以下3种方式：

■ 打开“修改”下拉菜单选择“延伸”命令选项。

■ 单击“修改”工具栏上的“延伸”命令图标。

■ 在“命令:”命令行提示下直接输入“EXTEND”或“EX”命令。

以在“命令:”行直接输入“EXTEND”或“EX”命令为例，说明延伸编辑功能的使用方法，如图4.15所示。

命令：EXTEND（对图形对象进行延伸）
当前设置:投影=UCS，边=无
选择边界的边...
选择对象或 <全部选择>： 找到 1 个（选择延伸边界）
选择对象：（回车）
选择要延伸的对象，或按住 Shift 键选择要修剪的对象，或
[栏选(F)/窗交(C)/投影(P)/边(E)/放弃(U)]：（选择延伸对象）
选择要延伸的对象，或按住 Shift 键选择要修剪的对象，或
[栏选(F)/窗交(C)/投影(P)/边(E)/放弃(U)]：（回车）

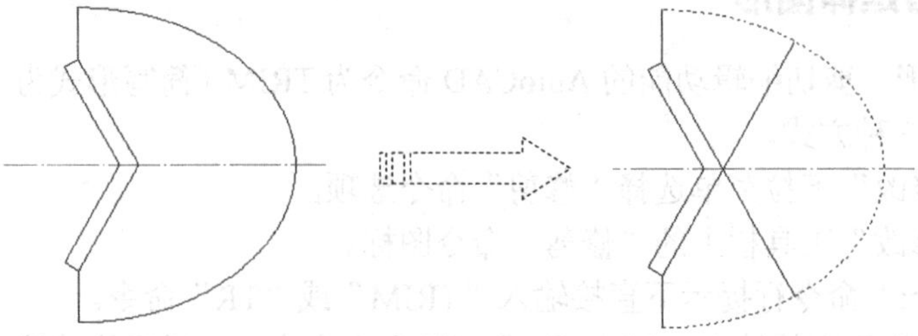

图 4.15 延伸图形

4.1.7 图形倒角与圆角

（1）图形倒角 倒角编辑功能的 AutoCAD 命令为 CHAMFER（简写形式为 CHA）。启动 CHAMFER 命令可以通过以下 3 种方式。

■ 打开“修改”下拉菜单选择“倒角”命令选项。

■ 单击“修改”工具栏上的“倒角”命令图标。

■ 在“命令:”命令行提示下直接输入“CHAMFER”或“CHA”命令。

以在“命令:”行直接输入“CHAMFER”或“CHA”命令为例，说明倒直角编辑功能的使用方法，如图 4.16 所示。

若倒直角距离太大，则不能进行倒直角编辑操作。倒角距离可以相同，也可以不相同，根据图形需要设置；当 2 条线段还没有相遇在一起，设置倒角距离为 0，则执行倒直角编辑后将延伸直至二者重合，如图 4.17 所示。

命令：CHAMFER（对图形对象进行倒角）

（“修剪”模式）当前倒角距离 1 = 0.0000，距离 2 = 0.0000

选择第一条直线或 [放弃(U)/多段线(P)/距离(D)/角度(A)/修剪(T)/方式(E)/多个(M)]： D（输入 D 设置倒直角距离大小）

指定第一个倒角距离 <0.0000>： 60（输入第 1 个距离）

指定第二个倒角距离 <0.0000>:60（输入第 2 个距离）

选择第一条直线或 [放弃(U)/多段线(P)/距离(D)/角度(A)/修剪(T)/方式(E)/多个(M)]：（选择第 1 条倒直角对象边界）

选择第二条直线，或按住 Shift 键选择要应用角点的直线：（选择第 2 条倒直角对象边界）

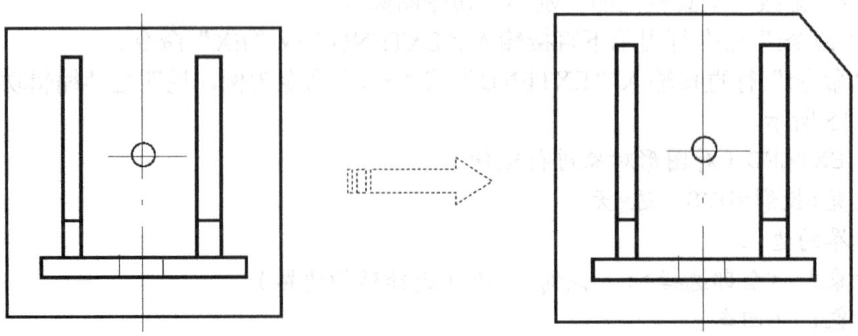

图 4.16 图形倒角

（2）图形倒圆角 倒圆角编辑功能的 AutoCAD 命令为 FILLET（简写形式为 F）。启动 FILLET 命令可以通过以下 3 种方式。

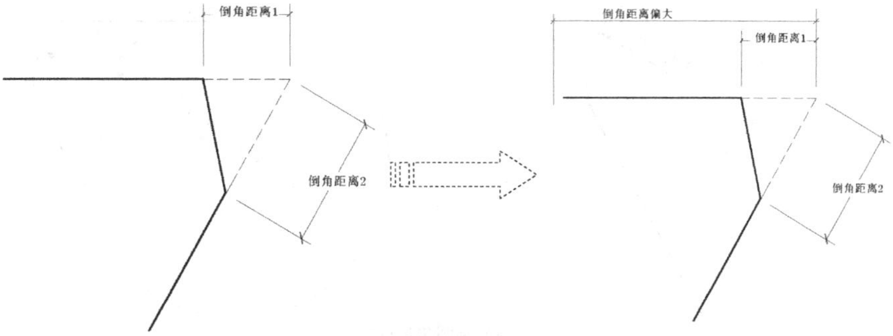

(a) 倒角距离

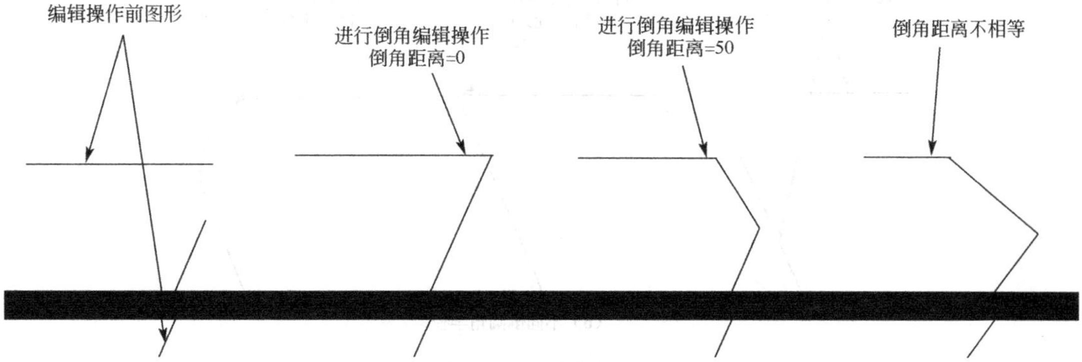

(b) 不同倒角距离

图 4.17　图形倒角修改效果

- 打开“修改”下拉菜单选择“圆角”命令选项。
- 单击“修改”工具栏上的“圆角”命令图标。
- 在“命令:”命令行提示下直接输入“FILLET”或“F”命令。

以在“命令:”行直接输入“FILLET”或“F”命令为例，说明倒圆角编辑功能的使用方法，如图 4.18 所示。若倒圆角半径大小太大，则不能进行倒圆角编辑操作。当 2 条线段还没有相遇在一起，设置倒角半径为 0，执行倒圆角编辑后将延伸直至二者重合。如图 4.19 所示。

命令：FILLET（对图形对象进行倒圆角）

当前设置：模式 = 修剪，半径 = 0.0000

选择第一个对象或 [放弃(U)/多段线(P)/半径(R)/修剪(T)/多个(M)]：R（输入“R”设置倒圆角半径大小）

指定圆角半径 <0.0000>：60（输入半径大小）

选择第一个对象或 [放弃(U)/多段线(P)/半径(R)/修剪(T)/多个(M)]：（选择第 1 条倒圆角对象边界）

选择第二个对象，或按住 Shift 键选择要应用角点的对象：（选择第 2 条倒圆角对象边界）

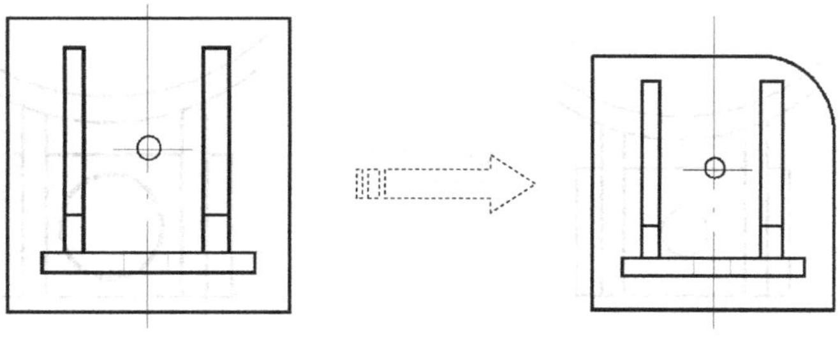

图 4.18　图形倒圆角

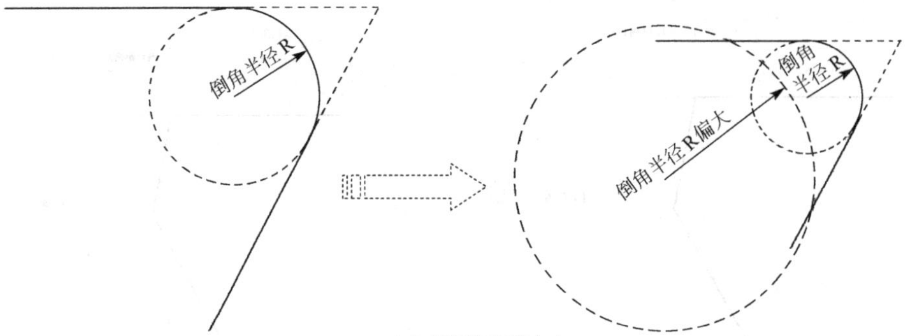

（a）倒圆角半径大小

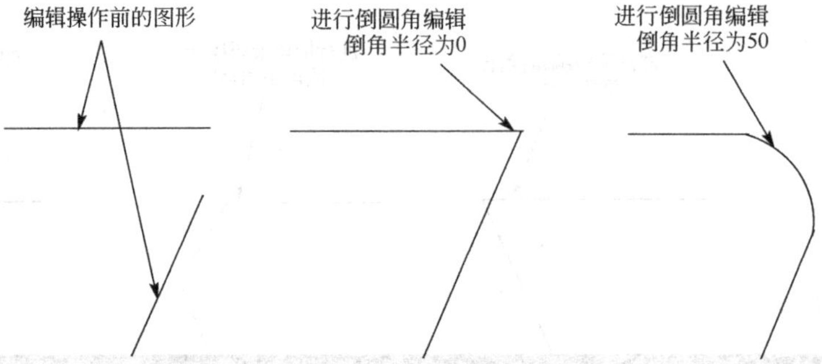

（b）不同倒圆角半径

图 4.19　图形倒圆角修改效果

4.1.8　缩放（放大与缩小）图形

放大与缩小（即缩放）编辑功能的 AutoCAD 命令均为 SCALE（简写形式为 SC）。启动 SCALE 命令可以通过以下 3 种方式：

- ■ 打开“修改”下拉菜单选择“缩放”命令选项。
- ■ 单击“修改”工具栏上的“缩放”命令图标。
- ■ 在“命令:”命令行提示下直接输入“SCALE”或“SC”命令。

所有图形在同一操作下是等比例进行缩放的。输入缩放比例小于 1，则对象被缩小至相应倍数。输入缩放比例大于 1，则对象被放大相应倍数。以在“命令:”行直接输入“SCALE”或“SC”命令为例，说明缩放编辑功能的使用方法，如图 4.20 所示。

命令：SCALE（等比例缩放）
选择对象：找到 1 个（选择图形）
选择对象：（回车）
指定基点：（指定缩放基点）
指定比例因子或 [复制(C)/参照(R)] <1.5000>：2（输入缩放比例）

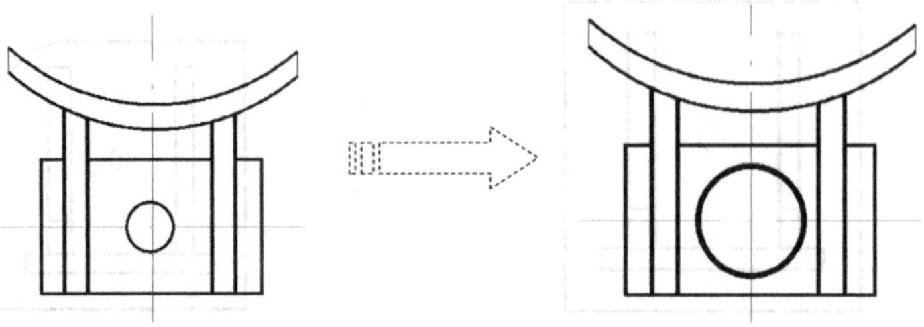

图 4.20　缩放图形

4.1.9　拉长图形

拉长编辑功能的 AutoCAD 命令均为 LENGTHEN（简写形式为 LEN），可以将更改指定为百分比、增量或最终长度或角度，使用 LENGTHEN 即使用 TRIM 和 EXTEND 其中之一。此功能命令仅适用于 LINE 或 ARC 绘制的线条，对 PLINE、SPLINE 绘制的线条不能使用。启动 SCALE 命令可以通过以下 3 种方式：

■ 打开“修改”下拉菜单选择“拉长”命令选项。

■ 单击“修改”工具栏上的“拉长”命令图标。

■ 在“命令:”命令行提示下直接输入“LENGTHEN”或“LEN”命令。

所有图形输入数值小于 1，则对象被缩短至相应倍数。输入数值大于 1，则对象被拉长相应倍数。以在“命令:”行直接输入“LENGTHEN”或“LEN”命令为例，说明拉长编辑功能的使用方法，如图 4.21 所示。

命令: LENGTHEN（拉长图形）
选择对象或 [增量(DE)/百分数(P)/全部(T)/动态(DY)]: P（指定为百分比）
输入长度百分数 <0.0000>: 200
选择要修改的对象或 [放弃(U)]: （选择要修改的图形）
选择要修改的对象或 [放弃(U)]:
……
选择要修改的对象或 [放弃(U)]: （回车）

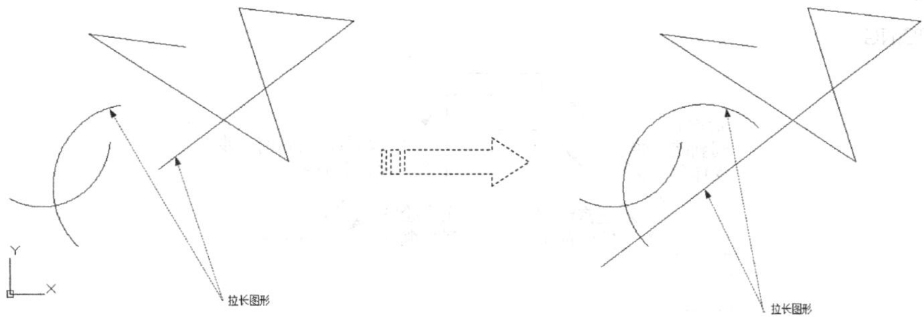

图 4.21　拉长图形

另外，单击方向与拉长或缩短方向有关，单击线段哪端则向该端方向拉长或缩短。如图 4.22 所示。

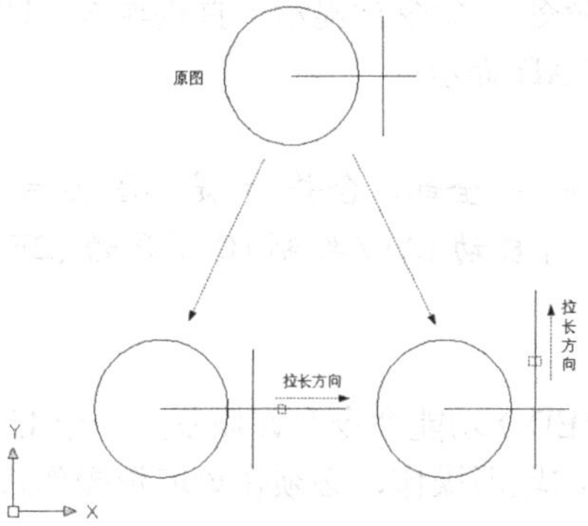

图 4.22　拉长图形方向

4.2 图形其他编辑和修改方法

除了复制、偏移、移动和修剪等基本编辑修改功能外，AutoCAD提供了一些特殊的编辑与修改图形方法，包括多段线和样条曲线的编辑、取消和恢复操作步骤、对象属性的编辑等方法。

4.2.1 放弃和重做（取消和恢复）操作

在绘制或编辑图形时，常常会遇到错误或不合适的操作要取消或者想返回到前面的操作步骤状态中。AutoCAD提供了几个相关的功能命令，可以实现前面的绘图操作要求。

（1）逐步取消操作（U） U命令的功能是取消前一步命令操作及其所产生的结果，同时显示该次操作命令的名称。启动U命令可以通过以下4种方式：

- 打开“编辑”下拉菜单选择“放弃（U）***”命令选项，其中“***”代表前一步操作功能命令。
- 单击“标准”工具栏上的“放弃”命令图标。
- 在“命令:”命令行提示下直接输入“U”命令。
- 使用快捷键“Ctrl”+“Z”。

按上述方法执行U命令后即可取消前一步命令操作及其所产生的结果，若继续按“Enter”按键，则会逐步返回到操作刚打开（开始）时的图形状态。以在“命令:”行直接输入“U”命令为例，说明U命令编辑功能的使用方法，如图4.23所示。

命令:U

RECTANG

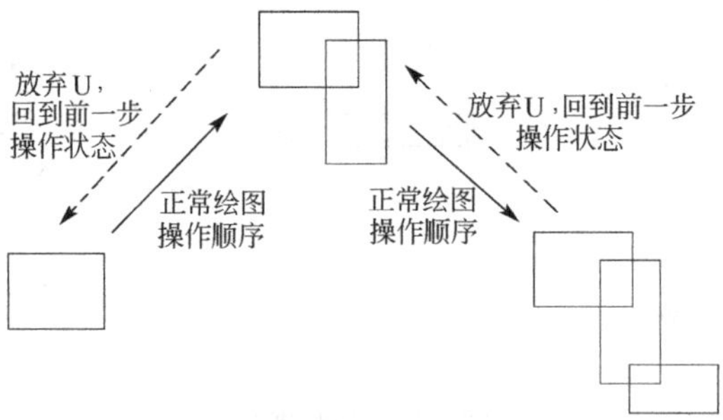

图4.23 U命令编辑功能的使用

（2）限次取消操作（UNDO） UNDO命令的功能与U基本相同，主要区别在于UNDO命令可以取消指定数量的前面一组命令操作及其所产生的结果，同时也显示有关操作命令的名称。启动UNDO命令可以通过在“命令:”命令行提示下直接输入“UNDO”命令来进行。

执行UNDO命令后，AutoCAD提示：

命令:UNDO

当前设置：自动 = 开，控制 = 全部，合并 = 是，图层 = 是

输入要放弃的操作数目或 [自动(A)/控制(C)/开始(BE)/结束(E)/标记(M)/后退(B)]<1>: 2

GROUP ERASE

（3）恢复操作（REDO） REDO功能命令允许恢复上一个U或UNDO所作的取消操作。要恢复上一个U或UNDO所作的取消操作，必须在该取消操作进行后立即执行，即REDO必须在U或UNDO命令后立即执行。

启动REDO命令可以通过以下4种方式：

■ 打开“编辑”下拉菜单选择“重做（R）***”命令选项，其中“***”代表前一步取消的操作功能命令。

■ 单击“标准”工具栏上的“重做”命令图标。

■ 在“命令:”命令行提示下直接输入“REDO”命令。

■ 使用快捷键“Ctrl”+“Y”。

4.2.2 对象特性的编辑和特性匹配

（1）编辑对象特性　对象特性是指图形对象所具有的全部特点和特征参数，包括颜色、线型、尺寸大小、角度、质量和重心等一系列性质。属性编辑功能的 AutoCAD 命令为 PROPERTIES（简写形式为 PROPS）。启动 PROPERTIES 命令可以通过以下 5 种方式。

■ 打开“修改”下拉菜单选择“特性”命令选项。

■ 单击“标准”工具栏上的“特性”命令图标。

■ 在“命令:”命令行提示下直接输入“PROPERTIES”命令。

■ 使用快捷键“Ctrl”+“1”。

■ 选择图形对象后单击鼠标右键，在屏幕上弹出的快捷菜单中选择“特性（PROPERTIES）”命令选项。

按上述方法执行属性编辑功能命令后，AutoCAD 将弹出 PROPERTIES 对话框，如图 4.24 所示。在该对话框中，可以单击要修改的属性参数所在行的右侧，直接进行修改或在出现的一个下拉菜单选择需要的参数，如图 4.25 所示。可以修改的参数包括颜色、图层、线型、线型比例、线宽、坐标和长度、角度等各项相关指标。

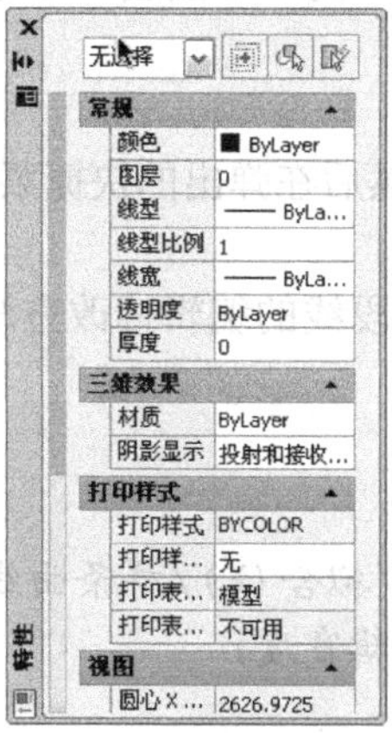

图 4.24　PROPERTIES 对话框

图 4.25　修改参数（颜色）

（2）特性匹配　特性匹配是指将所选图形对象的属性复制到另外一个图形对象上，使其具有相同的某些参数特征。特性匹配编辑功能的 AutoCAD 命令为 MATCHPROP（简写形式为 MA）。启动 MATCHPROP 命令可以通过以下 3 种方式。

■ 打开“修改”下拉菜单选择“特性匹配”命令选项。

■ 单击“标准”工具栏上的“特性匹配”命令图标。

■ 在“命令:”命令行提示下直接输入“MATCHPROP”命令。

执行该命令后，光标变为一个刷子形状，使用该刷子即可进行特性匹配，包括改变为相同的线型、颜色、字高、图层等。

以在“命令:”行直接输入“MATCHPROP”命令为例，说明特性匹配编辑功能的使用方法，如图 4.26 所示。

命令：MATCHPROP（特性匹配）

当前活动设置：颜色 图层 线型 线型比例 线宽 厚度 打印样式 文字 标注 填充图案

选择目标对象或［设置(S)］：（使用该刷子选择源特性匹配图形对象）

选择目标对象或［设置(S)］：（使用该刷子即可进行特性匹配）

......

选择目标对象或［设置(S)］：（回车）

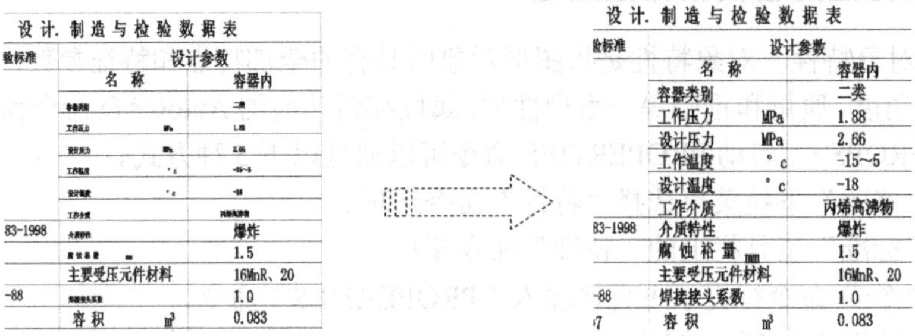

图4.26 进行特性匹配（文字）

4.2.3 多段线和样条曲线的编辑

多段线和样条曲线编辑修改，需使用其专用编辑命令。

(1) 多段线编辑修改 多段线专用编辑命令是PEDIT，启动PEDIT编辑命令可以通过以下4种方式。

- 打开“修改”下拉菜单中的“对象”子菜单，选择其中的“多段线”命令。
- 单击“修改 II”工具栏上的“编辑多段线”按钮。
- 在“命令:”命令提示行下直接输入命令“PEDIT”。
- 用鼠标选择多义线后，在绘图区域内单击鼠标右键，然后在弹出的快捷菜单上选择“多段线”命令。

以在“命令:”行直接输入“PEDIT”命令为例，说明多段线的编辑修改方法，如图4.27所示。

命令：PEDIT（输入编辑命令）

选择多段线或［多条(M)］：（选择多段线）

输入选项［闭合(C)/合并(J)/宽度(W)/编辑顶点(E)/拟合(F)/样条曲线(S)/非曲线化(D)/线型生成(L)/反转(R)/放弃(U)］：W（输入“W”编辑宽度）

指定所有线段的新宽度：150（输入宽度）

输入选项［闭合(C)/合并(J)/宽度(W)/编辑顶点(E)/拟合(F)/样条曲线(S)/非曲线化(D)/线型生成(L)/反转(R)/放弃(U)］：（回车）

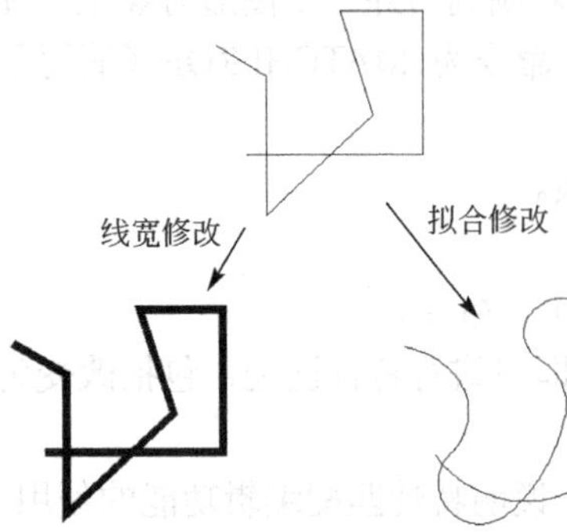

图4.27 多段线编辑修改

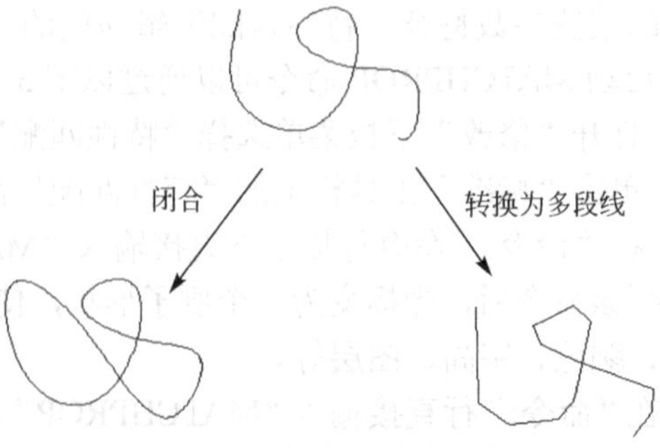

图4.28 样条曲线编辑修改

（2）样条曲线编辑修改　样条曲线专用编辑命令是 SPLINEDIT，启动 SPLINEDIT 编辑命令可以通过以下 4 种方式：

- 打开“修改”下拉菜单中的“对象”子菜单，选择其中的“样条曲线”命令。
- 单击“修改 Ⅱ”工具栏上的“编辑样条曲线”按钮。
- 在“命令:”提示下输入命令“SPLINEDIT”。
- 用鼠标选择多义线后，在绘图区域内单击鼠标右键，然后在弹出的快捷菜单上选择样条曲线命令。

以在“命令:”行直接输入“SPLINEDIT”命令为例，说明样条曲线的编辑修改方法，如图 4.28 所示。

命令：SPLINEDIT（编辑样条曲线）
选择样条曲线：（选择样条曲线图形）
输入选项 [拟合数据(F)/闭合(C)/移动顶点(M)/优化(R)/反转(E)/转换为多段线(P)/放弃(U)]：p（输入“P”转换为多段线）
指定精度 <99>：0

4.2.4　多线的编辑

多线专用编辑命令是 MLEDIT，启动 MLEDIT 编辑命令可以通过以下 2 种方式。

- 打开“修改”下拉菜单中的“对象”子菜单，选择其中的“多线”命令。
- 在“命令:”命令行提示下输入命令 MLEDIT。

按上述方法执行 MLEDIT 编辑命令后，AutoCAD 弹出一个多线编辑工具对话框，如图 4.29 所示。若单击其中的一个图标，则表示使用该种方式进行多线编辑操作。

以在“命令:”行直接输入“MLEDIT”命令为例，说明多线的编辑修改方法。

① 十字交叉多线编辑，单击对话框中的十字打开图标，得到如图 4.30 所示。

命令：MLEDIT
选择第一条多线：
选择第二条多线：
选择第一条多线或 [放弃(U)]：

图 4.29　多线编辑工具

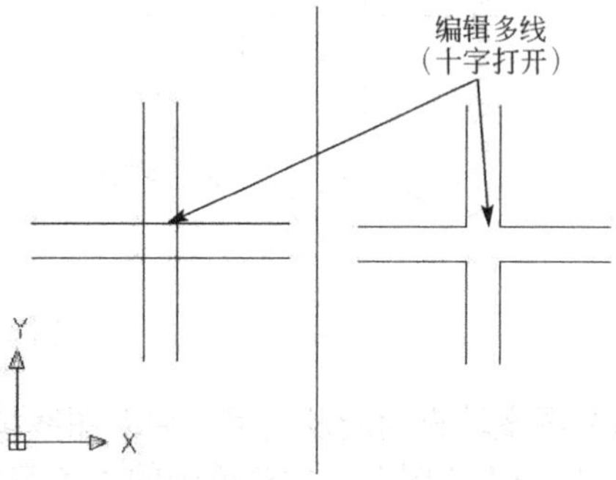

图 4.30　十字交叉多线编辑

② T 形交叉多线编辑，单击对话框中的 T 形闭合图标，得到如图 4.31 所示。

命令：MLEDIT
选择第一条多线：
选择第二条多线：

选择第一条多线或 [放弃(U)]:

③ 多线的角点和顶点编辑，单击对话框中的角点结合图标，得到如图 4.32 所示。

命令: MLEDIT

选择第一条多线:

选择第二条多线:

选择第一条多线或 [放弃(U)]:

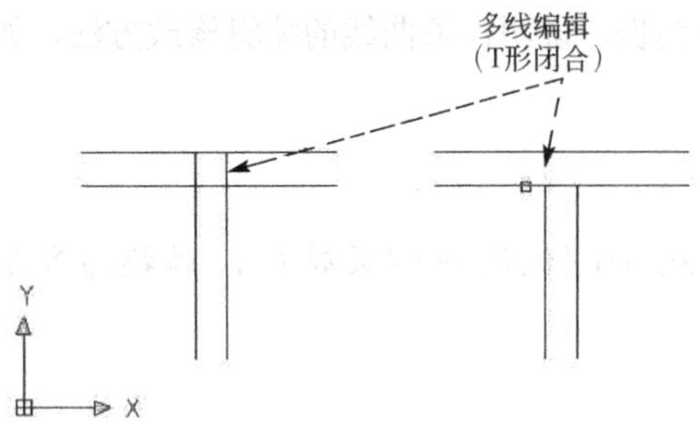

图 4.31 T 形闭合

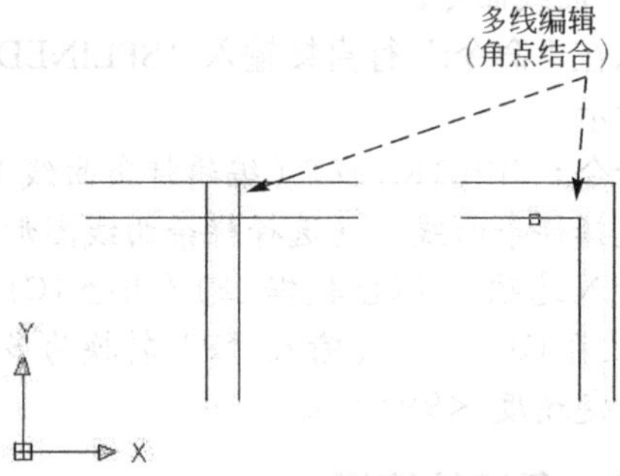

图 4.32 角点结合

4.2.5 图案的填充与编辑方法

图案的填充功能是指某种有规律的图案填充到其他图形整个或局部区域中，所使用的填充图案一般为 AutoCAD 系统提供，也可以建立新的填充图案，如图 4.33 所示。图案主要用来区分工程的部件或表现组成对象的材质，可以使用预定义的填充图案，用当前的线型定义简单直线图案，或者创建更加复杂的填充图案。图案的填充功能 AutoCAD 命令包括 BHATCH、HATCH，二者功能相同。

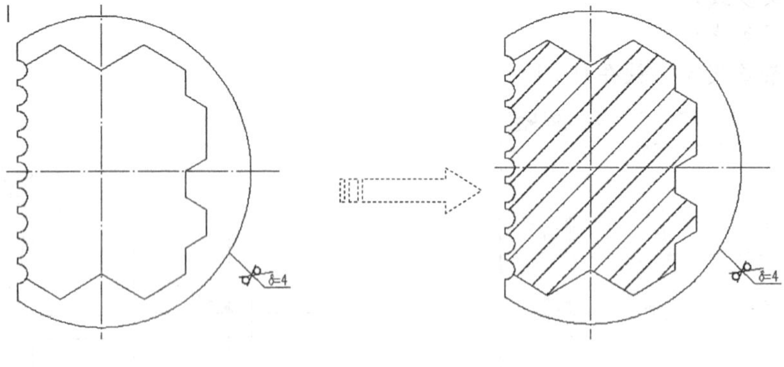

图 4.33 填充图案

(1) 图案填充功能及使用 启动图案填充命令可以通过以下 3 种方式。

■ 打开“绘图”下拉菜单中的“图案填充”命令。

■ 单击“绘图”工具栏上的“图案填充”按钮。

■ 在“命令:”命令行提示下输入命令“HATCH”或“BHATCH”。

按上述方法执行图案填充命令后，AutoCAD 弹出一个“图案填充和渐变色”对话框，如图 4.34 所示，在该对话框可以进行定义边界、图案类型、图案比例、图案角度和图案特性以及定制填充图案等参数设置操作。使用该对话框就可以实现对图形进行图案操作。下面结合如图 4.35 所示的图形作为例子，说明有关参数设置和使用方法。

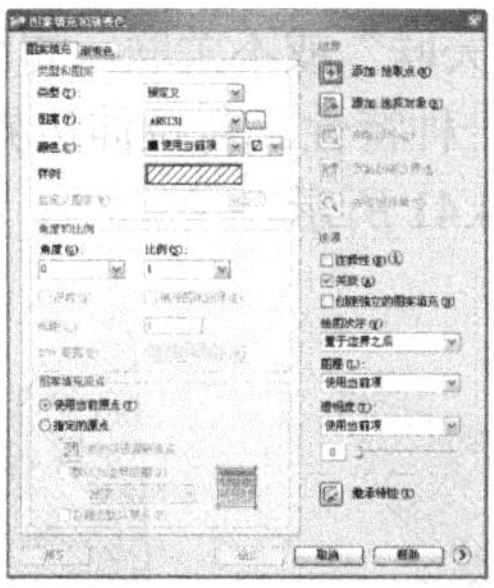

图 4.34 “图案填充和渐变色”对话框

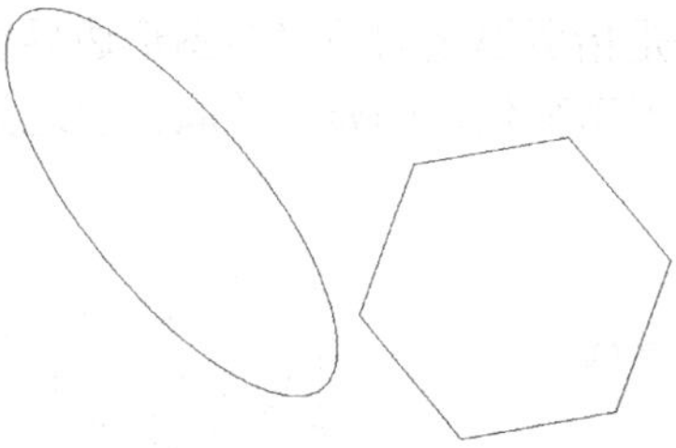

图 4.35　进行图案填充图形

在进行填充操作时，填充区域的边界必须是封闭的，否则不能进行填充或填充结果错误。

以在“命令:”行直接输入“BHATCH”命令，及如图 4.35 所示的多边形、椭圆形等图形为例，说明对图形区域进行图案填充的方法。

① 在“命令:”行提示下输入命令“HATCH”。

② 在“图案填充和渐变色”对话框中选择“图案填充”选项，再在“类型与图案”栏下，单击图案右侧的三角图标选择填充图形的名称，或单击右侧的“省略号（...）”图标，弹出“填充图案选项板”对话框，根据图形的直观效果选择要填充图案类型，单击“确定”，如图 4.36 所示。

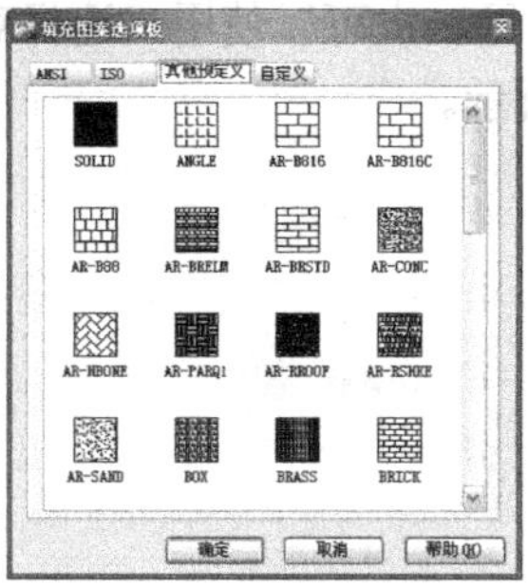

图 4.36　选择填充图案

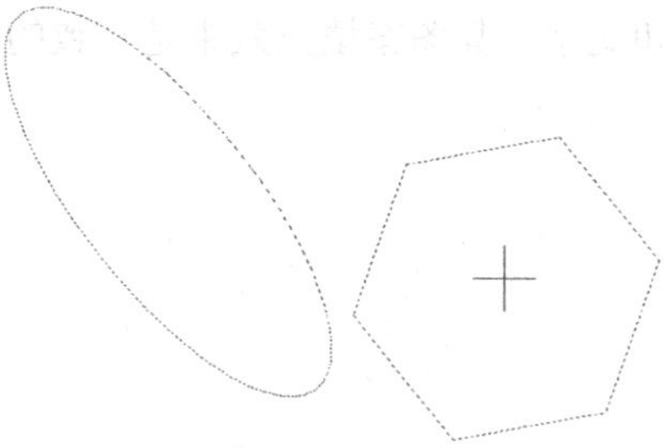

图 4.37　点取选择对象

③ 返回前一步“图案填充和渐变色”对话框，单击右上角边界栏下“添加：拾取点”或“添加：选择对象”图标，AutoCAD 将切换到图形屏幕中，在屏幕上选取图形内部任一位置点或选择图形，该图形边界线将变为虚线，表示该区域已选中，然后按下“Enter”键返回对话框。如图 4.37 所示。也可以选择逐个选择图形对象的边，如图 4.38 所示。

④ 接着在“图案填充和渐变色”对话框中，在“角度和参数”栏下，设置比例、角度等参数，以此控制所填充的图案的密度大小、与水平方向的倾角大小。角度、比例可以直接输入需要的数字，如图 4.39 所示。

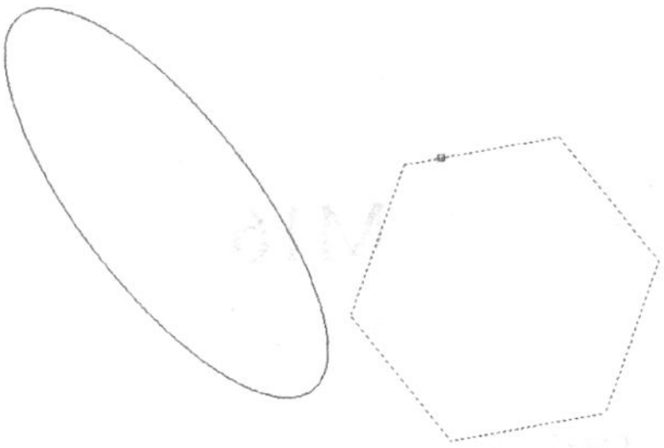

图 4.38　选取图形边界线

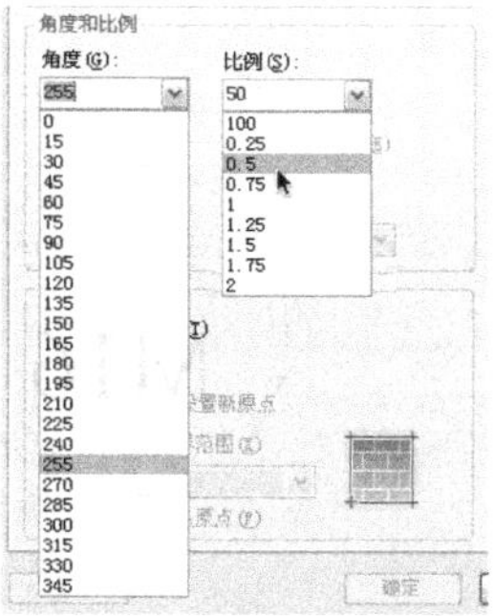

图 4.39　设置角度、比例参数

⑤ 设置关联特性参数。在对话框选项栏下，选择勾取“关联”或不关联，如图 4.40 所示。关联或不关联是指所填充的图案与图形边界线的相互关系的一种特性。若拉伸边界线时，所填充的图形随之紧密变化，则属于关联。反之为不关联，如图 4.41 所示。

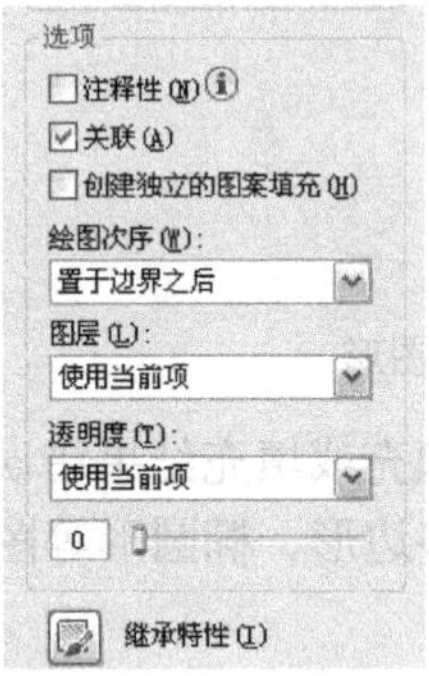

图 4.40　设置关联特性参数

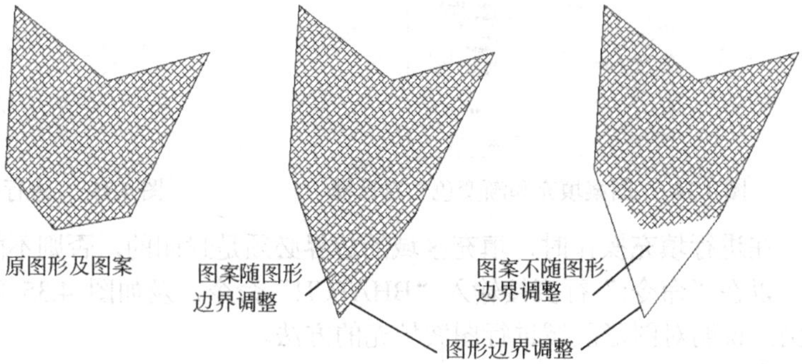

图 4.41　关联的作用示意

⑥ 单击“确定”确认进行填充，完成填充操作，如图 4.42 所示。对两个或多个相交图形的区域，无论其如何复杂，均可以使用与上述一样的方法，直接使用鼠标选取要填充图案的区域即可，其他参数设置完全一样，如图 4.43 所示。若填充区域内有文字时，在选择该区域进行图案填充时，所填充的图案并不穿越文字，文字仍可清晰可见。也可以使用“选择对象”分别选取边界线和文字，其图案填充效果是一致的，如图 4.44 所示。

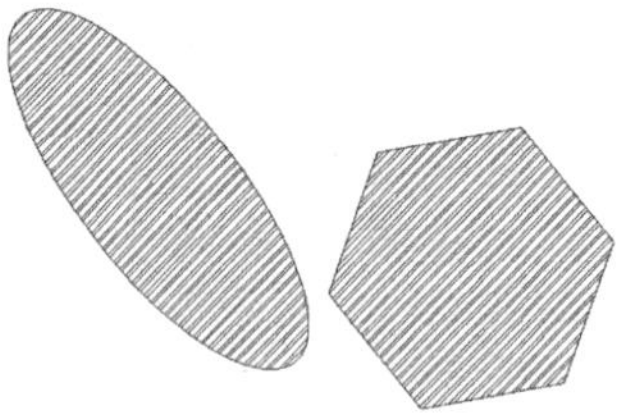

图 4.42　完成填充操作

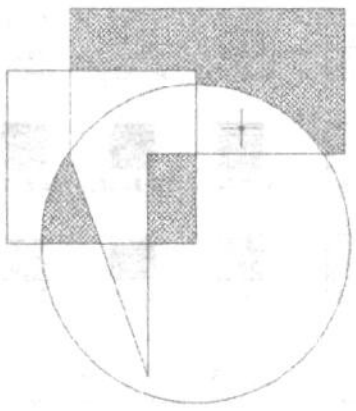

图 4.43　直接选取填充图案区域

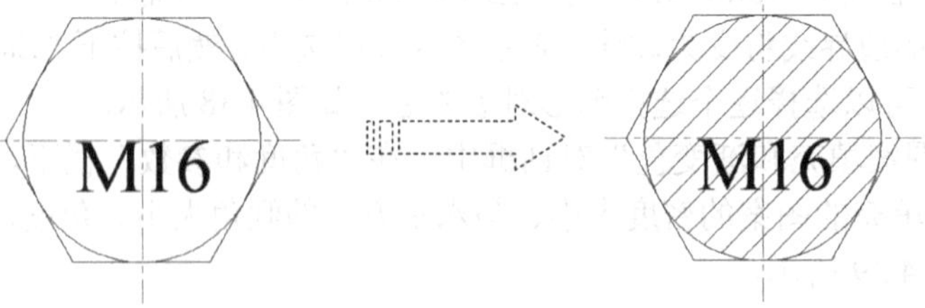

(a) 图案穿越文字

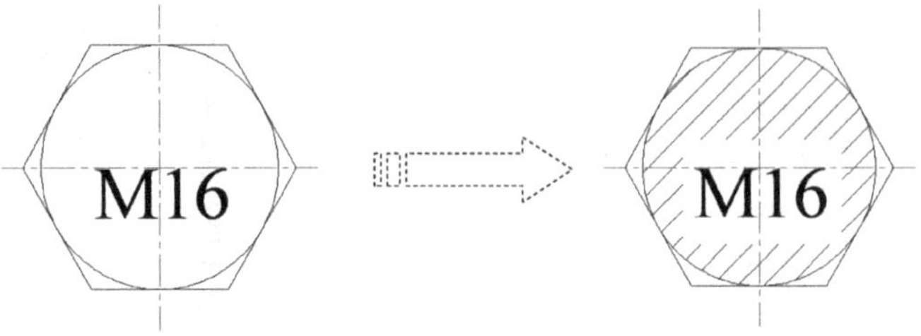

(b) 图案不穿越文字

图 4.44　图案与文字关系

（2）编辑图案填充　编辑图案填充的功能是指修改填充图案的一些特性，包括其造型、比例、角度和颜色等。其 AutoCAD 命令为 HATCHEDIT。

启动 HATCHEDIT 编辑命令可以通过以下 3 种方式。

- 打开“修改”下拉菜单中的“对象”命令选项，在子菜单中选择“图案填充”命令。
- 单击“修改 Ⅱ”工具栏上的“编辑图案填充”按钮。
- 在“命令:”提示下输入命令“HATCHEDIT”。

按上述方法执行 HATCHEDIT 编辑命令后，AutoCAD 要求选择要编辑的填充图案，然后弹出一个对话框，如图 4.45 所示。在该对话框可以进行定义边界、图案类型、图案比例、图案角度和图案特性以及定制填充图案等参数修改，其操作方法与进行填充图案操作是一致的。填充图案经过编辑后，如图 4.46 所示。

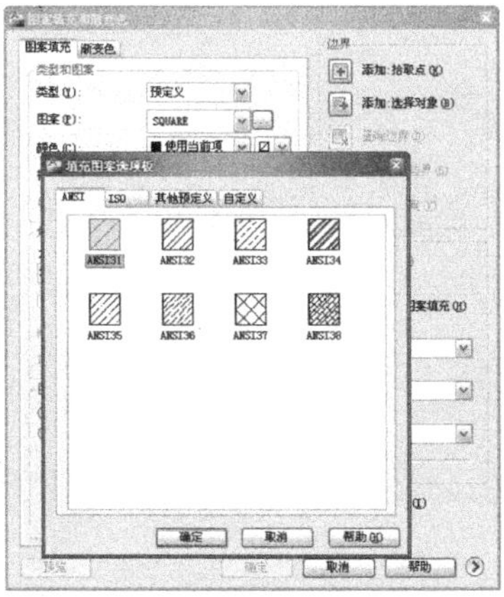

图 4.45　填充图案编辑对话框

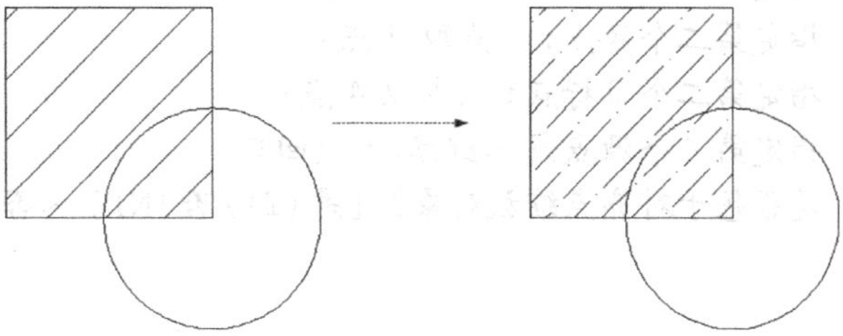

图 4.46　填充图案编辑

4.2.6　AutoCAD 2017、2018 高版本特有的编辑修改功能

AutoCAD 2017 版本的编辑修改功能包括 AutoCAD 2016 以下版本的全部功能，AutoCAD 2018 版本的编辑修改功能包括 AutoCAD 2017 以下版本的全部功能。

（1）光顺曲线　光顺曲线是指在两条开放曲线的端点之间创建相切或平滑的样条曲线。其 AutoCAD 命令是 BLEND。启动命令可以通过以下两种方式，其绘制方法如下所述，如图 4.47 所示。

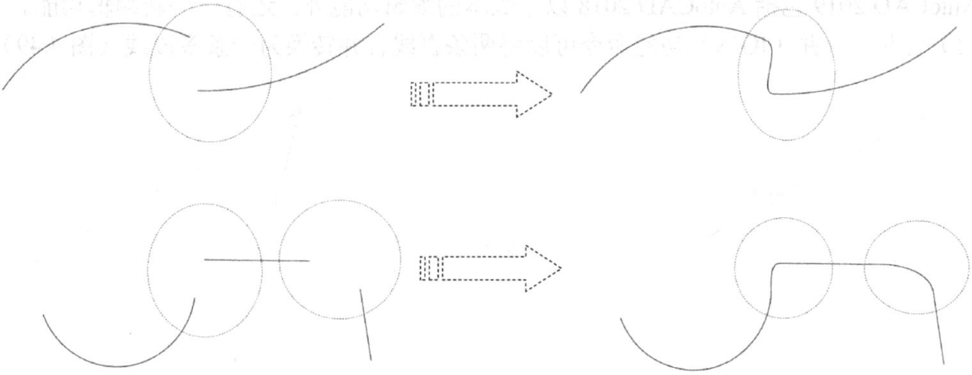

图 4.47　光顺曲线

■ 在“命令:”行直接输入定距等分BLEND命令。

■ 点击“修改”菜单下选择“光顺曲线”即可。

命令:BLEND
连续性 = 相切
选择第一个对象或 [连续性(CON)]:
选择第二个点:

（2）对齐 对齐是指在二维及三维空间中将对象与其他对象对齐。其AutoCAD命令是ALIGN。启动命令可以通过以下两种方式，其绘制方法如下所述，如图4.48所示。

■ 在“命令:”行直接输入对齐命令ALIGN。

■ 点击“修改”菜单下选择“对齐”即可。

命令: ALIGN
选择对象: 找到 1 个(选择图形-矩形)
选择对象:
指定第一个源点: (点取1点)
指定第一个目标点: (点取2点)
指定第二个源点: (点取3点)
指定第二个目标点: (点取4点)
指定第三个源点或 <继续>: (回车)
是否基于对齐点缩放对象? [是(Y)/否(N)] <否>:N

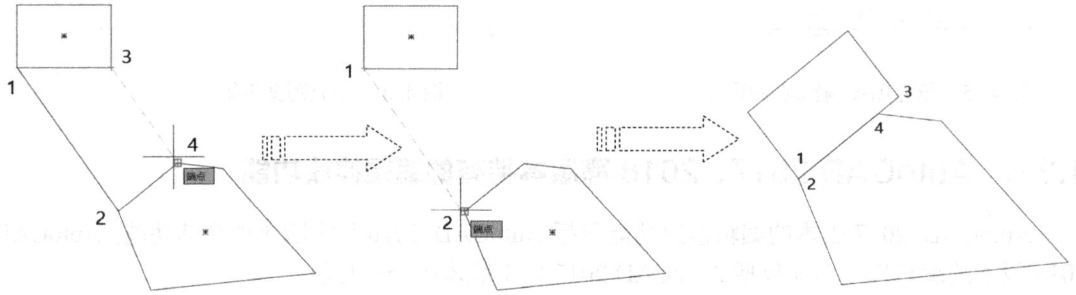

图4.48 对齐

4.2.7 AutoCAD 2019特有的编辑修改功能

AutoCAD 2019包括AutoCAD 2018以下版本的编辑功能外，还有一些新编辑功能。

（1）合并 合并（JOIN）功能命令可以将两条直线合并转换为一条多段线（图4.49）。

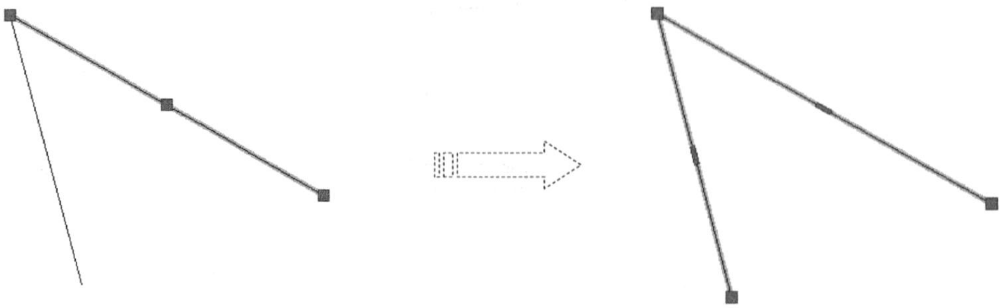

图4.49 合并转换为一条多段线

命令：JOIN
选择源对象或要一次合并的多个对象：找到 1 个
选择要合并的对象：找到 1 个，总计 2 个
选择要合并的对象：
2 个对象已转换为 1 条多段线

（2）剪裁　剪裁可以对图形文件中的图像进行裁剪，功能命令是IMAGECLIP（图4.50）。

命令：IMAGECLIP
选择要剪裁的图像：
输入图像剪裁选项 [开(ON)/关(OFF)/删除(D)/新建边界(N)] <新建边界>：N
外部模式 - 边界外的对象将被隐藏。
指定剪裁边界或选择反向选项：
[选择多段线(S)/多边形(P)/矩形(R)/反向剪裁(I)] <矩形>：指定对角点：

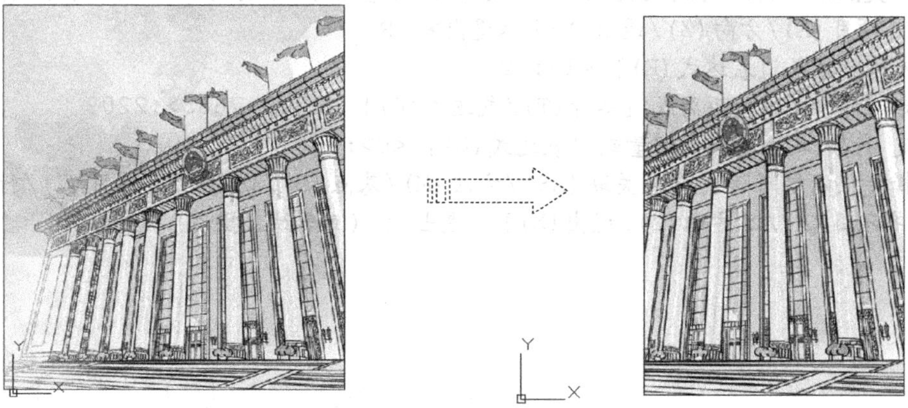

图4.50　图像进行裁剪

（3）删除重复对象　可以对图形文件中重复的图形对象进行删除，其功能命令是OVERKILL（图4.51）。

命令：OVERKILL
选择对象：指定对角点：找到 12 个
选择对象：
2 个重复项已删除
0 个重叠对象或线段已删除

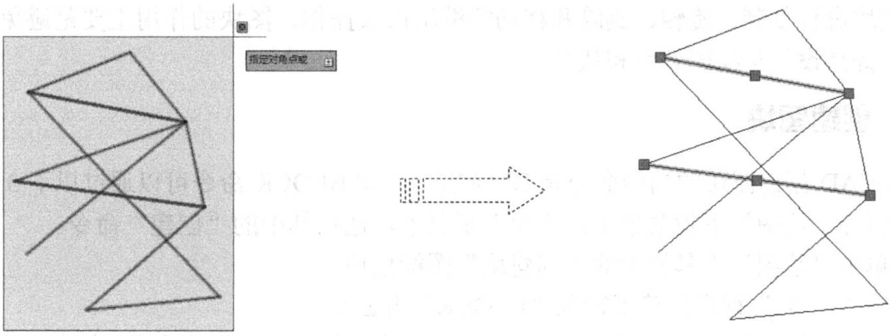

图4.51　删除重复对象

(4)路径阵列　可以将图形对象按指定曲线路径进行阵列，其功能命令是 ARRAYPATH(图 4.52)。

```
命令: ARRAYPATH
选择对象: 找到 1 个
选择对象:
类型 = 路径  关联 = 是
选择路径曲线:
选择夹点以编辑阵列或 [关联(AS)/方法(M)/基点(B)/切向(T)/项目(I)/行(R)/层(L)/对齐项目(A)/方向(Z)/退出(X)] <退出>: I
指定沿路径的项目之间的距离或 [表达式(E)] <2209.7685>:2209
最大项目数 = 5
指定项目数或 [填写完整路径(F)/表达式(E)] <5>: 8
选择夹点以编辑阵列或 [关联(AS)/方法(M)/基点(B)/切向(T)/项目(I)/行(R)/层(L)/对齐项目(A)/方向(Z)/退出(X)] <退出>: R
输入行数数或 [表达式(E)] <1>: 2
指定 行数 之间的距离或 [总计(T)/表达式(E)] <2209.7685>:2209
指定 行数 之间的标高增量或 [表达式(E)] <0>: 0
选择夹点以编辑阵列或 [关联(AS)/方法(M)/基点(B)/切向(T)/项目(I)/行(R)/层(L)/对齐项目(A)/z 方向(Z)/退出(X)] <退出>: (回车结束操作)
```

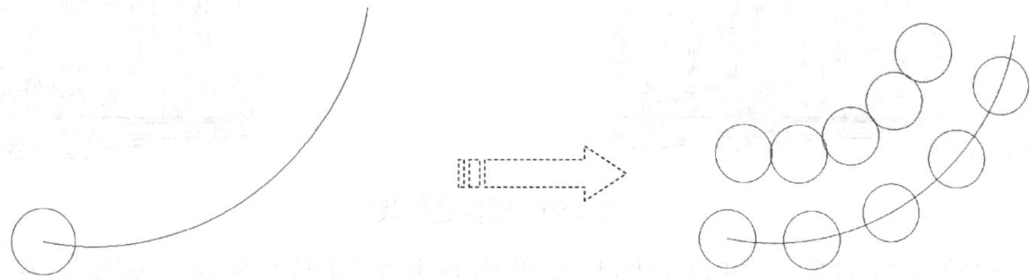

图 4.52　路径阵列

4.3 图块功能与编辑

将某个元素或多个元素组成的图形对象定制为一个整体图形，该整体图形即是 AutoCAD 中的图块。图块具有自己的特性，此外组成其中的各个对象有自己的图层、线型和颜色等特性。可以对图块进行复制、旋转、删除和移动等编辑修改操作。图块的作用主要是避免许多重复性的操作，提高设计与绘图效率和质量。

4.3.1 创建图块

AutoCAD 创建图块的功能命令是 BLOCK。启动 BLOCK 命令可以通过以下 3 种方式。

- 打开“绘图”下拉菜单中的“块”子菜单，选择其中的“创建”命令。
- 单击“绘图”工具栏上的“创建块”图标按钮。
- 在“命令:”行提示符下输入“BLOCK”并回车。

按上述方法激活 BLOCK 命令后，AutoCAD 系统弹出块定义对话框。在该对话框中的名称栏下输入图块的名称“jx”，如图 4.53 所示。接着在对象栏下单击选择对象图标，单击该图标后系统切换到图形屏幕上，AutoCAD 要求选择图形，可以使用光标直接选取图形，回车后该图形将加入图块中，如图 4.54 所示。

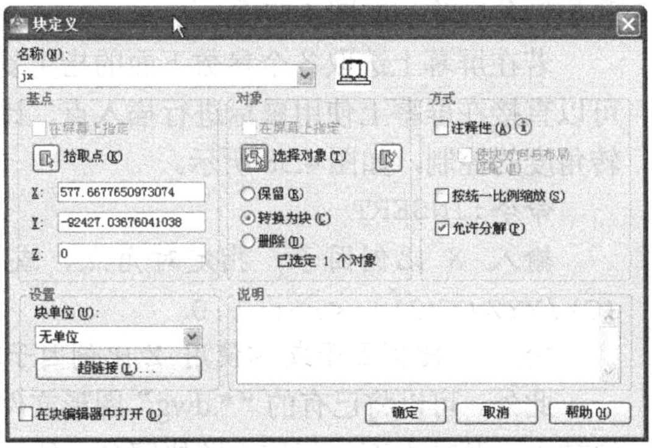

图 4.53　块定义对话框

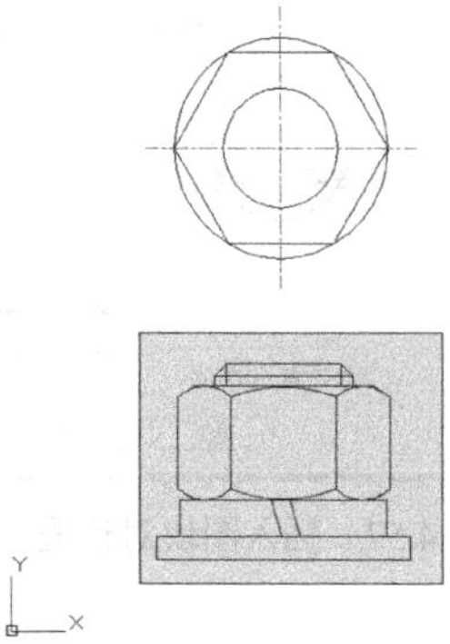

图 4.54　选取图形

选择图形对象后按下“Enter”键系统将切换到对话框中，在基点栏下单击拾取点图标，指定该图块插入点的位置，也可以在其下面的“X”“Y”“Z”空白栏中直接输入坐标点（*X*，*Y*，*Z*）。图块插入点的位置为在绘图时插入该图块的基准点和图块的旋转与缩放基点。AutoCAD 默认的基点是坐标系的原点。单击该图标后系统切换到图形屏幕上，AutoCAD 要求选择图块插入点的位置。可以使用光标直接选取位置点，回车确认后将返回块定义对话框中，如图 4.55 所示。

此外在该对话框中，可以为图块设置一个预览图标，并保存在图块中。同时可以设置图块的尺寸单位（毫米、厘米等），如图 4.56 所示。

最后单击“确定”按钮完成图块的创建操作。该图块将保存在当前的图形中，若未保存图形，则图块也未能保存。

图 4.55　指定图块插入点

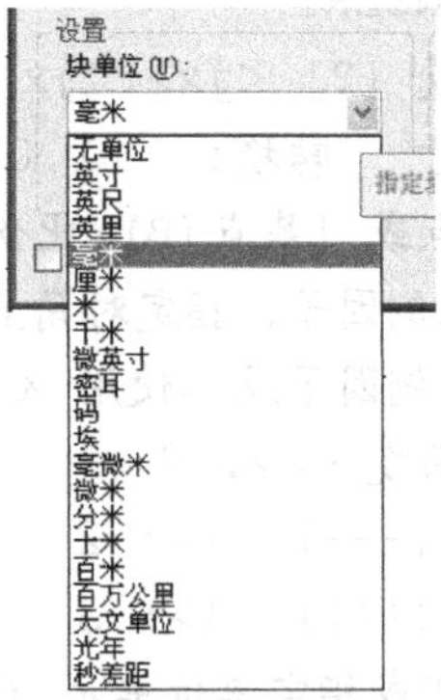

图 4.56　设置图块预览图标和单位

4.3.2　插入图块

（1）插入单个图块　单个图块插入是指在图形中逐个插入图块。要在图形中插入图块，需先按前面有关讲述定义图块。AutoCAD 插入图块的功能命令是 INSERT。启动 INSERT 命令可以通过以下 3 种方式：

- 打开“插入”下拉菜单中的“块”命令。
- 单击“插入点”工具栏上的“插入块”图标按钮。
- 在“命令:”提示符下输入“INSERT”并回车。

按上述方法激活插入图块命令后，AutoCAD 系统弹出插入对话框。在该对话框中的名称选项区域右边选择要插入的图块名称（可以单击小三角图标打开下拉栏选择），例如前面创建的

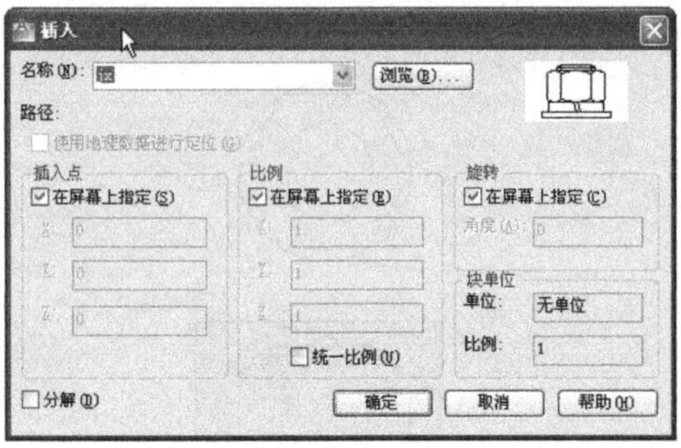

图 4.57 插入图块对话框

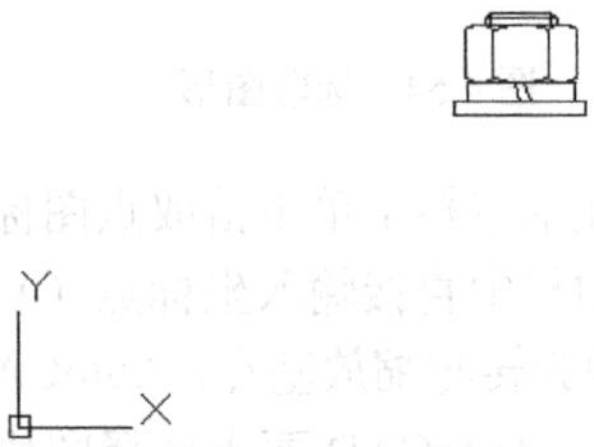

图 4.58 插入单个图块

“jx”。在该对话框中还可以设置插入点、缩放比例和旋转角度等，如图 4.57 所示。

若在屏幕上选取各个参数下面的指定复选框，可以直接在屏幕上使用鼠标进行插入点、比例、旋转角度的控制，如图 4.58 所示。

命令:INSERT

输入 X 比例因子，指定对角点，或 [角点(C)/XYZ(XYZ)] <1>: 1.0

输入 Y 比例因子或 <使用 X 比例因子>: 1.0

此外，可以将已有的“*.dwg”图形文件作为图块插入，其插入方法与插入图块完全一致。只需单击对话框右上角的浏览图标，在弹出的选择对话框中选择图形文件后单击“确定”按钮确认返回，即可按前面有关讲述的方法进行操作，如图 4.59 所示。

（2）多图块插入　多图块插入是指在图形中以矩形阵列形式插入多个图块。其 AutoCAD 功能命令为 MINSERT。启动 MINSERT 命令可以通过在“命令:”行提示符下输入“MINSERT”并回车。在进行多图块插入操作时，插入的图块是整体的。以在“命令:”行直接输入“MINSERT”命令为例，说明多图块插入的方法。注意，采用多块插入方法，得到的图形是 1 个整体块，各个不是分开的。如图 4.60 所示。

命令: MINSERT

输入块名或 [?] <jx>: jx

单位: 英寸　　转换:　　1.0000

指定插入点或 [基点(B)/比例(S)/X/Y/Z/旋转(R)]:

输入 X 比例因子，指定对角点，或 [角点(C)/XYZ(XYZ)] <1>: 1

输入 Y 比例因子或 <使用 X 比例因子>: 1

指定旋转角度 <0>: 0

输入行数 (---) <1>: 2

输入列数 (|||) <1>: 3

输入行间距或指定单位单元 (---): 100

指定列间距 (|||): 300

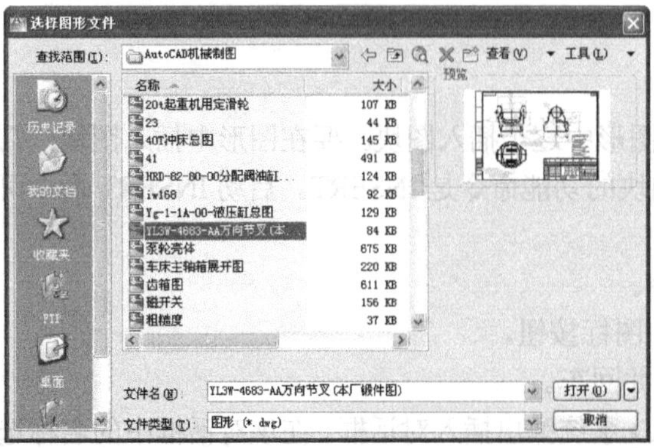

图 4.59 插入图形文件

图 4.60 多图块插入

4.3.3　图块编辑

图块编辑的操作包括写块（WBLOCK）、图块分解（EXPLODE）和属性编辑（DDATTE、ATTEDIT）等。

（1）写块　写块（可以理解为保存）的 AutoCAD 功能命令是 WBLOCK。启动 WBLOCK 命令可以通过在“命令:”行提示符下输入“WBLOCK”并回车。

激活 WBLOCK 命令后，AutoCAD 系统弹出对话框，在该对话框中的“源”选项栏下，可以选择“块 / 整个图形 / 对象”等方式的复选框，并在右侧选择已有图块“K”，然后单击“确定”按钮即可保存该图块，图块的存储默认位置在对话框下侧的空白框，同时可以进行存储位置设置。如图 4.61 所示。

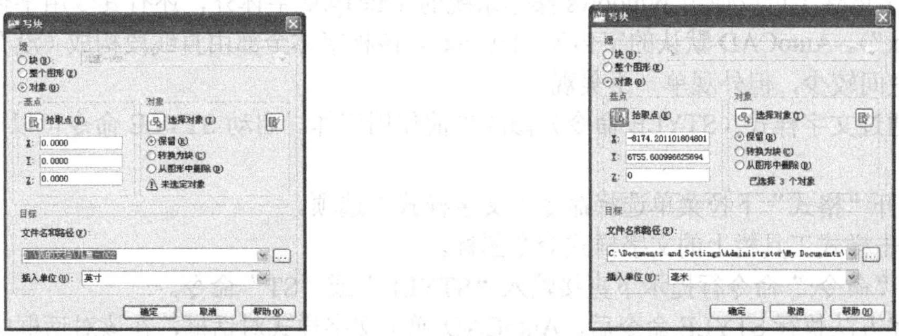

（a）选择块选项　　　　（b）选择对象选项

图 4.61　写块对话框

（2）图块分解　在定义图块后，图块是一个整体，若要对图块中的某个图形元素对象进行修改，则在整体组合的图块中无法进行。为此，AutoCAD 提供了将图块分解的功能命令 EXPLODE。EXPLODE 命令可以将块、填充图案和标注尺寸从创建时的状态转换或化解为独立的对象。

启动 EXPLODE 命令可以通过以下 3 种方式：

■ 打开“修改”下拉菜单中的“分解”命令。

■ 单击“修改”工具栏上的“分解”图标按钮。

■ 在“命令:”行提示符下输入“EXPLODE”并回车。

按上述方法激活 EXPLODE 命令后，AutoCAD 操作提示如下：

命令：EXPLODE

选择对象：指定对角点：找到 1 个

选择对象：(回车。)

选择要分解的图块对象，回车后选中的图块对象将被分解。如图 4.62 所示。

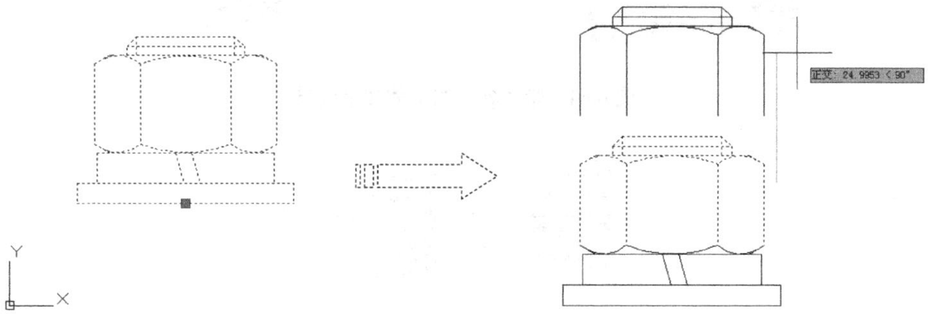

图 4.62　分解图块

4.4 文字与尺寸标注

文字与尺寸标注是图形绘制主要表达内容之一，也是 AutoCAD 绘制图形的重要内容。

4.4.1 标注文字

标注文字，是工程设计图纸中不可缺少的一部分，文字与图形一起才能表达完整的设计思想。文字标注包括图形名称、注释、标题和其他图纸说明等。AutoCAD 提供了强大的文字处理功能，如可以设置文字样式、单行标注、多行标注、支持 Windows 字体、兼容中英文字体等。

（1）文字样式设置　AutoCAD 文字样式是指文字字符和符号的外观形式，即字体。AutoCAD 字体除了可以使用 Windows 操作系统的 TrueType 字体外，还有其专用字体（其扩展名为“*.shx”）。AutoCAD 默认的字体为“txt.shx”，该种字体全部由直线段构成（没有弯曲段），因此存储空间较少，但外观单一不美观。

可以通过文字样式（STYLE 命令）修改当前使用字体。启动 STYLE 命令可以通过以下 3 种方式。

- 打开“格式”下拉菜单选择命令“文字样式”选项。
- 单击样式工具栏上的文字样式命令图标。
- 在“命令:”命令行提示下直接输入“STYLE”或“ST”命令。

按上述方法执行 STYLE 命令后，AutoCAD 弹出文字样式对话框，在该对话框中可以设置相关的参数，包括样式、新建样式、字体、高度和效果等，如图 4.63 所示。

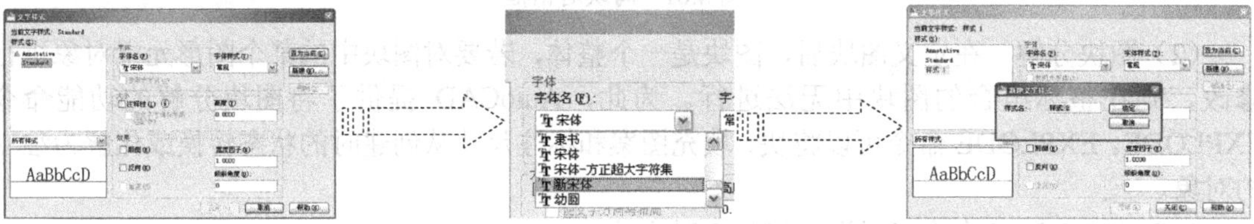

图 4.63　文字样式对话框

其中在字体类型中，带“@”的字体表示该种字体是水平倒置的，如图 4.64 所示。此外，在字体选项栏中可以使用大字体，该种字体是扩展名为“*.shx”的 AutoCAD 专用字体，如“chineset.shx”“bigfont.shx”等，大字体前均带一个圆规状的符号，如图 4.65 所示。

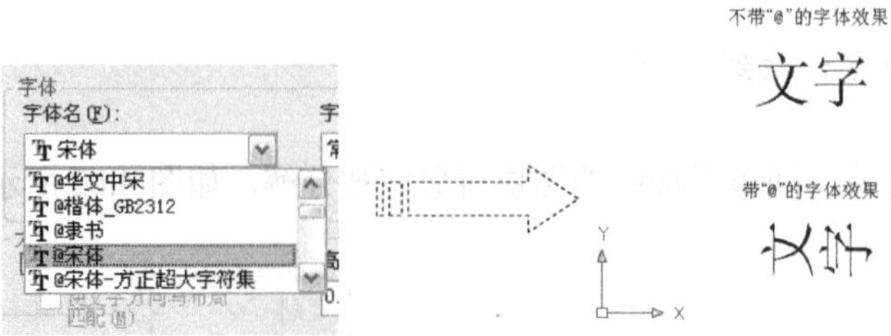

图 4.64　带“@”的字体文字效果

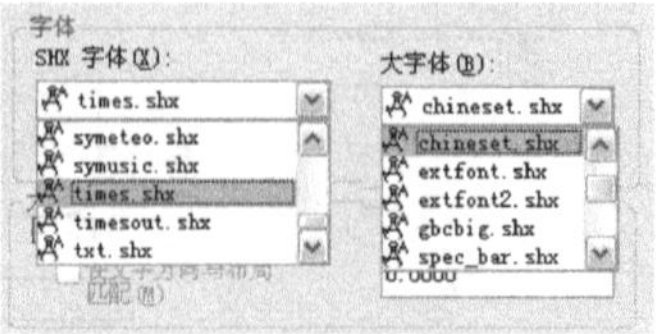

图 4.65　AutoCAD 专用字体

（2）单行文字标注方法　单行文字标注是指进行逐行文字输入。单行文字标注功能的 AutoCAD 命令为 TEXT。启动单行文字标注 TEXT 命令可以通过以下 2 种方式。

■ 打开“绘图”下拉菜单选择“文字”命令选项，再在子菜单中选择“单行文字”命令。

■ 在“命令:”命令行提示下直接输入“TEXT”命令。

可以使用 TEXT 输入若干行文字，并可进行旋转、对正和大小调整。在“输入文字”提示下输入的文字会同步显示在屏幕中。每行文字是一个独立的对象。要结束一行并开始另一行，可在“输入文字”提示下输入字符后按“Enter”键。要结束 TEXT 命令，可直接按“Enter”键，而不用在“输入文字”提示下输入任何字符。通过对文字应用样式，用户可以使用多种字符图案或字体。这些图案或字体可以在垂直列中拉伸、压缩、倾斜、镜像或排列。

以在“命令:”行直接输入“TEXT”命令为例，说明单行文字标注方法，完成文字输入后回车确认即可。如图 4.66 所示。

命令：TEXT（输入“TEXT”命令。）

当前文字样式：　“Standard”　文字高度：　2.5000　注释性：　否

指定文字的起点或 [对正(J)/样式(S)]：

指定高度 <2.5000>：10

指定文字的旋转角度 <0>:0

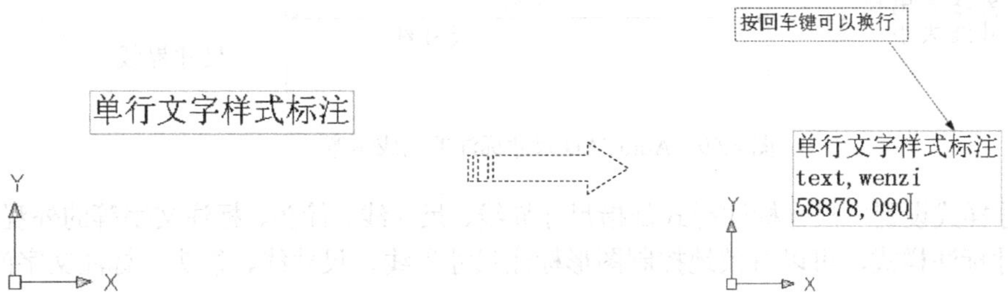

图 4.66　单行文字标注

（3）多行文字标注方法　除了使用 TEXT 进行单行文字标注外，还可以进行多行文字标注，其 AutoCAD 命令为 MTEXT。启动多行文字标注 MTEXT 命令可以通过以下 3 种方式。

■ 打开“绘图”下拉菜单选择“文字”命令选项，再在子菜单中选择“多行文字”命令。

■ 单击“绘图”工具栏上的“多行文字”命令图标。

■ 在“命令:”命令行提示下直接输入“MTEXT”命令。

激活 MTEXT 命令后，要求在屏幕上指定文字的标注位置，可以使用鼠标直接在屏幕上点取。如图 4.67 所示。指定文字的标注位置后，AutoCAD 弹出文字格式对话框，在该对话框中设置字形、字高、颜色等，然后输入文字，输入文字后单击“OK”按钮，文字将在屏幕上显示出来。如图 4.68 所示。

以在“命令:”行直接输入“MTEXT”命令为例，说明多行文字标注方法。

命令：　MTEXT（标注文字。）

当前文字样式：　“Standard”　文字高度：　10　注释性：　否

指定第一角点：（指定文字位置。）

指定对角点或 [高度(H)/对正(J)/行距(L)/旋转(R)/样式(S)/宽度(W)/栏(C)]：（指定文字对角位置，在弹出的对话框中可以设置字形、字高、颜色等，并输入文字。）

Current text style:　“DIM_FONT”　Text height:　400

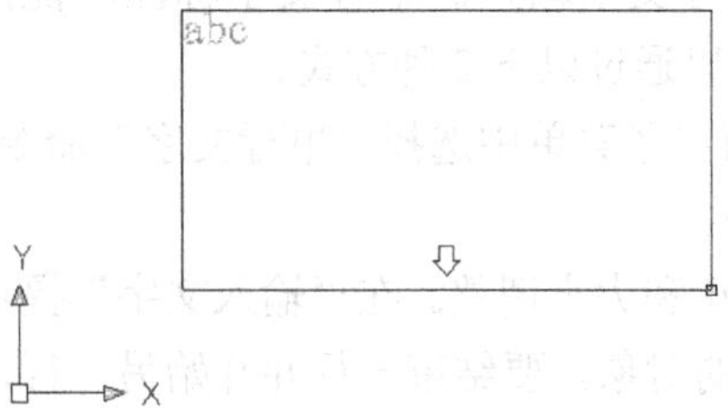

图 4.67 指定文字标注位置

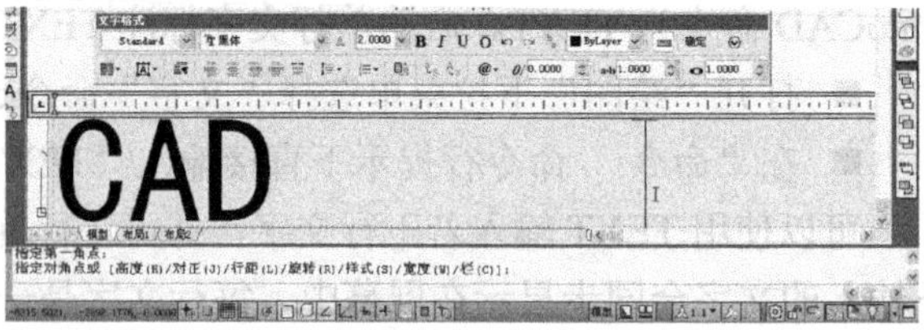

图 4.68 输入文字

4.4.2 尺寸标注

尺寸的标注，在工程制图中同样是十分重要的内容。尺寸大小，是进行工程建设定位的主要依据。AutoCAD 提供了多种尺寸标注方法，以适应不同工程制图的需要。

AutoCAD 提供的尺寸标注形式，与工程设计实际相一致。一个完整的尺寸一般由尺寸界线、尺寸线、箭头、标注文字构成。通常以一个整体出现。如图 4.69 所示。

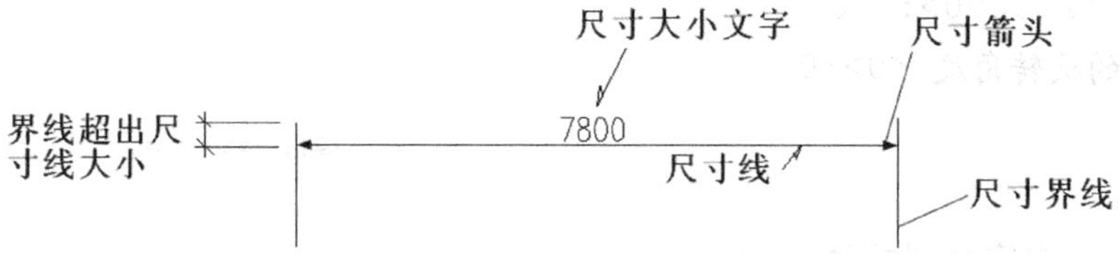

图 4.69 AutoCAD 尺寸标注的构成示意

（1）尺寸样式设置　尺寸标注样式是指尺寸界线、尺寸线、箭头、标注文字等的外观形式。通过设置尺寸标注样式，可以有效地控制图形标注尺寸界线、尺寸线、箭头、标注文字的布局和外观形式。

尺寸标注样式设置的 AutoCAD 命令为 DIMSTYLE（简写形式为 DDIM）。启动单行文字标注 DIMSTYLE 命令可以通过以下 3 种方式：

- 打开“格式”下拉菜单选择“标注样式”命令选项。
- 单击“标注”工具栏上的“标注样式”命令图标。
- 在“命令:”命令行提示下直接输入“DIMSTYLE”或“DDIM”命令。

激活 DIMSTYLE 命令后，在屏幕上弹出标注样式管理器对话框，通过该对话框，可以对尺寸线、标注文字、箭头、尺寸单位、尺寸位置和方向等尺寸样式进行部分或全部设置和修改。如图 4.70 所示。

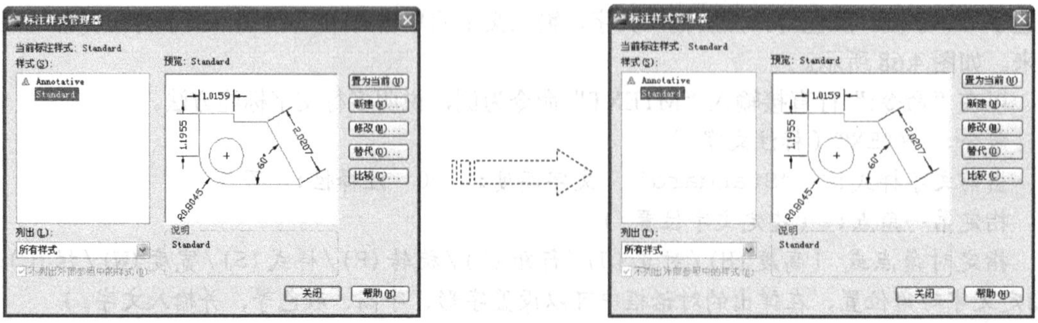

图 4.70 标注样式及其修改选项

其中，创建新的标注样式是新定义一个标注模式；比较 2 个已存在的标注样式的参数及特性，二者不同之处即显示出来；修改标注样式可以对当前的标注样式进行修改，包括文字位置、箭头和尺寸线长短等各种参数。其中“文字对齐”选项建议点取“与尺寸线对齐”；尺寸标注文字是否带小数点，在线性标注选项下的“精度”进行设置，如图 4.71 所示。

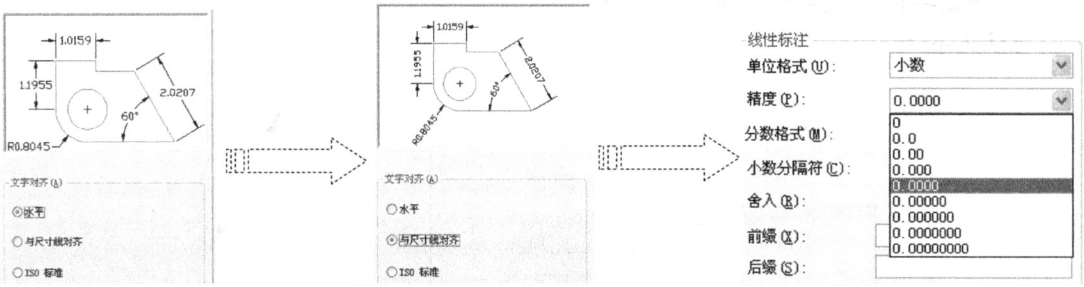

图 4.71　尺寸标注相关参数修改

（2）尺寸标注方法　AutoCAD 提供了多种尺寸标注方法，包括线性、对齐、坐标、半径、直径、角度等。此外还有快速尺寸标注等其他方式。

① 线性尺寸标注。线性尺寸标注的 AutoCAD 功能命令是 DIMLINEAR。启动 DIMLINEAR 命令可以通过以下 3 种方式。

■ 打开“标注”下拉菜单，选择其中的“线性”命令选项。

■ 单击“标注”工具栏上的“线性”命令功能图标。

■ 在命令行“命令:”提示符下输入“DIMLINEAR”并回车。

以在命令行启动 DIMLINEAR 为例，线性尺寸标注的使用方法如下所述，如图 4.72 所示。

命令：DIMLINEAR
指定第一条延伸线原点或 <选择对象>:
指定第二条延伸线原点:
创建了无关联的标注。
指定尺寸线位置或
[多行文字(M)/文字(T)/角度(A)/水平(H)/垂直(V)/旋转(R)]:
标注文字 =350

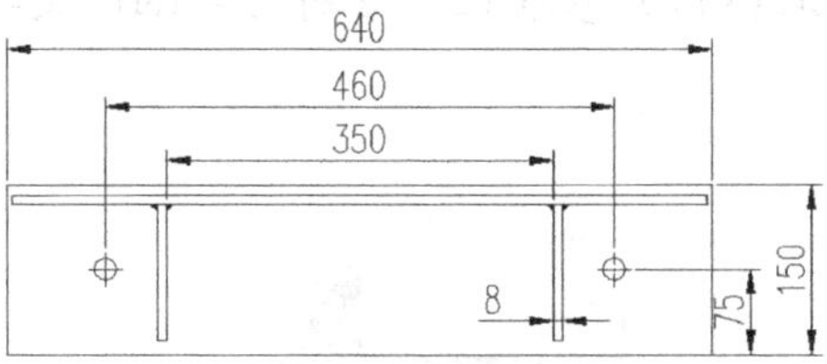

图 4.72　线性尺寸标注样式

② 对齐尺寸标注。对齐尺寸标注是指所标注的尺寸线与图形对象相平行，其 AutoCAD 功能命令是 DIMALIGNED。启动 DIMALIGNED 命令可以通过以下 3 种方式。

■ 打开“标注”下拉菜单，选择其中的“对齐”命令选项。

■ 单击“标注”工具栏上的“对齐”命令功能图标。

■ 在“命令:”命令行提示符下输入“DIMALIGNED”并回车。

以在命令行启动 DIMALIGNED 为例，对齐尺寸标注的使用方法如下所述，如图 4.73 所示。

命令:DIMALIGNED

指定第一条延伸线原点或 <选择对象>:
指定第二条延伸线原点:
创建了无关联的标注。
指定尺寸线位置或
[多行文字(M)/文字(T)/角度(A)]:
标注文字 = 17

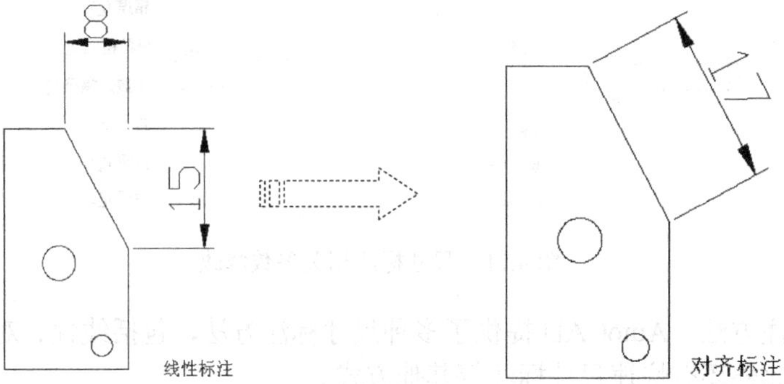

图 4.73　对齐尺寸标注样式

③ 坐标尺寸标注。坐标尺寸标注是指所标注是图形对象的 *X* 或 *Y* 坐标，其 AutoCAD 功能命令是 DIMORDINATE。坐标标注沿一条简单的引线显示部件的 *X* 或 *Y* 坐标。这些标注也称为基准标注。AutoCAD 使用当前用户坐标系(UCS)确定测量的 *X* 或 *Y* 坐标，并且沿与当前 UCS 轴正交的方向绘制引线。按照通行的坐标标注标准，采用绝对坐标值。启动 DIMORDINATE 命令可以通过以下 3 种方式。

- 打开“标注”下拉菜单，选择其中的“坐标”命令选项。
- 单击“标注”工具栏上的“坐标”命令功能图标。
- 在“命令:”命令行提示符下输入“DIMORDINATE”并回车。

以在命令行启动 DIMORDINATE 为例，坐标尺寸标注的使用方法如下所述，如图 4.74 所示。

命令:DIMORDINATE
指定点坐标:
指定引线端点或 [X 基准(X)/Y 基准(Y)/多行文字(M)/文字(T)/角度(A)]:
标注文字 =620

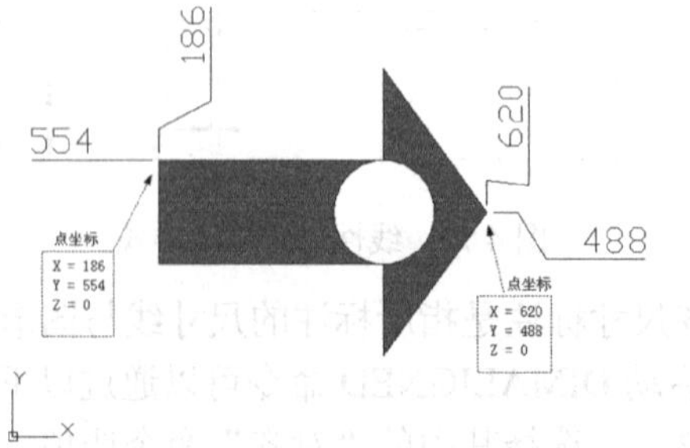

图 4.74　坐标尺寸标注样式

④ 半径尺寸标注。半径标注由一条具有指向圆或圆弧的箭头的半径尺寸线组成。如果 DIMCEN 系统变量未设置为零，AutoCAD 将绘制一个圆心标记。其 AutoCAD 功能命令是 DIMRADIUS。DIMRADIUS 根据圆或圆弧的大小，按“新建标注样式”“修改标注样式”和“替

代当前样式”对话框中的选项以及光标的位置绘制不同类型的半径标注。对于水平标注文字，如果半径尺寸线的角度大于水平 15°，AutoCAD 将在标注文字前一个箭头长处绘制一条钩线，也称为弯钩或着陆。AutoCAD 测量此半径并显示前面带一个字母“R”的标注文字。

启动 DIMRADIUS 命令可以通过以下 3 种方式。

■ 打开“标注”下拉菜单，选择其中的“半径”命令选项。
■ 单击“标注”工具栏上的“半径”命令功能图标。
■ 在“命令:”命令行提示符下输入“DIMRADIUS”并回车。

以在命令行启动 DIMRADIUS 为例，半径尺寸标注的使用方法如下所述，如图 4.75 所示。

命令：DIMRADIUS
选择圆弧或圆：
标注文字 =2.5
指定尺寸线位置或 [多行文字(M)/文字(T)/角度(A)]：

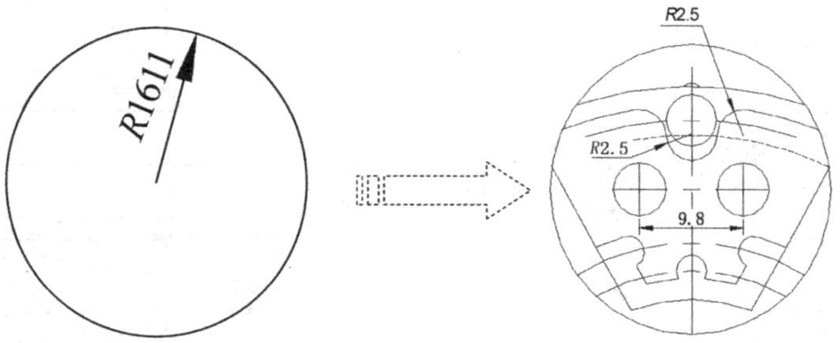

图 4.75　半径尺寸标注样式

⑤ 直径尺寸标注。直径尺寸标注是根据圆和圆弧的大小、标注样式的选项设置以及光标的位置来绘制不同类型的直径标注。标注样式控制圆心标记和中心线。当尺寸线画在圆弧或圆内部时，AutoCAD 不绘制圆心标记或中心线。其 AutoCAD 功能命令是 DIMDIAMETER。对于水平标注文字，如果直径线的角度大于水平 15° 并且在圆或圆弧的外面，那么 AutoCAD 将在标注文字旁边绘制一条一个箭头长的钩线。

启动 DIMDIAMETER 命令可以通过以下 3 种方式。

■ 打开“标注”下拉菜单，选择其中的“直径”命令选项。
■ 单击“标注”工具栏上的“直径”命令功能图标。
■ 在“命令:” 命令行提示符下输入“DIMDIAMETER”并回车。

以在命令行启动 DIMDIAMETER 为例，直径尺寸标注的使用方法如下所述，如图 4.76 所示。

命令：DIMDIAMETER
选择圆弧或圆：
标注文字 =4.9
指定尺寸线位置或 [多行文字(M)/文字(T)/角度(A)]：

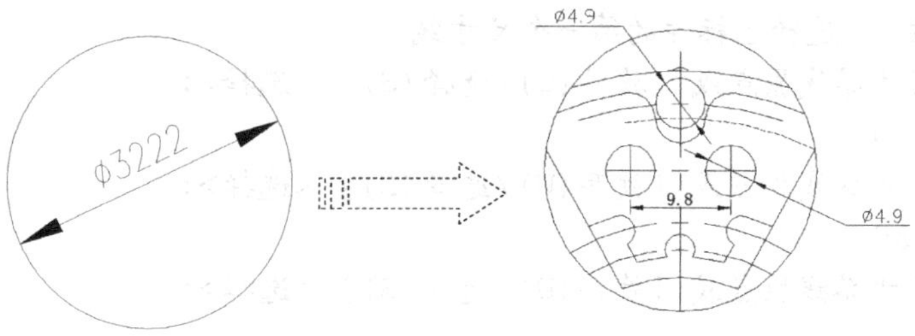

图 4.76　直径尺寸标注样式

⑥ 角度尺寸标注。角度尺寸标注是根据 2 条以上的图形对象构成的角度进行标注。其 AutoCAD 功能命令是 DIMANGULAR。启动 DIMANGULAR 命令可以通过以下 3 种方式。

■ 打开“标注”下拉菜单，选择其中的“角度”命令选项。

■ 单击“标注”工具栏上的“角度”命令功能图标。

■ 在“命令:”命令行提示符下输入“DIMANGULAR”并回车。

以在命令行启动 DIMANGULAR 为例，角度尺寸标注的使用方法如下所述，如图 4.77 所示。

命令：DIMANGULAR
选择圆弧、圆、直线或 <指定顶点>:
选择第二条直线:
指定标注弧线位置或 [多行文字(M)/文字(T)/角度(A)/象限点(Q)]:
标注文字 = 30

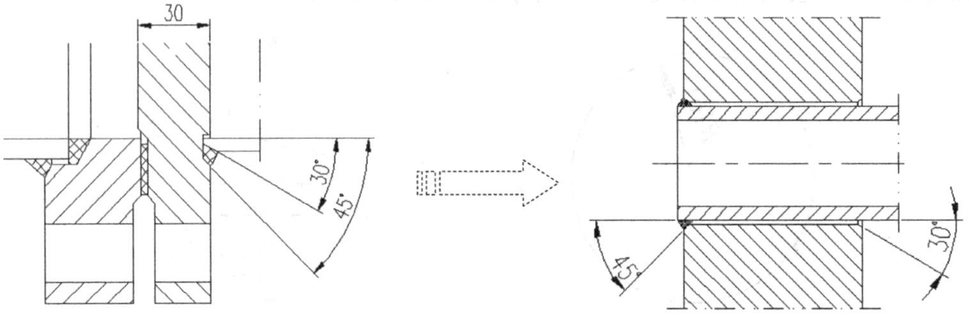

图 4.77 角度尺寸标注样式

⑦ 基线尺寸标注。基线尺寸标注是指创建自相同基线测量的一系列相关标注，其 AutoCAD 功能命令为 DIMBASELINE。AutoCAD 使用基线增量值偏移每一条新的尺寸线并避免覆盖上一条尺寸线。基线增量值在“新建标注样式”“修改标注样式”和“替代标注样式”对话框的“直线和箭头”选项卡上的基线间距指定。如果在当前任务中未创建标注，AutoCAD 将提示用户选择线性标注、坐标标注或角度标注，以用作基线标注的基准。一般情况下，在进行标注前，需使用线性标注、坐标标注或角度标注来确定标注基准线。

启动 DIMBASELINE 命令可以通过以下 3 种方式。

■ 打开“标注”下拉菜单，选择其中的“基线”命令选项。

■ 单击“标注”工具栏上的“基线”标注命令功能图标。

■ 在“命令:”命令行提示符下输入“DIMBASELINE”并回车。

以在命令行启动 DIMBASELINE 为例，基线尺寸标注的使用方法如下所述，如图 4.78 所示。

a. 先使用线性标注、坐标标注或角度标注来确定标注基准线；

b. 再使用 DIMBASELINE 基线尺寸标注方法进行标注。

命令：DIMBASELINE
选择基准标注：(选择已标注的第一个尺寸线)
指定第二条尺寸界线原点或 [放弃(U)/选择(S)] <选择>:
标注文字 =200
指定第二条尺寸界线原点或 [放弃(U)/选择(S)] <选择>:
标注文字 =350
指定第二条尺寸界线原点或 [放弃(U)/选择(S)] <选择>:
......
选择基准标注:

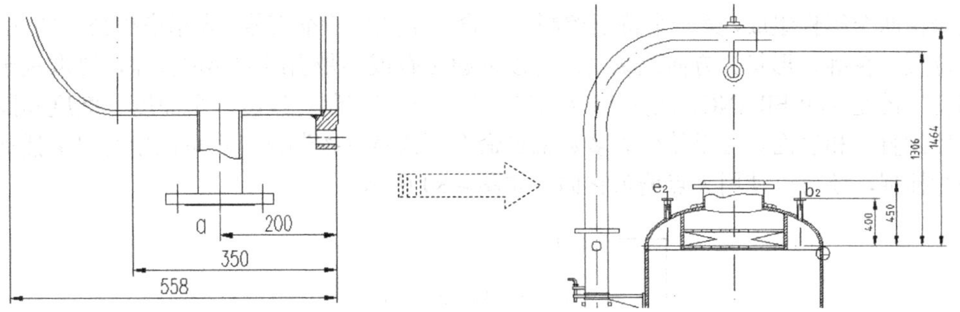

图 4.78　基线尺寸标注样式

⑧ 连续尺寸标注。连续尺寸标注是指绘制一系列相关的尺寸标注，例如添加到整个尺寸标注系统中的一些短尺寸标注。连续标注也称为链式标注，其 AutoCAD 功能命令为 DIMCONTINUE。创建线性连续标注时，第一条尺寸界线将被禁止，并且文字位置和箭头可能会包含引线，这种情况作为连续标注的替代而出现（DIMSE1 系统变量打开，DIMTMOVE 系统变量为 1 时）。如果在当前任务中未创建标注，AutoCAD 将提示用户选择线性标注、坐标标注或角度标注，以用作连续标注的基准。一般情况下，在进行标注前，需使用线性标注、坐标标注或角度标注来确定标注基准线。

启动 DIMCONTINUE 命令可以通过以下 3 种方式。

■ 打开“标注”下拉菜单，选择其中的“连续”命令选项。
■ 单击“标注”工具栏上的“标注连续”命令功能图标。
■ 在“命令:”命令行提示符下输入“DIMCONTINUE”并回车。

以在命令行启动 DIMCONTINUE 为例，连续尺寸标注的使用方法如下所述，如图 4.79 所示。

a．先使用线型标注、坐标标注或角度标注来确定标注基准线。

b．再使用 DIMCONTINUE 连续尺寸标注方法进行标注。

```
命令: DIMCONTINUE
指定第二条尺寸界线原点或 [放弃(U)/选择(S)] <选择>
标注文字 =100
指定第二条尺寸界线原点或 [放弃(U)/选择(S)] <选择>:
标注文字 =721
指定第二条尺寸界线原点或 [放弃(U)/选择(S)] <选择>:
标注文字 =599
......
指定第二条尺寸界线原点或 [放弃(U)/选择(S)] <选择>:
```

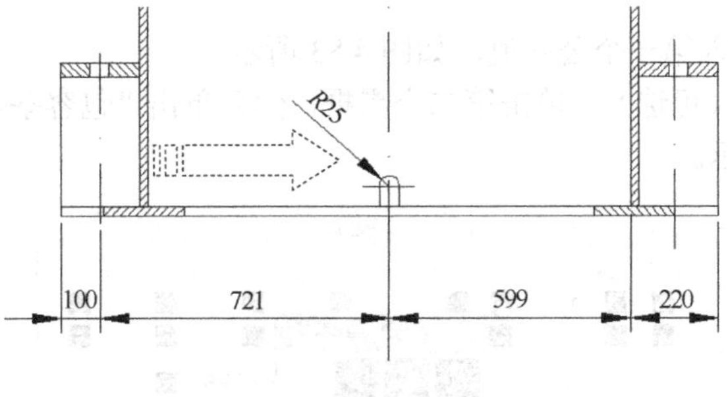

图 4.79　连续尺寸标注样式

⑨ 添加形位公差标注。形位公差表示特征的形状、轮廓、方向、位置和跳动的允许偏差。可以通过特征控制框来添加形位公差，这些框中包含单个标注的所有公差信息。其中特征控制

框至少由两个组件组成，第一个特征控制框包含一个几何特征符号，表示应用公差的几何特征，例如位置、轮廓、形状、方向或跳动。可以创建带有或不带引线的形位公差，这取决于创建公差时使用的是 TOLERANCE 还是 LEADER。形状公差控制直线度、平面度、圆度和圆柱度；轮廓控制直线和表面。可以使用大多数编辑命令更改特性控制框，也可以使用对象捕捉模式对其进行捕捉，还可以使用夹点编辑它们。如图 4.80 所示。

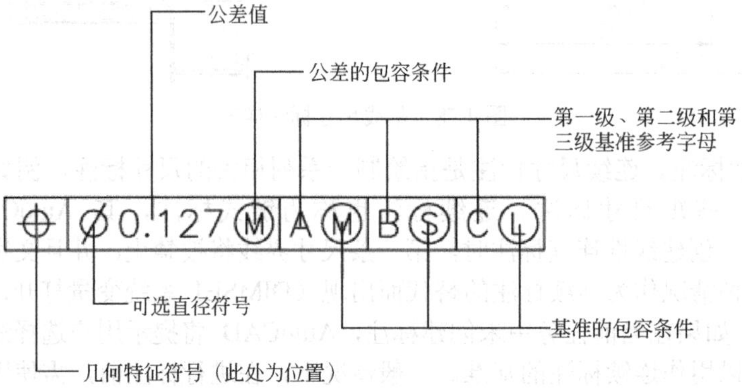

图 4.80 添加形位公差标注

创建形位公差的步骤如下。

a. 依次单击“标注(N)”下拉菜单选择“公差(T)”。

b. 在弹出的“形位公差”对话框中，单击“符号”对话框中的第一个矩形，然后在弹出的“特征符号”对话框中选择一个插入符号，如图 4.81 所示。

c. 在“公差 1”下，单击第一个黑框，插入直径符号，如图 4.82 所示。

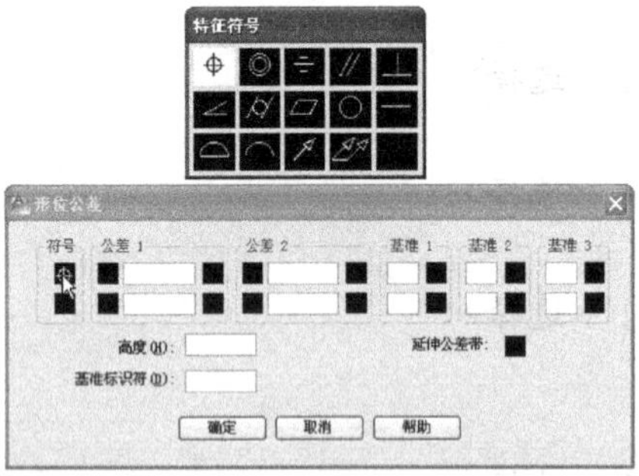

图 4.81 “特征符号”对话框

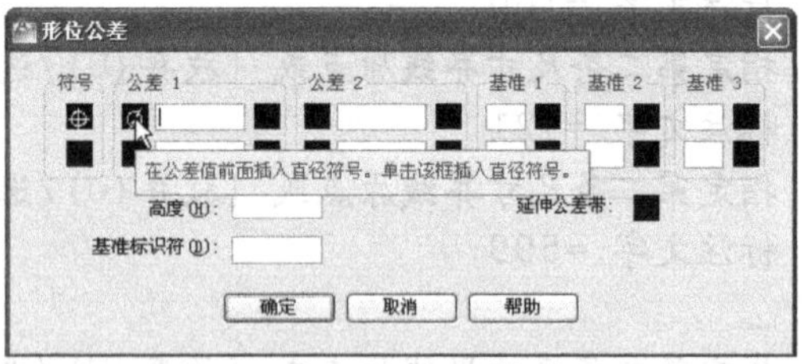

图 4.82 插入直径符号

d. 在文字框中，输入第一个公差值，如图 4.83 所示。

e. 要添加包容条件（可选），单击第二个黑框，然后单击“包容条件”对话框中的符号以进行插入，如图 4.83 所示。

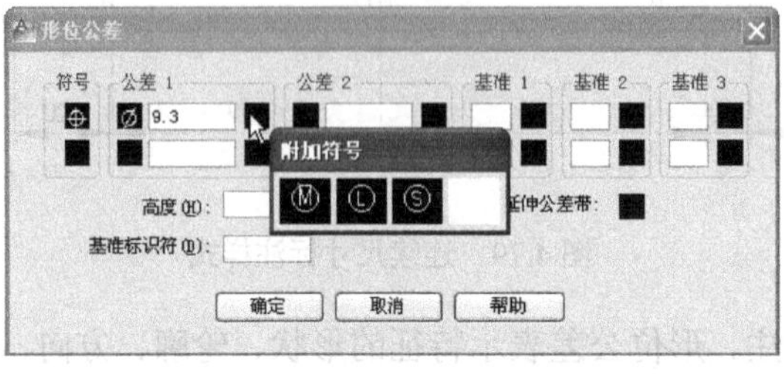

图 4.83 输入第一个公差值

f. 在“形位公差”对话框中，加入第二个公差值（可选并且与加入第一个公差值方式相同），如图 4.84 所示。

g. 在“基准 1”“基准 2”和“基准 3”下输入基准参考字母。

h. 单击黑框，为每个基准参考插入包容条件符号。

i. 在“高度”框中输入高度。

j. 单击“延伸公差带”方框，插入符号。

k. 在“基准标识符”框中，添加一个基准值。

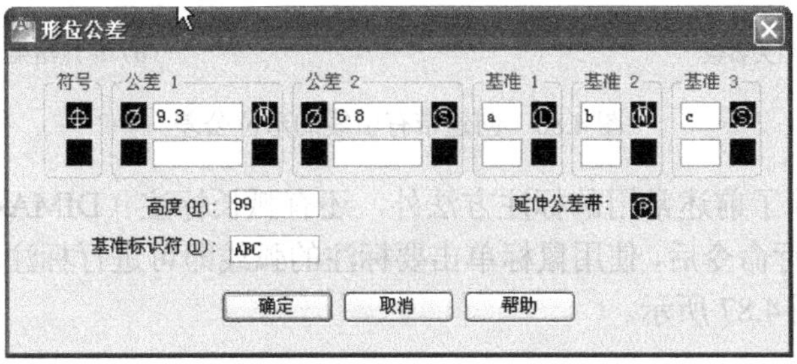

图 4.84　加入第二个公差值

l. 单击“确定”。

m. 在图形中，指定特征控制框的位置，如图 4.85 所示。

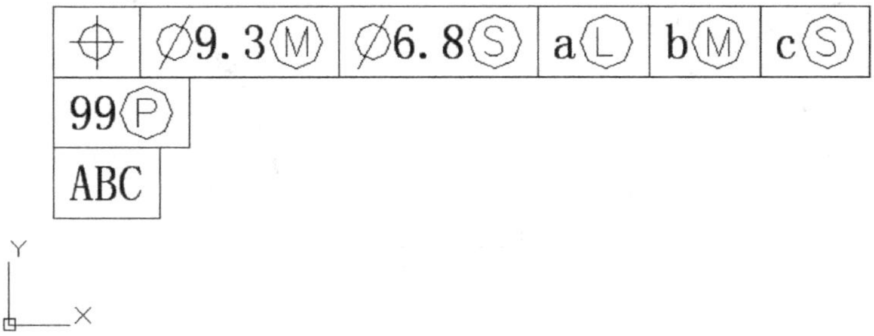

图 4.85　标注特征控制框

创建带有引线的形位公差的步骤如下，如图 4.80 所示。

a. 在命令提示下，输入“leader”或“LEADER”。

b. 指定引线的起点。

c. 指定引线的第二点。

d. 按两次“Enter”键以显示“注释”选项。

e. 输入“t（公差）”，然后创建特征控制框。

f. 特征控制框将附着到引线的端点。

创建带有引线的形位公差的操作命令提示如下，参见图 4.86 所示。

```
命令:LEADER
指定引线起点:
指定下一点:
指定下一点或 [注释(A)/格式(F)/放弃(U)] <注释>:
输入注释文字的第一行或 <选项>:
输入注释选项 [公差(T)/副本(C)/块(B)/无(N)/多行文字(M)] <多行文字>: T
```

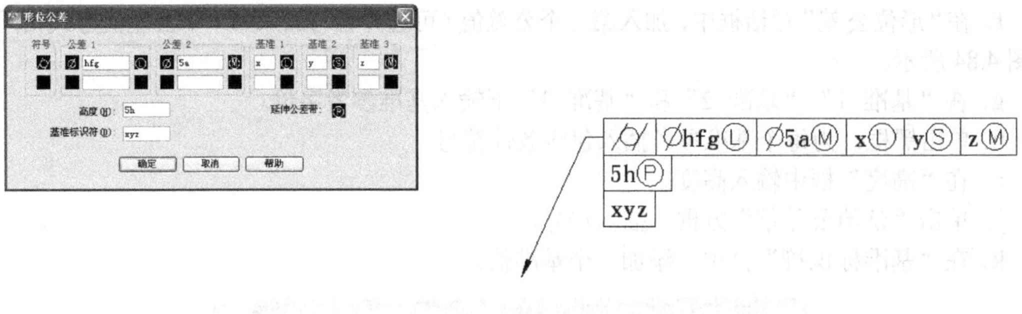

（a）输入相关参数　　（b）标注结果

图 4.86　创建带有引线的形位公差

⑩ 弧长标注。除了前述常用的标注方法外，还有弧长标注（DIMARC）等标注方法。弧长标注使用方法是执行命令后，使用鼠标单击要标注的弧线即可进行标注。弧线尺寸显示为“⌒ ***”标注形式，如图 4.87 所示。

命令: DIMARC
选择弧线段或多段线圆弧段:
指定弧长标注位置或 [多行文字(M)/文字(T)/角度(A)/部分(P)/]:
标注文字 = 27.55

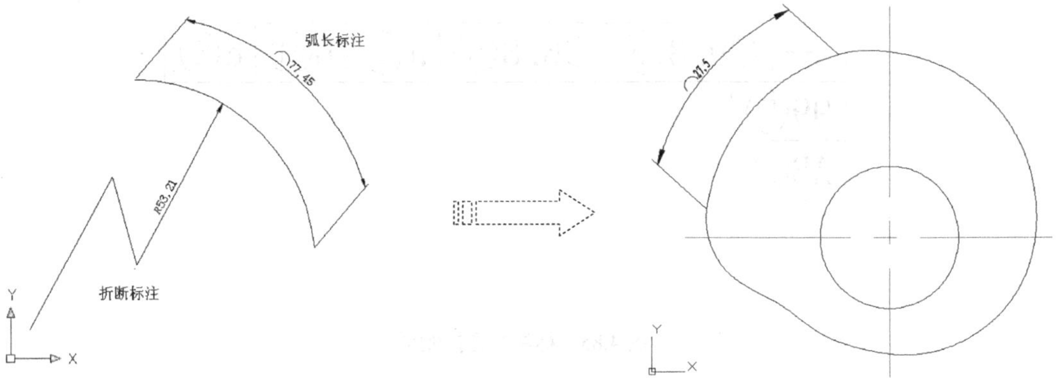

图 4.87　弧长标注方式

4.4.3　文字和尺寸编辑与修改

与其他图形对象一样，AutoCAD 同样提供了对文字和尺寸的编辑与修改功能。

（1）文字编辑与修改方法　除了可以使用移动、复制、删除、旋转和镜像等基本的编辑与修改方法外，文字对象的编辑与修改方法还包括修改其内容、高度、字体和特性等。AutoCAD 提供了如下几种对文字的编辑与修改方法。

① 修改文字内容。修改文字内容是最为基本的文字编辑与修改功能。其 AutoCAD 功能命令为 DDEDIT。启动 DDEDIT 命令可以通过以下 3 种方式。

- 打开“修改”下拉菜单，在“对象”子菜单中选择“文字”命令选项中的编辑。
- 在“命令:”命令行提示符下输入“DDEDIT”并回车。
- 单击文字，再单击右键屏幕将出现快捷菜单，选择“特性”选项，弹出的对话框中展开“文字”选项，直接单击其内容，输入新文字，可以进入修改文字。如图 4.88 所示。

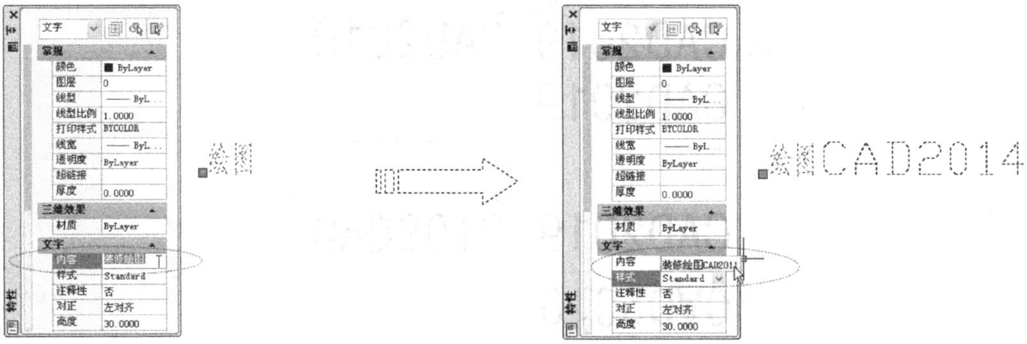

图 4.88　修改文字内容窗口

② 修改文字特性。修改文字特性是指对文字的内容、颜色、插入点、样式和对齐方式等相关性质参数。其 AutoCAD 功能命令为 PROPERTIES。启动 PROPERTIES 命令可以通过以下 4 种方式。

- 打开“修改”下拉菜单，选择“特性”命令选项。
- 单击“标准”工具栏上的“特性”命令功能图标。
- 选择要查看或修改其特性的对象，在绘图区域单击右键，然后选择“特性”。
- 在大多数对象上双击以显示“特性”窗口。在特性对话框中可以对文字的高度、字体、颜色等各种特性参数进行修改，如图 4.89 所示。

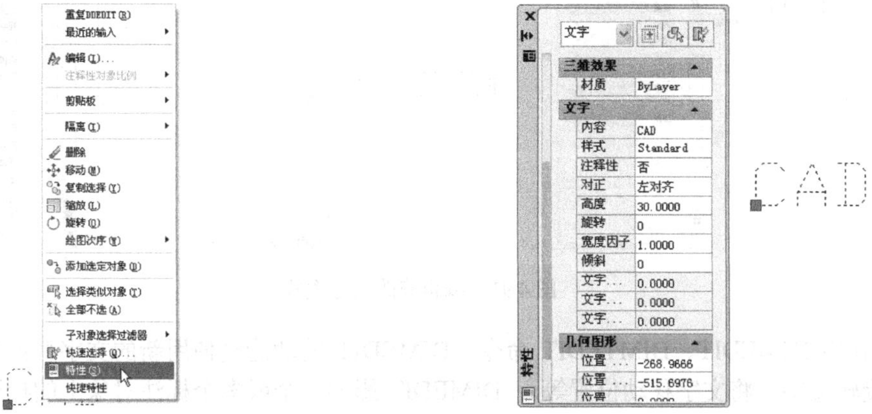

图 4.89　修改文字特性窗口

③ 文字编辑系统变量。AutoCAD 控制文字镜像后效果的系统变量为 MIRRTEXT。在进行文字镜像（MIRROR）时，若系统变量 MIRRTEXT 设置不正确，将使文字倒置。当 MIRRTEXT=0 时，文字镜像后的效果与原文字一致；当 MIRRTEXT=1 时，文字镜像后将倒置，如图 4.90 所示。改变系统变量为 MIRRTEXT 的值可以通过如下方法。

命令：MIRRTEXT（设置新的系统变量）

输入 MIRRTEXT 的新值 <0>：1（输入新的系统变量数值）

设置 MIRRTEXT=0 后，再进行文字操作，可以保证文字镜像与原文字一致。

（2）尺寸编辑与修改方法　AutoCAD 尺寸编辑与修改的内容，包括尺寸线、标注文字和尺寸界线、箭头型式等的颜色、位置、方向、高度等。AutoCAD 提供了如下几种对尺寸的编辑与修改方法。

图 4.90 文字编辑系统变量设置

① 使用特性对话框。利用特性管理器对话框，可以方便地管理、编辑尺寸标注的各个组成要素。选择要查看或修改其特性的尺寸对象，在绘图区域单击右键，然后选择“特性”。在特性窗口，要修改某个参数，只需单击该项参数右侧的表格栏，展开该特性参数，单击参数选项即可进行修改，如图 4.91 所示。

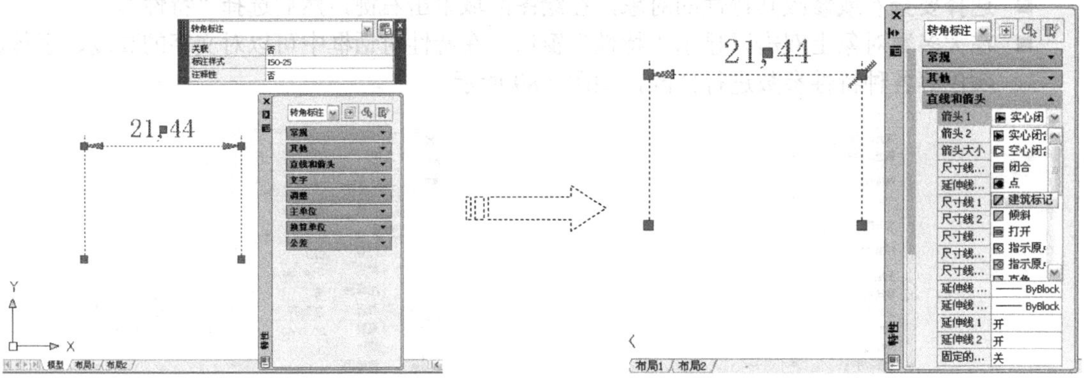

图 4.91 编辑修改尺寸型式

② 使用 DIMEDIT、DIMTEDIT 命令。DIMEDIT 的功能是使用新的文字替换现有的标注文字、旋转文字、将文字移动位置等。 DIMEDIT 影响一个或多个标注对象上的标注文字和尺寸界线，其中“默认”“新值”和“旋转”选项影响标注文字。“倾斜”选项控制尺寸界线的倾斜角度。DIMTEDIT 命令的功能主要是移动和旋转标注文字和对正标注文字。倾斜功能在轴测图及三维图形尺寸文字标注中使用较合适。

标注编辑修改命令可以通过以下 2 种方式进行：

■ 单击“标注”工具栏上的“编辑标注”或“编辑标注文字”命令功能图标。

■ 在“命令:”命令行提示符下输入“DIMEDIT”或“DIMTEDIT”并回车。

以在命令行启动 DIMEDIT 为例，使用 DIMEDIT 的编辑与修改方法如下所述，各种编辑修改效果如图 4.92 所示。

a. 使用 DIMEDIT。

命令：DIMEDIT

输入标注编辑类型[默认(H)/新建(N)/旋转(R)/倾斜(O)] <默认>：O

选择对象：找到 1 个

选择对象：

输入倾斜角度（按“ENTER”表示无）：35

其中上述相关命令选项含义如下：

默认(H)——将旋转标注文字移回默认位置。选中的标注文字移回到由标注样式指定的默认位置和旋转角度。

新建(N)——使用多行文字编辑器修改标注文字并进行替换。

旋转(R)——旋转标注文字。

倾斜(O)——调整线性标注尺寸界线的倾斜角度。AutoCAD 创建尺寸界线与尺寸线方向垂直的线性标注。当尺寸界线与图形的其他部件冲突时“倾斜”选项将很有用处。

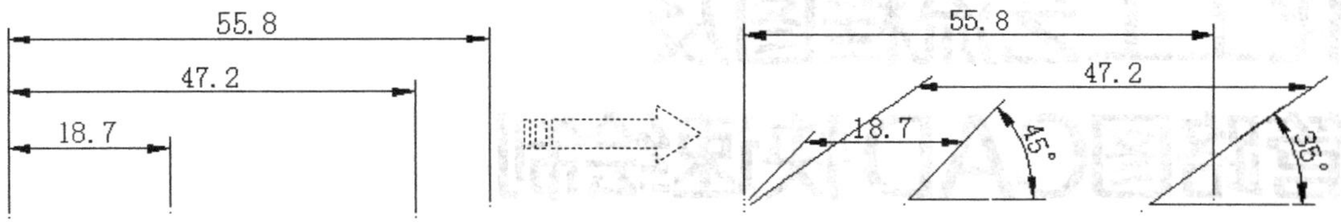

图 4.92　使用 DIMEDIT 编辑标注

b．使用 DIMTEDIT。使用 DIMTEDIT 的编辑与修改方法如下所述，如图 4.93 所示。

命令：DIMTEDIT

选择标注：

为标注文字指定新位置或 [左对齐(L)/右对齐(R)/居中(C)/默认(H)/角度(A)]：L

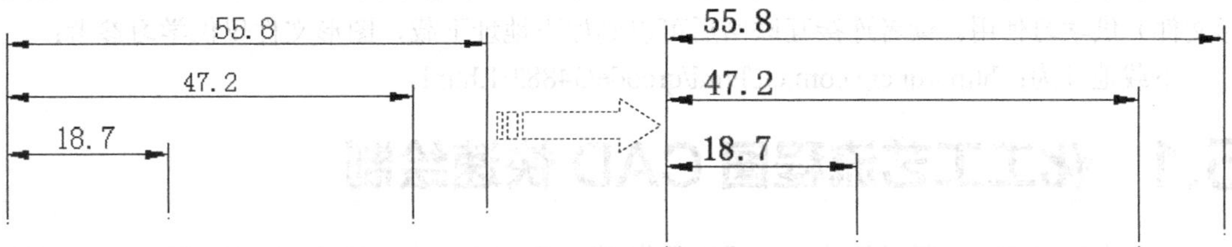

图 4.93　使用 DIMTEDIT 编辑标注

第5章

化工工艺流程图及管路图CAD快速绘制

本章将详细介绍化工工艺流程图及管路图 CAD 快速绘制方法，包括某化工项目吸收-稳定系统工艺流程图、某味精发酵车间连消工序管道平面布置图，其他的化工生产工艺流程图、化工 PID 图、化工工艺方块图、化工管路图等相关图纸 CAD 绘制方法类似，所讲解的实例为常见的化工设计图。

为便于学习化工设计 CAD 绘图技能，本书提供本章讲解案例的 CAD 图形（DWG 格式图形文件）供学习使用。读者连接互联网后可以到如下地址下载，图形文件仅供学习参考：

下载地址为：http://qr.cip.com.cn/html/qrcode/34883/1.html。

5.1 化工工艺流程图 CAD 快速绘制

本节案例如图 5.1 所示的某化工项目吸收-稳定系统工艺流程图为例，讲解其 CAD 快速绘制方法。

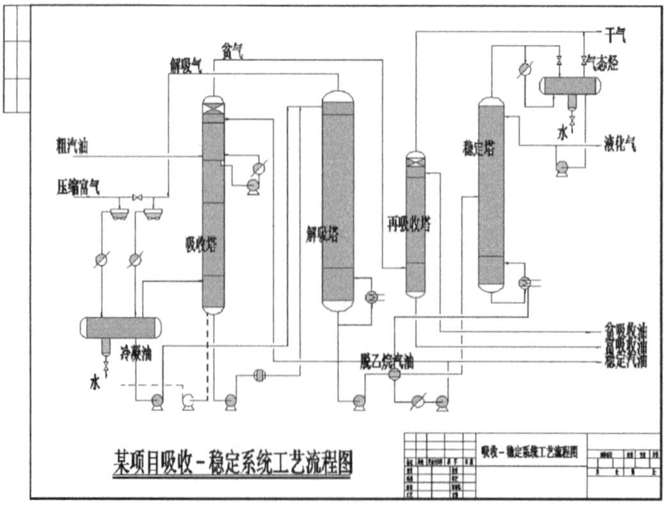

图 5.1 某化工项目吸收-稳定系统工艺流程图

（1）开始化工工艺流程图绘制。

操作方法：先从工艺流程起点开始绘制。其实从哪开始进行绘制均可以。

操作命令：分析，无命令。

操作示意：如图 5.2 所示。

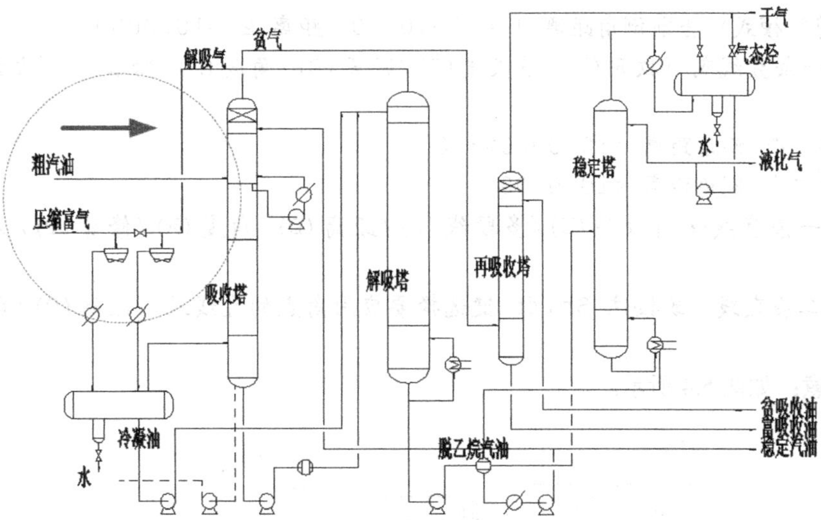

图 5.2　开始绘制起点

（2）绘制 2 条直线。

操作方法：直线长度根据总体流程图大小确定合适的比例，其长度可以使用 STRETCH 进行任意调整。

操作命令：LINE、MOVE、STRETCH 等。

■　命令: LINE

指定第一点:

指定下一点或 [放弃(U)]: 85

指定下一点或 [放弃(U)]:（回车）

■　命令: STRETCH

以交叉窗口或交叉多边形选择要拉伸的对象...

选择对象: 指定对角点: 找到 1 个

选择对象: （回车）

指定基点或 [位移(D)] <位移>:

指定第二个点或 <使用第一个点作为位移>:

操作示意：如图 5.3 所示。

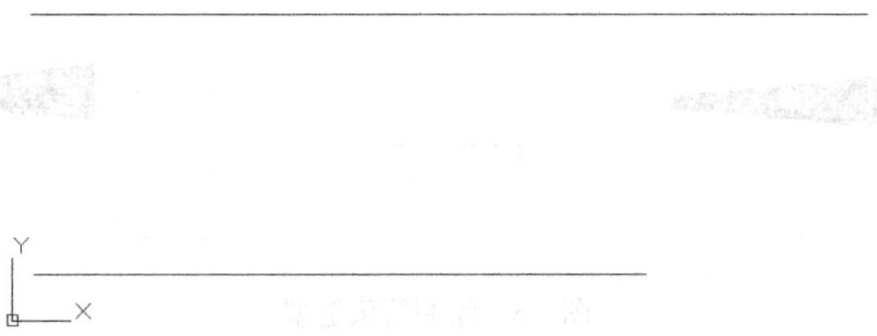

图 5.3　绘制 2 条直线

（3）绘制流程图中的开关阀门造型。

操作方法：先绘制 2 段短平行线，然后连接端点并进行剪切或使用倒角功能命令 CHAMFER 处理。

操作命令：LINE、OFFSET、MOVE、TRIM、CHAMFER 等。

命令：CHAMFER

（“修剪”模式）当前倒角距离 1 = 10.0000，距离 2 =10.0000

选择第一条直线或 [放弃(U)/多段线(P)/距离(D)/角度(A)/修剪(T)/方式(E)/多个(M)]：d

指定 第一个 倒角距离 <10.0000>：0

指定 第二个 倒角距离 <10.0000>：0

选择第一条直线或 [放弃(U)/多段线(P)/距离(D)/角度(A)/修剪(T)/方式(E)/多个(M)]：

选择第二条直线，或按住 Shift 键选择要应用角点的直线或 [距离(D)/角度(A)/方法(M)]：

操作示意：如图 5.4 所示。

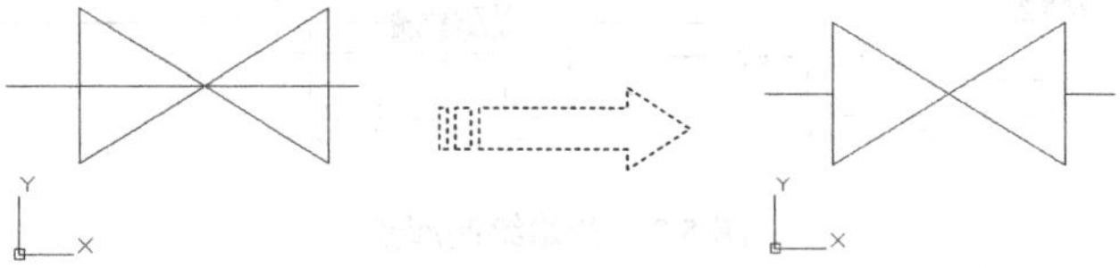

图 5.4 绘制流程图中的开关阀门造型

（4）绘制箭头造型。

操作方法：箭头造型使用 PLINE 命令进行绘制即可。设置不同的起点及端点宽度即可，端点不同的箭头造型，按需要使用。其他造型的箭头绘制方法同理，相同大小及方向的箭头可以进行复制即可。

操作命令：PLINE、COPY、MIRROR 等。

命令：PLINE

指定起点：

当前线宽为 0.0000

指定下一个点或 [圆弧(A)/半宽(H)/长度(L)/放弃(U)/宽度(W)]：w

指定起点宽度 <0.0000>：1.0

指定端点宽度 <1.0000>：0.2（末端宽度大小）

指定下一个点或 [圆弧(A)/半宽(H)/长度(L)/放弃(U)/宽度(W)]：

指定下一点或 [圆弧(A)/闭合(C)/半宽(H)/长度(L)/放弃(U)/宽度(W)]：（回车）

操作示意：如图 5.5 所示。

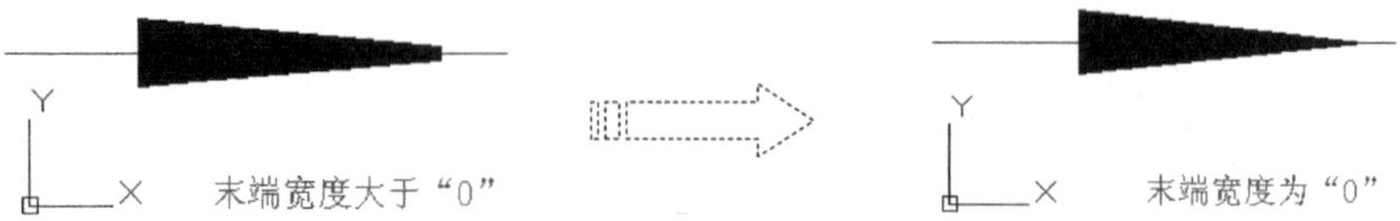

图 5.5 绘制箭头造型

（5）按顺序绘制下一段化工设备造型轮廓。

操作方法：矩形可以使用 RECTANG 绘制，底部对称的造型绘制一半后进行镜像即可。各个图形位置通过捕捉功能并利用移动 MOVE 进行调整。

操作命令：LINE、CIRCLE、EXTEND、MOVE、RECTANG 等。

命令：RECTANG

指定第一个角点或 [倒角(C)/标高(E)/圆角(F)/厚度(T)/宽度(W)]：

指定另一个角点或 [面积(A)/尺寸(D)/旋转(R)]：

操作示意：如图 5.6 所示。

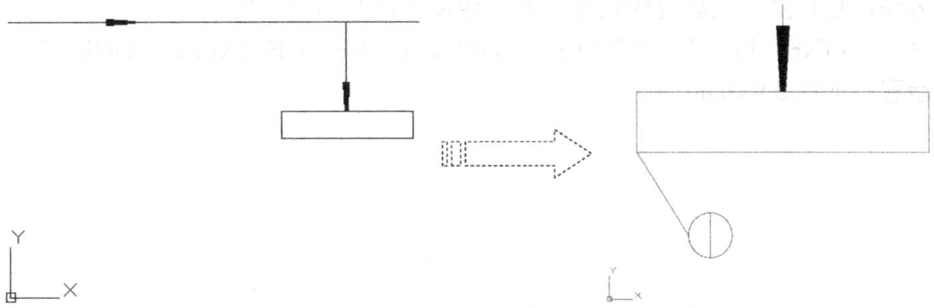

图 5.6　绘制下一段化工设备造型轮廓

（6）绘制化工设备造型底部轮廓。

操作方法：先进行镜像，然后连接圆形直径线端点并进行剪切。

操作命令：LINE、MIRROR、TIRM、ERASE 等。

命令：MIRROR

选择对象：指定对角点：找到 4 个

选择对象：

指定镜像线的第一点：

指定镜像线的第二点：

要删除源对象吗？[是(Y)/否(N)] <N>：N

操作示意：如图 5.7 所示。

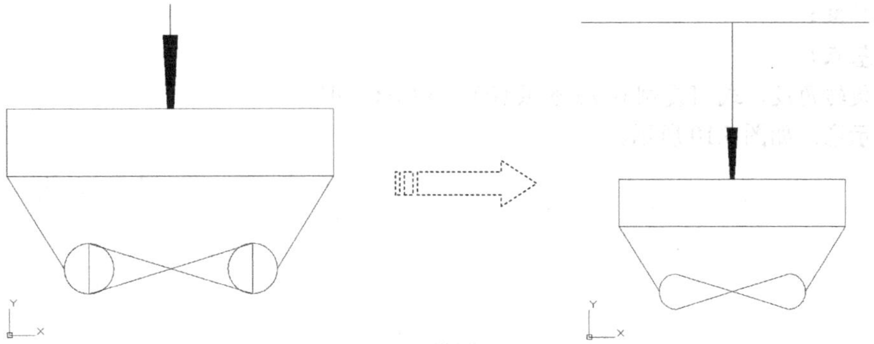

图 5.7　绘制化工设备造型底部轮廓

（7）进行复制得到相同化工设备造型。

操作方法：复制位置按设计确定。

操作命令：COPY、MOVE 等。

操作示意：如图 5.8 所示。

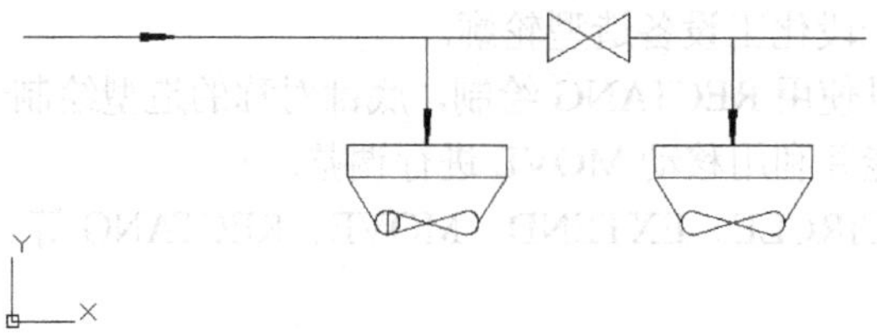

图 5.8 复制得到相同化工设备造型

(8) 按流程程序继续绘制下一段流程轮廓线。

操作方法：包括圆形及短直线线条，箭头绘制方法与前面相同。

操作命令：LINE、PLINE、CIRCLE、COPY、MOVE、CHMAFER、TRIM 等。

操作示意：如图 5.9 所示。

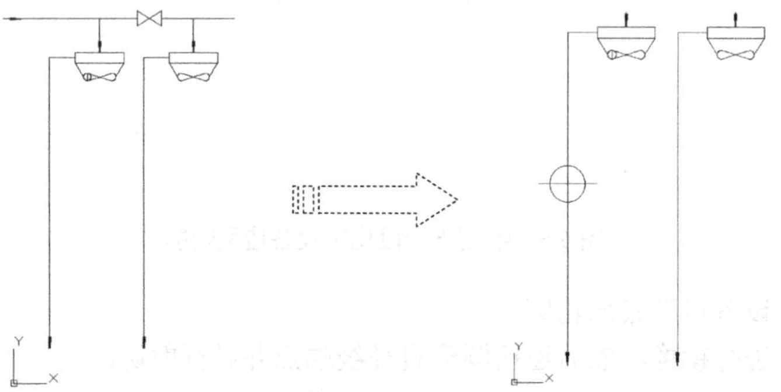

图 5.9 绘制流程轮廓线

(9) 旋转圆形及短直线线条，然后进行复制并剪切得到第 2 个相同图形。

操作方法：旋转角度按设计要求，本案例旋转 45°。

操作命令：ROTATE、COPY 、TRIM 等。

```
命令:ROTATE
UCS 当前的正角方向： ANGDIR=逆时针 ANGBASE=0
选择对象: 找到 1 个
选择对象:
指定基点:
指定旋转角度, 或 [复制(C)/参照(R)] <0>:  45
```

操作示意：如图 5.10 所示。

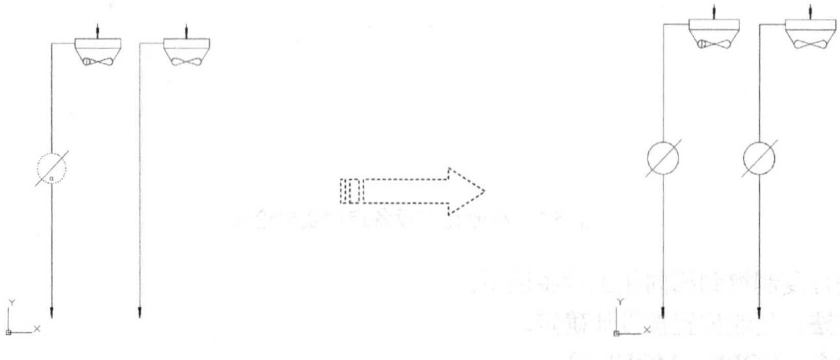

图 5.10 复制剪切得到设备造型

（10）绘制下一流程中的冷凝油罐设备轮廓造型。

操作方法：使用 ARC 绘制冷凝油罐轮廓两端的弧线造型，结合追踪捕捉功能定位，在矩形的边线的中间轴线上指定圆弧的第二个点。

操作命令：PLINE、RECTAND、MOVE、ARC、MIRROR、TRIM 等。

命令：ARC

指定圆弧的起点或 [圆心(C)]：

指定圆弧的第二个点或 [圆心(C)/端点(E)]：(结合追踪捕捉功能定位边线的轴线上)

指定圆弧的端点：

操作示意：如图 5.11 所示。

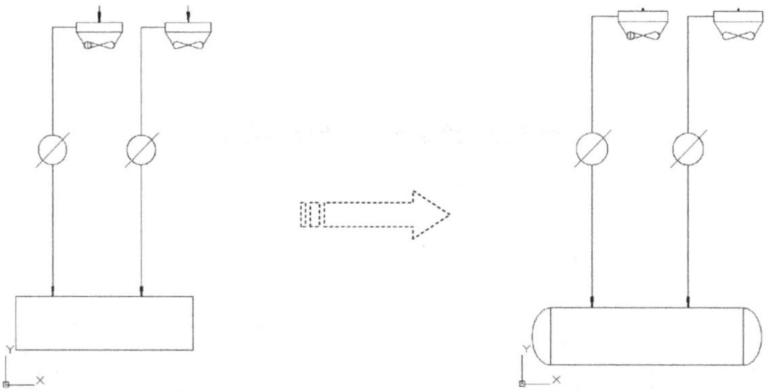

图 5.11 冷凝油罐设备轮廓造型绘制

（11）绘制冷凝油罐设备左下侧轮廓造型。

操作方法：包括阀门造型。

操作命令：LINE、OFFSET、ARC、CHAMFER、TRIM、EXTEND、STRETCH、MOVE、PLINE 等。

操作示意：如图 5.12 所示。

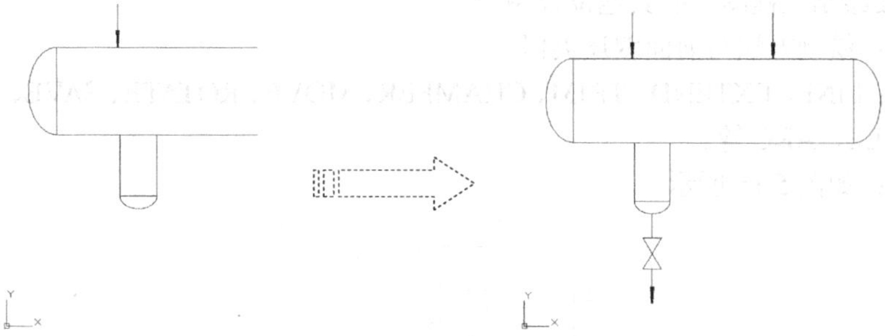

图 5.12 绘制冷凝油罐设备左下侧轮廓造型

（12）继续绘制下一段流程连接线。

操作方法：创建相应的设备造型（如泵造型）。

操作命令：PLINE、LINE、EXTEND、TRIM、CHAMFER、CIRCLE、MOVE 等。

操作示意：如图 5.13 所示。

（13）绘制下一段流程中的吸收塔轮廓。

操作方法：矩形轮廓造型绘制较为简单。对于其位置可以通过 MOVE 命令及捕捉功能进行调整。

操作命令：PLINE、RECTANG、COPY、TRIM、EXTEND、CHAMFER、OFFSET、STRETCH 等。

操作示意：如图 5.14 所示。

图 5.13　绘制下一段流程连接线

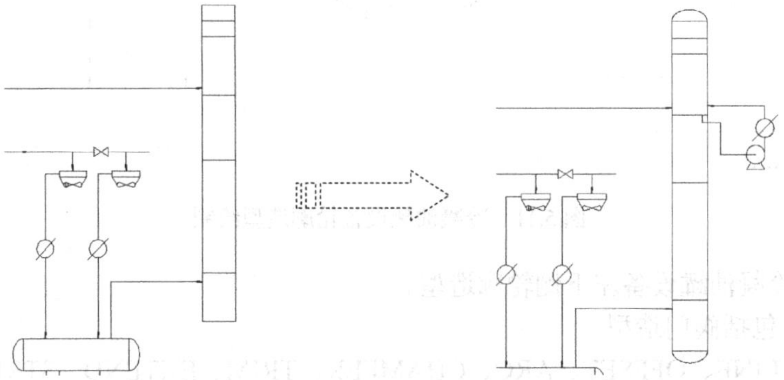

图 5.14　绘制吸收塔轮廓

（14）继续绘制流程图中的其他位置图形。

操作方法：绘制方法与前面叙述类似。

操作命令：LINE、EXTEND、TRIM、CHAMFER、MOVE、ROTATE、SAVE、PAN、ZOOM、PLINE、CIRCLE、ARC 等。

操作示意：如图 5.15 所示。

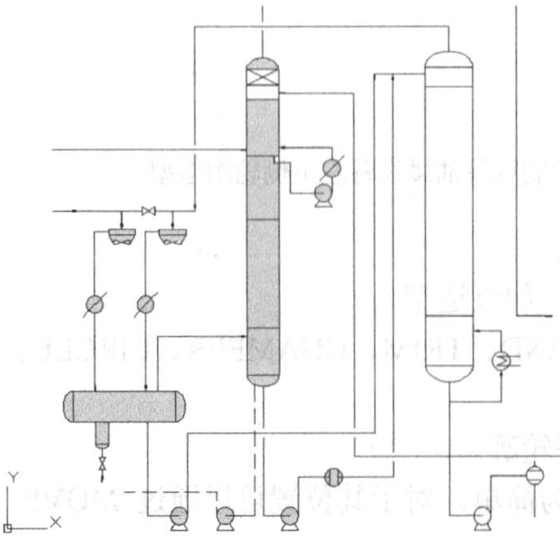

图 5.15　绘制流程图中的其他位置图形

（15）进行绘制直至完成流程图所有图形绘制。

操作方法：对图形相同的可以利用复制快速得到。绘制过程中注意及时单击 SAVE 命令保存绘制的图形，避免出错退出 CAD 而丢失文件。

操作命令：PLINE、CIRCLE、ARC、LINE、EXTEND、TRIM、CHAMFER、MOVE、ROTATE、SAVE、PAN、ZOOM 等。

操作示意：如图 5.16 所示。

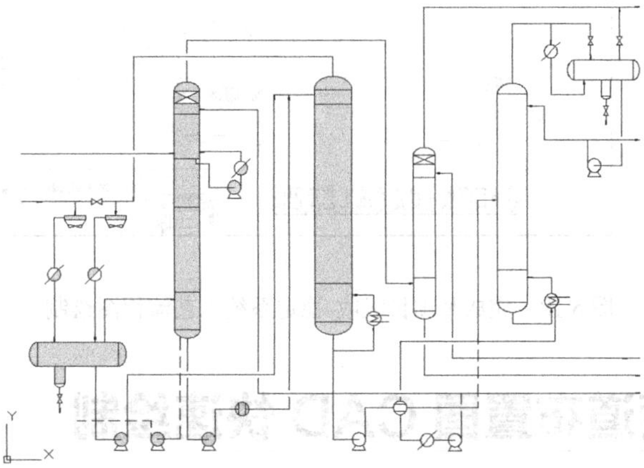

图 5.16　完成流程图所有图形绘制

（16）对流程图进行尺寸、文字标注。

操作方法：根据设计要求进行标注。

操作命令：DIMLINEAR、LEADER、MIRROR、CIRCLE、MTEXT、MOVE、SCALE 等。

操作示意：如图 5.17 所示。

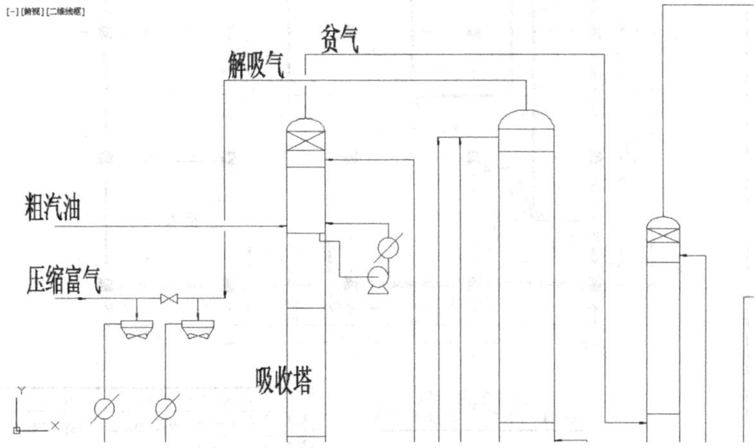

图 5.17　对流程图进行尺寸、文字标注

（17）标注图名等说明文字，插入图框，完成某项目吸收-稳定系统工艺流程图绘制。

操作方法：图框使用各个设计单位已有规定的格式图形，不重新绘制。其他 PID 流程图绘制方法与此类似。

操作命令：LINE、PLINE、MTEXT、MOVE、OPEN、COPYCLIP、SCALE、INSERT、SAVE 等。

操作示意：如图 5.18 所示。

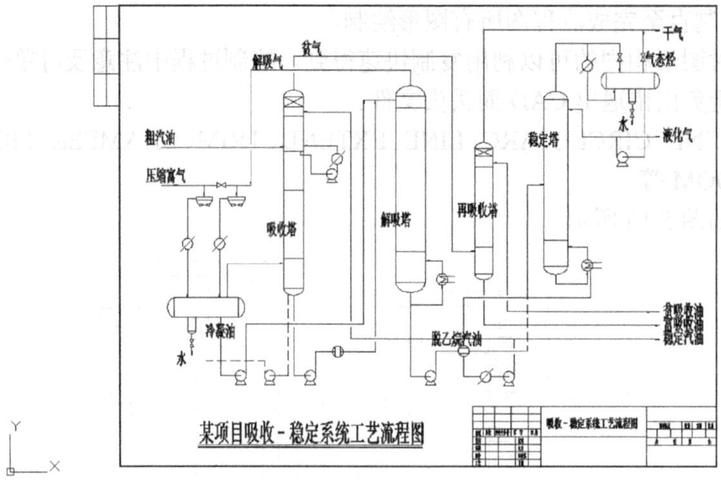

图 5.18　完成某项目吸收-稳定系统工艺流程图绘制

5.2 化工管道布置图 CAD 快速绘制

本节案例以图 5.19 所示的某味精发酵车间连消工序管道平面布置图为例，讲解其 CAD 快速绘制方法。

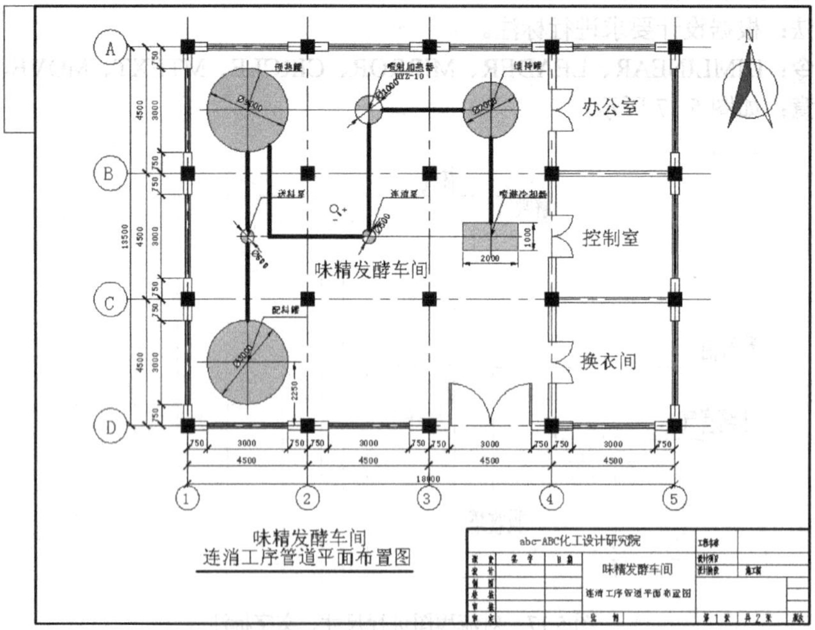

图 5.19　某味精发酵车间连消工序管道平面布置图

（1）打开化工车间的建筑平面图，对其进行整理，删除或关闭不需要的图形。

操作方法：该平面图由建筑专业（土建专业）提供，限于篇幅，其绘制过程在此从略，其绘制方法可以参考《建筑专业 CAD 绘图快速入门》一书。

操作命令：OPEN、ZOOM、SAVEAS、ERASE、LAYER 等。

操作示意：如图 5.20 所示。

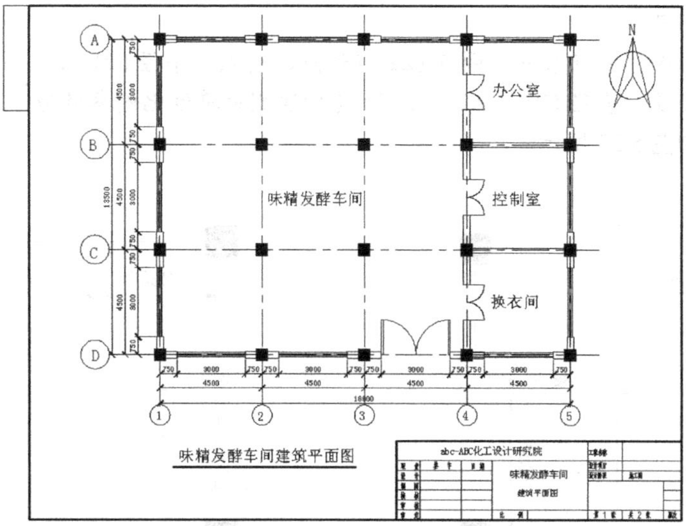

图 5.20 打开化工车间的建筑平面图

（2）创建化工设备配料罐的定位轴线。

操作方法：轴线长度比化工设备的轮廓稍长即可，可使用 STRETCH 调整长度。然后改变其为点画线线型。若显示不出点画线则使用 LTSCALE 修改线型合适的比例即可。

操作命令：LINE、STRETCH、MOVE、LINETYPE、LTSCALE 等。

命令：STRETCH

以交叉窗口或交叉多边形选择要拉伸的对象...

选择对象：指定对角点：找到 1 个

选择对象：（回车）

指定基点或 [位移(D)] <位移>:

指定第二个点或 <使用第一个点作为位移>:

操作示意：如图 5.21 所示。

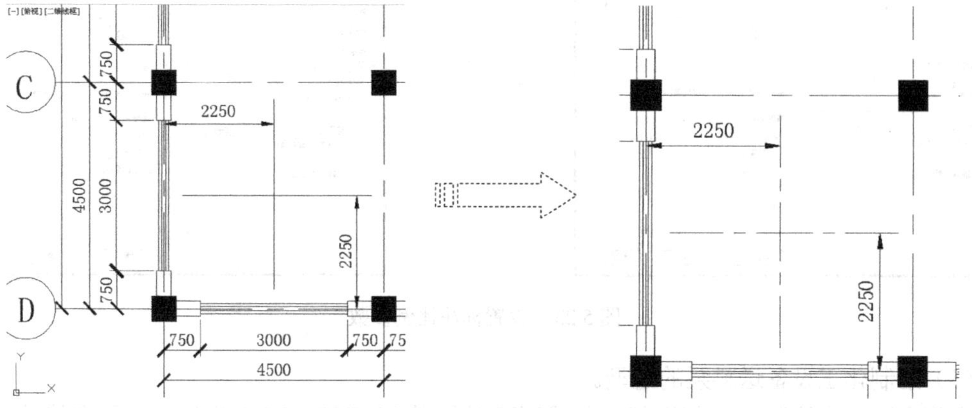

图 5.21 先创建定位轴线

（3）绘制配料罐的轮廓。

操作方法：配料罐为圆形可使用 CIRCLE 绘制，圆形圆心位于轴线交点处。此处标注比例参见下一步的说明。配料罐的轮廓直径大小为“3000”。

操作命令：LINE、MIRROR、FILLET、CIRCLE 等。

命令：CIRCLE

指定圆的圆心或 [三点(3P)/两点(2P)/切点、切点、半径(T)]:

指定圆的半径或 [直径(D)] <10>: 15（标注测量单位比例参数为“100”）

操作示意：如图 5.22 所示。

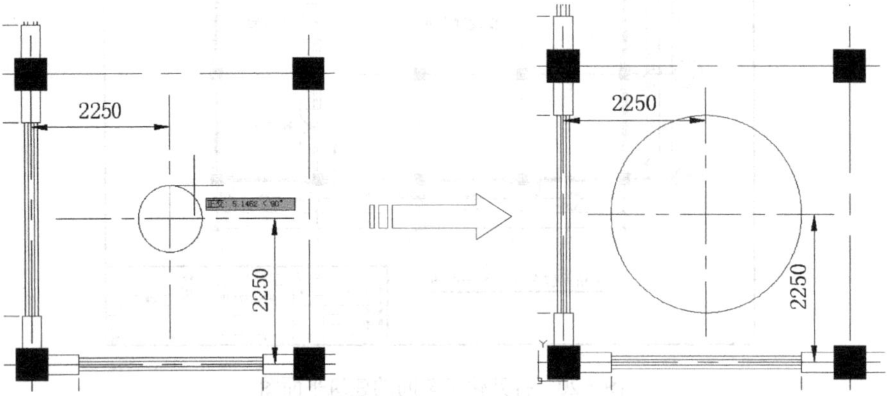

图 5.22　绘制配料罐轮廓

（4）绘图标注比例的设置。

操作方法：可以使用 DIMSTYLE 命令在弹出的对话框中设置不同的标注比例（测量单位比例），一般设置为“1”，本案例设置为“100”，即绘制直径为“3000”（半径输入为“1500”）的圆形，输入“30”（半径输入为“15”）即可。

操作命令：DIMSTYLE 等。

操作示意：如图 5.23 所示。

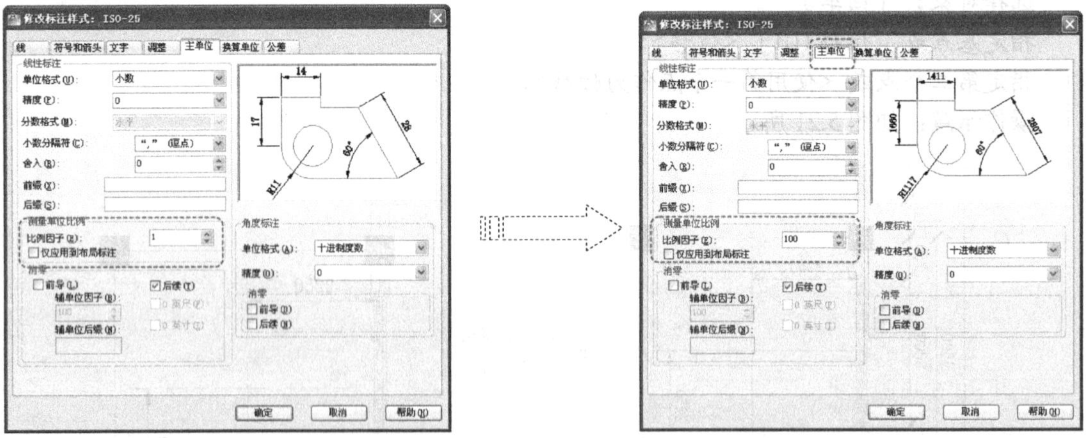

图 5.23　设置标注比例参数

（5）绘制化工设备送料泵的造型。

操作方法：先绘制 2 条辅助线，其线型可以使用 MATCHPROP 进行单击刷取修改。然后以辅助线交点为圆心绘制小圆形，作为送料泵的造型轮廓。送料泵轮廓的直径大小为“500”。

操作命令：LINE、MATCHPROP、CIRCLE 等。

命令：MATCHPROP

选择源对象：

当前活动设置：颜色 图层 线型 线型比例 线宽 透明度 厚度 打印样式 标注 文字 图

案填充 多段线 视口 表格材质 阴影显示 多重引线

选择目标对象或 [设置(S)]:

......

选择目标对象或 [设置(S)]: (回车)

操作示意：如图 5.24 所示。

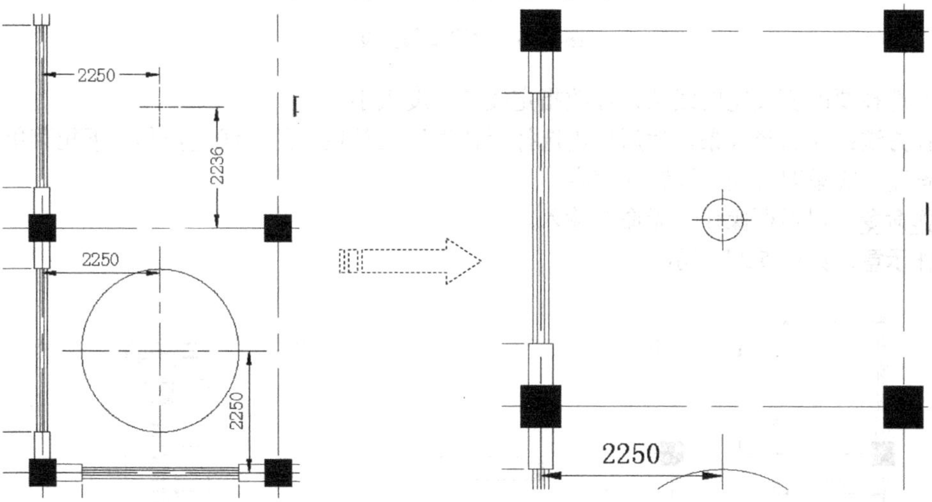

图 5.24　绘制送料泵的造型

（6）连接 2 个设备之间的管道轮廓线。

操作方法：连接管线的粗线可以通过设置线型宽度快速得到，设置方法参见下一步介绍。

操作命令：LINE、MOVE、TRIM、STRETCH 等。

操作示意：如图 5.25 所示。

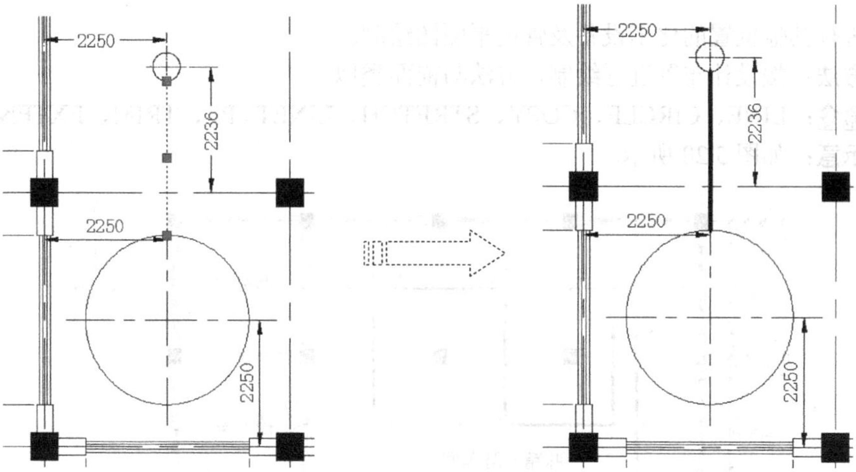

图 5.25　连接 2 个设备之间的管道轮廓线

（7）对于线条宽度设置进行快速处理。

操作方法：先使用 LWEIGHT 功能命令或在“格式”下拉菜单中选择“线宽”命令选项进行设置，单击勾选“显示线宽”，在“默认”右侧选择线型宽度“0.00mm”，最后单击“确定”。

操作命令：LWEIGHT 等。

操作示意：如图 5.26 所示。

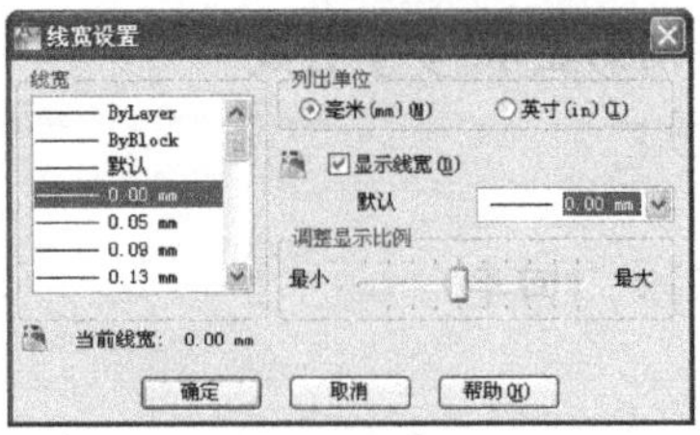

图 5.26　设置线条宽度

（8）选择要改变线宽的线条，修改指定线条宽度大小。

操作方法：先选择线条，然后单击选择“特性”工具栏中的“线宽控制”下拉菜单中选择需要的宽度，线条即可变为设置的宽度。

操作命令：对话框操作，无命令输入。

操作示意：如图 5.27 所示。

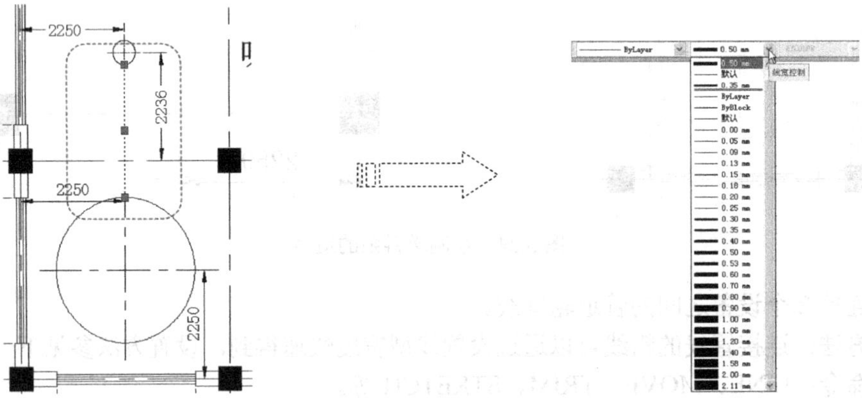

图 5.27　修改指定线条宽度大小

（9）进行其他位置的化工设备及管道平面图绘制。

操作方法：按设计布置进行绘制，方法与前面类似。

操作命令：LINE、CIRCLE、COPY、STRETCH、LINETYPE、TRIM、EXTEND 等。

操作示意：如图 5.28 所示。

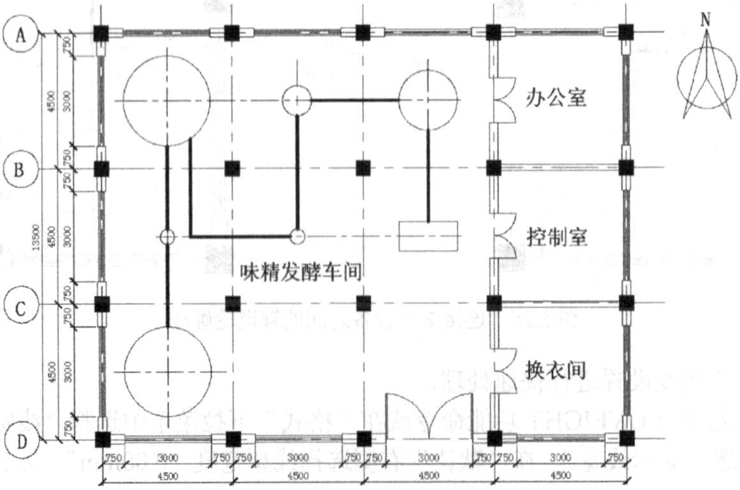

图 5.28　其他位置的化工设备及管道平面图绘制

（10）标注化工管道布置图的文字及尺寸。

操作方法：先使用 DIMSTYLE 命令设置标注样式，然后进行标注。使用 LEADER 标注带箭头的文字说明。

操作命令：DIMSTYLE、LEADER、DIMDIAMETER、DIMLINEAR、MOVE 等。

■ 命令: DIMDIAMETER

选择圆弧或圆:

标注文字 = 3000

指定尺寸线位置或 [多行文字(M)/文字(T)/角度(A)]:

■ 命令: DIMLINEAR

指定第一个尺寸界线原点或 <选择对象>:

指定第二条尺寸界线原点:

指定尺寸线位置或

[多行文字(M)/文字(T)/角度(A)/水平(H)/垂直(V)/旋转(R)]:

标注文字 = 2250

■ 命令:LEADER

指定引线起点:

指定下一点:　<正交 关>

指定下一点或 [注释(A)/格式(F)/放弃(U)] <注释>:　<正交 开>

指定下一点或 [注释(A)/格式(F)/放弃(U)] <注释>:

输入注释文字的第一行或 <选项>: 配料罐（输入文字内容，例如"配料罐"）

输入注释文字的下一行：（回车）

操作示意：如图 5.29 所示。

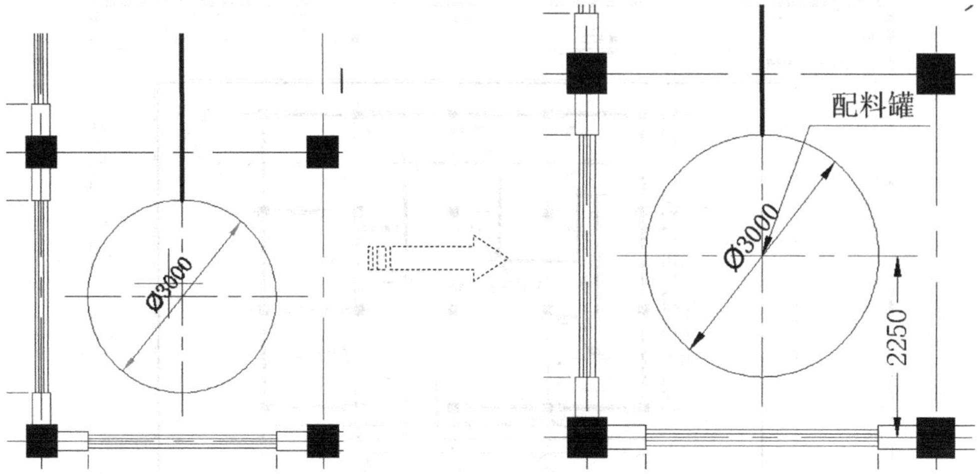

图 5.29　标注化工管道布置图的文字及尺寸

（11）继续进行其他化工设备文字、尺寸的标注绘制。

操作方法：标注内容按设计要求确定。

操作命令：DIMSTYLE、LEADER、DIMDIAMETER、DIMLINEAR 、DIMLINEAR 等。

操作示意：如图 5.30 所示。

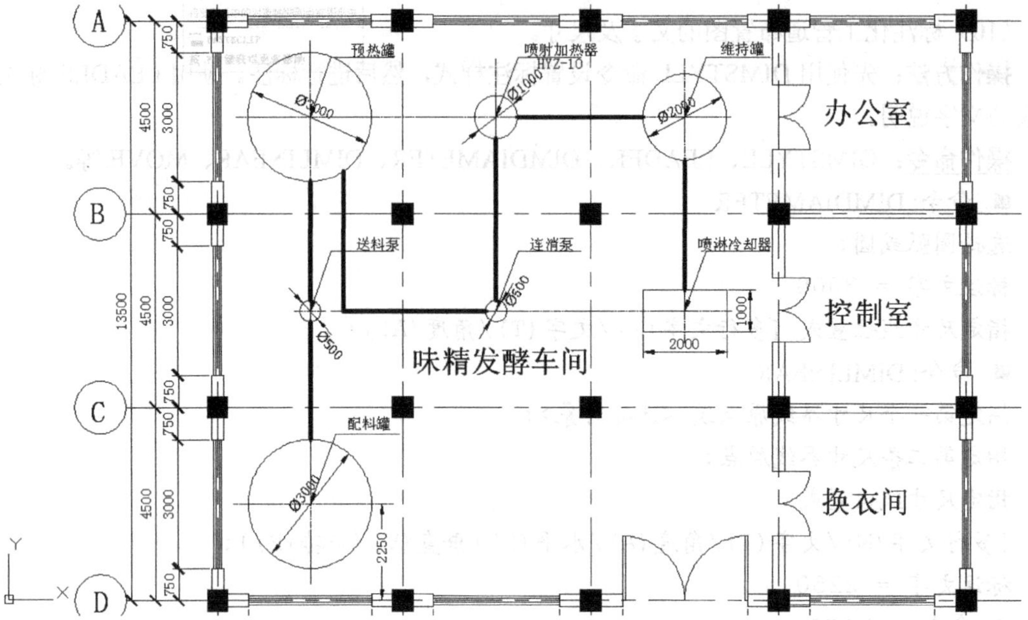

图 5.30　其他化工设备文字、尺寸的标注绘制

（12）标注图名等文字说明，完成味精发酵车间的管道布置平面图绘制。

操作方法：及时保存绘制的图形。其他管道平面布置图（如某空压站管道平面布置图）绘制方法类似。

操作命令：PLINE、MTEXT、MOVE、SCALE、TEXT、SAVE、SAVE、ZOOM 等。

操作示意：如图 5.31、图 5.32 所示。

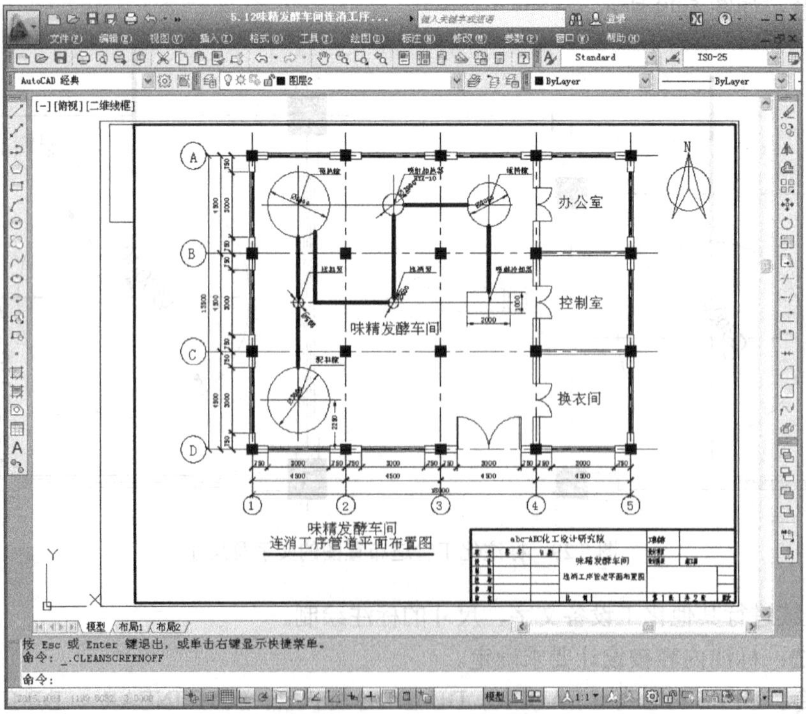

图 5.31　完成味精发酵车间的管道布置平面图绘制

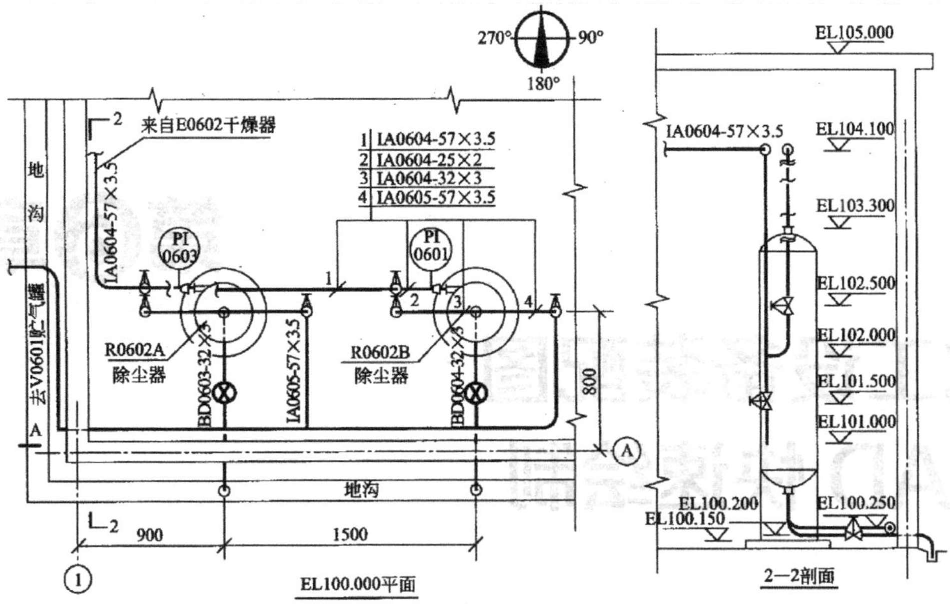

图 5.32　某空压站管道平面布置图

第6章

化工设备装配图 CAD 快速绘制

本章将详细介绍各种化工设备装配图 CAD 快速绘制方法，所讲解的实例为常见的化工设备装配图，其他化工设备装配图绘制方法类似。

为便于学习化工设备装配图 CAD 绘图技能，本书提供本章讲解案例的 CAD 图形（DWG 格式图形文件）供学习使用。读者连接互联网后可以到如下地址下载，图形文件仅供学习参考：

下载地址为：http://qr.cip.com.cn/html/qrcode/34883/2.html。

6.1 化工夹套加热搅拌容器装配图 CAD 快速绘制

本节案例以图 6.1 所示某化工夹套加热搅拌容器装配图为例，讲解其 CAD 快速绘制方法。其他化工设备装配图绘制方法类似。

（1）分析夹套加热搅拌容器装配图的立面图，该图形特点为基本左右对称。

操作方法：该化工设备装配图的剖面图大部分为圆形对称，绘制其一半即可通过镜像得到另外一半。

操作命令：ZOOM 等。

操作示意：如图 6.2 所示。

（2）创建化工夹套加热搅拌容器设备立面图中间的轴线。

操作方法：先使用 LINE 绘制，长度比设备高度稍长即可。然后使用 LINETYPE、LTSCALE 修改为点画线。

操作命令：LINE、LINETYPE、LTSCALE 等。

```
命令:LINE(回车)
指定第一点:
指定下一点或 [放弃(U)]: 2800
指定下一点或 [放弃(U)]: (回车)
```

操作示意：如图 6.3 所示。

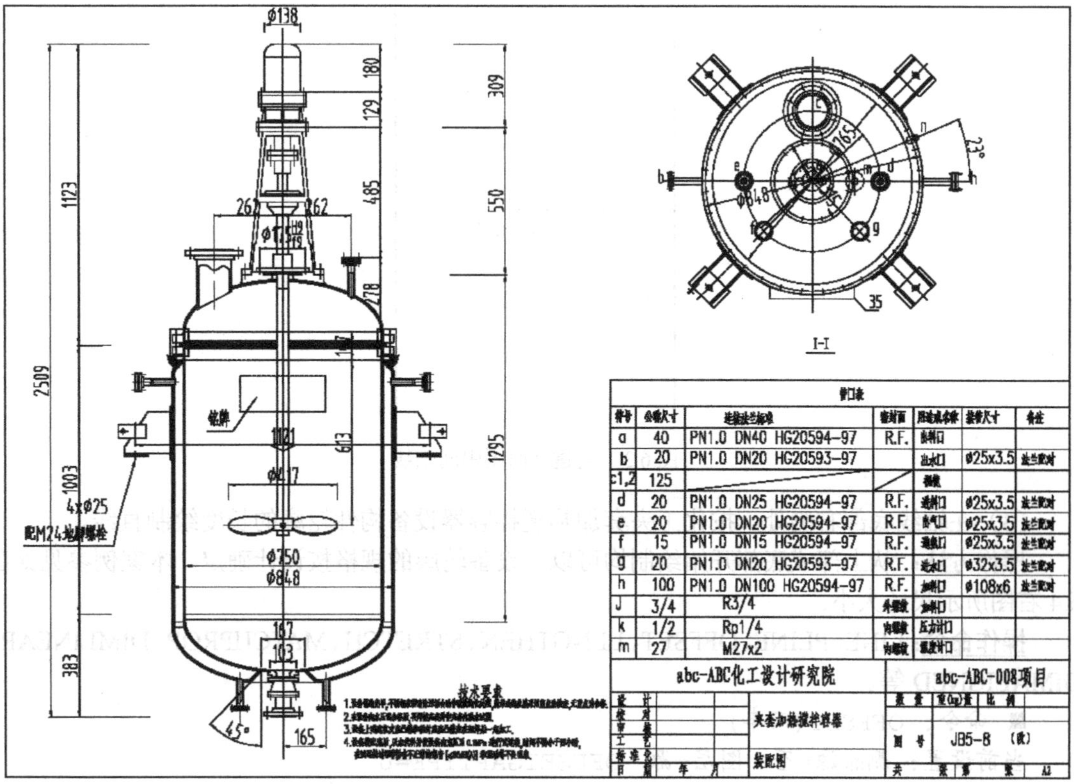

图 6.1　某化工夹套加热搅拌容器装配图

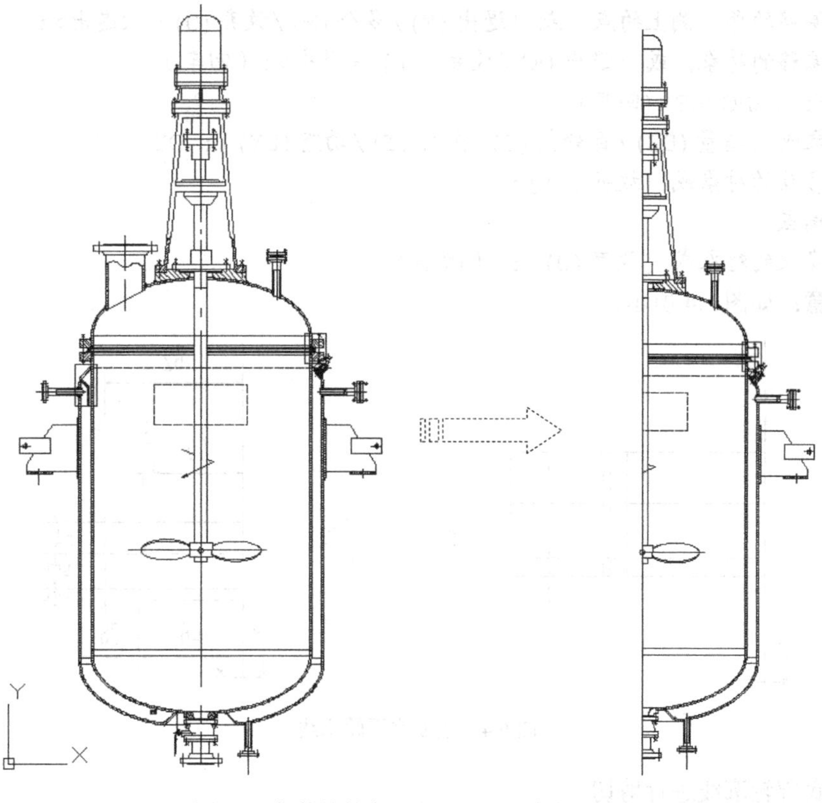

图 6.2　加热搅拌容器立面图形基本左右对称

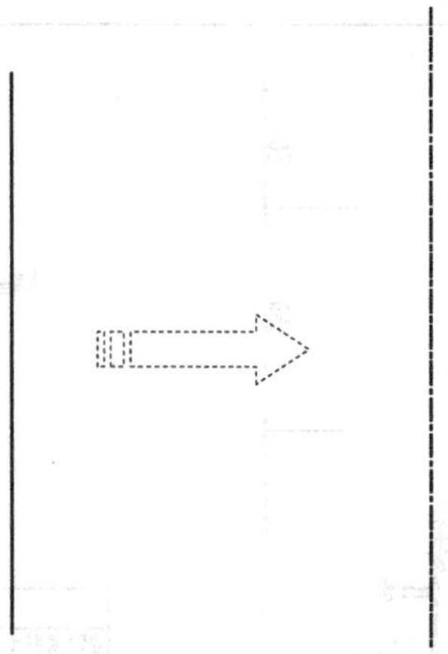

图 6.3 创建立面图中间轴线

（3）在轴线底部右侧处，按化工夹套加热搅拌容器设备构件轮廓的长度绘制直线。

操作方法：从上部或底部开始绘制均可以。设备轮廓的规格按设计确定，本案例参见如图 6.4 右图所示尺寸大小。

操作命令：LINE、PLINE、OFFSET、LENGTHEN、STRETCH、MATCHPROP、DIMLINEAR、DIMALIGNED 等。

■ 命令：OFFSET(回车)
当前设置：删除源=否 图层=源 OFFSETGAPTYPE=0
指定偏移距离或 [通过(T)/删除(E)/图层(L)] <通过>:
选择要偏移的对象，或 [退出(E)/放弃(U)] <退出>: 15
指定要偏移的那一侧上的点，或 [退出(E)/多个(M)/放弃(U)] <退出>:
选择要偏移的对象，或 [退出(E)/放弃(U)] <退出>:(回车)
■ 命令：LENGTHEN(回车)
选择对象或 [增量(DE)/百分数(P)/全部(T)/动态(DY)]: DY
选择要修改的对象或 [放弃(U)]:
指定新端点：
选择要修改的对象或 [放弃(U)]: (回车)

操作示意：如图 6.4 所示。

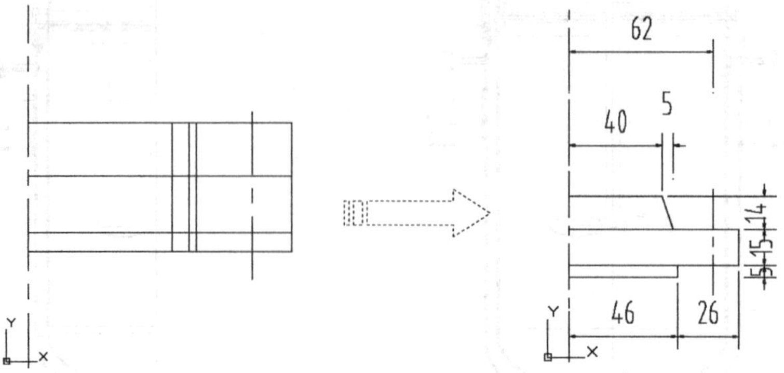

图 6.4 绘制水平轮廓线

（4）对底部轮廓线进行剪切。

操作方法：两条直线可以使用倒角命令 CHAMFER 进行快速编辑。

操作命令：LINE、TRIM、LENGTHEN、CHAMFER等。

■ 命令：CHAMFER(回车)

(“修剪”模式) 当前倒角距离 1 =10.0000，距离 2 = 10.0000

选择第一条直线或 [放弃(U)/多段线(P)/距离(D)/角度(A)/修剪(T)/方式(E)/多个(M)]：D

指定 第一个 倒角距离 <10.0000>: 0

指定 第二个 倒角距离 <10.0000>: 0

选择第一条直线或 [放弃(U)/多段线(P)/距离(D)/角度(A)/修剪(T)/方式(E)/多个(M)]：

选择第二条直线，或按住 Shift 键选择要应用角点的直线或 [距离(D)/角度(A)/方法(M)]：

■ 命令：TRIM(回车)

当前设置:投影=UCS，边=无

选择剪切边...

选择对象或 <全部选择>： 找到 1 个

选择对象：

选择要修剪的对象，或按住 Shift 键选择要延伸的对象，或[栏选(F)/窗交(C)/投影(P)/边(E)/删除(R)/放弃(U)]：

……

选择要修剪的对象，或按住 Shift 键选择要延伸的对象，或[栏选(F)/窗交(C)/投影(P)/边(E)/删除(R)/放弃(U)]：(回车)

操作示意：如图6.5所示。

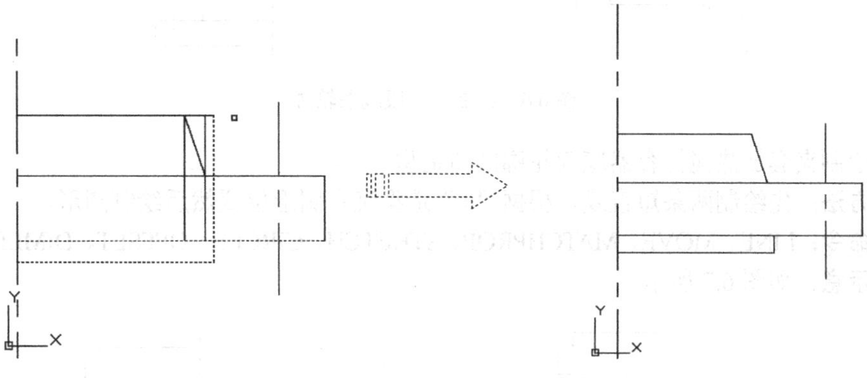

图6.5 对底部轮廓线进行剪切

(5) 绘制下一段的化工夹套加热搅拌容器设备造型线条轮廓。

操作方法：按化工设备的轮廓造型进行绘制。用作轴线线条线型使用 MATCHPROP 单击已有点画线线型，可快速修改为相同线型。

操作命令：LINE、OFFSET、STRETCHG、TRIM、CHAMFER、MATCHPROP、DIMLINEAR、DIMCONTINUE等。

■ 命令：DIMLINEAR

指定第一个尺寸界线原点或 <选择对象>：

指定第二条尺寸界线原点：

指定尺寸线位置或

[多行文字(M)/文字(T)/角度(A)/水平(H)/垂直(V)/旋转(R)]:
标注文字 = 42
■ 命令: DIMCONTINUE
指定第二条尺寸界线原点或 [放弃(U)/选择(S)] <选择>:
标注文字 = 10
指定第二条尺寸界线原点或 [放弃(U)/选择(S)] <选择>:
标注文字 = 10
指定第二条尺寸界线原点或 [放弃(U)/选择(S)] <选择>:
标注文字 = 13
指定第二条尺寸界线原点或 [放弃(U)/选择(S)] <选择>:
标注文字 = 7
指定第二条尺寸界线原点或 [放弃(U)/选择(S)] <选择>:
选择连续标注: (回车)

操作示意:如图 6.6 所示。

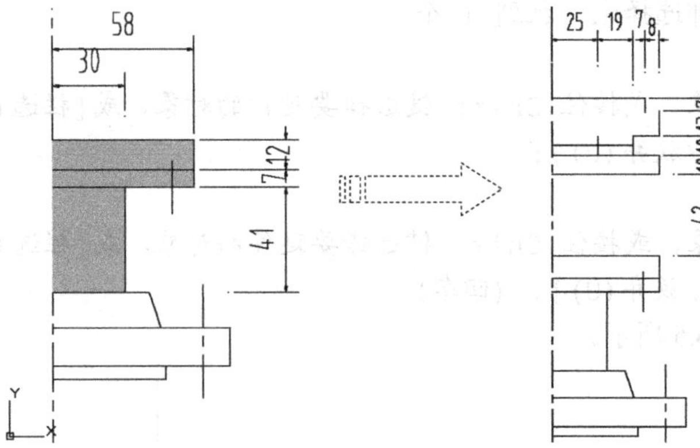

图 6.6 绘制下一段线条轮廓

(6)绘制夹套加热搅拌容器底部轮廓圆弧造型。

操作方法:先绘制两条短直线,根据“+”造型确定圆形位置然后绘制圆形。

操作命令:LINE、MOVE、MATCHPROP、STRETCH、CIRCLE、OFFSET、DIMLINEAR 等。

操作示意:如图 6.7 所示。

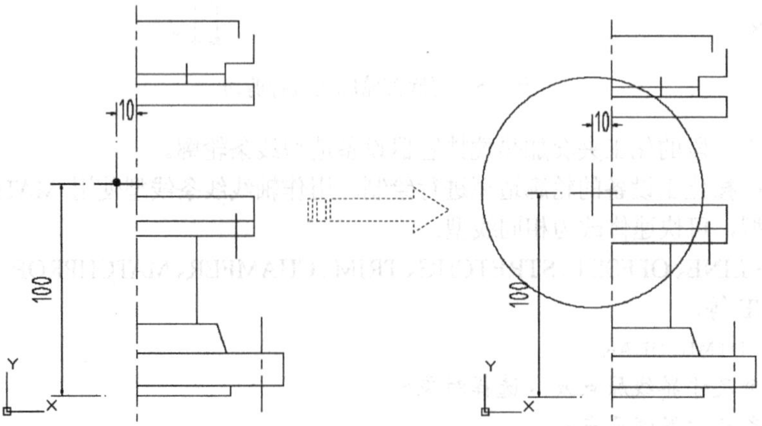

图 6.7 绘制底部轮廓圆弧

（7）进行剪切得到圆弧造型。

操作方法：注意剪切边界线并删除“+”型定位轮廓线。

操作命令：TRIM、ERASE 等。

操作示意：如图 6.8 所示。

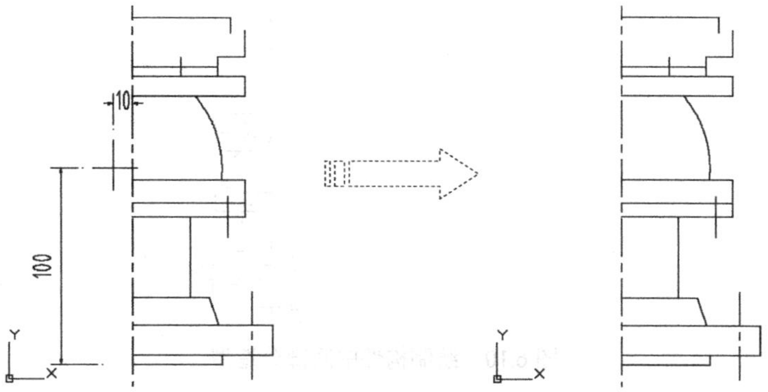

图 6.8　剪切得到圆弧造型

（8）绘制化工设备夹套加热搅拌容器构件上侧位置的圆弧图形。

操作方法：先确定定位圆形位置，然后使用 CIRCLE 绘制圆形，再进行剪切。

操作命令：LINE、MATCHPROP、OFFSET、COPY 等。

操作示意：如图 6.9 所示。

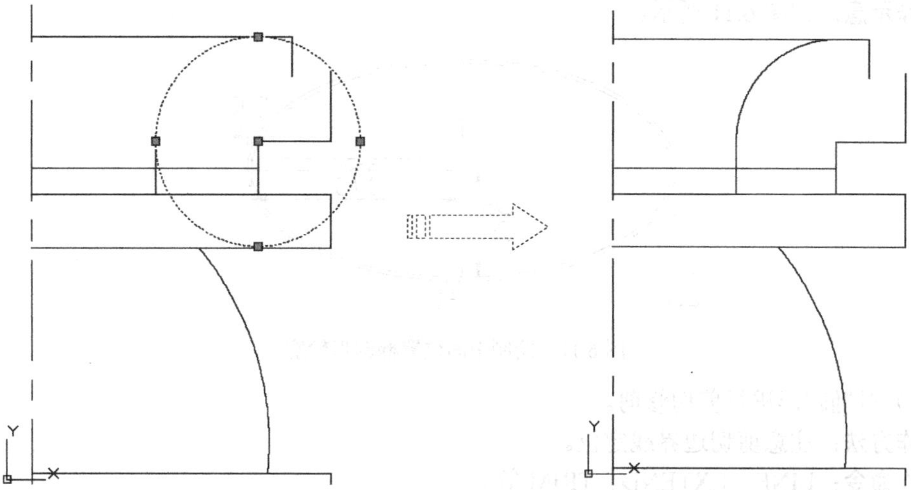

图 6.9　绘制上侧位置的圆弧图形

（9）绘制化工设备夹套加热搅拌容器构件中间部分的造型轮廓。

操作方法：平行线使用 OFFSET 快速绘制，然后改变其中一条的线型为点画线，可以使用 LINETYPE、LTSCALE 修改线型。

操作命令：LINE、EXTEND、TRIM、OFFSET、LINETYPE、LTSCALE、MATCHPROP 等。

操作示意：如图 6.10 所示。

（10）继续绘制中间位置椭圆形轮廓线条。

操作方法：椭圆形为同心椭圆形，通过偏移功能得到。绘制椭圆形时使用椭圆形圆心功能命令进行绘制。

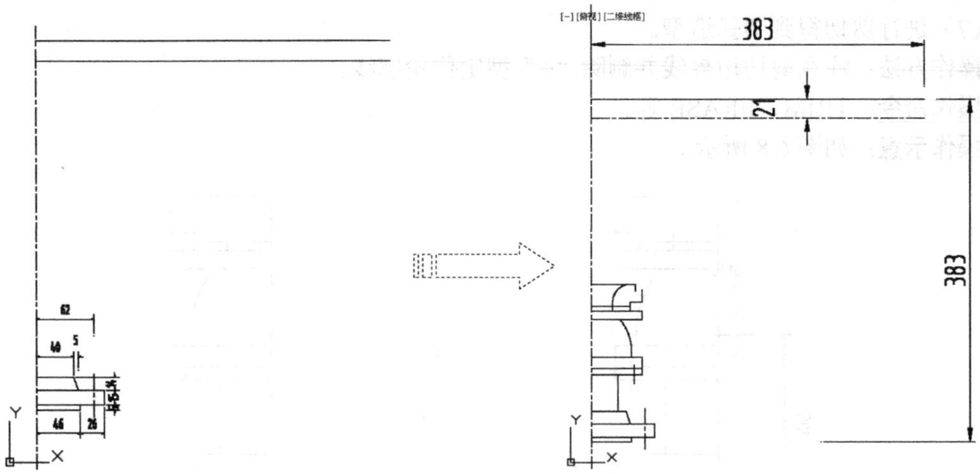

图 6.10 绘制构件中间部分造型

操作命令：ELLIPSE、MOVE、OFFSET 等。

命令：ELLIPSE

指定椭圆的轴端点或 [圆弧(A)/中心点(C)]：C

指定椭圆的中心点：

指定轴的端点：375

指定另一条半轴长度或 [旋转(R)]：188

操作示意：如图 6.11 所示。

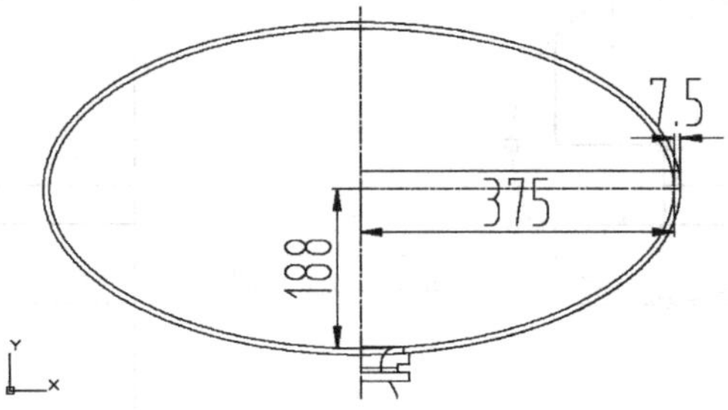

图 6.11 绘制中间位置椭圆形轮廓

（11）对椭圆形进行剪切修剪。

操作方法：注意剪切边界线定位。

操作命令：LINE、EXTEND、TRIM 等。

操作示意：如图 6.12 所示。

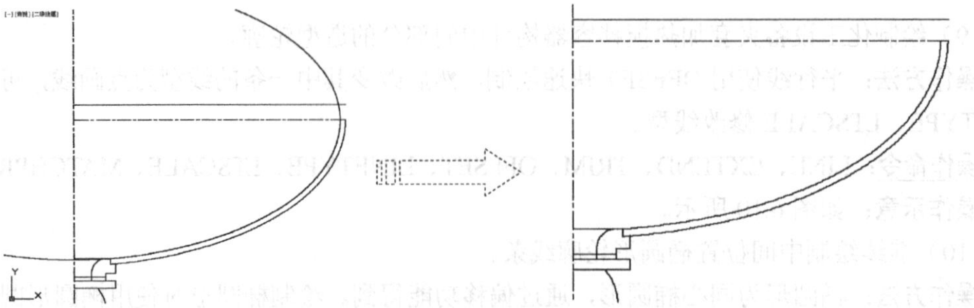

图 6.12 对椭圆形进行剪切修剪

（12）继续绘制化工设备夹套加热搅拌容器外围的椭圆形轮廓。

操作方法：注意椭圆形的圆心位置定位。绘制椭圆形时使用椭圆形圆心功能命令进行绘制。

操作命令：ELLIPSE、MOVE、OFFSET、ZOOM、SAVE 等。

操作示意：如图 6.13 所示。

（13）对外围的椭圆形轮廓图形进行剪切。

操作方法：底侧部分暂选择轴线作为剪切边界线。

操作命令：MIRROR 等。

操作示意：如图 6.14 所示。

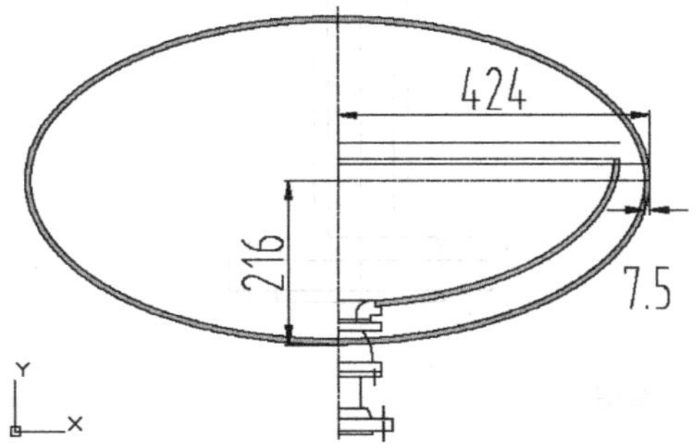

图 6.13　绘制外围的椭圆形轮廓

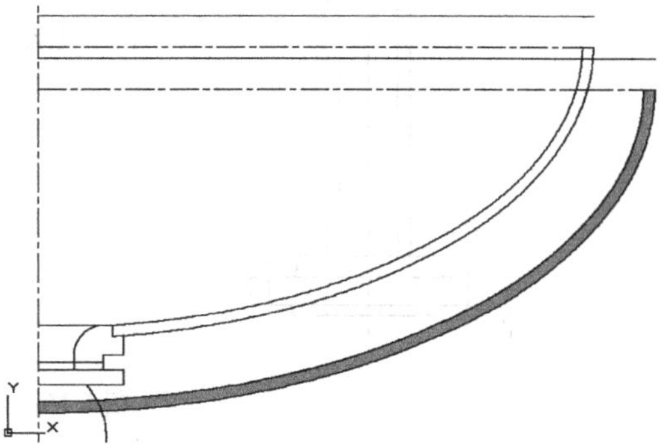

图 6.14　剪切外围的椭圆形轮廓

（14）绘制化工设备容器底部右侧接口造型轮廓。

操作方法：先绘制其定位轴线，轴线线型修改通过特性匹配功能快速完成。

操作命令：LINE、OFFSET、STRETCH、MOVE、DIMLINEAR、MATCHPROP、TRIM、CHAMFER、EXTEND 等。

命令：MATCHPROP

选择源对象：

当前活动设置： 颜色 图层 线型 线型比例 线宽 透明度 厚度 打印样式 标注 文字 图案填充 多段线 视口 表格材质 阴影显示 多重引线

选择目标对象或 [设置(S)]：

......

选择目标对象或 [设置(S)]：（回车）

操作示意：如图 6.15 所示。

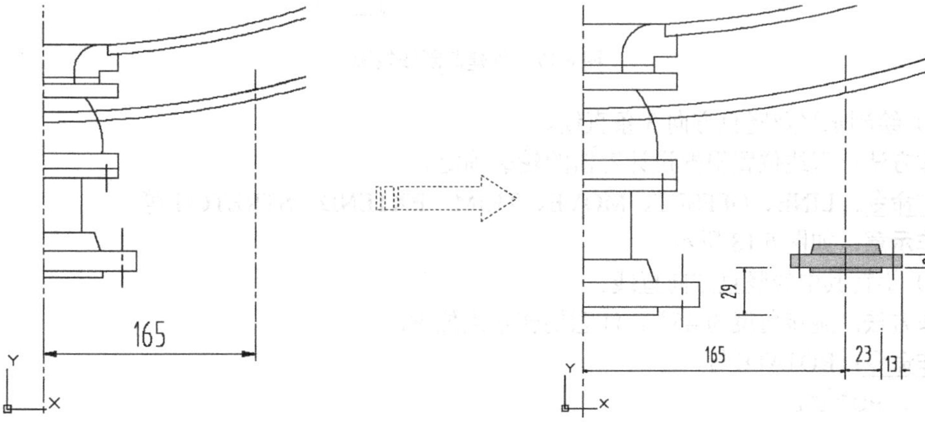

图 6.15　绘制底部右侧接口造型轮廓

（15）连接接口造型。

操作方法：先使用 LINE 及 OFFSET 等功能命令进行连接，然后进行剪切。

操作命令：LINE、OFFSET、EXTEND、TRIM、STRETCH 等。

操作示意：如图 6.16 所示。

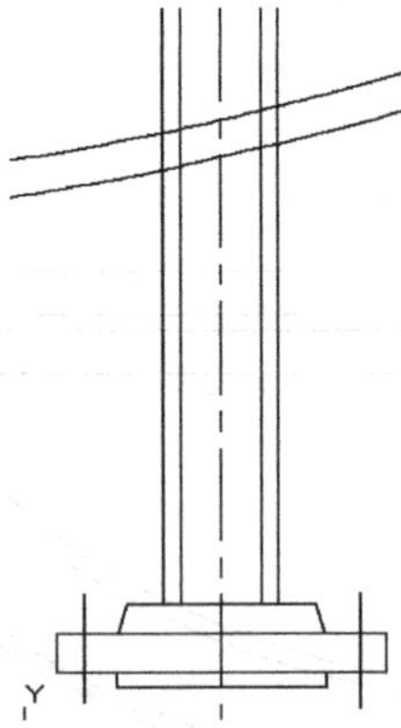

图 6.16　连接接口造型

（16）创建接口造型底部的截断线轮廓。

操作方法：先绘制直线及圆形，然后进行剪切。

操作命令：LINE、CIRCLE、MOVE、COPY、TRIM、ERASE 等。

操作示意：如图 6.17 所示。

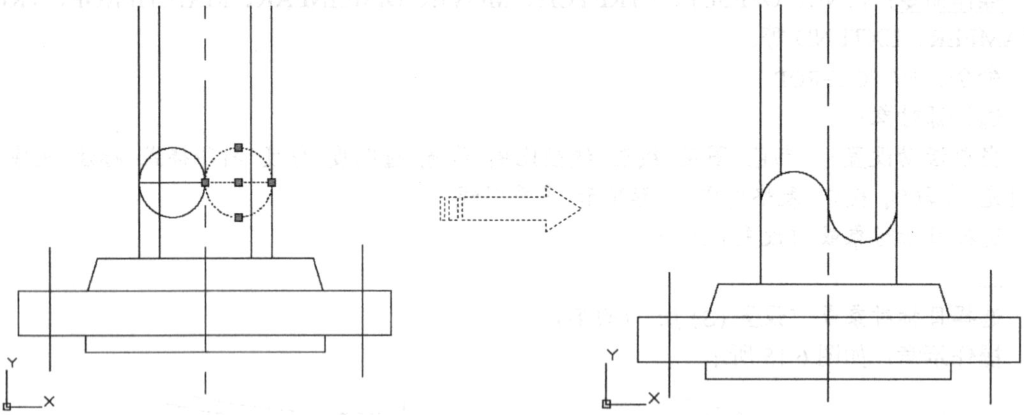

图 6.17　创建截断线轮廓

（17）绘制水平及竖直方向 3 条直线。

操作方法：直线位置根据设计容器的轮廓确定。

操作命令：LINE、OFFSET、MOVE、TRIM、EXTEND、STRETCH 等。

操作示意：如图 6.18 所示。

（18）旋转其中的竖直方向直线。

操作方法：旋转角度为 45°，注意旋转基点位置。

操作命令：ROTATE 等。

```
命令： ROTATE
UCS 当前的正角方向： ANGDIR=逆时针  ANGBASE=0.0
```

选择对象：指定对角点：找到 2 个
选择对象：（回车）
指定基点：
指定旋转角度，或 [复制(C)/参照(R)] <0.0>: 45

操作示意：如图 6.19 所示。

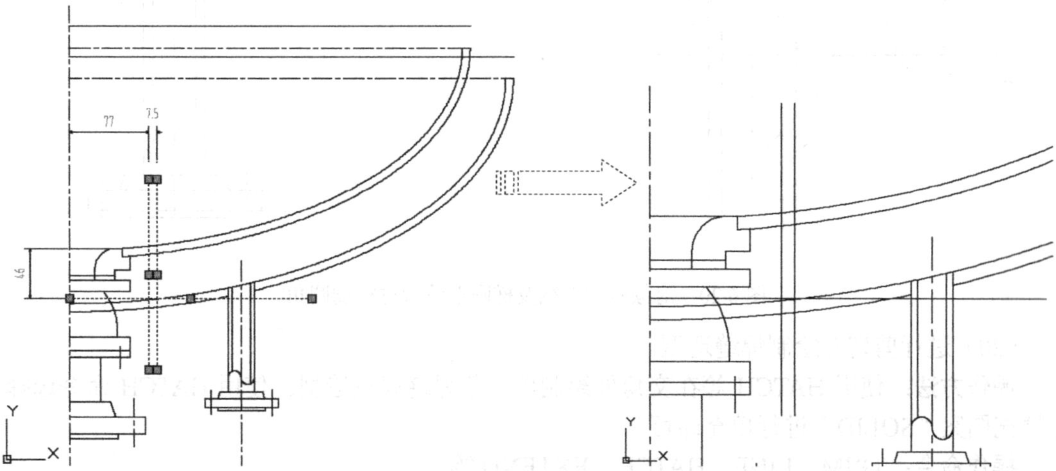

图 6.18　绘制水平及竖直方向 3 条直线

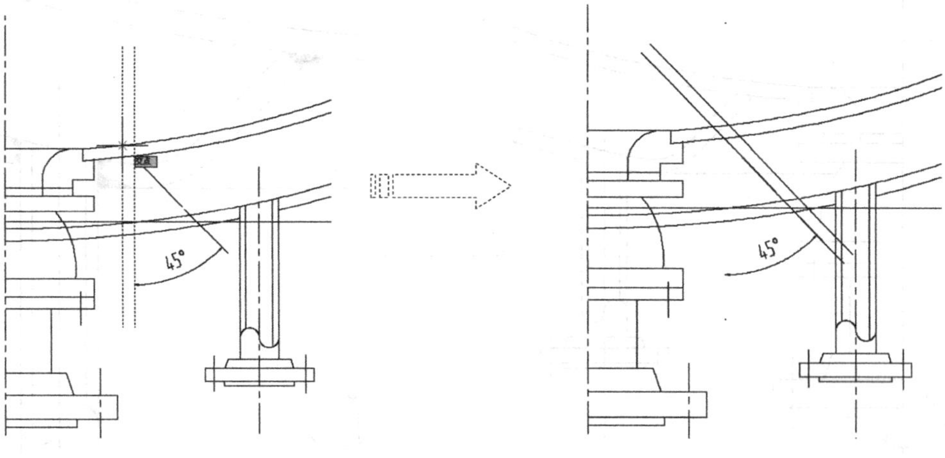

图 6.19　旋转其中的竖直方向直线

（19）对倾斜的直线及椭圆形轮廓进行倒圆角。

操作方法：倒圆角线条要对应，注意设置合适的圆角半径。

操作命令：FILLET 等。

命令：FILLET
当前设置：模式 = 修剪，半径 = 25.00
选择第一个对象或 [放弃(U)/多段线(P)/半径(R)/修剪(T)/多个(M)]：R
指定圆角半径 <25.00>：5
选择第一个对象或 [放弃(U)/多段线(P)/半径(R)/修剪(T)/多个(M)]：
选择第二个对象，或按住 Shift 键选择要应用角点的直线或[半径(R)]：

操作示意：如图 6.20 所示。

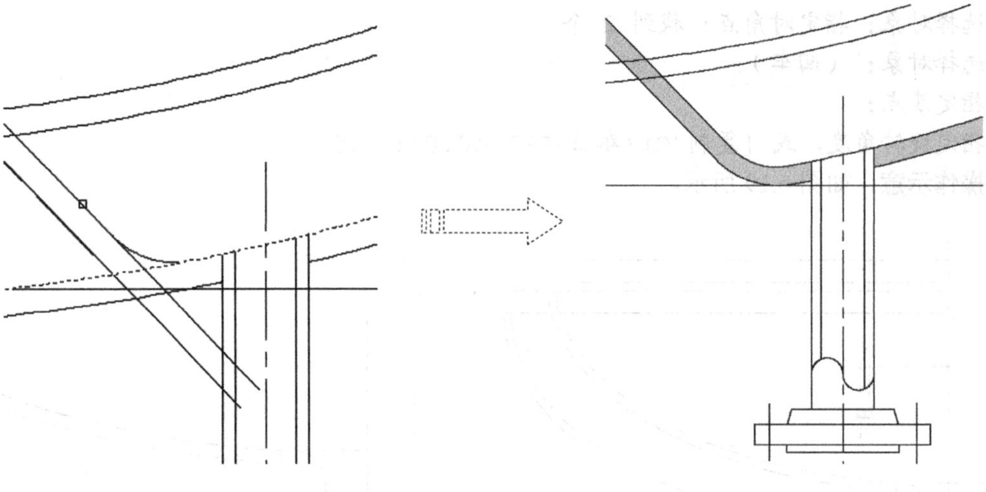

图 6.20　对倾斜的直线及椭圆形轮廓进行倒圆角

（20）进行剪切并绘制焊缝造型。

操作方法：使用 HATCH 等在交角处绘制黑三角焊缝焊点造型。使用 HATCH 命令选择实体填充图案“SOLID”进行填充即可。

操作命令：TRIM、LINE、HATCH、EXTEND 等。

操作示意：如图 6.21 所示。

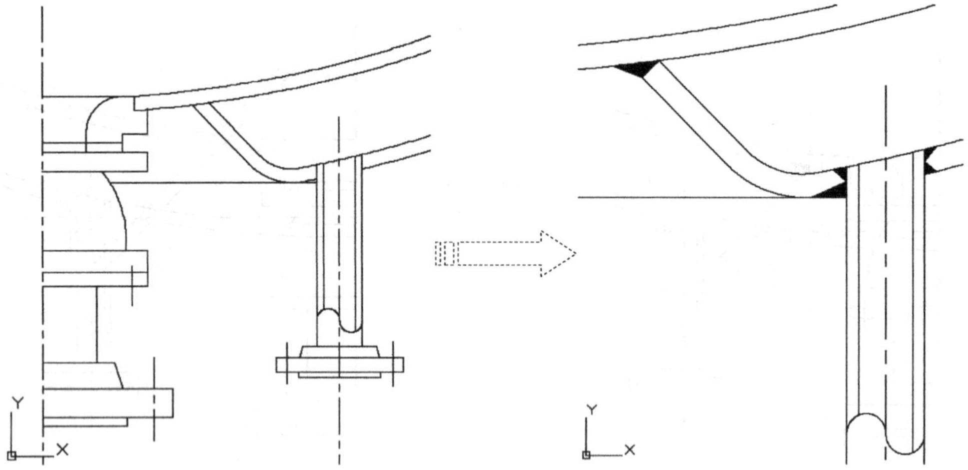

图 6.21　绘制焊缝造型

（21）对化工容器的金属轮廓剖切面进行图案填充。

操作方法：选择填充图案“ANSI31”或“ANSI32”等。

操作命令：HATCH 等。

```
命令:HATCH
拾取内部点或 [选择对象(S)/删除边界(B)]:  正在选择所有对象...
正在选择所有可见对象...
正在分析所选数据...
正在分析内部孤岛...
......
拾取内部点或 [选择对象(S)/删除边界(B)]:  正在选择所有对象...
```

正在选择所有可见对象...
正在分析所选数据...
正在分析内部孤岛...
正在分析内部孤岛...
拾取内部点或 [选择对象(S)/删除边界(B)]：(点击确定按钮)

操作示意：如图 6.22 所示。

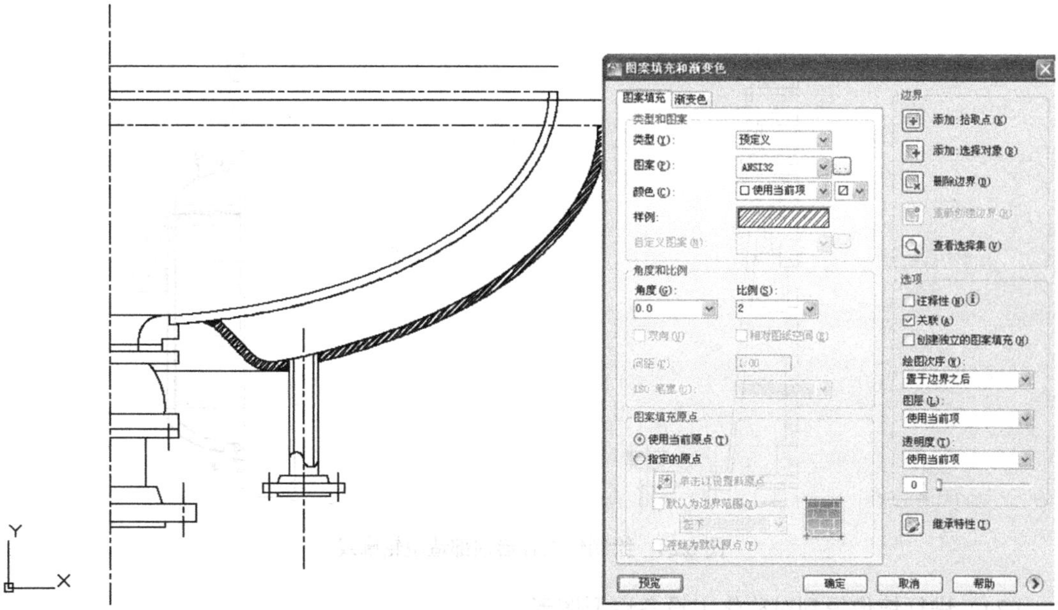

图 6.22　剖切面进行图案填充

（22）绘制化工设备容器的其他位置的轮廓图形。

操作方法：绘制方法与前述类似，限于篇幅，具体绘制过程在此从略。

操作命令：LINE、PLINE、CHAMFER、TRIM、HATCH、EXTEND、OFFSET、ELLIPSE、MOVE、HATCH、MATCHPROP、STRETCH、ROTATE 等。

操作示意：如图 6.23 所示。

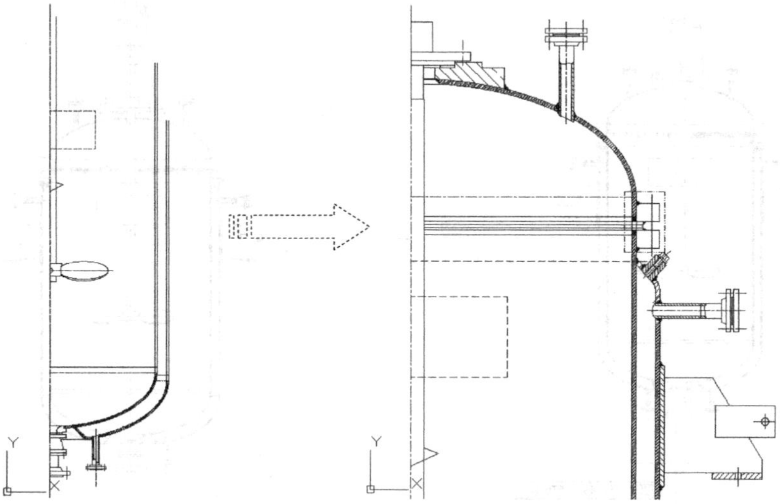

图 6.23　绘制其他位置的轮廓图形

（23）绘制化工容器顶部造型轮廓线。

操作方法：按设计内容完成半个容器造型图形。

操作命令：PLINE、OFFSET 、CHAMFER、TRIM、HATCH、EXTEND、ELLIPSE、MOVE、HATCH、MATCHPROP、STRETCH、FILLET、ARC 等。

操作示意：如图 6.24 所示。

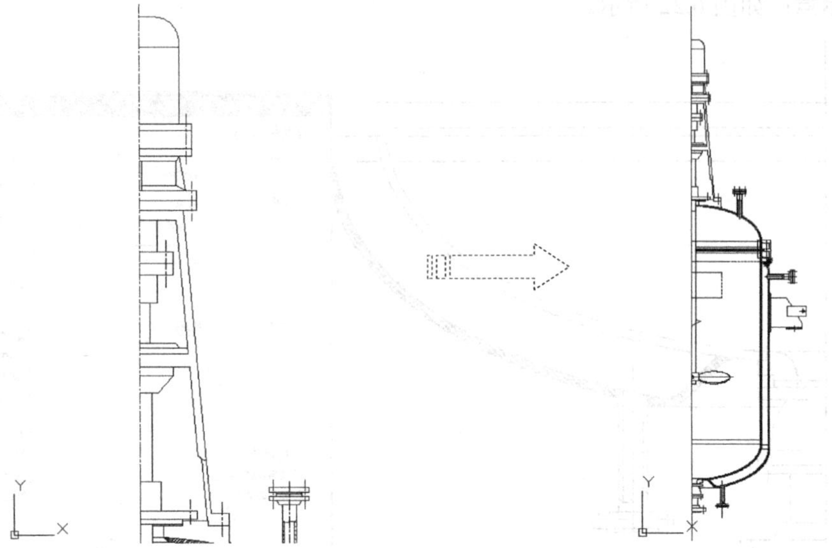

图 6.24　绘制化工容器顶部造型轮廓线

（24）进行镜像得到对称化工设备造型图形。

操作方法：注意镜像轴线为中心轴线。

操作命令：MIRROR 等。

操作示意：如图 6.25 所示。

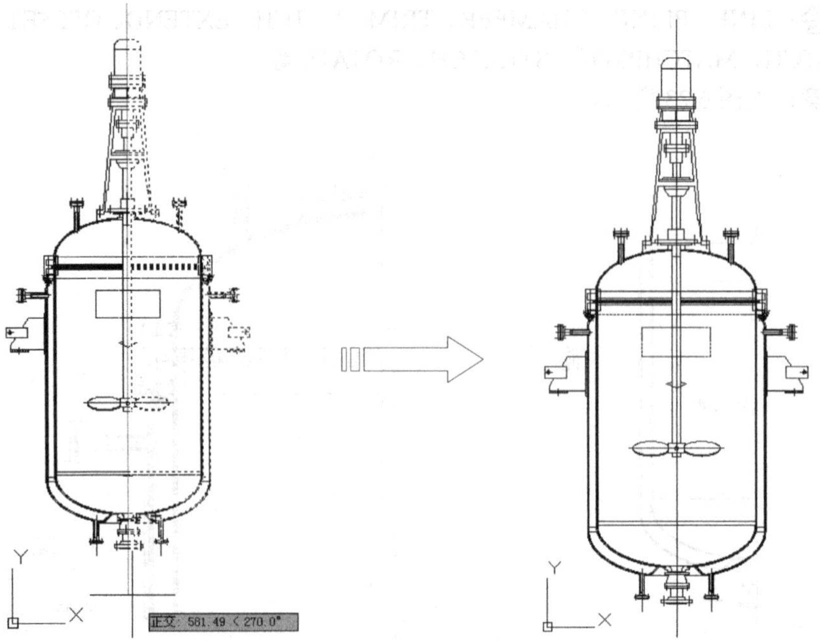

图 6.25　进行镜像得到对称化工设备造型图形

（25）对局部图形进行修改。

操作方法：对镜像得到的局部图形，按设计要求修改。

操作命令：ERASE、LINE、MATCHPROP、STRETCH、TRIM、EXTEND、MOVE、OFFSET、CHAMFER、HATCH等。

操作示意：如图6.26所示。

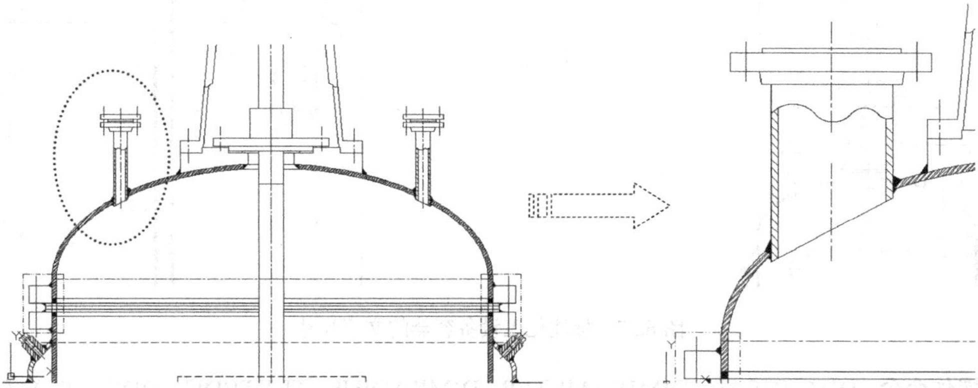

图6.26　对局部图形进行修改

（26）标注化工设备容器的文字尺寸。

操作方法：先使用STYLE设置标注样式，然后按设计要求标注相关图形尺寸，其中标注带引线的说明使用LEADER命令进行绘制。此外，尺寸直径"Φ"及文字尺寸的分数形式标注方法参见下一步介绍。

操作命令：STYLE、DIMESTYLE、DIMLINEAR、DIMDIAMETER、DIMRADIUS、LEADER、DDEDIT、MTEDIT等。

■ 命令：DIMLINEAR
指定第一个尺寸界线原点或 <选择对象>：
指定第二条尺寸界线原点：
指定尺寸线位置或[多行文字(M)/文字(T)/角度(A)/水平(H)/垂直(V)/旋转(R)]：
标注文字 = 309
■ 命令：LEADER
指定引线起点：
指定下一点：
指定下一点或 [注释(A)/格式(F)/放弃(U)] <注释>：F
输入引线格式选项 [样条曲线(S)/直线(ST)/箭头(A)/无(N)] <退出>：A
指定下一点或 [注释(A)/格式(F)/放弃(U)] <注释>：(回车)
指定下一点或 [注释(A)/格式(F)/放弃(U)] <注释>：
输入注释文字的第一行或 <选项>： 铭牌
输入注释文字的下一行：(回车)
输入注释文字的下一行：(回车)

操作示意：如图6.27所示。

（27）文字尺寸的直径及分数形式标注方法。

操作方法：先使用DIMLINEAR等尺寸标注功能命令进行标注，然后选择已标注尺寸，使用TEXTEDIT命令或快速双击鼠标左键弹出"文字格式"对话框。对"Φ848"，可以输入"%%C848"或"%%c848"即可得到；对分数形式表示的数值H7/f7，输入"H7/f7"后，按住鼠标左键进行选中该“H7/f7”文字，再单击“文字格式”对话框图标中的“堆叠”。

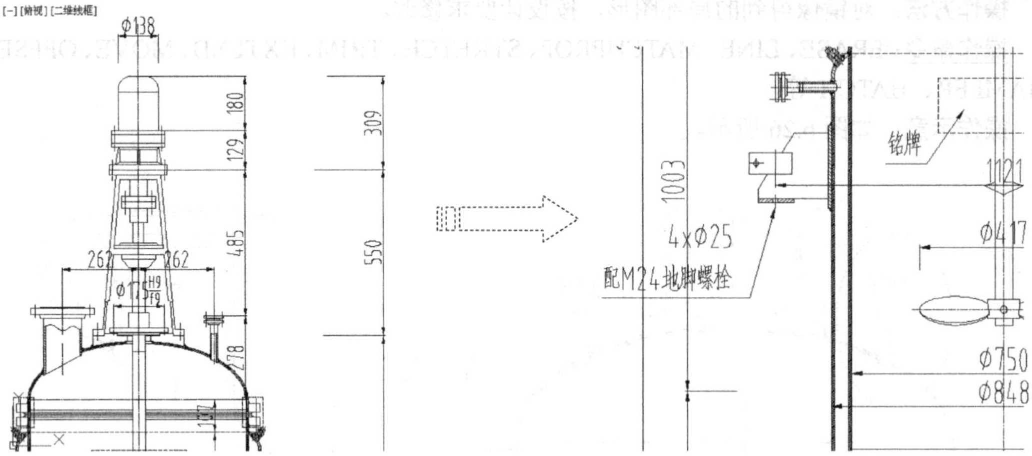

图 6.27　标注化工设备容器的文字尺寸

操作命令：DIMLINEAR、DIMDIAMETER、DIMRADIUS、TEXTEDIT、DDEDIT、MTEDIT 等。

操作示意：如图 6.28 所示。

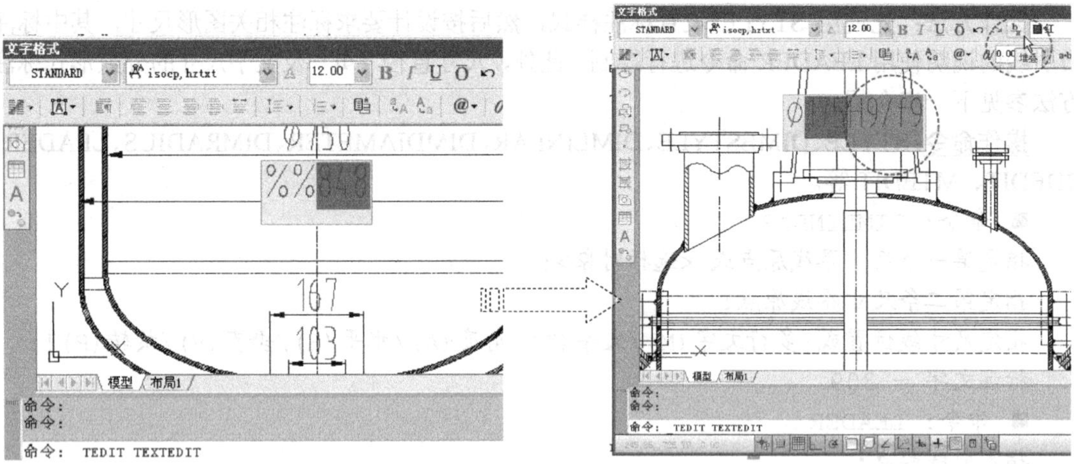

图 6.28　直径及分数形式标注方法

（28）绘制夹套加热搅拌容器装配图的平面图。

操作方法：设备的平面图绘制方法与其立面图类似，参考前面绘制方法，具体绘制过程在此从略。对于沿圆周布置的相同图形，通过旋转（ROTATE）、环形阵列（ARRAYPOLAR）功能命令快速得到。

操作命令：LINE、LINETYPE、LTSCALE、MATCHPROP、CIRCLE、ARRAY、ROTATE、OFFSET、TRIM、DIMLINEAR、DIMDIAMETER、DIMRADIUS、EXTEND、MTEXT、MOVE、ARRAYPOLAR 等。

```
命令: ARRAYPOLAR
选择对象: 指定对角点: 找到 29 个
选择对象:
类型 = 极轴  关联 = 是
```

指定阵列的中心点或 [基点(B)/旋转轴(A)]:
输入项目数或 [项目间角度(A)/表达式(E)] <4>: 4
需要点或选项关键字。
输入项目数或 [项目间角度(A)/表达式(E)] <4>:
指定填充角度(+=逆时针、-=顺时针)或 [表达式(EX)] <360.0>:360
按 Enter 键接受或 [关联(AS)/基点(B)/项目(I)/项目间角度(A)/填充角度(F)/行(ROW)/层(L)/旋转项目(ROT)/退出(X)] <退出>:

操作示意：如图 6.29 所示。

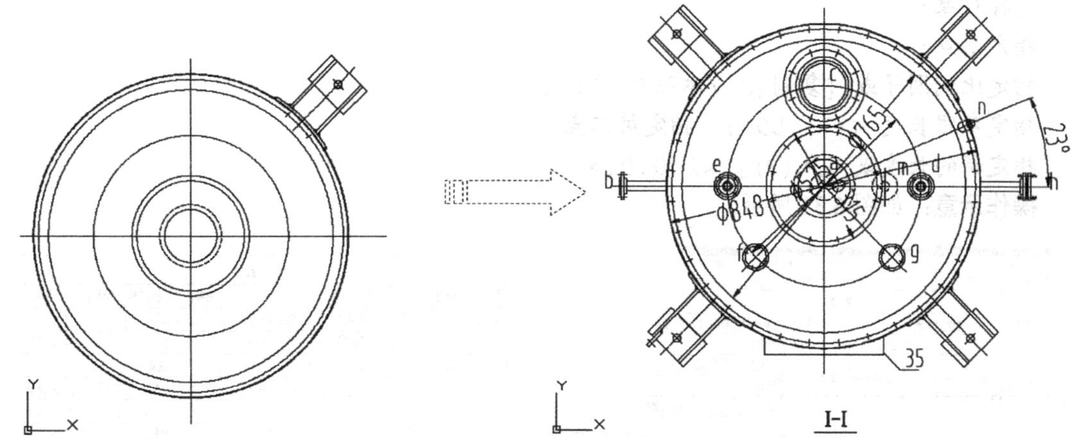

图 6.29　绘制设备容器平面图

（29）绘制表格。

操作方法：表格使用 TABLE 或 LINE 等命令绘制。

操作命令：TABLE、RECTANG 、LINE、PLINE、OFFSET、EXTEND、TRIM、CHAMFER、STRETCH、LENGTHEN、MOVE 等。

命令:RECTANG
指定第一个角点或 [倒角(C)/标高(E)/圆角(F)/厚度(T)/宽度(W)]:
指定另一个角点或 [面积(A)/尺寸(D)/旋转(R)]: D
指定矩形的长度 <10.00>: 353
指定矩形的宽度 <10.00>: 208
指定另一个角点或 [面积(A)/尺寸(D)/旋转(R)]: （回车）

操作示意：如图 6.30 所示。

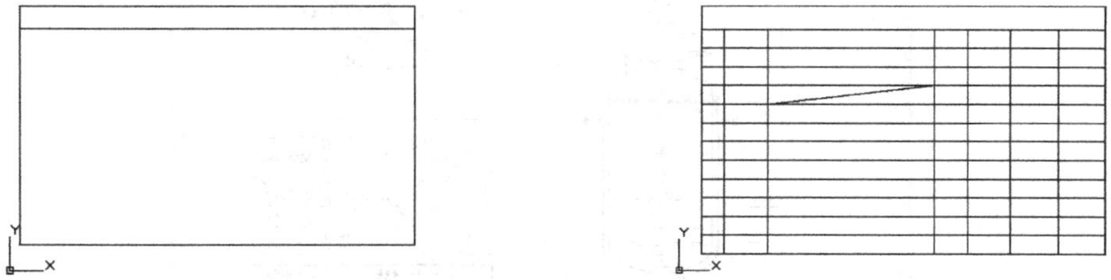

图 6.30　绘制表格

（30）绘制表格及标注说明文字，包括技术要求说明文字。

操作方法：表格使用 TABLE 或 LINE 等命令绘制，其他文字则使用 MTEXT 功能命令绘制。

文字大小可以使用 SCALE 调整。

操作命令：MTEXT、MOVE、SCALE、TEXT、COPY 等。

■ 命令：MTEXT

当前文字样式："PC_TEXTSTYLE" 文字高度：5.00 注释性：否

指定第一角点：

指定对角点或 [高度(H)/对正(J)/行距(L)/旋转(R)/样式(S)/宽度(W)/栏(C)]：

■ 命令：SCALE

选择对象：指定对角点：找到 4 个

选择对象：

指定基点：

指定比例因子或 [复制(C)/参照(R)]：r

指定参照长度 <171.59>：指定第二点：

指定新的长度或 [点(P)] <200.91>：

操作示意：如图 6.31 所示。

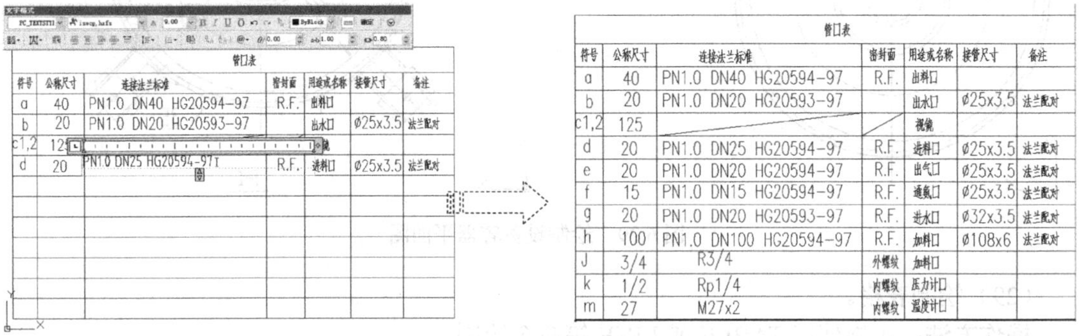

图 6.31 绘制表格及标注说明文字

（31）插入图框，完成某化工夹套加热搅拌容器装配图。

操作方法：可以打印输出施工图或 PDF 图形格式文件。

操作命令：OPEN、COPYCLIP、PASTECLIP、SAVE、PLOT 等。

操作示意：如图 6.32 所示。

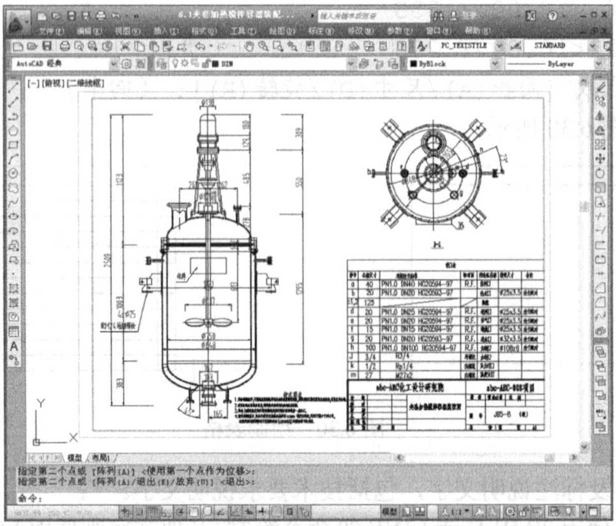

图 6.32 完成某化工夹套加热搅拌容器装配图

6.2 化工设备装配大样图 CAD 快速绘制

本节案例以图 6.33 所示的某化工设备装配大样图为例，讲解其 CAD 快速绘制方法。

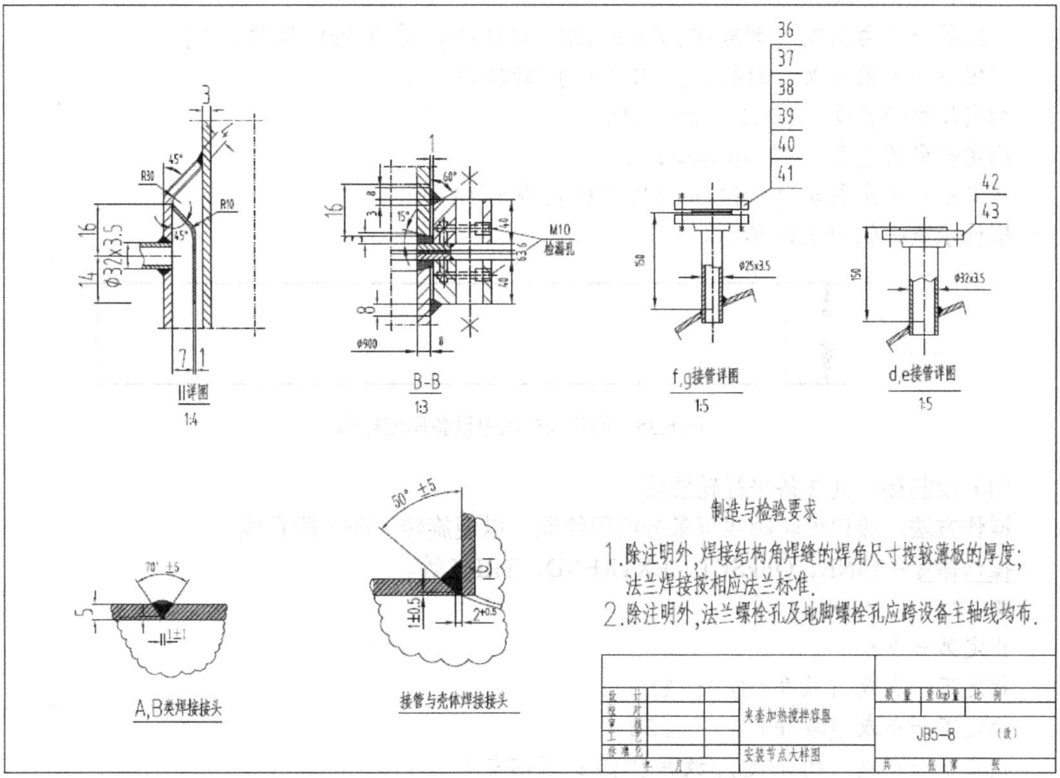

图 6.33　某化工设备装配大样图

（1）以其中的焊接接头大样图进行讲解绘制。

操作方法：　其他大样图绘制类似。

操作命令：ZOOM 等。

操作示意：如图 6.34 所示。

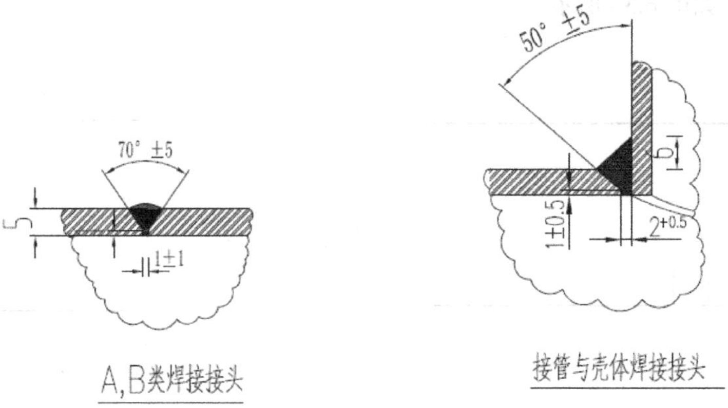

图 6.34　绘制焊接接头大样图

（2）创建大样图中设备厚度轮廓。

操作方法：先绘制如图 6.34 所示左侧的大样图（A、B 类焊接接头），右侧的大样图绘制方法类似。

操作命令：LINE、OFFSET、CHAMFER、STRETCH、RECTANG、DIMLINEAR 等。

命令：RECTANG

指定第一个角点或 [倒角(C)/标高(E)/圆角(F)/厚度(T)/宽度(W)]：

指定另一个角点或 [面积(A)/尺寸(D)/旋转(R)]：D

指定矩形的长度 <10.0000>：35

指定矩形的宽度 <10.0000>：5

指定另一个角点或 [面积(A)/尺寸(D)/旋转(R)]：

操作示意：如图 6.35 所示。

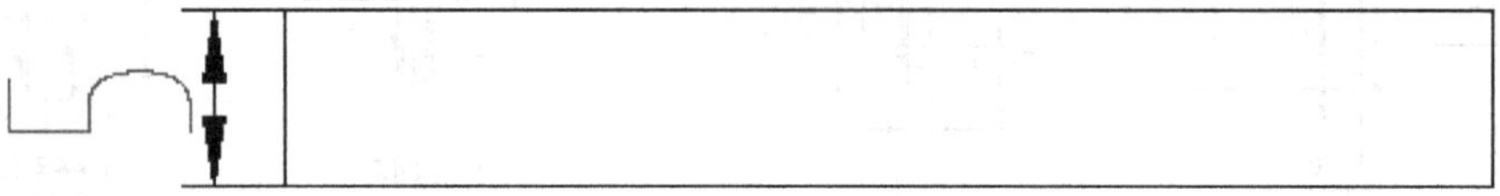

图 6.35 创建大样图中设备厚度轮廓

（3）绘制接口处 2 条平行轮廓线。

操作方法：接口处轮廓线每条分两段绘制，以便旋转上面一段直线。

操作命令：LINE、OFFSET、EXTREND、TRIM 等。

■ 命令：LINE

指定第一点：

指定下一点或 [放弃(U)]：158

指定下一点或 [放弃(U)]：158

指定下一点或 [闭合(C)/放弃(U)]：（回车）

■ 命令：OFFSET

当前设置：删除源=否 图层=源 OFFSETGAPTYPE=0

指定偏移距离或 [通过(T)/删除(E)/图层(L)] <通过>： 158

选择要偏移的对象，或 [退出(E)/放弃(U)] <退出>：

指定要偏移的那一侧上的点，或 [退出(E)/多个(M)/放弃(U)] <退出>：

选择要偏移的对象，或 [退出(E)/放弃(U)] <退出>：（回车）

操作示意：如图 6.36 所示。

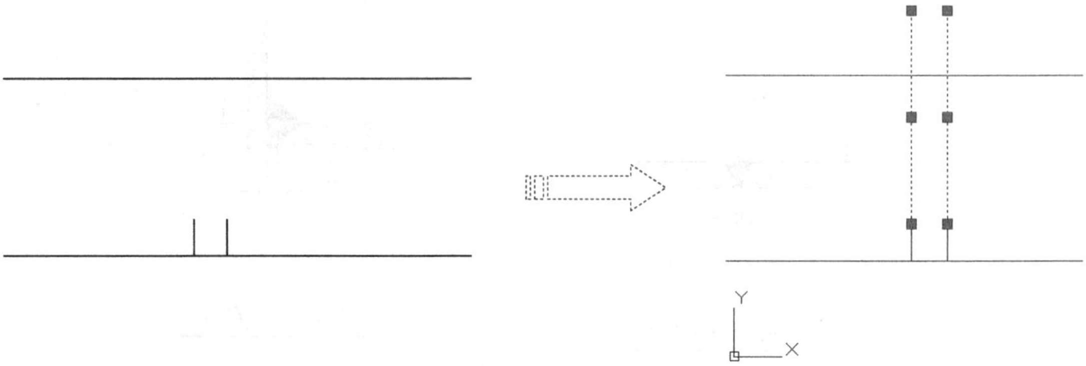

图 6.36 绘制接口处轮廓线

（4）旋转上部 2 条轮廓线。

操作方法：注意旋转的基点及角度方向。对称一侧的可以先绘制、旋转，然后通过镜像功能快速得到。

操作命令：ROTATE、MOVE、MIRROR 等。

```
命令:ROTATE
UCS 当前的正角方向： ANGDIR=逆时针 ANGBASE=0.0
选择对象：找到 1 个
选择对象：
指定基点：
指定旋转角度，或 [复制(C)/参照(R)] <325.0>: 35
```

操作示意：如图 6.37 所示。

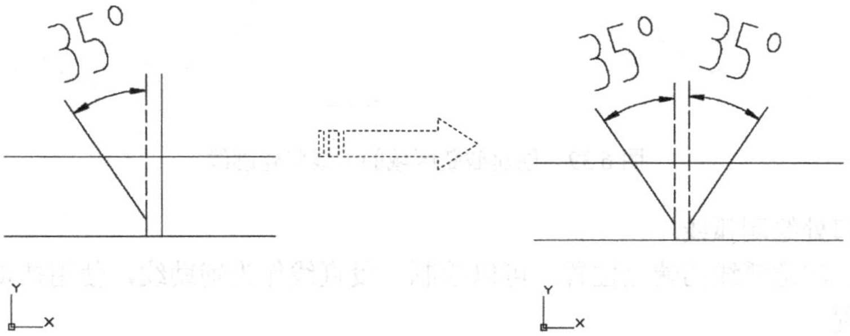

图 6.37 绘制上部轮廓线

（5）对轮廓造型进行修剪形成焊接切口造型。

操作方法：2 条直线接头处可以使用 CHAMFER 功能命令快速处理。

操作命令：CHAMFER、TRIM 等。

操作示意：如图 6.38 所示。

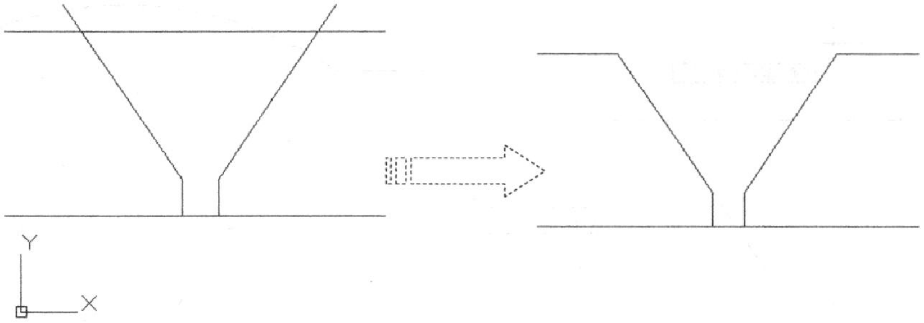

图 6.38 对轮廓造型进行修剪

（6）创建截断区域的云线状轮廓线。

操作方法：使用云线功能命令 REVCLOUD。

操作命令：REVCLOUD、TRIM 等。

```
命令:REVCLOUD
最小弧长：500.0000  最大弧长：500.0000  样式：普通
指定起点或 [弧长(A)/对象(O)/样式(S)] <对象>: A
指定最小弧长 <500.0000>: 300
```

指定最大弧长 <300.0000>: 500
指定起点或 [弧长(A)/对象(O)/样式(S)] <对象>:
沿云线路径引导十字光标...
修订云线完成。

操作示意：如图 6.39 所示。

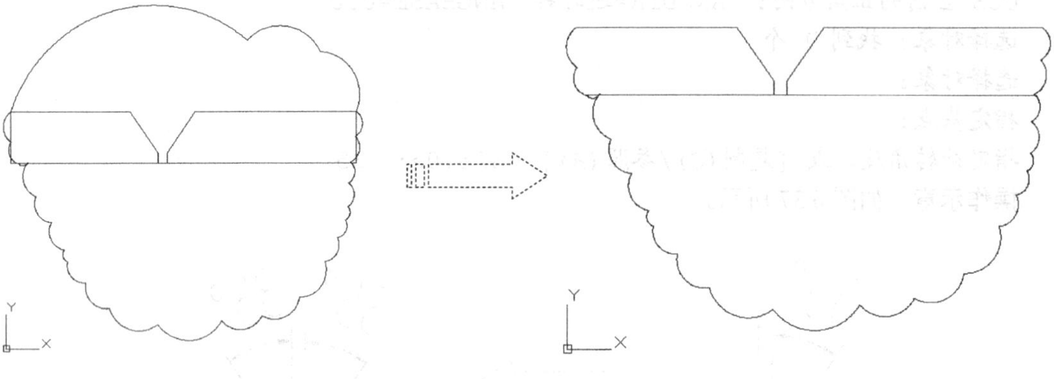

图 6.39 创建截断区域的云线状轮廓线

（7）在切口处绘制弧线。

操作方法：注意弧线的端点位置。可以绘制一段直线作为辅助线，使用捕捉跟踪功能定位弧线的中间位置。

操作命令：LINE、ARC、MOVE、ERASE 等。

命令：ARC
指定圆弧的起点或 [圆心(C)]:
指定圆弧的第二个点或 [圆心(C)/端点(E)]:
指定圆弧的端点:

操作示意：如图 6.40 所示。

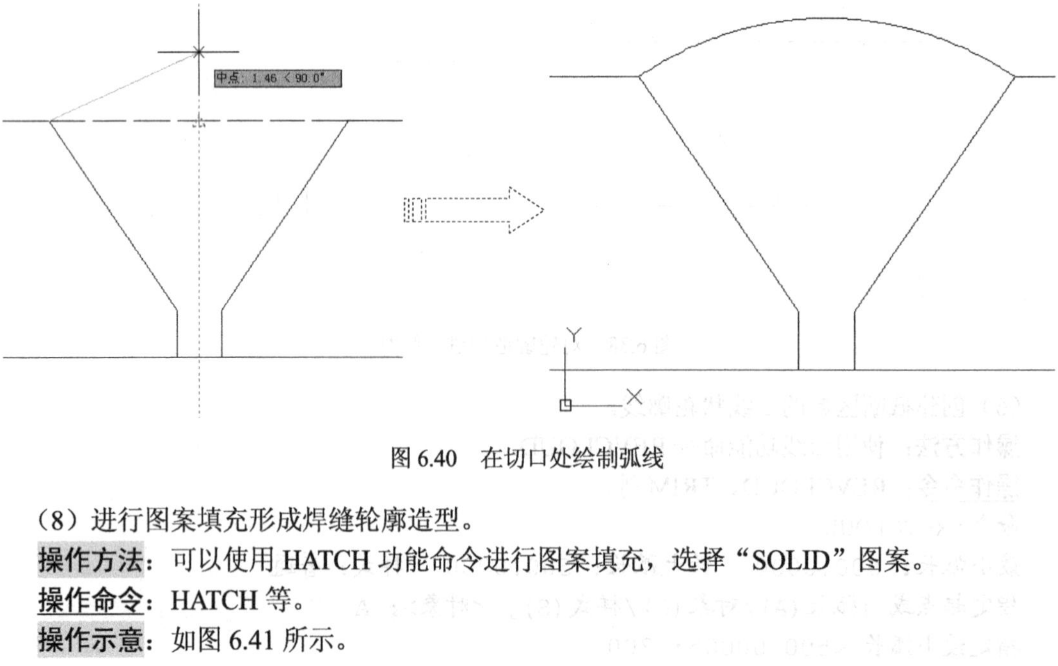

图 6.40 在切口处绘制弧线

（8）进行图案填充形成焊缝轮廓造型。

操作方法：可以使用 HATCH 功能命令进行图案填充，选择“SOLID”图案。

操作命令：HATCH 等。

操作示意：如图 6.41 所示。

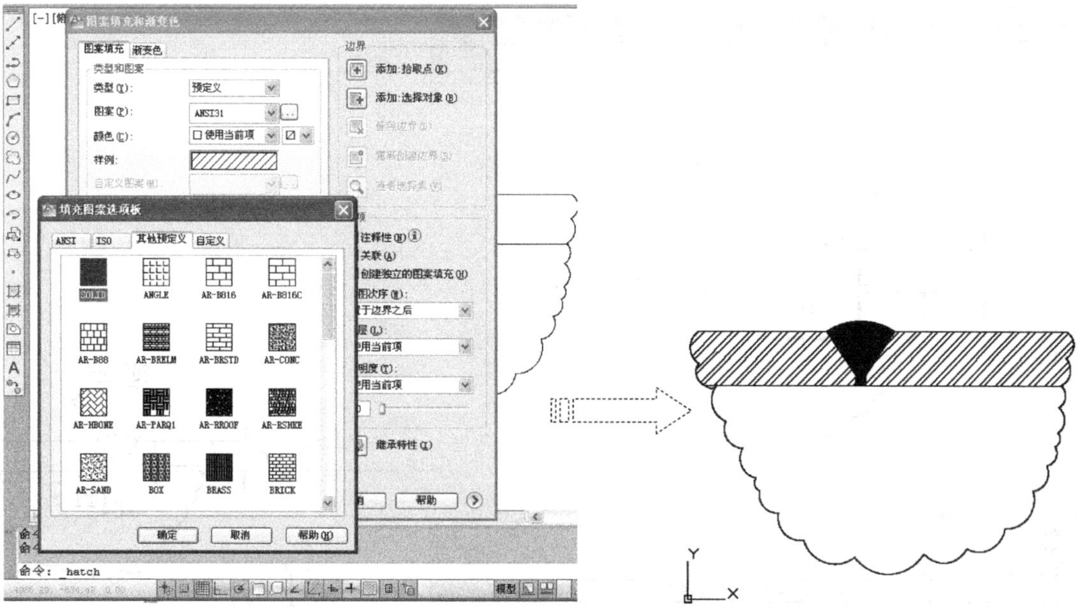

图 6.41　填充图案形成焊缝轮廓造型

（9）标注大样图尺寸文字。

操作方法：根据设计要求标注尺寸。标注时可以使用 LAYER 命令关闭图案所在图层。

操作命令：LAYER、DIMLINEAR、DIMANGULAR、DIMALIGNED 等。

命令:DIMANGULAR

选择圆弧、圆、直线或 <指定顶点>:

选择第二条直线:

指定标注弧线位置或 [多行文字(M)/文字(T)/角度(A)/象限点(Q)]:

标注文字 = 70

操作示意：如图 6.42 所示。

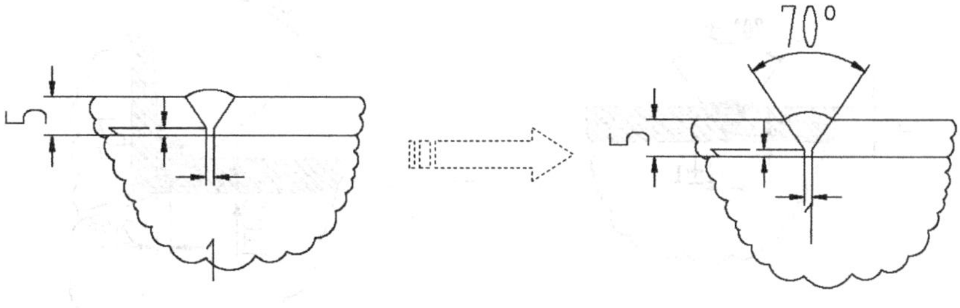

图 6.42　标注大样图尺寸

（10）修改尺寸文字，增加偏差数值大小。

操作方法：方法是先选中标注尺寸，然后快速双击鼠标左键，进入对话框进行修改。输入“%%P”可以得到“±”符号。例如输入“70%%P5”即可得到“70° ±5° ”。

操作命令：TEDIT、TEXTEDIT 等。

命令: TEXTEDIT

选择注释对象:

选择注释对象:

操作示意：如图 6.43 所示。

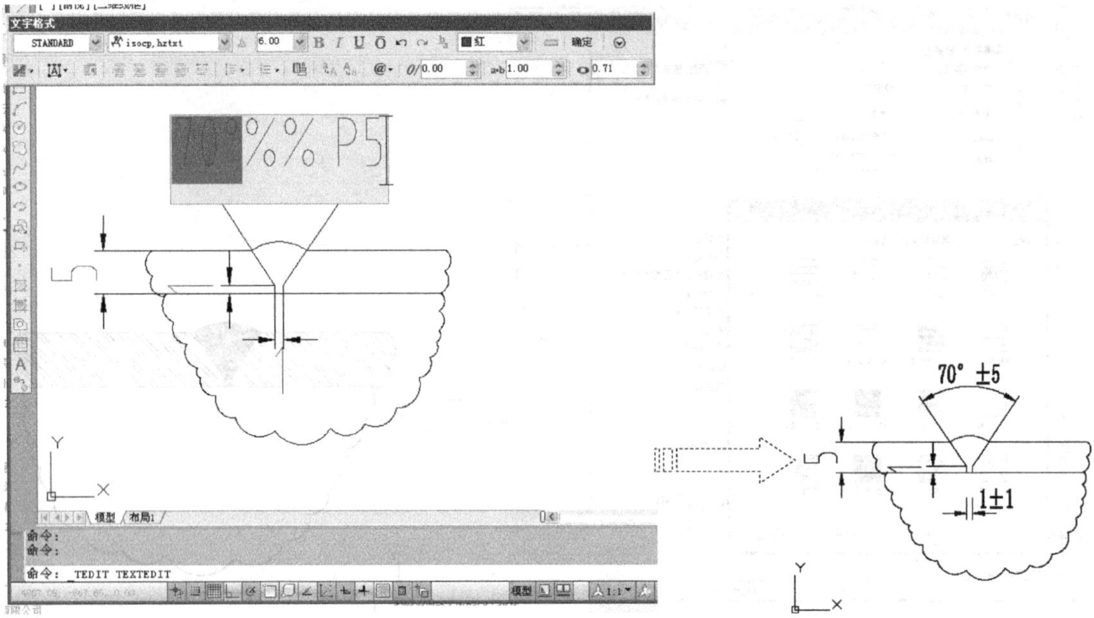

图 6.43　修改标注尺寸

（11）标注图名，打开图案所在图层，完成 A、B 类焊接接头大样图绘制。

操作方法：接管与壳体焊接接头大样图绘制方法相同。

操作命令：LAYER、TEXT、MTEXT、SCALE、MOVE、PLINE 等。

命令：MTEXT

当前文字样式："PC_TEXTSTYLE"　文字高度：5.00　注释性：否

指定第一角点：

指定对角点或［高度(H)/对正(J)/行距(L)/旋转(R)/样式(S)/宽度(W)/栏(C)]：

操作示意：如图 6.44 所示。

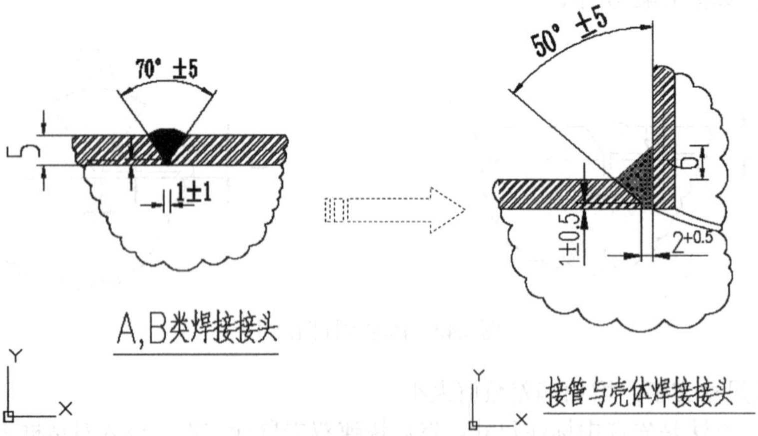

图 6.44　完成焊接接头大样图绘制

（12）化工设备其他大样图绘制方法类似，具体绘制过程限于篇幅，在此从略。

操作方法：插入图框完成某化工设备装配图全部大样图绘制，可以打印输出或转换为 PDF、JPG 格式图形文件。

操作命令：PLOT、ZOOM、SAVE 等。

操作示意：如图 6.45 所示。

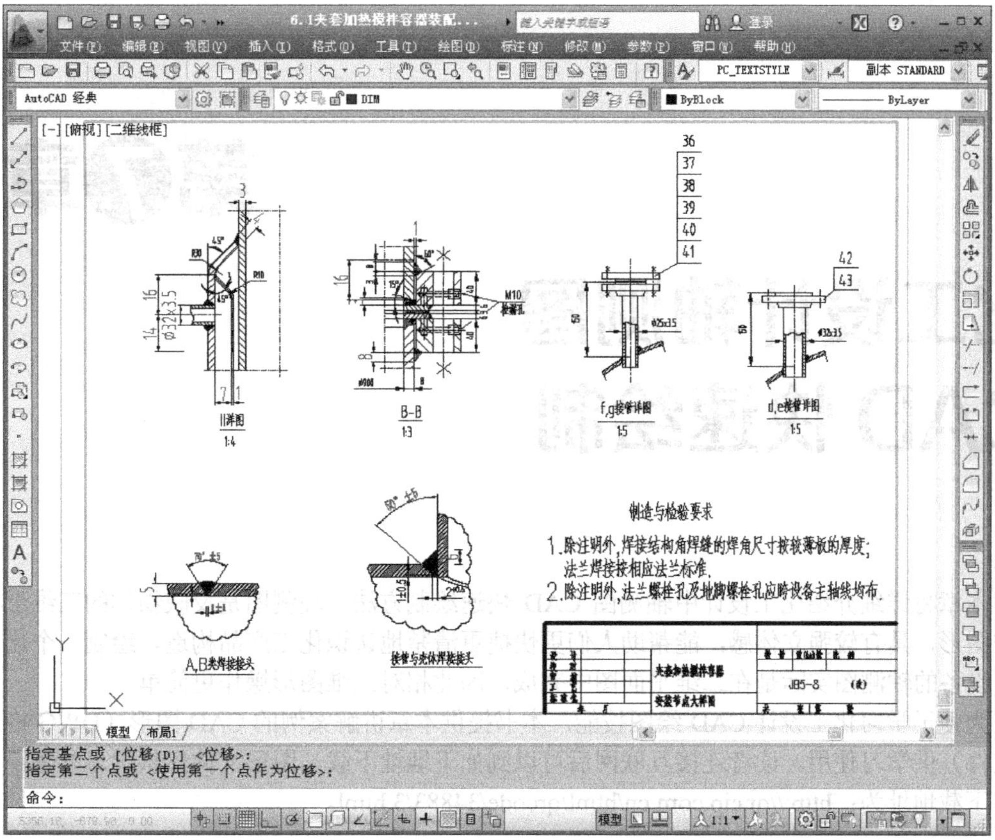

图 6.45　完成某化工设备装配图的大样图

第7章

化工设计轴测图 CAD 快速绘制

本章将详细介绍化工设计中轴测图 CAD 快速绘制方法。轴测图是反映物体的三维形状和二维图形，具有较强立体感，能帮助人们更快捷更清楚地认识化工产品构造。绘制一个化工机械及设备的轴测图实际是在二维平面图中完成，因此相对三维图形操作更简单。

为便于学习化工设计 CAD 绘图技能，本书提供本章讲解案例的 CAD 图形（DWG 格式图形文件）供学习使用。读者连接互联网后可以到如下地址下载，图形文件仅供学习参考：

下载地址为：http://qr.cip.com.cn/html/qrcode/34883/3.html。

7.1 化工设计轴测图绘制基本方法

轴测图是指将物体对象连同确定物体对象位置的坐标系，沿不平行于任一坐标面的方向，用平行投影法投射到单一投影面上所得到的图形。轴测图能同时反映物体长、宽、高三个方向的尺寸，富有立体感，在许多工程领域，常作为辅助性图样。如图 7.1 所示为常见的一些化工机械设备及管道轴测图。

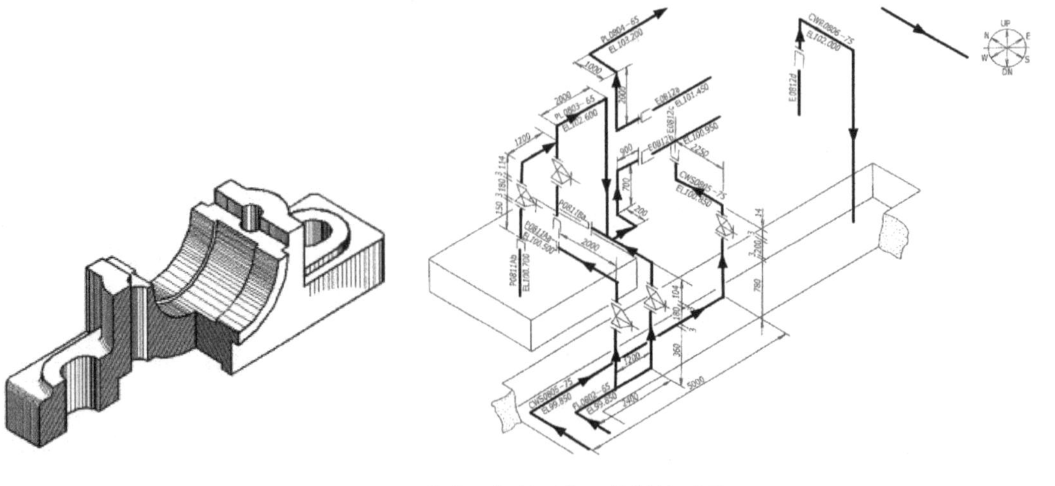

图 7.1　一些化工机械设备及管道轴测图

7.1.1　化工设计轴测图的基础知识

轴测图分为正轴测图和斜轴测图两大类，正轴测图——采用正投影法，斜轴测图——采用斜投影法。正投影图特点：形体的表面垂直或平行于投影面(正放)，用正投影法得到，缺乏立体感，如图 7.2（a）所示。斜轴测图特点：不改变物体与投影面的相对位置(物体正放)，用斜投影法作出物体的投影，如图 7.2（b）所示。工程上常用正等测图和斜二测图，如图 7.2（c）所示。

当物体上的三根直角坐标轴与轴测投影面的倾斜角相等时，用正投影法所得到的图形，称为正等轴测图，简称正等测。正等轴测图中的三个轴间角相等，都是 120°，其中 Z 轴规定画成铅垂方向。正等轴测图的坐标轴，简称轴测轴，如图 7.2（d）所示。

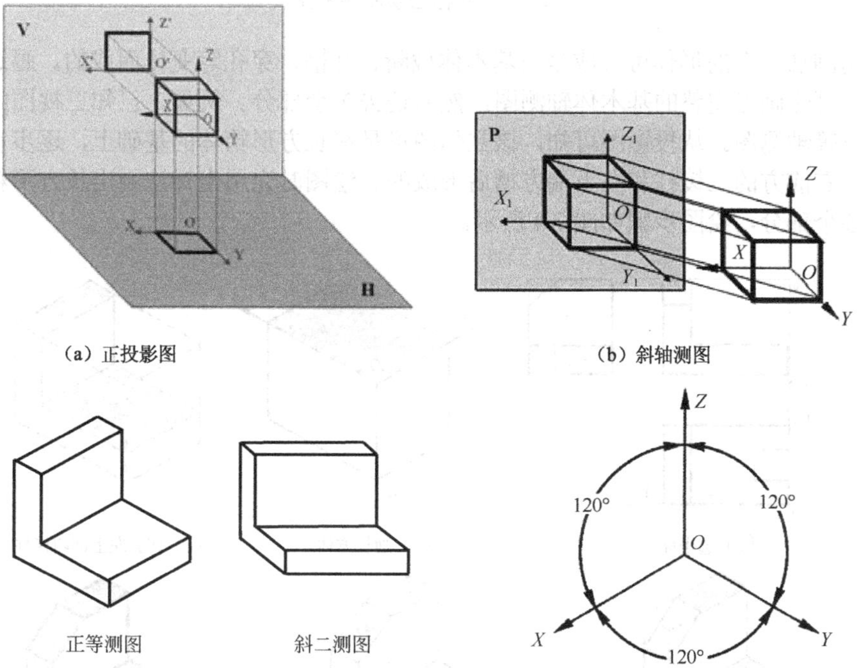

（a）正投影图　（b）斜轴测图

（c）正等测图和斜二测图　（d）正等轴测图的轴间角

图 7.2　轴测图分类

7.1.2　化工设计轴测图的基本绘制方法

绘制平面立体轴测图的方法，有坐标法、切割法和叠加法三种。

（1）坐标法　坐标法是绘制轴测图的基本方法。根据立体表面上各顶点的坐标，分别画出它们的轴测投影，然后依次连接成立体表面的轮廓线。例如，根据三视图，画四棱柱的正等轴测图步骤如下，如图 7.3 所示。

① 在两面视图中，画出坐标轴的投影；

② 画出正等测的轴测轴，$\angle X_1O_1Y_1=\angle X_1O_1Z_1=\angle Y_1O_1Z_1=120°$；

③ 量取 $O_12=O2$，$O_14=O4$；

④ 分别过 2、4 作 O_1Y_1、O_1X_1 的平行线，完成底面投影；

⑤ 过底面各顶点作 O_1Z_1 轴的平行线，长度为四棱柱高度；

⑥ 依次连接各顶点，完成正等测图。

需要注意的是，不可见的虚线可不画出。

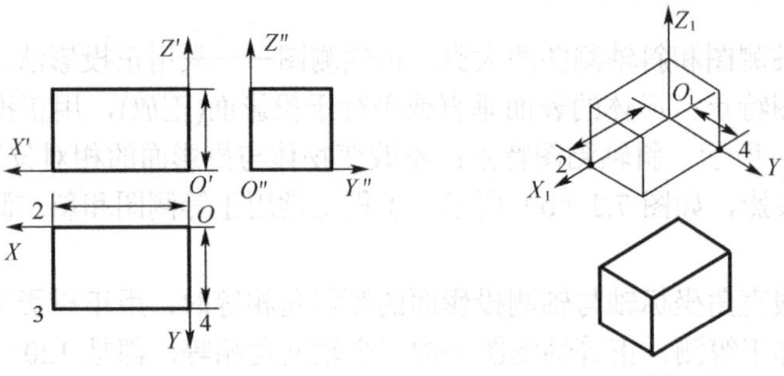

(a) 三视图　　(b) 正等轴测图

图 7.3　坐标法绘制轴测图

（2）切割法　有的形体可看成是由基本体截断、开槽、穿孔等变化而成的。画这类形体的轴测图时，可先画出完整的基本体轴测图，然后切去多余部分。例如，已知三视图[图 7.4(a)]，画形体的正等轴测图。从投影图可知，该立体图形是在长方形箱体的基础上，逐步切去左上方的四棱柱、右前方的三棱柱和左下端方槽后形成的。绘图时先用坐标法画出长方形箱体，然后逐步切去各个部分，绘图步骤如图 7.4 所示。

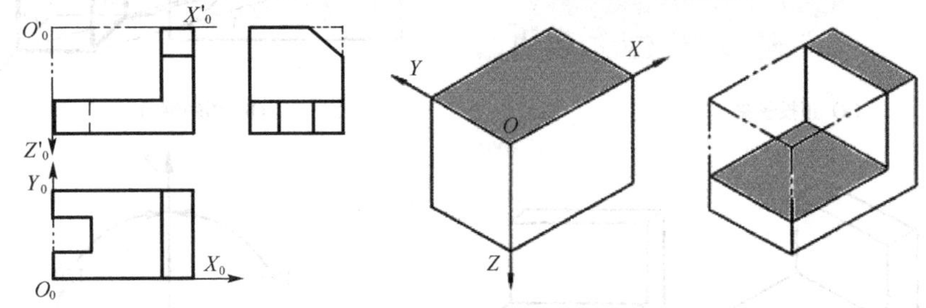

(a) 选坐标　　(b) 画长方体　　(c) 切去左上部四棱柱

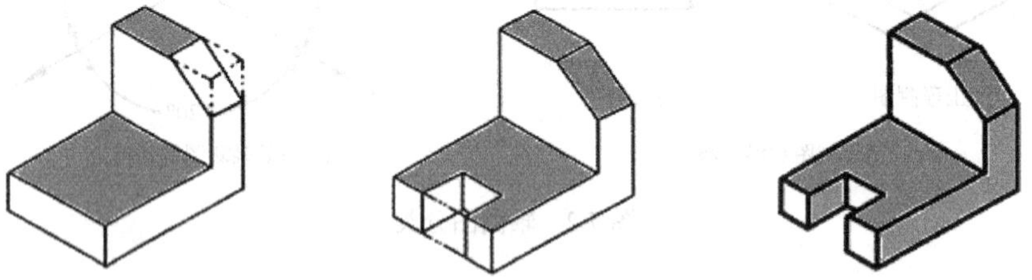

(d) 切去右前部三棱柱　　(e) 切去左端部四陵柱　　(f) 整理、完成全图

图 7.4　切割法绘制轴测图

（3）叠加法　适用于叠加而形成的组合体，它依然以坐标法为基础，根据各基本体所在的坐标，分别画出各立体的轴测图。例如，已知三视图[图 7.5(a)]，绘制其轴测图。该组合体由底板Ⅰ、背板Ⅱ、右侧板Ⅲ三部分组成。利用叠加法，分别画出这三部分的轴测投影，擦去看不见的图线，即得该组合体的轴测图，绘制步骤如下，如图 7.5 所示。

① 在视图上定坐标，将组合体分解为三个基本形体；

② 画轴测轴，沿轴向分别量取坐标 X_1、Y_1 和 Z_1，画出形体Ⅰ，如图 7.5(b)所示；

③ 根据坐标 Z_2 和 Y_2 画形体Ⅱ；根据坐标 X_3 和 Z_3 切割形体Ⅱ，如图 7.5(c)所示；

④ 根据坐标 X_2 画形体Ⅲ，如图 7.5(d)所示；

⑤ 擦去作图线，描粗加深，得到轴测图，如图 7.5(e)所示。

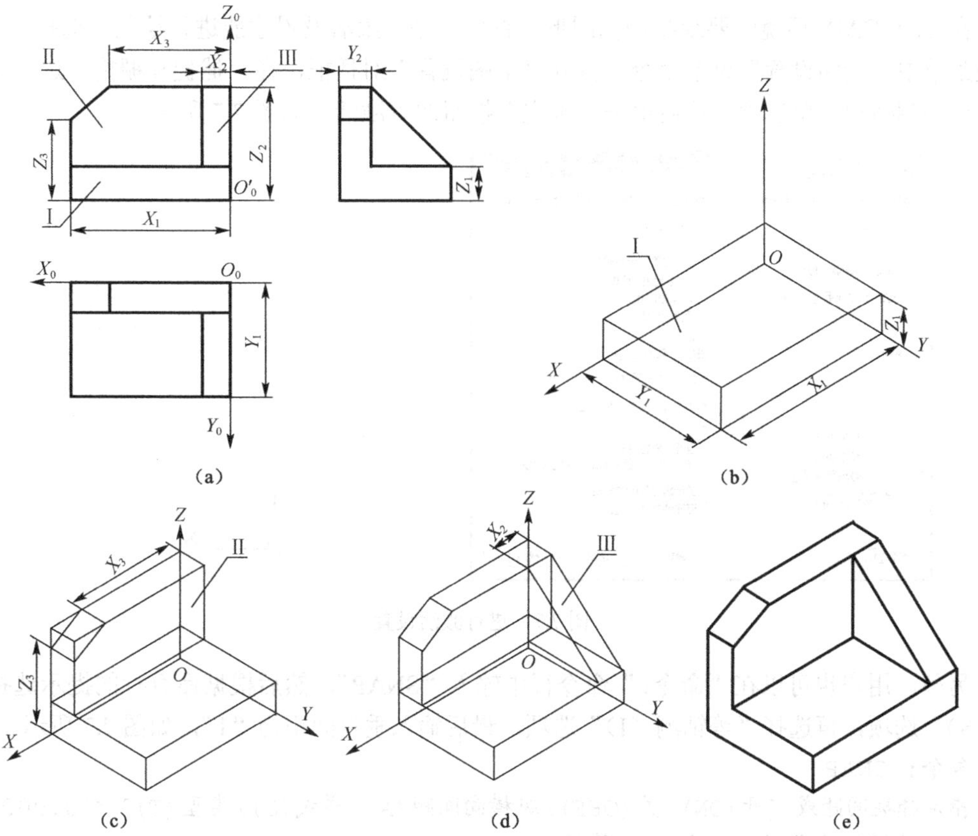

图 7.5　叠加法绘制轴测图

7.2 化工设计轴测图 CAD 绘制基本操作方法

7.2.1 化工设计等轴测图 CAD 绘制模式设置方法

一个实体的轴测投影只有三个可见平面，为了便于绘图，应将这三个面作为画线、找点等操作的基准平面，并称它们为轴测平面，根据其位置的不同，分别称为“<等轴测平面 左视>”“<等轴测平面 右视>”和“<等轴测平面 俯视>”。当激活轴测模式之后，就可以分别在这三个面间进行切换。如一个长方体在轴测图中的可见边与水平线夹角分别是 30°、90° 和 120°，如图 7.6 所示。

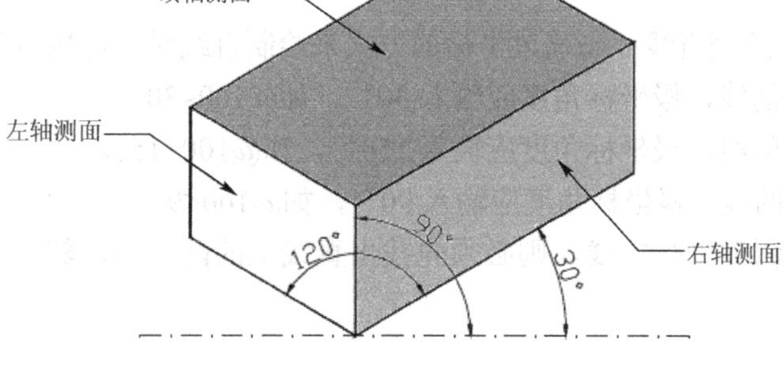

图 7.6　轴测图的视图和角度

在 AutoCAD 环境中要绘制轴测图形，首先应进行激活设置才能进行绘制。选择“工具”下拉菜单中“绘图设置”菜单命令，打开“草图设置”对话框，在“捕捉和栅格”选项卡中选择“等轴测捕捉”单选项，然后单击“确定”按钮即可激活，如图 7.7 所示。

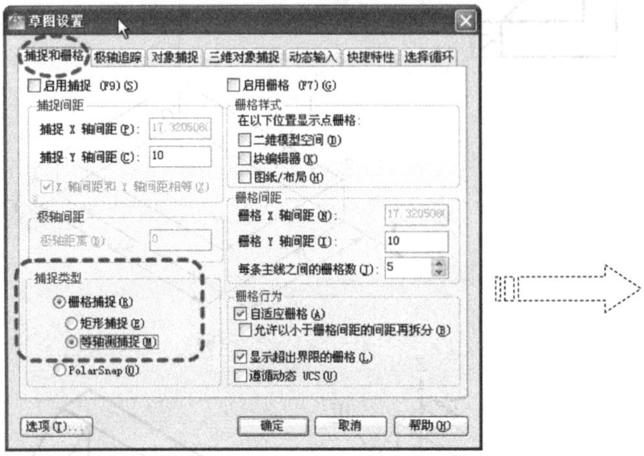

图 7.7　进行激活设置

另外，用户也可以在“命令:”命令行中输入“SNAP”，然后根据命令行的提示选择“样式（S）”选项，再选择“等轴测（I）”选项，最后输入垂直间距为“1”，如图 7.7 所示。

命令: SNAP

指定捕捉间距或 [开(ON)/关(OFF)/纵横向间距(A)/样式(S)/类型(T)] <10.0000>: S

输入捕捉栅格类型 [标准(S)/等轴测(I)] <S>: I

指定垂直间距 <10.0000>: 1

用户在对三个等轴面进行切换时，可按“F5”键或“Ctrl+E”键依次切换上、右、左三个面，其鼠标指针的形状如图 7.8 所示，分别为等轴测平面俯视、右视、左视。

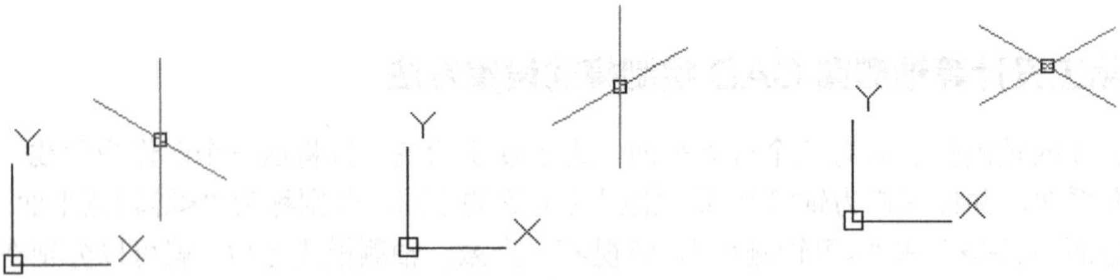

图 7.8　不同轴测视图中的鼠标指针形状

7.2.2 化工设计等轴测图绘制模式下直线 CAD 绘制方法

（1）输入数值法绘制直线　当通过坐标的方式来绘制直线时，可按以下方法来绘制。

① 与 X 轴平行的线，极坐标角度应输入 30°，如@100<30。

② 与 Y 轴平行的线，极坐标角度应输入 150°，如@100<150。

③ 与 Z 轴平行的线，极坐标角度应输入 90°，如@100<90。

④ 所有不与轴测轴平行的线，则必须先找出直线上的两个点，然后通过连线，如图 7.9 所示。

命令:LINE

指定第一点:

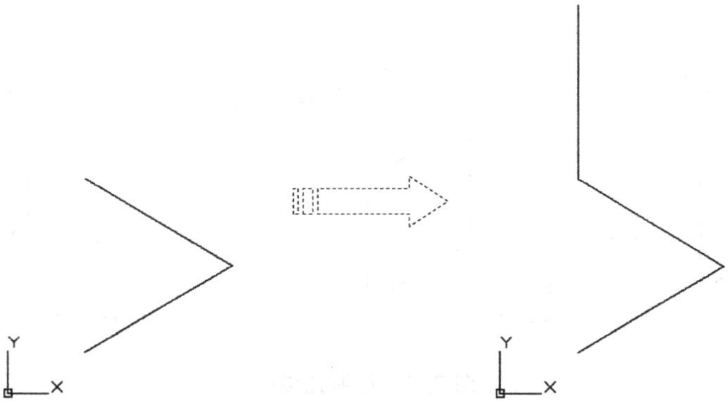

图 7.9　输入数值法绘制直线

指定下一点或 [放弃(U)]: @100<30
指定下一点或 [放弃(U)]: @100<150
指定下一点或 [闭合(C)/放弃(U)]: @100<90
指定下一点或 [闭合(C)/放弃(U)]:

（2）在激活轴测状态下绘制直线　在激活轴测状态下，打开“正交”模式，绘制的一个长度为 100mm 的正方体图，可通过以下方法来绘制。

① 在“工具”下拉菜单“绘图设置”对话框的“捕捉与栅格”选项卡下选择“等轴测捕捉”单选项，来激活等轴测模式，再按“F8”键启动正交模式，则当前为“<等轴测平面 左视>”。

② 执行“直线”命令（LINE），根据命令行的提示绘制如图 7.10 所示的左侧面。

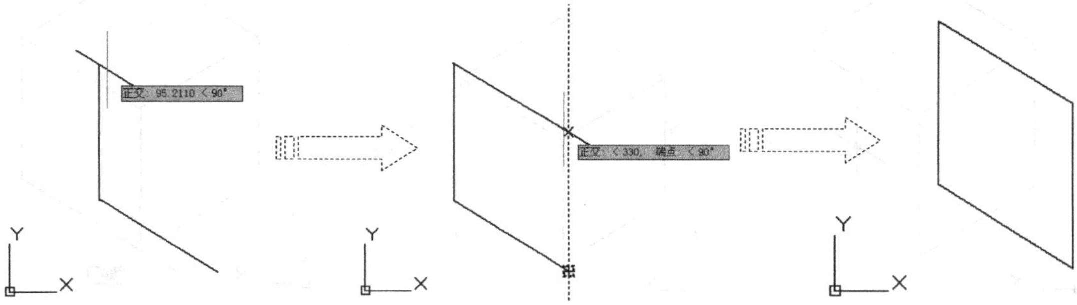

图 7.10　绘制左侧面

命令: <等轴测平面 左视>
命令: LINE
指定第一点:
指定下一点或 [放弃(U)]: 100
指定下一点或 [放弃(U)]: <正交 开> 100
指定下一点或 [闭合(C)/放弃(U)]:100
指定下一点或 [闭合(C)/放弃(U)]:100
指定下一点或 [闭合(C)/放弃(U)]: c
已在 (2334.9826, 452.6106, 0.0000) 创建零长度直线

③ 按“F5”键切换至顶轴测面，再执行“多段线”命令（PLINE），根据命令行提示绘制如图 7.11 所示的顶侧面。

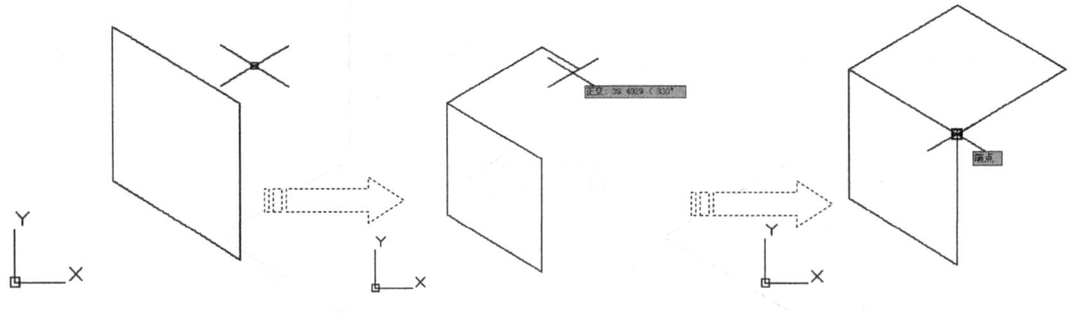

图 7.11 绘制顶侧面

命令：<等轴测平面 俯视>
命令：PLINE
指定起点：
当前线宽为 0.0000
指定下一个点或 [圆弧(A)/半宽(H)/长度(L)/放弃(U)/宽度(W)]：100
指定下一点或 [圆弧(A)/闭合(C)/半宽(H)/长度(L)/放弃(U)/宽度(W)]：100
指定下一点或 [圆弧(A)/闭合(C)/半宽(H)/长度(L)/放弃(U)/宽度(W)]：100
指定下一点或 [圆弧(A)/闭合(C)/半宽(H)/长度(L)/放弃(U)/宽度(W)]：（回车）

④ 按“F5”键切换至<等轴测平面 右视>，再执行“直线”命令（LINE）或“多段线”命令（PLINE），根据命令行提示绘制如图 7.12 所示的右侧面。

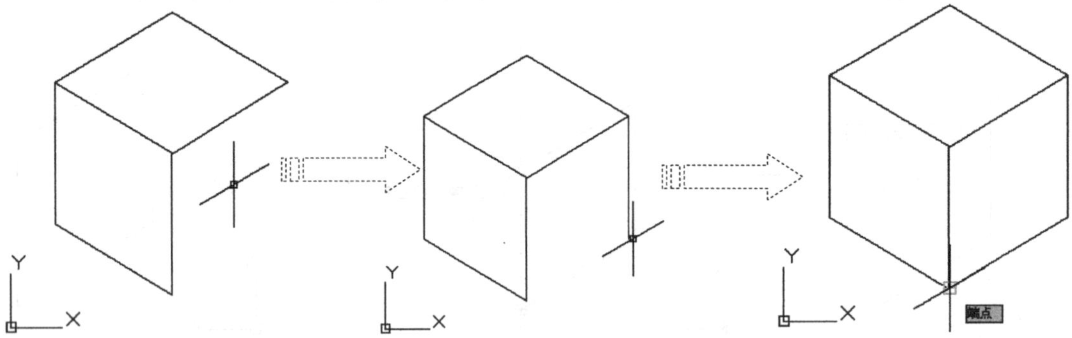

图 7.12 绘制右侧面

命令：<等轴测平面 右视>
命令：LINE
指定第一点：
指定下一点或 [放弃(U)]：100
指定下一点或 [放弃(U)]：100
指定下一点或 [闭合(C)/放弃(U)]：

7.2.3 化工设计等轴测图绘制模式下圆形 CAD 绘制方法

圆的轴测投影是椭圆，当圆位于不同的轴测面时，投影椭圆长、短轴的位置是不相同的。首先激活轴测图模式，再按“F5”键选定画圆的投影面，再执行“椭圆”命令（ELLIPSE），并提示命令行选择“等轴测圆（I）”选项，再指定圆心点，最后指定椭圆的半径即可。

例如，在如图 7.13 所示正方体轴测图顶面绘制一直径为 50mm 的圆的方法如下。

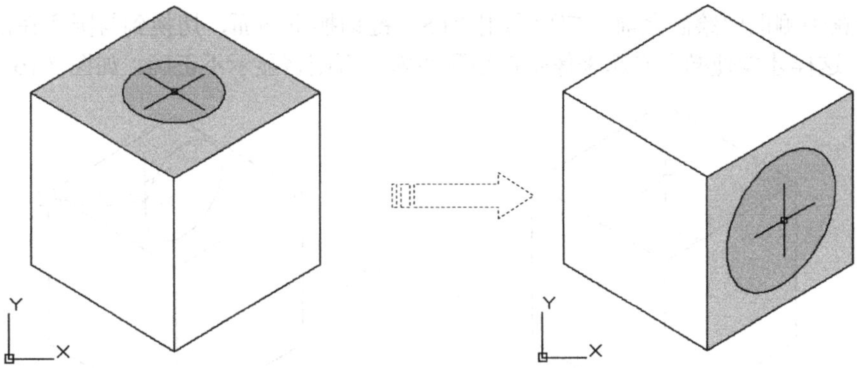

图 7.13　正方体轴测图中的圆形绘制

① 首先按“F5”键切换至顶轴测面，如图 7.14 所示。

命令：<等轴测平面 俯视>

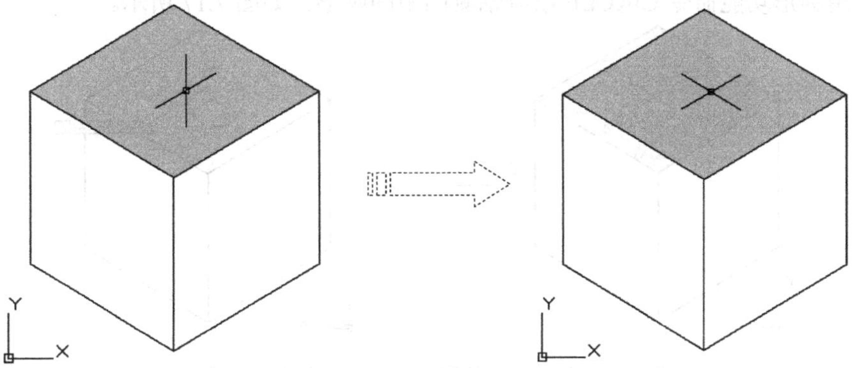

图 7.14　按“F5”键切换至顶轴测面

② 执行“椭圆”命令（ELLIPSE），在命令行中选择“等轴测圆（I）”选项；再按“F10”“F11”键启动相应追踪捕捉功能，捕捉对角线交叉点作为椭圆的圆心点，再输入半径为“25”mm，如图 7.15 所示。

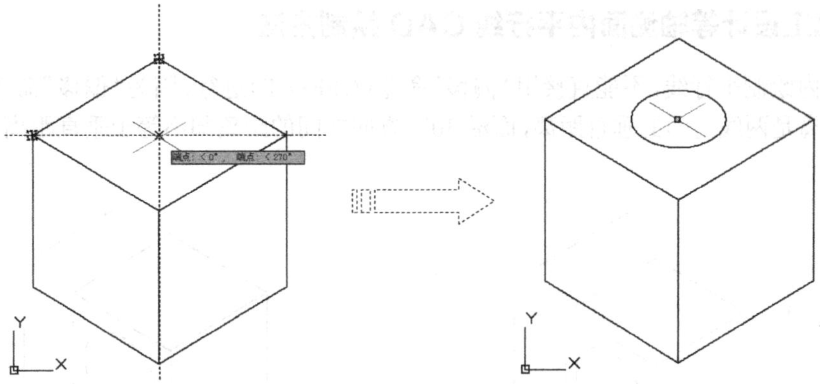

图 7.15　执行 ELLIPSE 命令绘制圆形轴测图

命令：ELLIPSE
指定椭圆轴的端点或 [圆弧(A)/中心点(C)/等轴测圆(I)]：I
指定等轴测圆的圆心：
指定等轴测圆的半径或 [直径(D)]：25

③ 注意轴测图中绘圆之前一定要利用“F5”键切换不同面，切换到与圆所在的平面对应的轴测面，这样才能使椭圆看起来像是在轴测面内，否则将显示不正确。如图 7.16 所示。

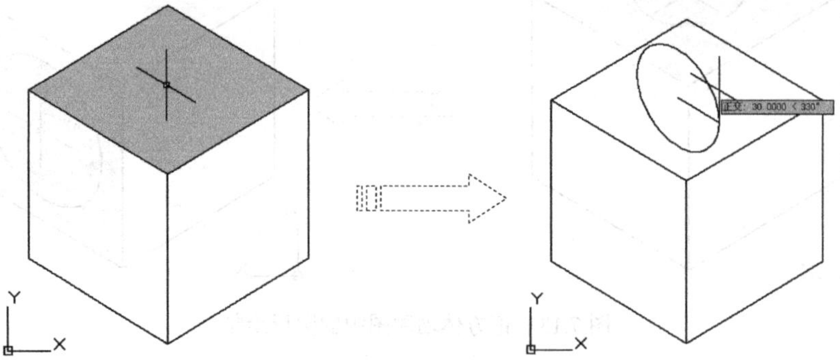

图 7.16　未切换正确的视图状态

④ 使用圆形功能命令 CIRCLE 绘制轴测图中的圆形。如图 7.17 所示。

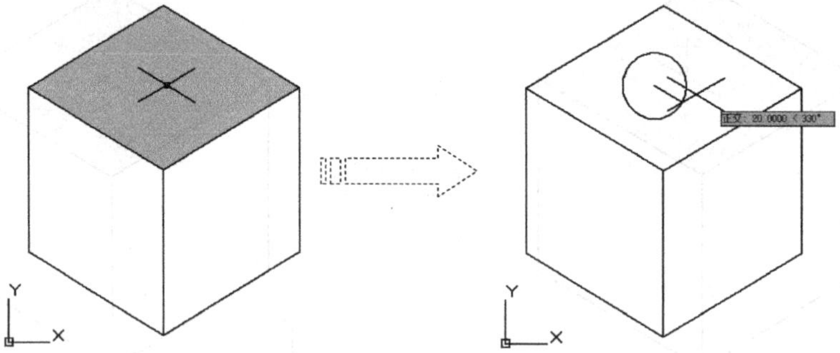

图 7.17　轴测图中使用 CIRCLE 命令绘制的圆形

命令: CIRCLE
指定圆的圆心或 [三点(3P)/两点(2P)/切点、切点、半径(T)]:
指定圆的半径或 [直径(D)]: 25

7.2.4　化工设计等轴测面内平行线 CAD 绘制方法

轴测面内绘制平行线，不能直接用“偏移”命令（OFFSET）进行，因为“偏移”命令（OFFSET）中的偏移距离是两线之间的垂直距离，而沿 30° 方向之间的距离却不等于垂直距离。如图 7.18(a) 所示。

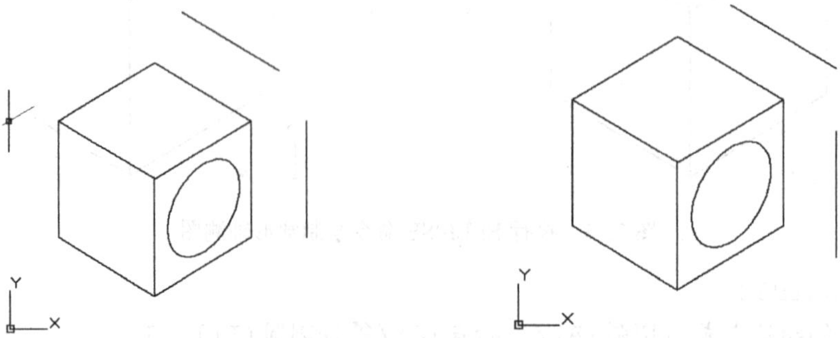

(a) 使用 OFFSET 得到的平行线　　(b) 使用 COPY 得到的平行线

图 7.18　轴测图中平行线绘制

为了避免操作出错，在轴测面内画平行线，一般采用“复制”命令（COPY），如图7.18(b)所示；可以结合自动捕捉、自动追踪及正交状态来作图，这样可以保证所画直线与轴测轴的方向一致。在复制轴测图面中的对象时，应按“F5”键切换到相应的轴测面，并移动鼠标来指定移动的方向。如图7.19所示。

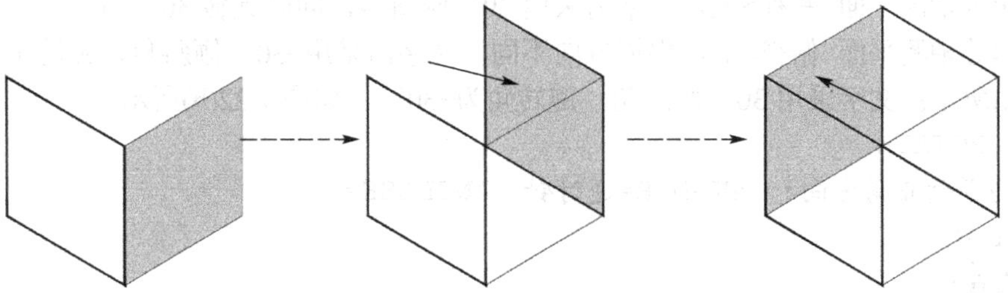

（a）原图　（b）复制的左轴测面　（c）复制的右轴测面

图7.19　复制得到轴测图平行线

7.2.5　化工设计等轴测图中文字CAD标注方法

为了使某个轴测面中的文本看起来像是在该轴测面内，必须根据各轴测面的位置特点将文字倾斜某个角度值，以使它们的外观与轴测图协调起来，否则立体感不强。如图7.20所示。

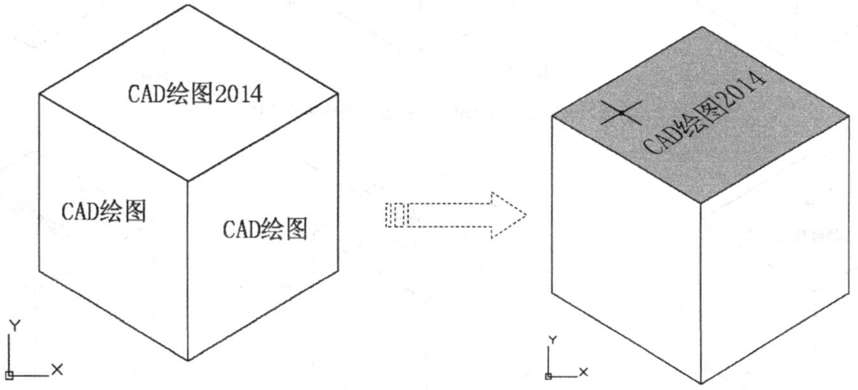

图7.20　等轴测图文字标注

（1）文字倾斜角度设置　执行“格式”下拉菜单中“文字样式”菜单命令，弹出“文字样式”对话框，在“倾斜角度”文本框中。根据轴测图的不同轴测面来分别设置不同的倾斜角度即可，其中倾斜角度可以为正或负值（如30、–30等），然后单击“应用”按钮，再单击“置为当前”，最后关闭对话框，如图7.21所示。

图7.21　设置文字的倾斜角度

（2）在等轴测面上各文字符号的倾斜规律如图 7.22 所示。文字的倾斜角与文字的旋转角是不同的两个概念，前者在水平方向左倾（0～-90°之间）或右倾（0～90°之间）的角度，后者是绕以文字起点为原点进行 0～360°之间的旋转，也就是在文字所在的轴测面内旋转。

① 在<等轴测平面 左视>上，文字需采用-30°倾斜角，同时旋转-30°角。

② 在<等轴测平面 右视>上，文字需采用 30°倾斜角，同时旋转 30°角。

③ 在<等轴测平面 俯视>上，根据方向不同，文字需采用-30°倾斜角、旋转角为 30°，如图 7.22(a)所示；文字采用 30°倾斜角，旋转角为-30°，如图 7.22(b)所示。

```
命令：ROTATE
UCS 当前的正角方向： ANGDIR=逆时针  ANGBASE=0
找到 1 个
指定基点：
指定旋转角度，或 [复制(C)/参照(R)] <0>:  -30
```

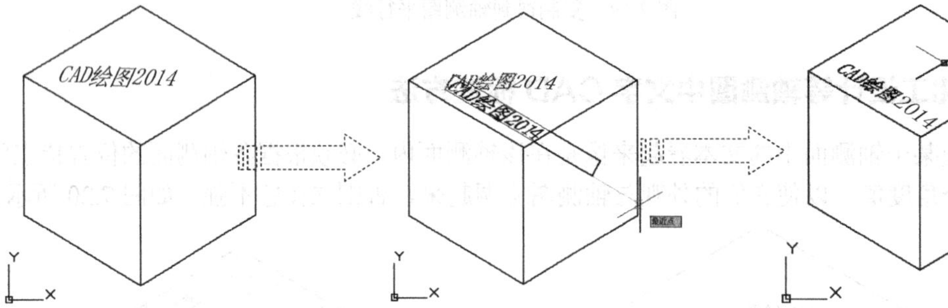

（a）文字需采用-30°倾斜角，旋转角为 30°

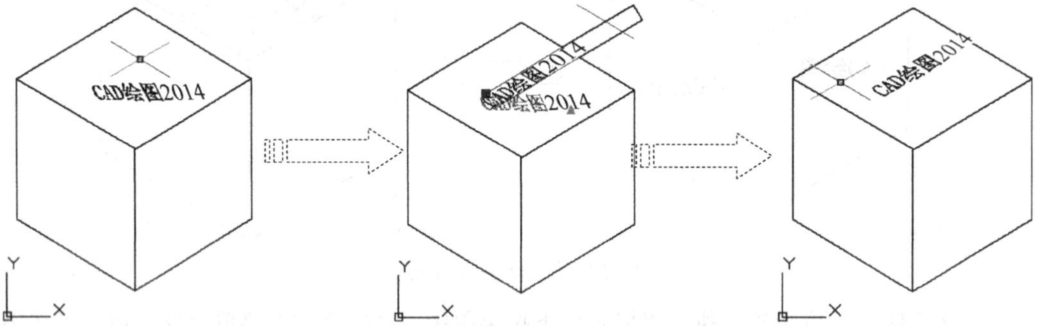

（b）文字采用 30°倾斜角，旋转角为-30°

图 7.22　轴测图中文字符号的倾斜规律

7.2.6 化工设计等轴测图中尺寸 CAD 标注方法

为了让某个轴测面内的尺寸标注看起来像是在这个轴测面中，就需要将尺寸线、尺寸界线倾斜某一个角度，以使它们与相应的轴测平行。同时，标注文本也必须设置成倾斜某一角度的形式，才能使文本的外观具有立体感。

正等轴测图中的线性尺寸的尺寸界线应平行于轴测轴，如图 7.2（d）所示，而 AutoCAD 中用线性标注命令 DIMLINEAR 在任何图上标注的尺寸线都是水平或竖直的，所以在标注轴测图尺寸时，除竖直尺寸线外，需要用“对齐标注”命令（DIMALIGNED）。

为了符合视觉效果，还需要对尺寸界线和尺寸数字的方向进行调整，使尺寸线与尺寸界线不垂直，尺寸数字的方向与尺寸界线的方向一致，且尺寸数字与尺寸线、尺寸界线应在一个平面内。如图 7.23 所示。

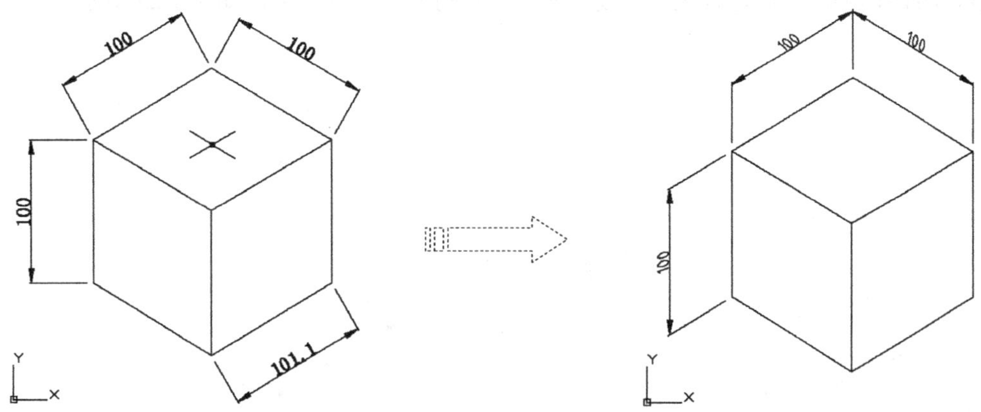

图 7.23　轴测图中的尺寸标注

（1）设置文字样式　在等轴测图中标注平行于轴测面的线性尺寸，尺寸的文字样式倾斜方向要求如下。

① 在 XOY 轴测面上，当尺寸界线平行于 X 轴时，文字样式倾角为 30°；当尺寸界线平行于 Y 轴时，文字样式倾角为-30°。

② 在 YOZ 轴测面上，当尺寸界线平行于 Y 轴时，文字样式倾角为 30°；当尺寸界线平行于 Z 轴时，文字样式倾角为-30°。

③ 在 XOY 轴测面上，当尺寸界线平行于 X 轴时，文字样式倾角为-30°；当尺寸界线平行于 Z 轴时，文字样式倾角为 30°。

因此，各轴测面内的尺寸中文字样式的倾斜分为 30°或-30°两种情况，因此，在轴测图尺寸标注前，应首先建立倾角分别为 30°或-30°两种文字样式，应用合适的文字样式控制尺寸数字的倾斜角度，就能保证尺寸线、尺寸界线和尺寸数值看起来是在一个平面内。

打开“格式”下拉菜单选择“文字样式”菜单命令，弹出“文字样式”对话框（或在“命令:”输入“STYLE”功能命令）。首先新建文字样式“样式 30”，并设置字体为“gbeitc”和倾斜角度为 30；同样，再新建文字样式“样式-30”，并设置字体为“gbeitc”和倾斜角度为-30，如图 7.24 所示。然后单击“应用”即可。

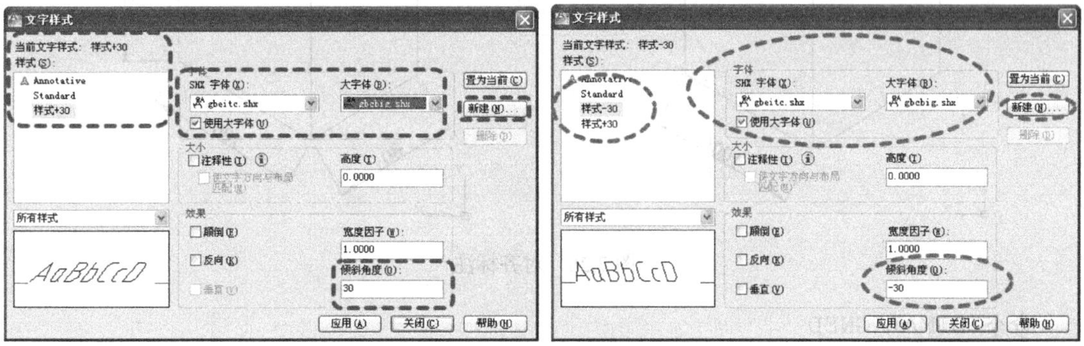

图 7.24　建立文字样式

（2）调整尺寸界线与尺寸线的夹角　尺寸界线与尺寸线均倾斜，需要通过倾斜命令 DIMEDIT 来完成，当尺寸界线结果与 X 轴平行时，倾斜角度为 30°；当尺寸界线结果与 Y 轴平行时，倾斜角度为-30°；当尺寸界线结果与 Z 轴平行时，倾斜角度为 90°。

操作方法是打开“标注”下拉菜单选择“倾斜”命令选项，即可将选中的尺寸倾斜需要的角度，根据轴测图方向进行尺寸角度，倾斜即可得到需要的结果。如图 7.25 所示。

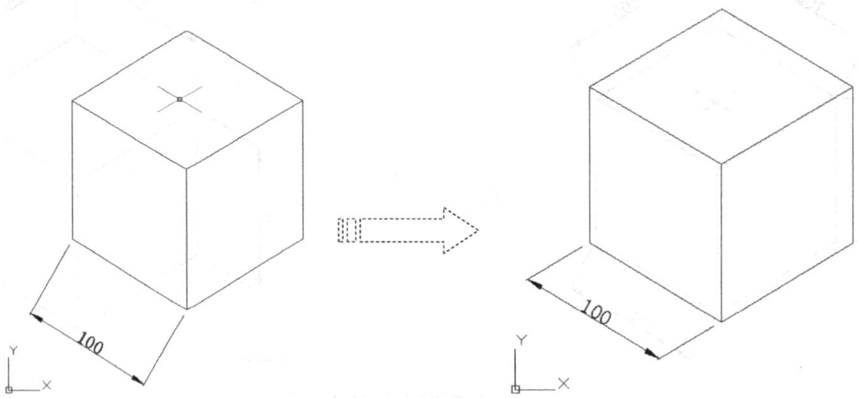

图 7.25　调整标注尺寸夹角

```
命令: DIMEDIT
输入标注编辑类型 [默认(H)/新建(N)/旋转(R)/倾斜(O)] <默认>: _o
选择对象: 找到 1 个
选择对象:
输入倾斜角度 (按“Enter”键表示无): 30
```

(3) 等轴测图尺寸标注示例

① 按前述方法使用“STYLE”功能命令建立新的文字样式“样式 30”“样式-30”。参见图 7.24。

② 使用“对齐标注”命令进行轴测图尺寸标注。在“尺寸标注”工具栏中的单击“对齐标注”按钮，对图形进行对齐标注操作，此时不必选择什么文字样式，如图 7.26 所示。

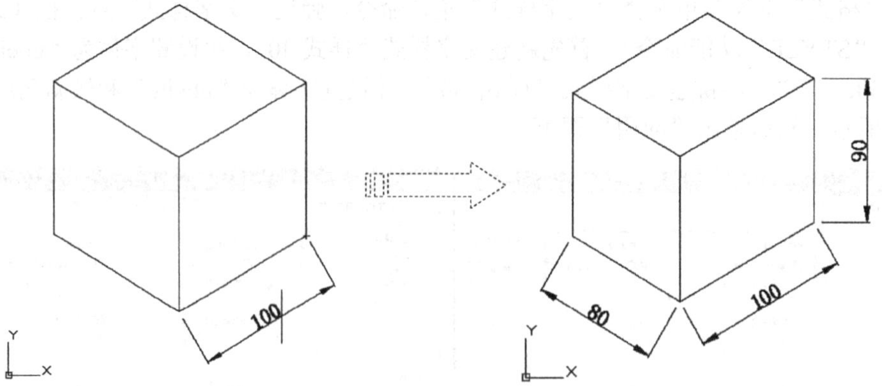

图 7.26　对齐标注

```
命令:DIMALIGNED
指定第一个尺寸界线原点或 <选择对象>:
指定第二条尺寸界线原点:
指定尺寸线位置或[多行文字(M)/文字(T)/角度(A)]:
标注文字 = 100
```

③ 倾斜尺寸。打开 “标注”下拉菜单选择“倾斜”命令选项，即可将选中的尺寸倾斜需要的角度，分别将尺寸为 90 的倾斜 30°，将尺寸为 80 的倾斜 90°，将尺寸为 100 的倾斜 −30°，即可得到如图 7.27 所示的结果。

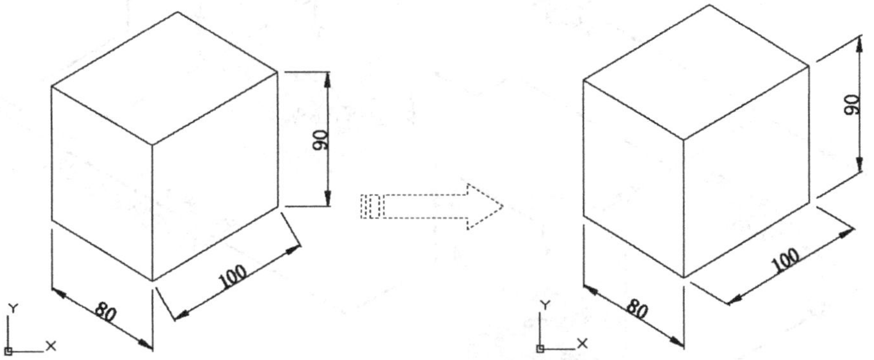

图 7.27 倾斜尺寸标注

```
命令: DIMEDIT
输入标注编辑类型 [默认(H)/新建(N)/旋转(R)/倾斜(O)] <默认>: o
选择对象: 找到 1 个
选择对象:
输入倾斜角度 (按“Enter”键表示无): 90
```

④ 修改标注文字样式。将尺寸分别为 90、80 和 100 的标注样式中的“文字样式”修改为“样式-30”，即可完成规范的等轴测图的尺寸标注，如图 7.28 所示。

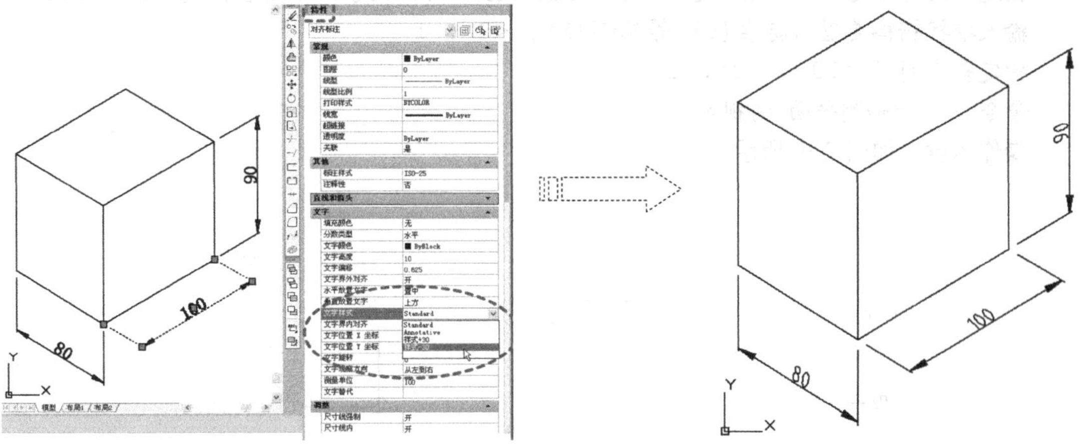

图 7.28 修改标注文字样式

7.3 化工设计轴测图 CAD 绘制工程实例

本节将以实际化工设计中某化工燃料油罐布置轴测图及某化工机械零件轴测图为例，详细介绍化工设计中各种轴测图绘制方法及技巧。

7.3.1 化工燃料油罐布置轴测图 CAD 绘制

本小节讲解案例为某化工燃料油罐布置轴测图，如图 7.29 所示。

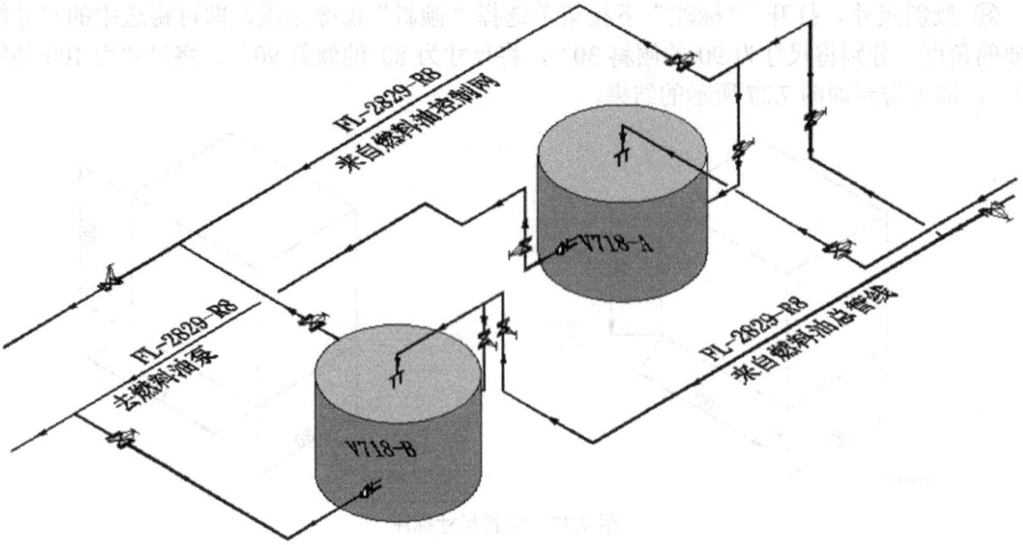

图 7.29 某化工燃料油罐布置轴测图

（1）激活为等轴测图绘图状态，然后按“F5”键切换至“<等轴测平面 俯视>”。

操作方法：选择“工具”下拉菜单中“绘图设置”菜单命令，打开“草图设置”对话框，在“捕捉和栅格”选项卡中选择“等轴测捕捉”单选项，然后单击“确定”按钮即可激活。

操作命令：SNAP、“F5”按键等。

命令:SNAP

指定捕捉间距或 [开(ON)/关(OFF)/纵横向间距(A)/样式(S)/类型(T)] <10.0000>: S

输入捕捉栅格类型 [标准(S)/等轴测(I)] <S>: I

指定垂直间距 <10.0000>: 1

命令: <等轴测平面 俯视>

操作示意：如图 7.30 所示。

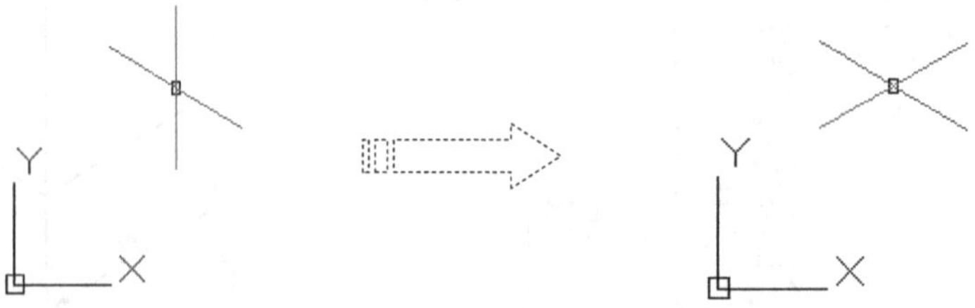

图 7.30 切换至“<等轴测平面 俯视>”

（2）进行化工燃料油罐布置轴测图中的管线轮廓绘制。

操作方法：按“F5”键切换至“<等轴测平面 右视>”，按“F8”键切换到“正交”模式，然后执行命令（PLINE）进行绘制。再按“F5”键切换至“<等轴测平面 左视>”，转弯绘制直线。

操作命令：PLINE、LINE 等。

命令:PLINE

指定起点:

当前线宽为 0.0000

指定下一个点或 [圆弧(A)/半宽(H)/长度(L)/放弃(U)/宽度(W)]: W

指定起点宽度 <0.0000>: 15

指定端点宽度 <15.0000>: 15

指定下一个点或 [圆弧(A)/半宽(H)/长度(L)/放弃(U)/宽度(W)]:

指定下一点或 [圆弧(A)/闭合(C)/半宽(H)/长度(L)/放弃(U)/宽度(W)]: <等轴测平面 左视>

指定下一点或 [圆弧(A)/闭合(C)/半宽(H)/长度(L)/放弃(U)/宽度(W)]:(回车)

操作示意：如图 7.31 所示。

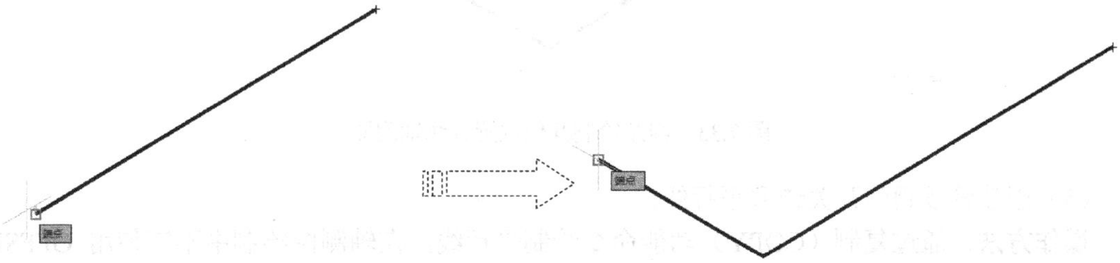

图 7.31　绘制油罐布置轴测图中的管线轮廓

（3）绘制管线上的箭头造型。

操作方法：要在哪条线上绘制箭头就按“F5”键切换至“<等轴测平面 左视>”“<等轴测平面 右视>”“<等轴测平面 俯视>”。然后使用 PLINE 命令设置不同宽度即可绘制箭头。

操作命令：PLINE 等。

命令: PLINE

指定起点:

当前线宽为 15.0000

指定下一个点或 [圆弧(A)/半宽(H)/长度(L)/放弃(U)/宽度(W)]: W

指定起点宽度 <15.0000>: 50

指定端点宽度 <50.0000>: 0

指定下一个点或 [圆弧(A)/半宽(H)/长度(L)/放弃(U)/宽度(W)]:

指定下一点或 [圆弧(A)/闭合(C)/半宽(H)/长度(L)/放弃(U)/宽度(W)]: (回车)

操作示意：如图 7.32 所示。

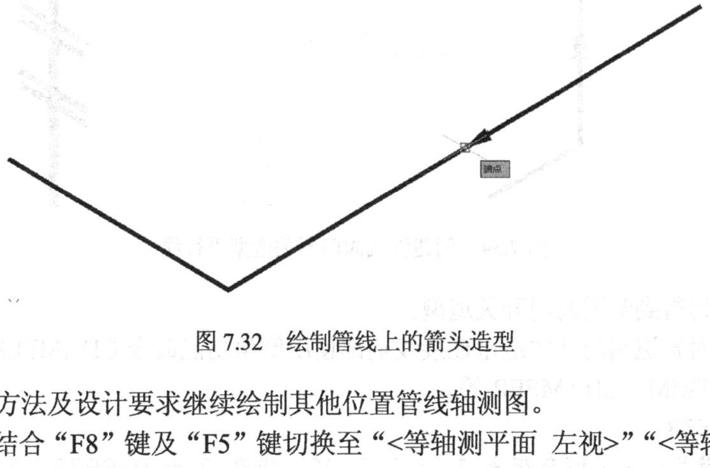

图 7.32　绘制管线上的箭头造型

（4）按前述方法及设计要求继续绘制其他位置管线轴测图。

操作方法：结合“F8”键及“F5”键切换至“<等轴测平面 左视>”“<等轴测平面 右视>”“<等轴测平面 俯视>”进行绘制。

操作命令：PLINE 等。

操作示意：如图 7.33 所示。

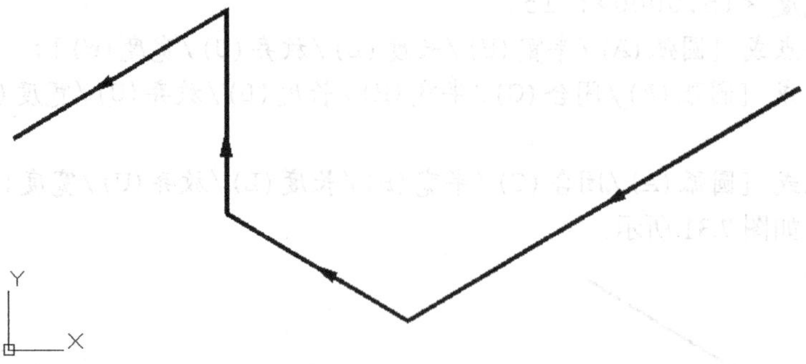

图 7.33　继续绘制其他位置管线轴测图

（5）创建管线阀门开关造型平行线。

操作方法：通过复制（COPY）功能命令绘制平行线，在轴测图绘制中不宜使用 OFFSET 命令创建平行线。同样注意结合“F5”键切换至“<等轴测平面 左视>”“<等轴测平面 右视>”“<等轴测平面 俯视>”进行绘制。

操作命令：PLINE、COPY、MOVE 等。

命令：COPY
选择对象：找到 1 个
选择对象：（回车）
当前设置：　复制模式 = 多个
指定基点或 [位移(D)/模式(O)] <位移>:
指定第二个点或 [阵列(A)] <使用第一个点作为位移>:
指定第二个点或 [阵列(A)/退出(E)/放弃(U)] <退出>:（回车）

操作示意：如图 7.34 所示。

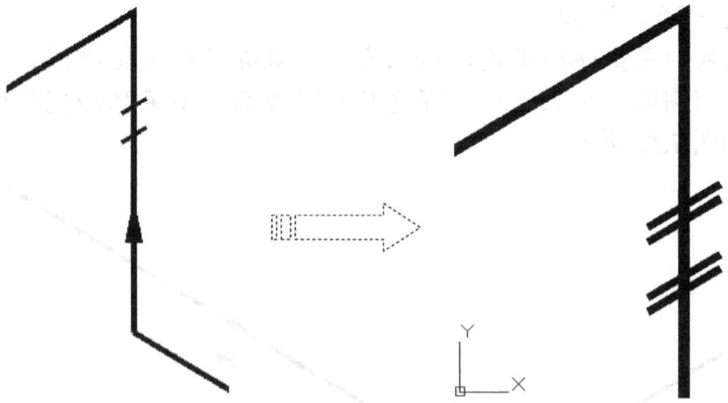

图 7.34　创建管线阀门开关造型平行线

（6）进行剪切得到管道阀门开关造型。

操作方法：对管道阀门开关造型连接线端部使用倒角功能命令 CHAMFER 进行平滑处理。

操作命令：TRIM、CHAMFER 等。

命令:CHAMFER
（“修剪”模式）当前倒角距离 1 = 0.0000，距离 2 = 0.0000

选择第一条直线或 [放弃(U)/多段线(P)/距离(D)/角度(A)/修剪(T)/方式(E)/多个(M)]:

选择第一条直线或 [放弃(U)/多段线(P)/距离(D)/角度(A)/修剪(T)/方式(E)/多个(M)]:

选择第二条直线，或按住 Shift 键选择要应用角点的直线或[距离(D)/角度(A)/方法(M)]:

操作示意：如图 7.35 所示。

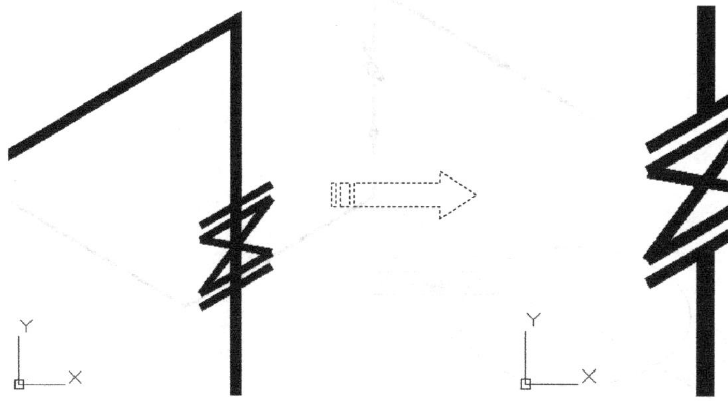

图 7.35　剪切得到管道阀门开关造型

（7）绘制阀门的手轮及阀杆方向中心线。

操作方法：同样注意结合“F5”键切换至“<等轴测平面 左视>”“<等轴测平面 右视>”“<等轴测平面 俯视>”进行绘制。中心线的线型可以使用 LINETYPE、LTSCALE 功能命令或“特性”工具栏上的线型命令修改。

操作命令：LINE、TRIM、LINETYPE、LTSCALE 等。

操作示意：如图 7.36 所示。

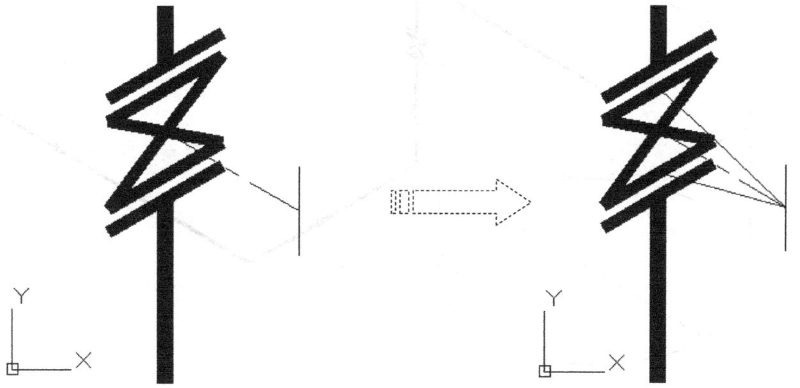

图 7.36　绘制阀门的手轮及阀杆方向中心线

（8）创建储料罐轴测图造型。可以使用椭圆形命令绘制储料罐轴测图中的 2 个圆形。

操作方法：轴测图中不能使用圆形命令 CIRCLE 绘制。先绘制一条辅助线定位，执行“椭圆”命令，根据命令行提示选择“等轴测圆（I）”选项，分别指定中心线的交点作为圆心点，以及输入圆的半径值为 7.5mm；再执行直线等命令，连接相应的交点。注意结合“F5”键切换至“<等轴测平面 俯视>”进行绘制。

操作命令：ELLIPSE、LINE、MOVE 等。

命令：ELLIPSE

指定椭圆轴的端点或 [圆弧(A)/中心点(C)/等轴测圆(I)]：I

指定等轴测圆的圆心：

指定等轴测圆的半径或 [直径(D)]：650

操作示意：如图 7.37 所示。

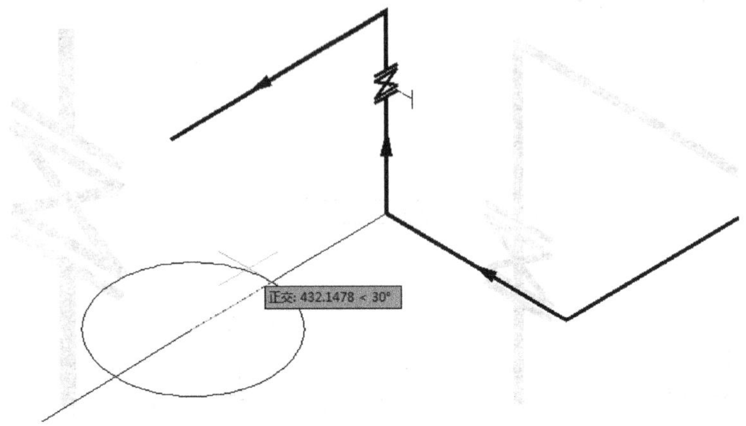

图 7.37 绘制储料罐轴测图中的 2 个圆形

（9）复制圆形，并连接两侧轮廓线直线。

操作方法：注意结合“F5”键切换至“<等轴测平面 左视>”“<等轴测平面 右视>”“<等轴测平面 俯视>”进行绘制。

操作命令：COPY、LINE、MOVE 等。

操作示意：如图 7.38 所示。

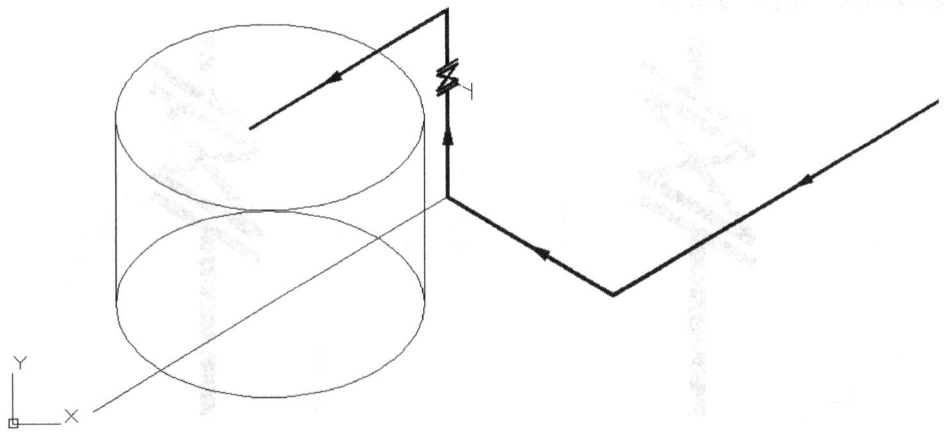

图 7.38 复制圆形并连接两侧轮廓线

（10）进行圆形轮廓线剪切。

操作方法：将圆形看不到的轮廓线剪切，删除辅助线。可以将其移动至合适的位置。

操作命令：TRIM、ERASE、PLINE、MOVE 等。

操作示意：如图 7.39 所示。

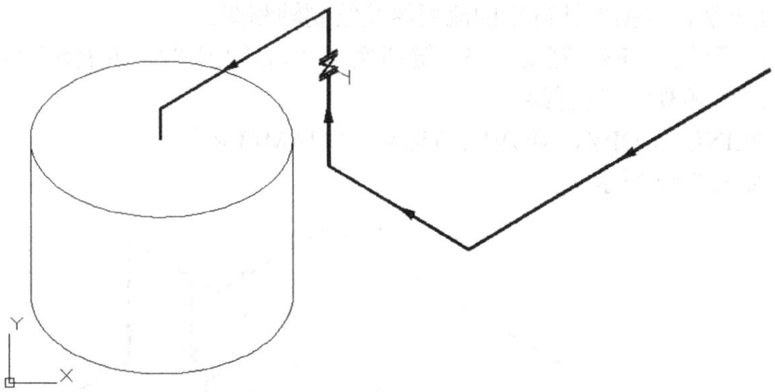

图 7.39　圆形轮廓线剪切

（11）其他管线、储料罐造型轴测图按前述方法继续进行绘制。

操作方法：管线走向、设备布置、阀门开关、箭头等按化工设计确定。轴测图绘制的关键在于切换视图方向，即“F5”键切换至“<等轴测平面 左视>”“<等轴测平面 右视>”“<等轴测平面 俯视>”。

操作命令：ELLIPSE、PLINE、LINE、COPY、TRIM、EXTEND 等。

操作示意：如图 7.40 所示。

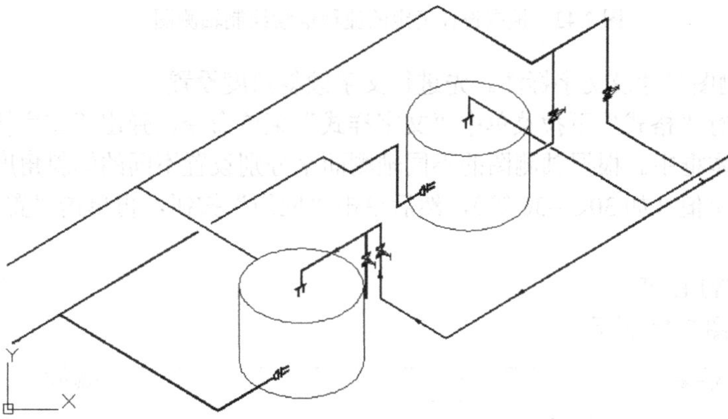

图 7.40　继续进行绘制其他造型

（12）对线条交叉处，需剪切分开。

操作方法：先绘制 2 条辅助线，剪切后删除即可。

操作命令：LINE、TRIM、ERASE 等。

操作示意：如图 7.41 所示。

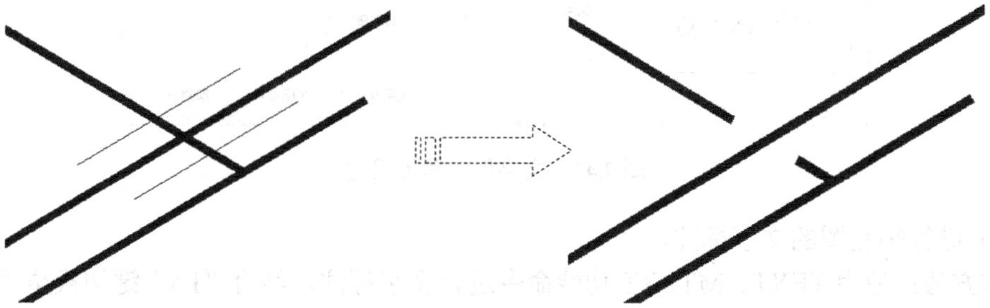

图 7.41　线条交叉处处理

（13）按前述方法，根据设计确定的流程继续绘制轴测图。

操作方法：注意结合“F8”键及“F5”键切换至“<等轴测平面 左视>”“<等轴测平面 右视>”“<等轴测平面 俯视>”进行绘制。

操作命令：PLINE、COPY、MOVE、TRIM、CHAMFER 等。

操作示意：如图 7.42 所示。

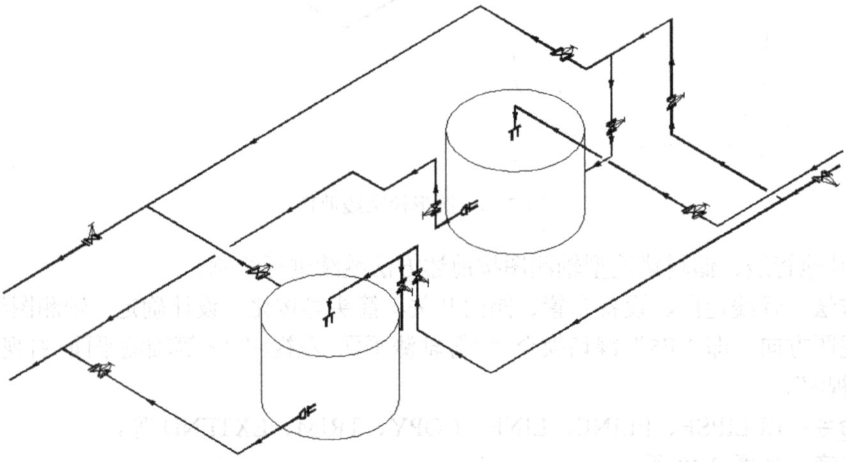

图 7.42 根据设计确定的流程继续绘制轴测图

（14）进行轴测图尺寸及文字标注。先进行文字倾斜角度设置。

操作方法：执行“格式”下拉菜单中“文字样式”菜单命令，弹出“文字样式”对话框，在“倾斜角度”文本框中。根据轴测图的不同轴测面来分别设置不同的倾斜角度即可，其中倾斜角度可以为正或负值（如 30、–30 等），然后单击“应用”按钮，再单击“置为当前”，最后关闭对话框。

操作命令：STYLE 等。

操作示意：如图 7.43 所示。

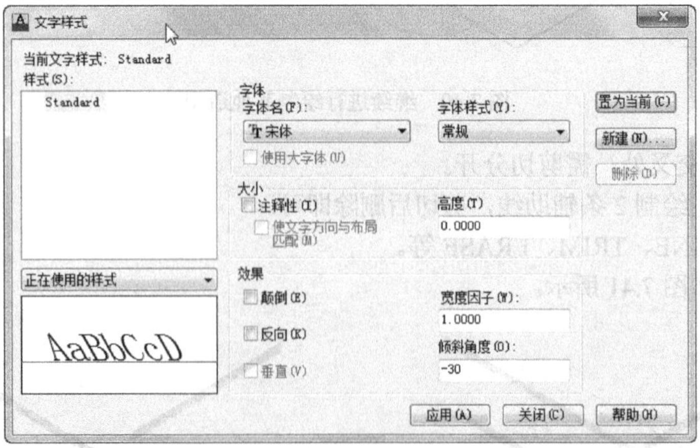

图 7.43 文字倾斜角度设置

（15）进行轴测图的文字标注。

操作方法：使用 TEXT、MTEXT 功能命令进行文字标注，结合“F5”键切换至“<等轴测平面 左视>”“<等轴测平面 右视>”“<等轴测平面 俯视>”。

操作命令：TEXT、MTEXT、SCALE 等。

命令:TEXT

当前文字样式： “Standard”　文字高度： 2.5000　注释性： 否

指定文字的起点或 [对正(J)/样式(S)]： <等轴测平面 左视>　<等轴测平面 俯视>

指定高度 <2.5000>： 150

指定文字的旋转角度 <0>： 0

操作示意：如图 7.44 所示。

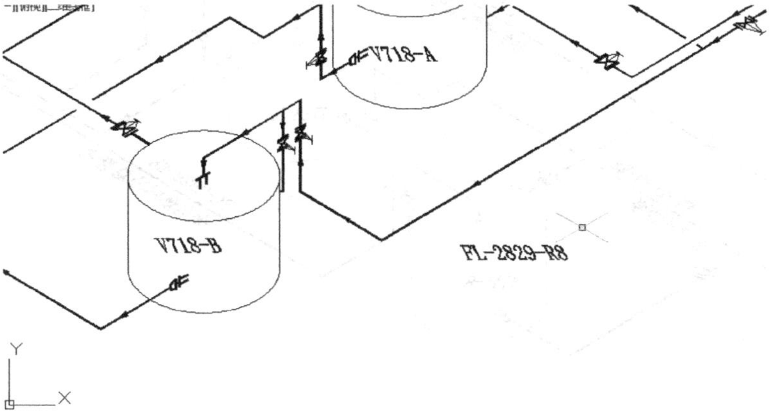

图 7.44　轴测图的文字标注

（16）在文字所在的轴测面内旋转文字。

操作方法：按前面章节介绍的方法进行调整文字角度及位置，结合“F5”键切换至“<等轴测平面 左视>”“<等轴测平面 右视>”“<等轴测平面 俯视>”。

操作命令：ROTATE、MOVE 等。

命令： ROTATE

UCS 当前的正角方向： ANGDIR=逆时针　ANGBASE=0

找到 1 个

指定基点：

指定旋转角度，或 [复制(C)/参照(R)] <0>：　30

操作示意：如图 7.45 所示。

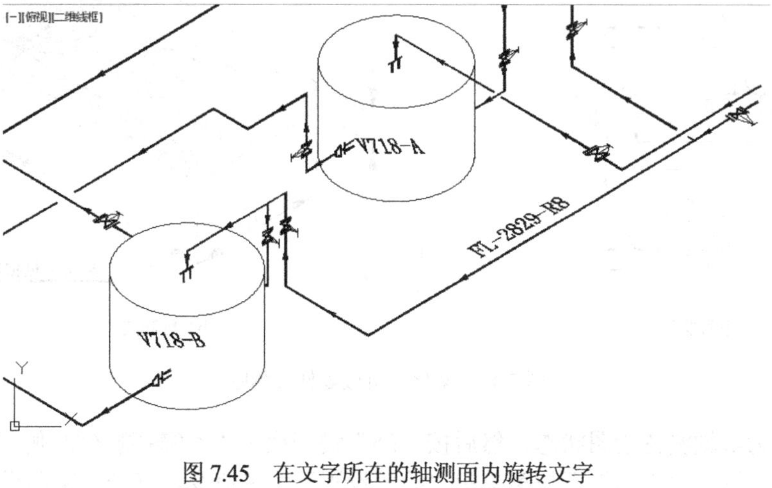

图 7.45　在文字所在的轴测面内旋转文字

（17）标注文字，完成燃料油罐布置轴测图绘制。

操作方法：按上述方法标注轴测图其他文字说明。

操作命令：TEXT、MTEXT、SCALE、ROTATE、MOVE 等。

操作示意：如图 7.46 所示。

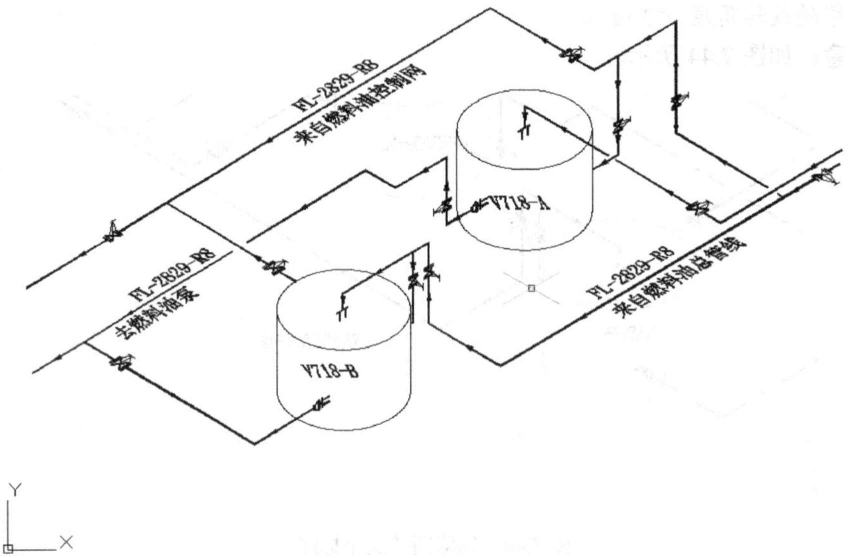

图 7.46　完成燃料油罐布置轴测图绘制

7.3.2　化工机械零件轴测图 CAD 绘制

本节案例以图 7.47 所示的某化工机械零件轴测图为例，讲解其 CAD 快速绘制方法。其他化工机械零件及设备的轴测图绘制方法类似（注：化工机械零件的平面视图的绘制在此不作介绍，从略）。

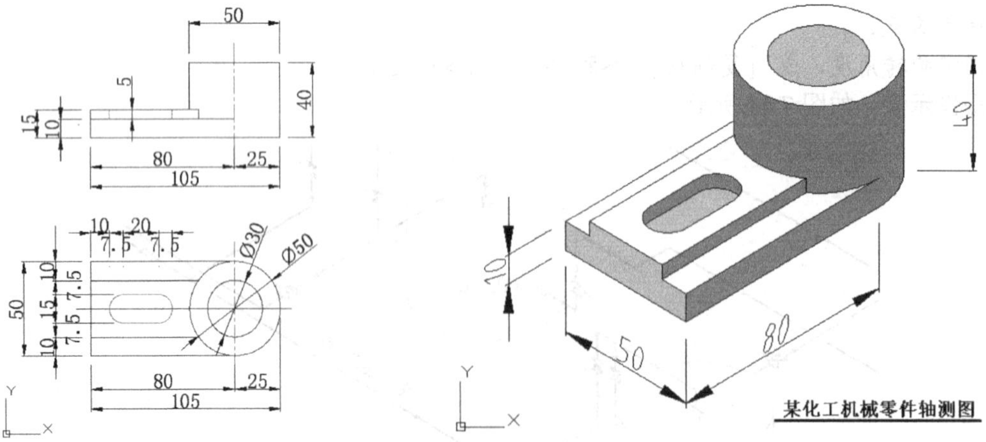

（a）平面视图　　（b）轴测图

图 7.47　某化工机械零件轴测图

（1）激活为等轴测图绘图状态，然后按“F5”键切换至“<等轴测平面 俯视>”。

操作方法：选择“工具”下拉菜单中“绘图设置”菜单命令，打开“草图设置”对话框，在“捕捉和栅格”选项卡中选择“等轴测捕捉”单选项，然后单击“确定”按钮即可激活。

操作命令：SNAP、F5按键等。

命令:SNAP

指定捕捉间距或 [开(ON)/关(OFF)/纵横向间距(A)/样式(S)/类型(T)] <10.0000>: S

输入捕捉栅格类型 [标准(S)/等轴测(I)] <S>: I

指定垂直间距 <10.0000>: 1

命令: <等轴测平面 俯视>

操作示意：如图7.48所示。

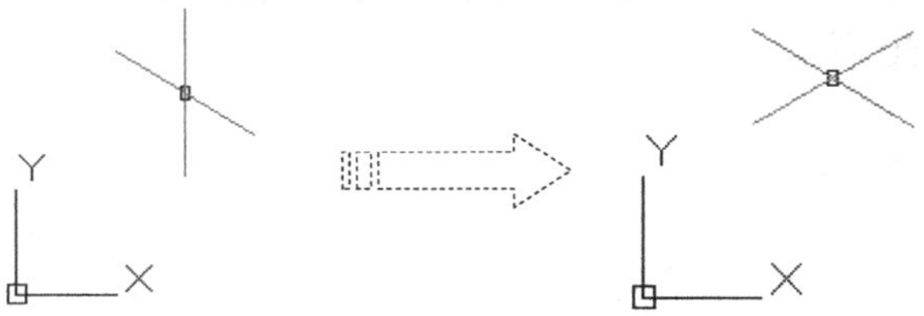

图7.48 切换至“<等轴测平面 俯视>”

（2）进行化工机械零件轴测图底部矩形轮廓绘制。

操作方法：按“F8”键切换到“正交”模式，然后执行“直线”命令（LINE），绘制80mm×50mm 的矩形对象。

操作命令：LINE等。

命令: LINE

指定第一点:

指定下一点或 [放弃(U)]: 80

指定下一点或 [放弃(U)]: 50

指定下一点或 [闭合(C)/放弃(U)]: 80

指定下一点或 [闭合(C)/放弃(U)]: C

操作示意：如图7.49所示。

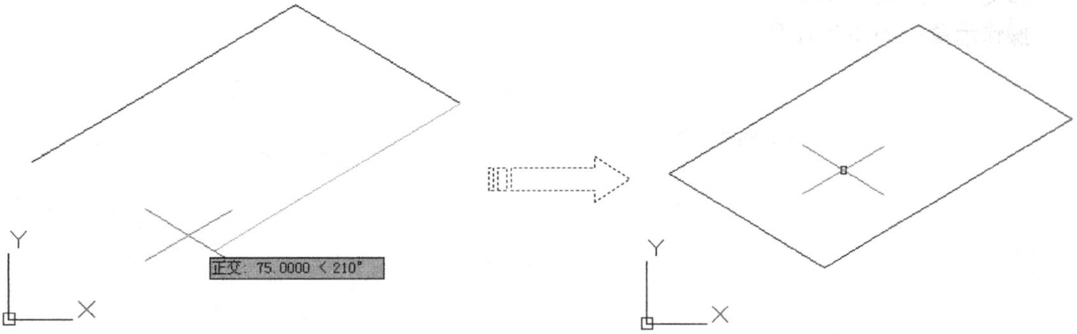

图7.49 绘制底部矩形轮廓

（3）执行“复制”命令进行复制。

操作方法：按“F5”键切换至“<等轴测平面 右视>”，将绘制的对象垂直向上复制，复制的距离为10mm。

操作命令：COPY等。

命令: <等轴测平面 右视>

命令：COPY
选择对象：找到 1 个
选择对象：指定对角点：找到 2 个，总计 3 个
选择对象：找到 1 个，总计 4 个
选择对象：
当前设置： 复制模式 = 多个
指定基点或 [位移(D)/模式(O)] <位移>:
指定第二个点或 [阵列(A)] <使用第一个点作为位移>: 10
指定第二个点或 [阵列(A)/退出(E)/放弃(U)] <退出>:

操作示意：如图 7.50 所示。

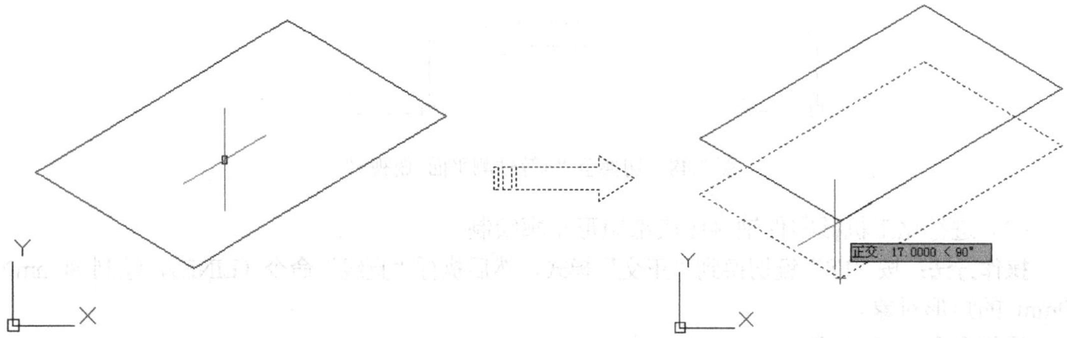

图 7.50 复制矩形

（4）对上下图形轮廓进行连接。

操作方法：执行“直线”命令来连接直线段，从而绘制长方体对象。

操作命令：LINE 等。

命令:LINE
指定第一点:
指定下一点或 [放弃(U)]:
指定下一点或 [放弃(U)]:

操作示意：如图 7.51 所示。

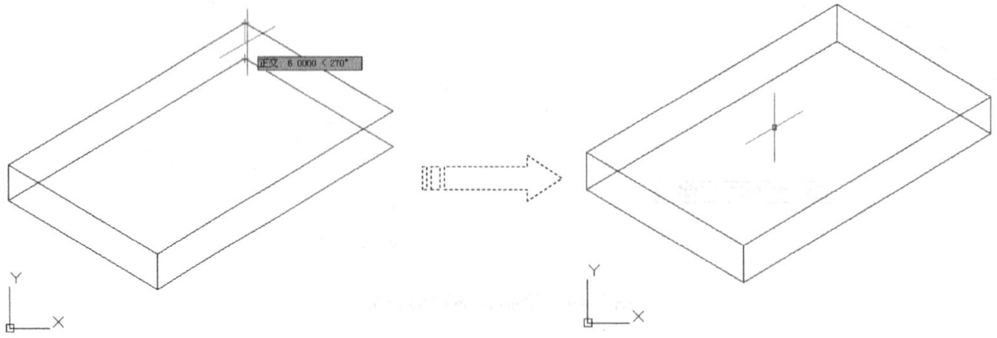

图 7.51 对上下图形轮廓进行连接

（5）绘制小长方体轮廓。

操作方法：按“F5”键切换至“<等轴测平面 俯视>”，然后按前述大长方体同样的方法，绘制 30mm×80mm×5mm 的小长方体对象。

操作命令：LINE、COPY 等。

命令：<等轴测平面 俯视>
命令：LINE
指定第一点：
指定下一点或 [放弃(U)]：80
指定下一点或 [放弃(U)]：30
指定下一点或 [闭合(C)/放弃(U)]：80
指定下一点或 [闭合(C)/放弃(U)]：C
命令：COPY
选择对象：找到 1 个
选择对象：指定对角点：找到 2 个，总计 3 个
选择对象：找到 1 个，总计 4 个
选择对象：
当前设置：复制模式 = 多个
指定基点或 [位移(D)/模式(O)] <位移>：
指定第二个点或 [阵列(A)] <使用第一个点作为位移>：5
指定第二个点或 [阵列(A)/退出(E)/放弃(U)] <退出>：

操作示意：如图 7.52 所示。

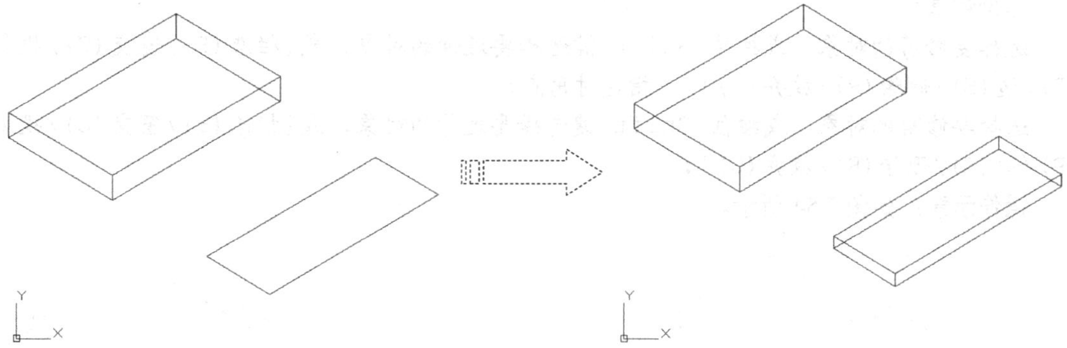

图 7.52 绘制小长方体轮廓

（6）执行“移动”命令，将绘制的小长方体移至大长方体相应的中点位置。

操作方法：按“F3”键启动捕捉功能，选择小长方体的端部底边轮廓线中心点作为移动基点，然后选择大长方体端部顶边轮廓线中心点作为移动第二个点。同时结合“F8”键。

操作命令：MOVE 等。

命令:MOVE
选择对象：找到 1 个
选择对象：指定对角点：找到 8 个，总计 11 个
选择对象：指定对角点：找到 1 个，总计 12 个
选择对象：
指定基点或 [位移(D)] <位移>：
指定第二个点或 <使用第一个点作为位移>：<正交 关>

操作示意：如图 7.53 所示。

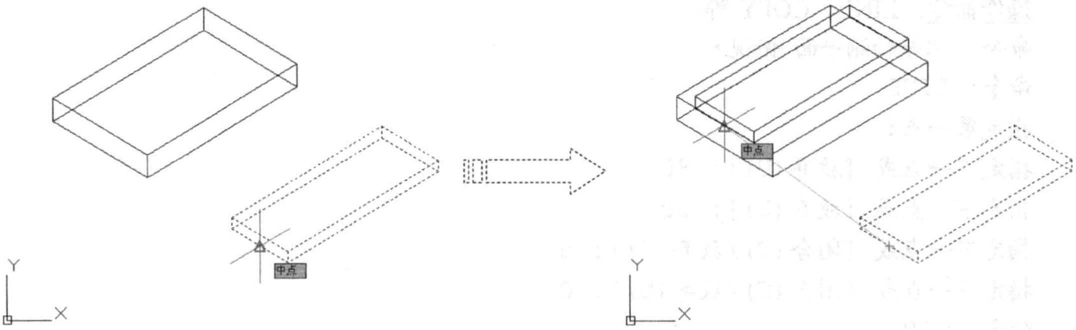

图 7.53　小长方体移至大长方体相应的中点位置

（7）进行长方体线条修剪及删除。

操作方法：根据效果执行“修剪”命令，将多余的线段进行修剪。

操作命令：TRIM、ERASE 等。

命令:TRIM

当前设置:投影=UCS，边=无

选择剪切边...

选择对象或 <全部选择>：找到 1 个

选择对象：找到 1 个，总计 2 个

选择对象：

选择要修剪的对象，或按住 Shift 键选择要延伸的对象，或[栏选(F)/窗交(C)/投影(P)/边(E)/删除(R)/放弃(U)]：指定对角点：

选择要修剪的对象，或按住 Shift 键选择要延伸的对象，或[栏选(F)/窗交(C)/投影(P)/边(E)/删除(R)/放弃(U)]：

操作示意：如图 7.54 所示。

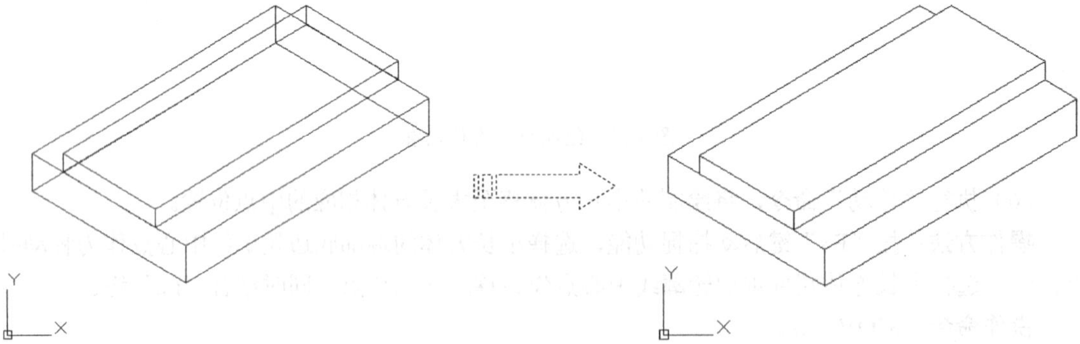

图 7.54　进行长方体线条修剪及删除

（8）结合捕捉功能绘制辅助线。

操作方法：按“F5”键切换至“<等轴测平面 俯视>”，执行“直线”命令，过相应中点绘制辅助中心线，再执行“复制”命令，将指定直线段水平向右复制 10mm 和 15mm。可以将其复制的直线段线型转换为点画线线型作为“中心线”对象。

操作命令：LINE、COPY 等。

命令：COPY

选择对象：找到 1 个

选择对象:
当前设置: 复制模式 = 多个
指定基点或 [位移(D)/模式(O)] <位移>:
指定第二个点或 [阵列(A)] <使用第一个点作为位移>: 17.5
指定第二个点或 [阵列(A)/退出(E)/放弃(U)] <退出>: 37.5
指定第二个点或 [阵列(A)/退出(E)/放弃(U)] <退出>:

操作示意：如图 7.55 所示。

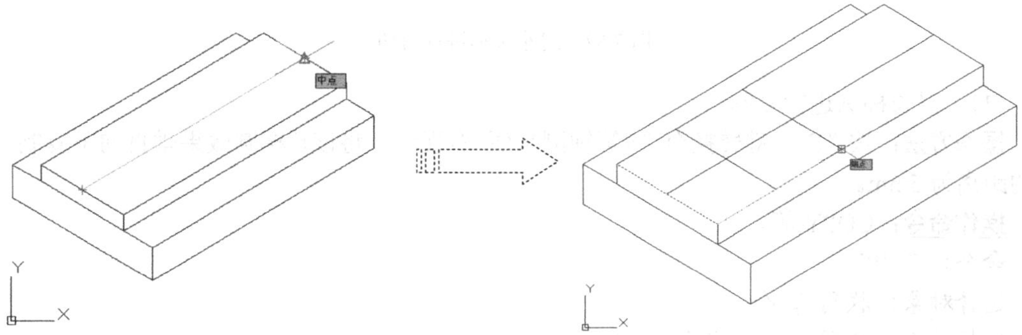

图 7.55　绘制辅助线

（9）绘制轴测图中的 2 个小圆形。

操作方法：执行“椭圆”命令，根据命令行提示选择“等轴测圆（I）”选项，分别指定中心线的交点作为圆心点，以及输入圆的半径值为 7.5mm；再执行直线等命令，连接相应的交点。

操作命令：ELLIPSE、LINE 等。

命令: ELLIPSE
指定椭圆轴的端点或 [圆弧(A)/中心点(C)/等轴测圆(I)]: I
指定等轴测圆的圆心:
指定等轴测圆的半径或[直径(D)]: 7.5

操作示意：如图 7.56 所示。

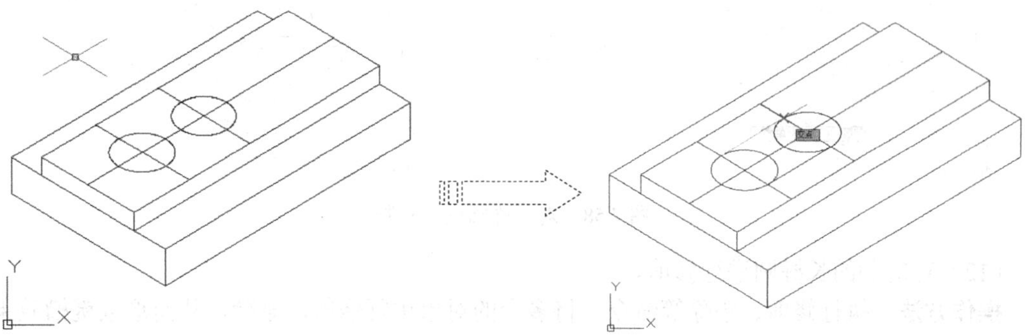

图 7.56　绘制轴测图中的 2 个小圆形

（10）对小圆形进行剪切。

操作方法：通过修剪操作，形成长椭圆效果。

操作命令：TRIM 等。

操作示意：如图 7.57 所示。

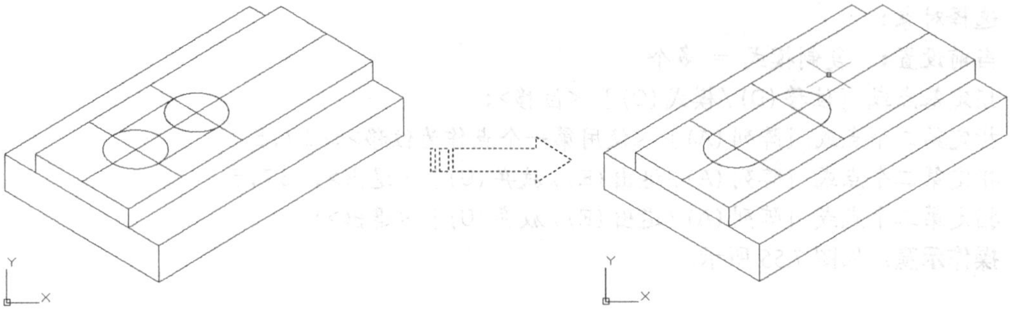

图 7.57　对小圆形进行剪切

（11）对长椭圆进行复制。

操作方法：按“F5”键转换至“<等轴测平面 右视>”，将该长椭圆效果垂直向下复制，复制的距离为 5mm。

操作命令：COPY 等。

```
命令: COPY
选择对象: 找到 1 个
选择对象: 找到 1 个，总计 2 个
选择对象: 找到 1 个，总计 3 个
选择对象: 找到 1 个，总计 4 个
选择对象:
当前设置:  复制模式 = 多个
指定基点或 [位移(D)/模式(O)] <位移>:
指定第二个点或 [阵列(A)] <使用第一个点作为位移>: 5
指定第二个点或 [阵列(A)/退出(E)/放弃(U)] <退出>:
```

操作示意：如图 7.58 所示。

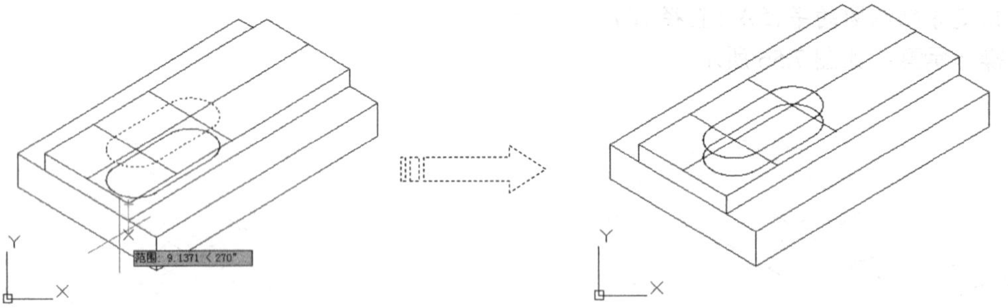

图 7.58　对长椭圆进行复制

（12）对复制的长椭圆进行修剪。

操作方法：执行修剪、删除等命令，将多余的对象进行修剪、删除，从而形成键槽效果。

操作命令：TRIM、ERASE 等。

操作示意：如图 7.59 所示。

（13）绘制化工机械零件轴测图中的大圆形轮廓。

操作方法：按“F5”键切换至“<等轴测平面 俯视>”，先复制底边轮廓线作为辅助线。执行“椭圆”命令，根据命令行提示选择“等轴测圆（I）”选项，分别指定中心线的交点作为圆心点，以及输入圆的半径值 25mm。

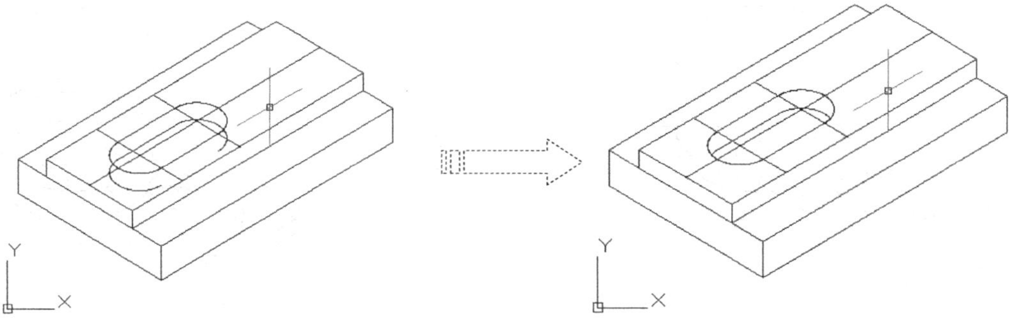

图 7.59　对复制的长椭圆进行修剪

操作命令：COPY、ELLIPSE 等。
操作示意：如图 7.60 所示。

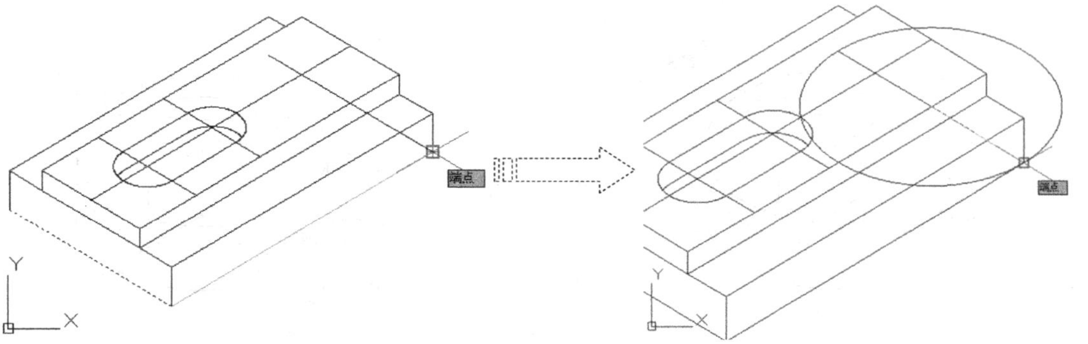

图 7.60　绘制大圆形轮廓

（14）对大圆形进行复制。

操作方法：执行复制命令，按“F5”键转换至“<等轴测平面 右视>”，将该等轴测圆对象垂直向上复制，复制的距离分别为 10mm、15mm 和 40mm。

操作命令：COPY 等。

命令：COPY
选择对象：找到 1 个
选择对象：
当前设置：复制模式 = 多个
指定基点或 [位移(D)/模式(O)] <位移>:
指定第二个点或 [阵列(A)] <使用第一个点作为位移>: 10
指定第二个点或 [阵列(A)/退出(E)/放弃(U)] <退出>: <正交 开> 15
指定第二个点或 [阵列(A)/退出(E)/放弃(U)] <退出>: 40
指定第二个点或 [阵列(A)/退出(E)/放弃(U)] <退出>:

操作示意：如图 7.61 所示。

（15）连接复制得到的各个大圆形轮廓线。

操作方法：捕捉象限点进行绘制。

操作命令：LINE 等。

操作示意：如图 7.62 所示。

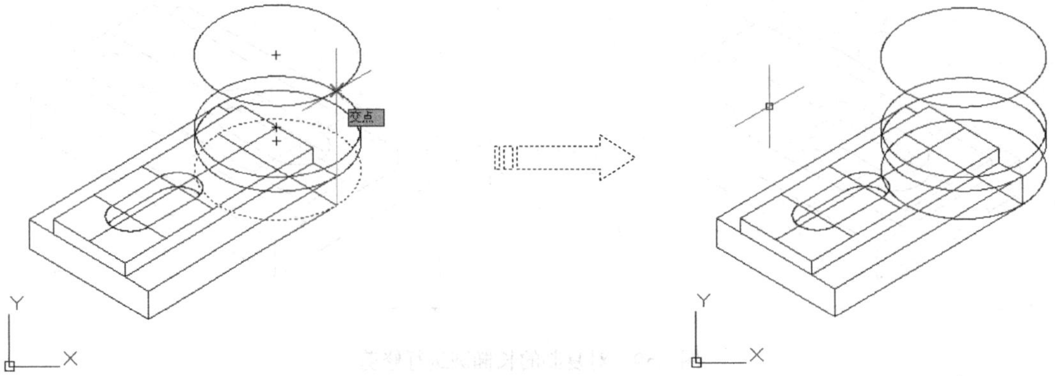

图 7.61　对大圆形进行复制

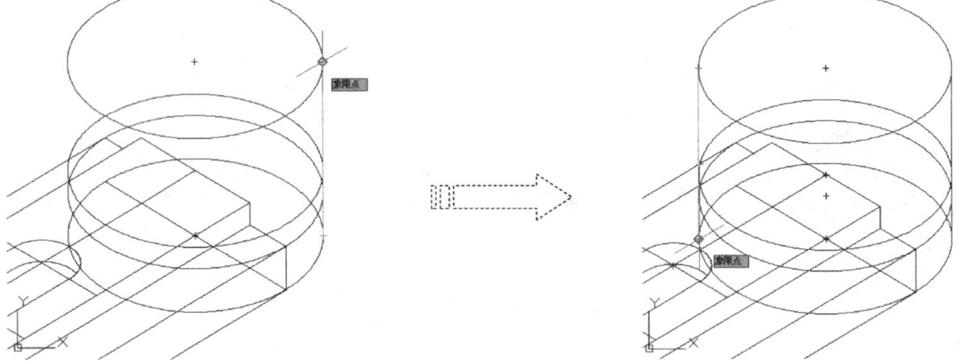

图 7.62　连接复制得到的各个大圆形轮廓线

（16）对复制得到的各个大圆形轮廓线进行修剪。

操作方法：执行“修剪”命令，将多余的圆弧和直线段进行修剪，并删除多余线条。注意中间 2 个大圆形要连接部分短轮廓线。

操作命令：TRIM、ERASE、LINE 等。

操作示意：如图 7.63 所示。

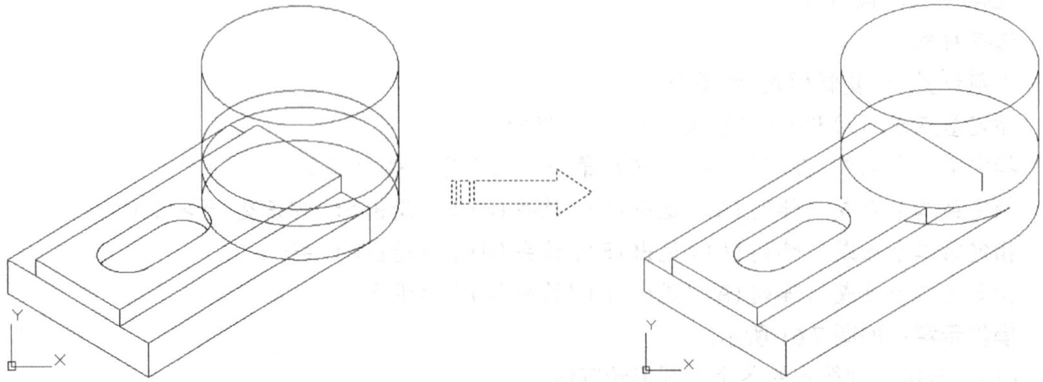

图 7.63　修剪大圆形轮廓线

（17）继续进行修剪，直至完成。

操作方法：注意各个轮廓线关系。

操作命令：TRIM、LINE 等。

操作示意：如图 7.64 所示。

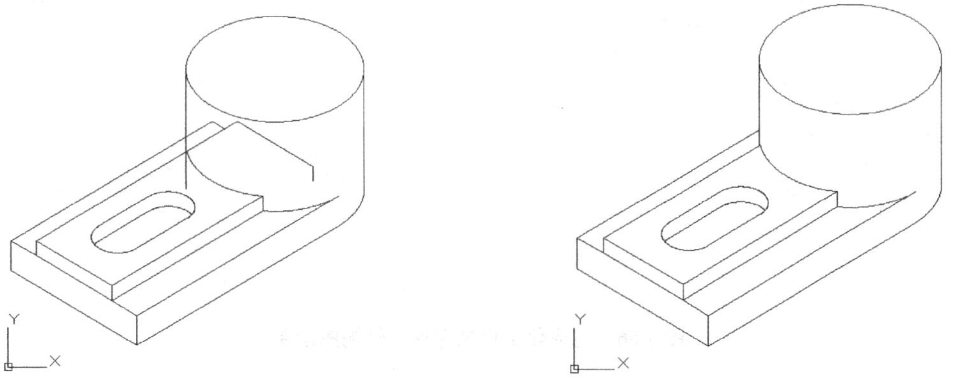

图 7.64　继续进行修剪

（18）在轴测图中创建大圆形中间的中圆形轮廓。

操作方法：按“F5”键转换至“<等轴测平面 俯视>”。执行“椭圆”命令，根据命令行提示选择“等轴测圆(I)”选项，捕捉指定大圆形的圆心位置作为圆心点，以及输入圆的半径值为 15mm。

操作命令：ELLIPSE 等。

命令：ELLIPSE

指定椭圆轴的端点或 [圆弧(A)/中心点(C)/等轴测圆(I)]：I

指定等轴测圆的圆心：

指定等轴测圆的半径或 [直径(D)]：15

操作示意：如图 7.65 所示。

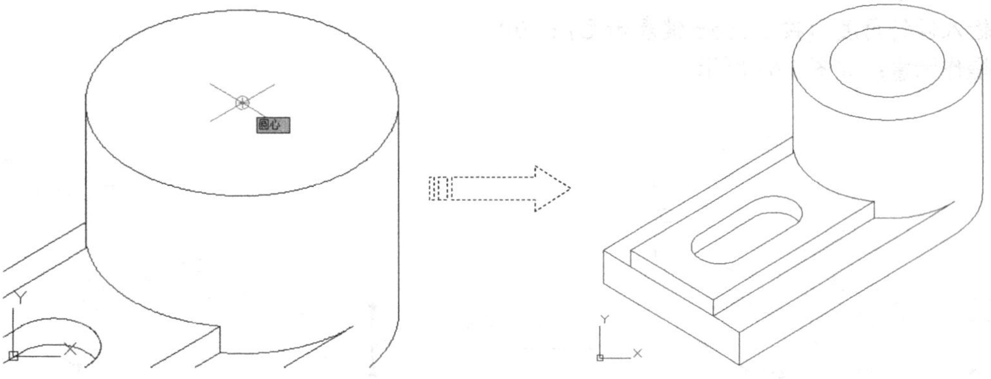

图 7.65　创建大圆形中间的中圆形轮廓

（19）完成化工机械零件的轴测图绘制。

操作方法：及时保存图形。

操作命令：ZOOM、SAVE 等。

操作示意：如图 7.66 所示。

（20）进行化工机械零件轴测图尺寸及文字标注。

操作方法：轴测图的尺寸、文字标注方法参见前面小节所述，限于篇幅，具体标注操作过程在此从略。其他轴测图绘制方法类似，按前述方法练习绘制图其他化工机械零件轴测图。

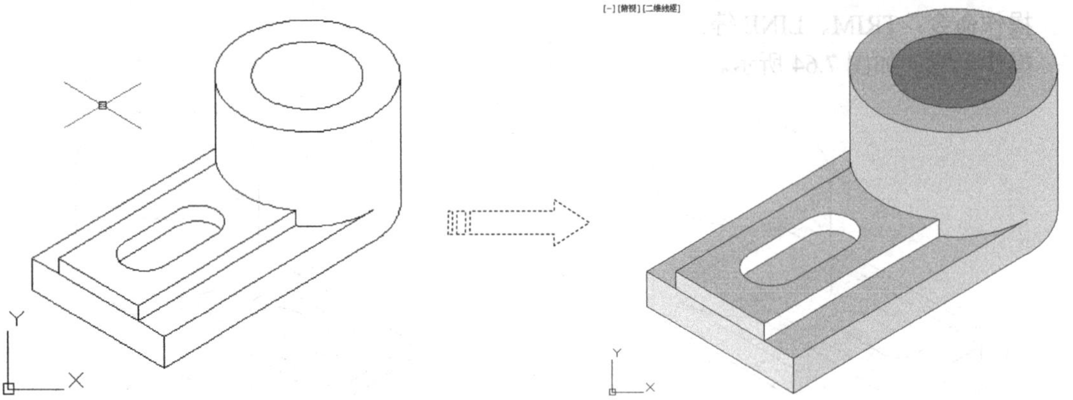

图 7.66　完成化工机械零件的轴测图绘制

操作命令：DIMALIGNED、DIMEDIT、MTEXT、PLINE 等。

命令：DIMALIGNED

指定第一个尺寸界线原点或 <选择对象>：

指定第二条尺寸界线原点：

创建了无关联的标注。

指定尺寸线位置或

[多行文字(M)/文字(T)/角度(A)]：

标注文字 = 50

命令：DIMEDIT

输入标注编辑类型 [默认(H)/新建(N)/旋转(R)/倾斜(O)] <默认>：O

选择对象：找到 1 个

选择对象：

输入倾斜角度 (按 Enter 键表示无)：90

操作示意：如图 7.67 所示。

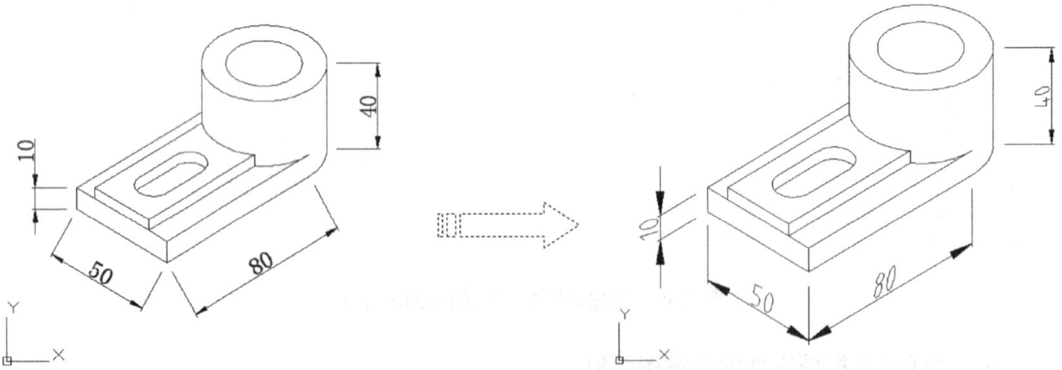

图 7.67　进行化工机械零件轴测图尺寸及文字标注

第8章

化工设计 CAD 三维基本图形绘制与修改方法

本章将详细介绍化工设计三维基本图形 CAD 快速绘制及修改方法，包括长方体、球体、圆柱体等三维基本图形 CAD 绘制方法，三维移动、三维镜像、三维旋转等三维基本图形 CAD 修改方法。如图 8.1 所示为常见的一些化工设计三维图形。

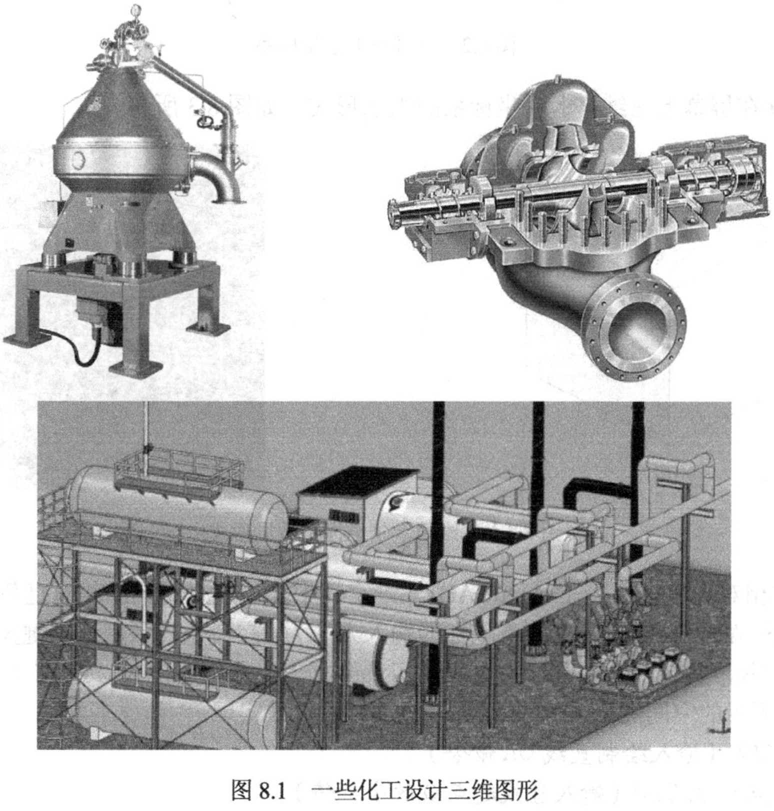

图 8.1　一些化工设计三维图形

8.1 AutoCAD 三维坐标系快速入门

8.1.1 AutoCAD 三维空间坐标系

在 CAD 三维空间中创建对象时，可以使用笛卡尔坐标、相对直角坐标、柱坐标或球坐标定位点。

（1）三维笛卡尔坐标　三维笛卡尔坐标通过使用三个坐标值来指定精确的位置：X、Y 和 Z。使用 AutoCAD 进行三维空间图形的绘制时，图形对象位置点由 3 个坐标确定，即（X，Y，Z）。其坐标系由 X、Y、Z 轴构成，如图 8.2 所示，坐标值(3,2,5) 表示一个沿 X 轴正方向 3 个单位，沿 Y 轴正方向 2 个单位，沿 Z 轴正方向 5 个单位的点。

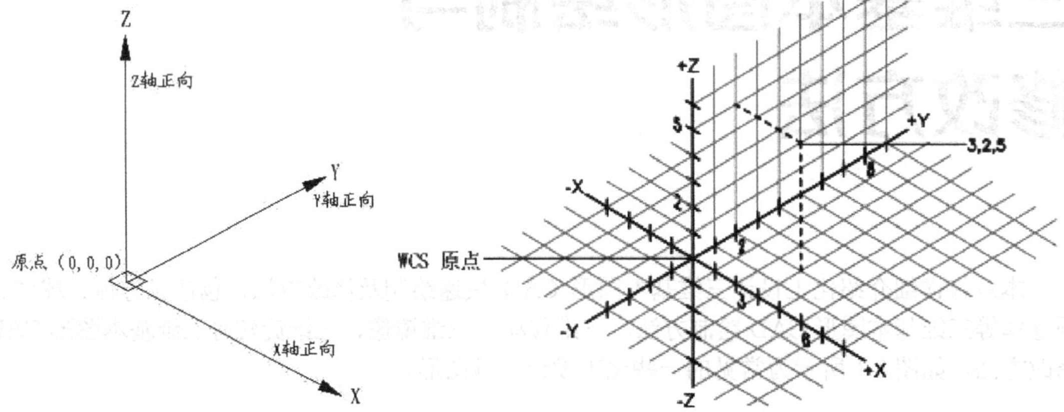

图 8.2　三维笛卡尔坐标系

AutoCAD 在屏幕上三维笛卡尔坐标系的表示形式，如图 8.3 所示。

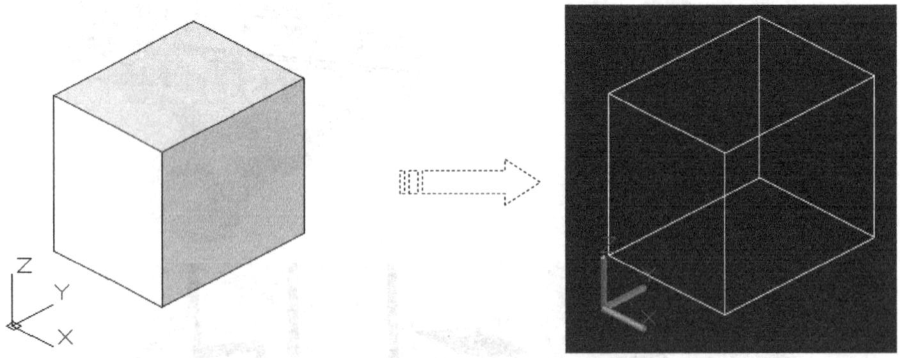

图 8.3　三维笛卡尔坐标系常见形式

（2）三维相对直角坐标　在 AutoCAD 三维空间中，一般采用三维相对直角坐标法确定一个点的位置。即 AutoCAD 三维空间点坐标的输入方法为：在命令提示后通过键盘直接以“@X，Y，Z”形式输入，其中“@X，Y，Z”表示相对于上一个点分别在 X、Y、Z 方向的距离。

如图 8.4 所示的空间图形 A 点坐标可以通过如下方式实现：

命令：LINE（输入绘制直线 OA 命令）

指定第一点：0,0,0（输入直线起点 O 的坐标值）

指定下一点或 [放弃(U)]：@22,7,20（输入直线终点 A 的坐标）

指定下一点或 [放弃(U)]：（回车）

指定下一点或 [闭合(C)/放弃(U)]：（回车）

（3）三维柱坐标　三维柱坐标通过 XY 平面中与 UCS 原点之间的距离、XY 平面中与 X 轴的角度以及 Z 值来描述精确的位置。

三维柱坐标输入相当于三维空间中的二维极坐标输入。它在垂直于 XY 平面的轴上指定另一个坐标。柱坐标通过定义某点在 XY 平面中距 UCS 原点的距离，在 XY 平面中与 X 轴所成的角度以及 Z 值来定位该点。使用以下格式指定使用绝对柱坐标的点：

X<(与 X 轴所成的角度)，Z

例如，如图 8.5 所示，坐标“5<30，6”表示距当前 UCS 的原点 5 个单位、在 XY 平面中与 X 轴成 30°、沿 Z 轴 6 个单位的点。

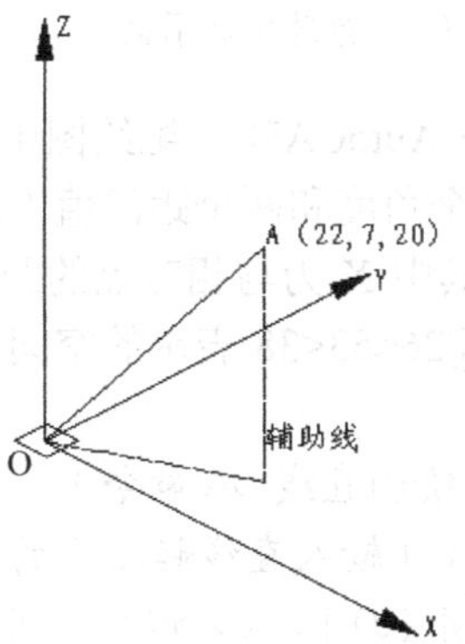

图 8.4　三维相对直角坐标举例

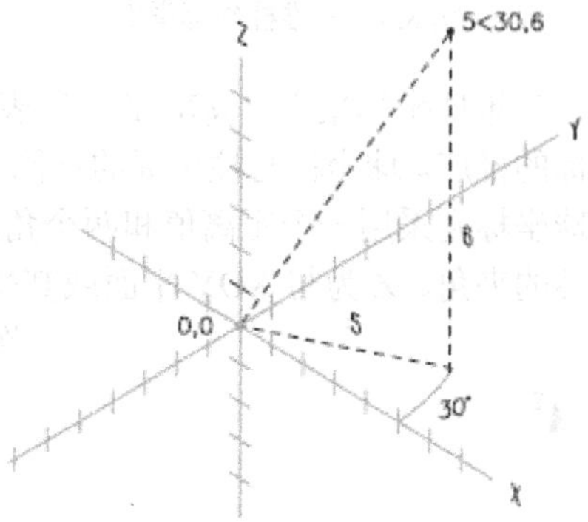

图 8.5　三维柱坐标示意

需要基于上一点而不是 UCS 原点来定义点时，可以输入带有“@”前缀的相对柱坐标值。即：三维相对柱坐标是在极坐标的基础上附加一个沿 Z 轴方向的距离，即“@X<Y，Z”，其中“X”为距离，“Y”为转角，“Z”为沿 Z 轴方向的距离。例如，坐标“@26<53,20”表示在 XY 平面中距上一输入点 26 个单位、与 X 轴正向成 53° 角、在 Z 轴正向延伸 20 个单位的点。“@26<53,20”表示的空间位置点 A 如图 8.6 所示。

命令：LINE（输入绘制直线 OA 命令）

指定第一点：0,0,0（输入直线起点 O 的坐标值）

指定下一点或 [放弃(U)]：@26<53,20（输入直线终点 A 的坐标）

指定下一点或 [放弃(U)]：（回车）

指定下一点或 [闭合(C)/放弃(U)]：（回车）

（4）三维球坐标　三维球坐标通过指定某个位置距当前 UCS 原点的距离、在 XY 平面中与 X 轴所成的角度以及与 XY 平面所成的角度来指定该位置。三维球坐标输入与二维中的极坐标输入类似。通过指定某点距当前 UCS 原点的距离、与 X 轴所成的角度（在 XY 平面中）以及与 XY 平面所成的角度来定位点，每个角度前面加一个左尖括号“<”，如以下格式所示：

X<(与 X 轴所成的角度)<(与 XY 平面所成的角度)

例如，如图 8.7 所示，坐标“8<60<30”表示在 XY 平面中距当前 UCS 的原点 8 个单位、在 XY 平面中与 X 轴成 60° 角以及在 Z 轴正向上与 XY 平面成 30° 角的点。坐标 5<45<15 表示距原点 5 个单位、在 XY 平面中与 X 轴成 45° 角、在 Z 轴正向上与 XY 平面成 15° 角的点。

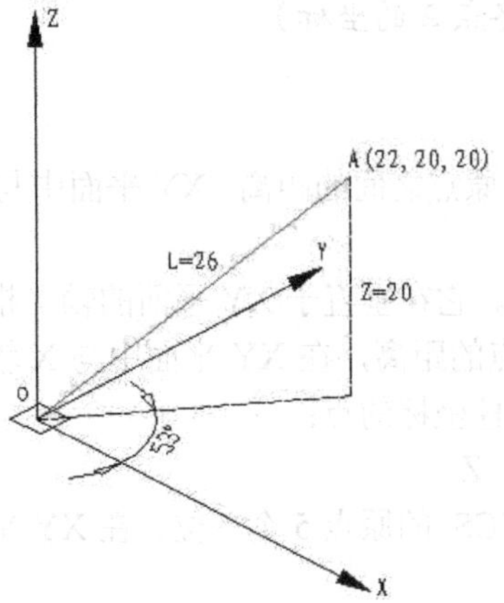

图 8.6 三维柱坐标举例

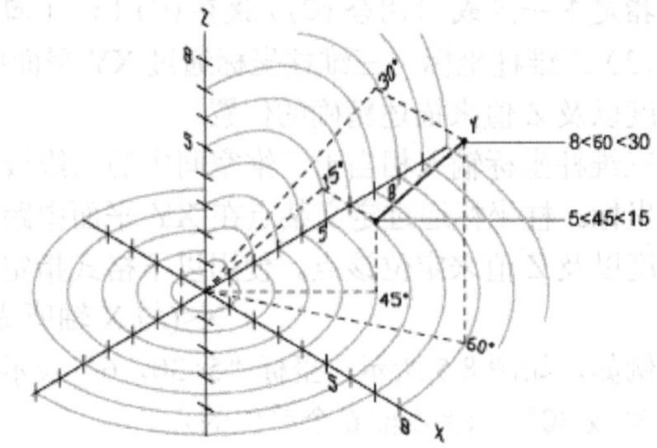

图 8.7 三维球坐标示意

三维球坐标采用“@X<Y<Z”表示相对坐标位置，也是 AutoCAD 二维绘图中所使用的极坐标的推广。球坐标与柱坐标的不同之处在于柱坐标采用一个角度和两个距离值（@X<Y，Z），而球坐标则采用一个距离值和两个角度，即“@X<Y<Z”，其中 X 为与相对点的距离，Y 为与 X 轴的夹角、Z 为与 XOY 平面或其平行面的夹角。例如，@26<53<38 表示的空间位置点 A 如图 8.8 所示。

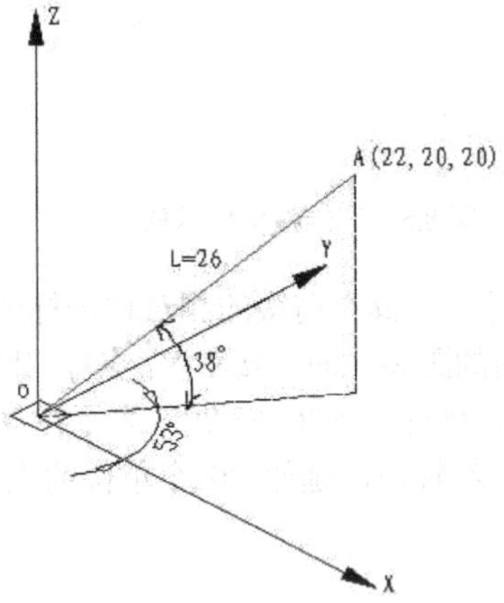

图 8.8 三维球坐标举例

命令：LINE（输入绘制直线 OA 命令）

指定第一点：0,0,0（输入直线起点 O 的坐标值）

指定下一点或 [放弃(U)]：@26<53<38（输入直线终点 A 的坐标）

指定下一点或 [放弃(U)]：（回车）

指定下一点或 [闭合(C)/放弃(U)]：（回车）

8.1.2 AutoCAD 的 UCS 使用方法

在 CAD 绘图区域中显示一个图标，它表示矩形坐标系的 XY 轴，该坐标系称为“用户坐标系”，或 UCS。UCS 图标在确定正轴方向和旋转方向时遵循传统的右手定则，如图 8.9 所示。您可以选择、移动和旋转 UCS 图标以更改当前的 UCS。UCS 在二维中很有用，在三维中也很重要。

建立与改变 UCS 位置和方向的 AutoCAD 命令是 UCS。启动 UCS 命令可以通过以下 3 种方式。

■ 在“命令:”命令行提示下输入“UCS”命令。

■ 在 UCS 工具栏中选择 AutoCAD 中 UCS 按钮。

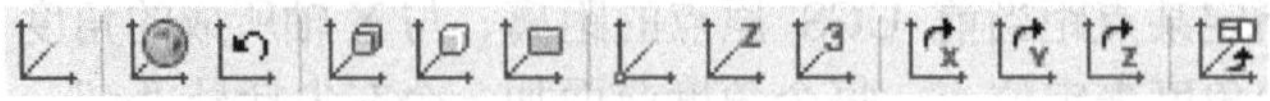

■ 打开“工具”菜单选择“新建 UCS”命令，然后在弹出的子菜单中进一步选择命令。

激活 UCS 命令后，AutoCAD 命令提示为：

命令：UCS（建立与改变 UCS）

当前 UCS 名称：*世界*

指定 UCS 的原点或 [面(F)/命名(NA)/对象(OB)/上一个(P)/视图(V)/世界

(W)/X/Y/Z/Z 轴(ZA)] <世界>:

各子选项的含义为：

① 指定 UCS 的原点——使用一点、两点或三点定义一个新的 UCS，如图 8.10 所示。

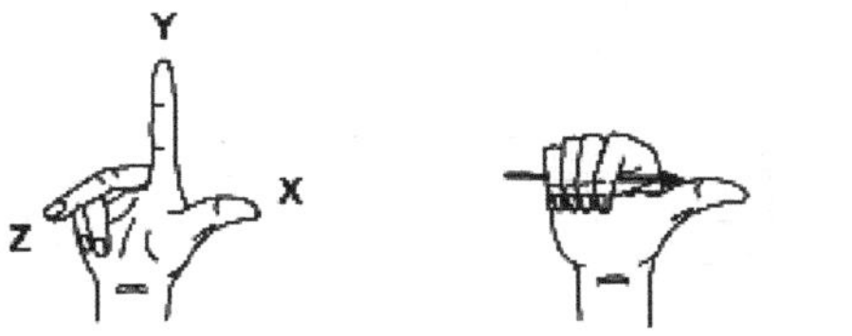

图 8.9　UCS 图标右手定则

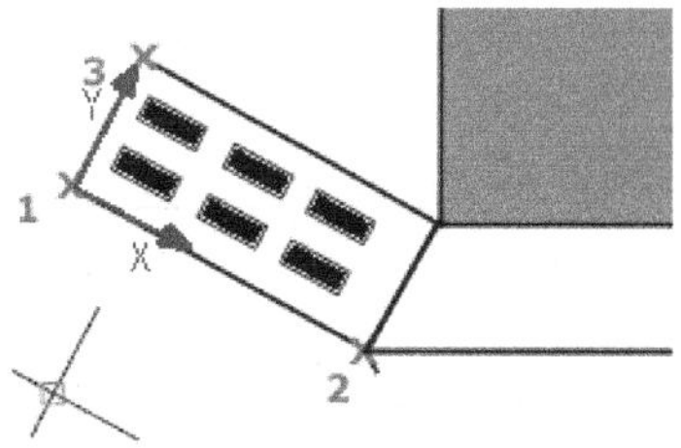

图 8.10　指定 UCS 的原点

② 命名(NA)—— 保存或恢复命名 UCS 定义。

③ Z 轴(ZA)—— 将 UCS 与指定的正 Z 轴对齐。指定一个新的坐标原点和当前 Z 轴正方向上的一个点确定新的 Z 轴正方向。

④ 对象(OB)—— 将 UCS 与选定的二维或三维对象对齐。UCS 可与任何对象类型对齐（除了参照线和三维多段线）。

⑤ 面(F)—— 将 UCS 附着于三维实体的一个面上（用鼠标单击实体的面即可），新的 UCS 的 X 轴正方向与所选第一个面的封闭边相吻合。

⑥ 上一个(P)—— 恢复上一个 UCS。

⑦ 视图(V)—— 将 UCS 的 XY 平面与垂直于观察方向的平面对齐。原点保持不变，但 X 轴和 Y 轴分别变为水平和垂直。

⑧ X/Y/Z/—— 分别旋转 X、Y、Z 轴建立新的 UCS，如图 8.11 所示。

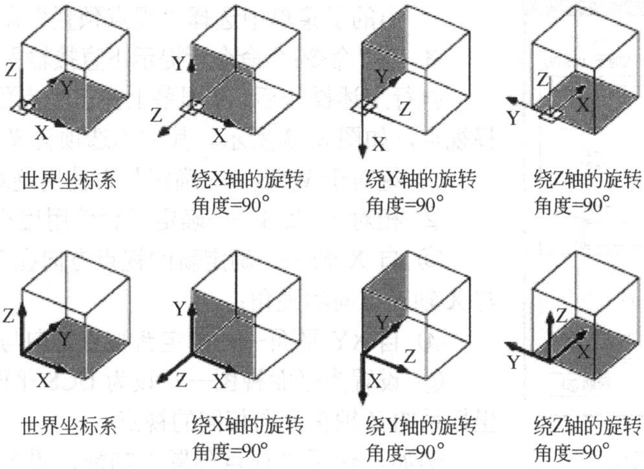

图 8.11　分别旋转 X、Y、Z 轴建立新 UCS

⑨ 世界（W）—— 将 UCS 与世界坐标系(WCS)对齐。

指定面创建新的 UCS 使用示例如图 8.12 所示，其他建立方法类似：

命令：UCS

当前 UCS 名称：*世界*

指定 UCS 的原点或 [面(F)/命名(NA)/对象(OB)/上一个(P)/视图(V)/世界(W)/X/Y/Z/Z 轴(ZA)] <世界>：F

选择实体面、曲面或网格：
输入选项 [下一个(N)/X 轴反向(X)/Y 轴反向(Y)] <接受>：（回车）

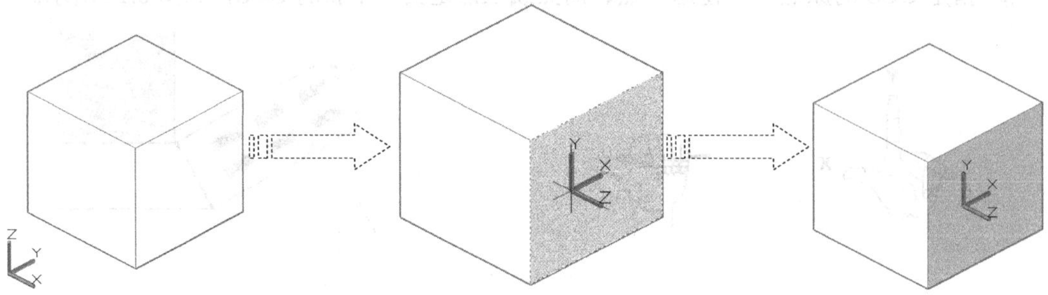

图 8.12 指定面创建新 UCS

8.2 AutoCAD 三维图形观察方法

AutoCAD 提供了多种观察图形的方法。AutoCAD 平面图形观察方法包括缩放（ZOOM）、平移（PAN）和鸟瞰（AERIAL）等。在三维模型空间中，可以从任何视点、动态地观察图形模型，从而得到各种方向的视图。与平面图形观察方法类似，除了可以使用缩放、平移和鸟瞰等功能命令外，还可以通过其他一些专用功能对三维图形进行观察，如 VPOINT、DVIEW 等功能命令。可根据绘图时不同的需要使用合适的观察方式。

（1）视点预置 CAD 视点预置是指通过输入角度的方式设置视点来观察三维图形的方法。其功能命令为 DDVPOINT（缩略为 VP）。使用该功能的方法如下。

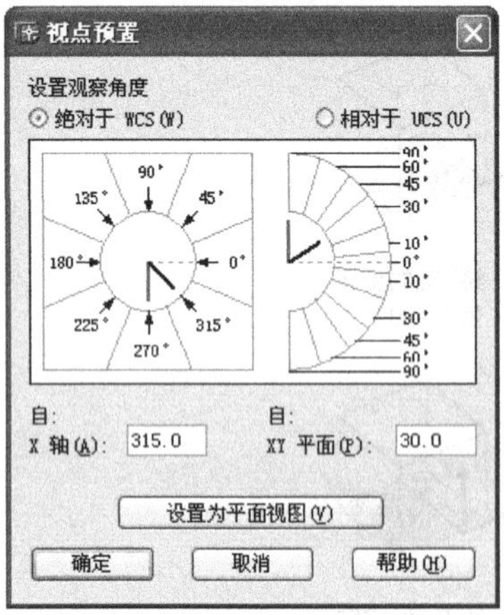

图 8.13 视点预置

■ 打开“视图”下拉菜单“三维视图”命令，然后在弹出的子菜单中选择“视点预置”命令。

■ 在“命令:”命令行提示下直接输入“VP”并回车确认。

执行上述操作后，在屏幕上弹出视点预置对话框直观地选择视点，如图 8.13 所示。其中的选项含义分别为：

① 绝对于 WCS——确定是否使用绝对世界坐标系；

② 相对于 UCS——确定是否使用用户坐标系；

③ 自 X 轴——确定新的视点方向在 XOY 平面内的投影与 X 轴正方向的夹角；

④ 自 XY 平面——确定新视点方向与 XOY 平面的夹角；

⑤ 设置为平面视图——设为 UCS 平面视图，即设置为与坐标系的 Z 轴正方向相同的视点。

例如，使用“视点预置”功能，设置视点的参数为：与 XOY 平面的夹角 135°，与 X 轴正方向的夹角 60°。得到的视图如图 8.14 所示。

（2）动态观察 CAD 动态观察包括受约束动态观察（命令为 3DORBIT）、自由动态观察（命令为 3DFORBIT）、连续动态观察（命令为 3DCORBIT），可以动态地、交互地观察三维图形。激活该功能的方法如下。

■ 打开“视图”下拉菜单中“动态观察器”选项选择合适的命令。

■ 单击“动态观察”工具栏中单击相应的功能命令图标。

■ 在“命令:”命令行提示下直接输入“3DORBIT”“3DFORBIT”“3DCORBIT”并回车确认。

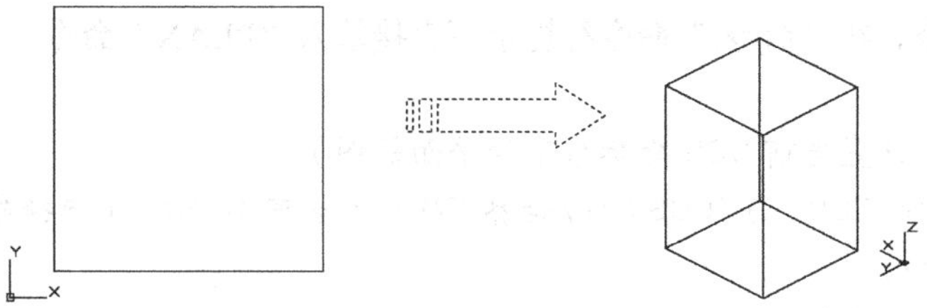

图 8.14　使用“视点预置”观察三维图形

以 3DCORBIT 为例（3DORBIT 与此类似），其操作方法如下，如图 8.15 所示。

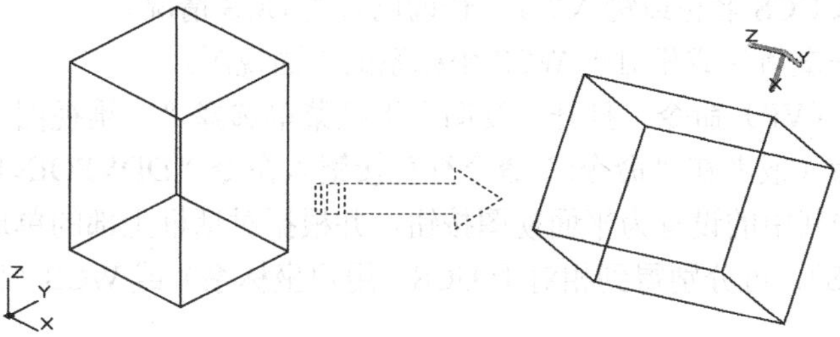

图 8.15　三维动态观察器

命令：3DCORBIT（进行三维图形观察）

按“Esc”或“Enter”键退出，或者单击鼠标右键显示快捷菜单。

执行上述命令后按下鼠标左键不放并拖动鼠标，就可以旋转物体对象，从不同角度观察三维空间图形。要结束观察，只需按“Esc”或“Enter”键结束操作，也可以单击右键显示快捷菜单进行选择退出命令选项即可。

（3）平面视图　在进行 CAD 三维图形绘制时，常常要从某个正方向观察图形，也即设置为当前 UCS/WCS 的平面视图，如图 8.16 所示。

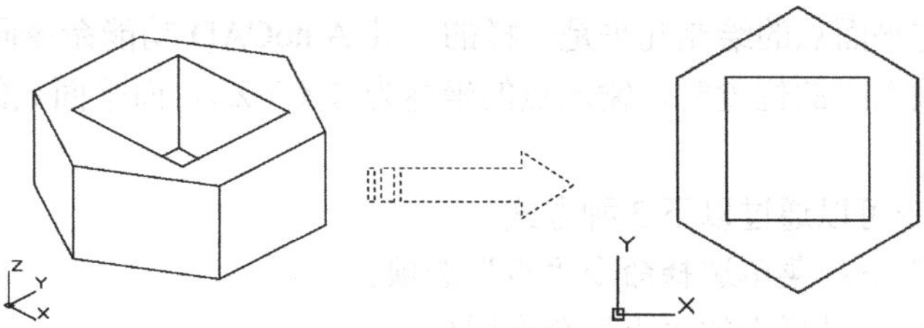

图 8.16　当前 UCS/WCS 平面视图

获得平面视图有如下 2 个方法，如图 8.17 所示。

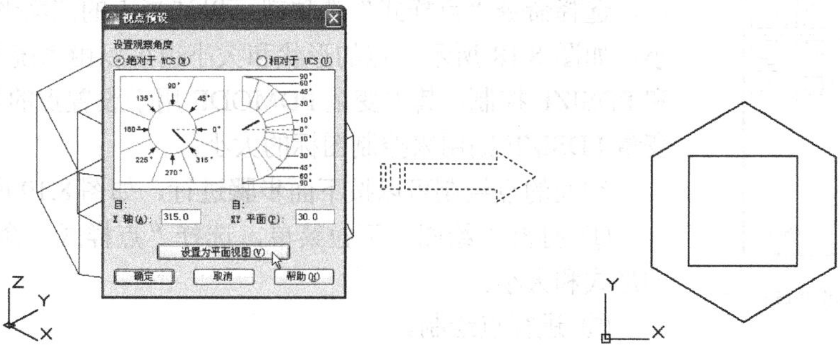

图 8.17　使用 VP 设置平面视图

① PLAN 命令。在“命令:”命令行提示下直接输入“PLAN”命令，即可得到当前 UCS 的平面视图。

命令：PLAN（设置当前UCS坐标系下的平面视图）

输入选项 [当前 UCS(C)/UCS(U)/世界(W)] <当前 UCS>:（选择命令选项）

正在重生成模型。

其中选项的含义分别为：

- 当前 UCS(C)——在当前视口中重新生成相对于当前 UCS 的平面视图，为默认值。
- UCS(U)——重新生成图形，使它变成以前存储的 UCS 平面图形。执行该项后，命令行提示：“键入 UCS 名称或键入？：”查询已有的 UCS 情况。
- 世界(W)——重新生成相对于 WCS 坐标系的平面视图。

② DDVPOINT（VP）命令。打开“视图”下拉菜单选择“三维视图”命令，在子菜单中选择“视点预设”后（或者在“命令:”命令行直接键入命令“DDVPOINT”或“VP”），在弹出的对话框上，单击其中的设置为平面视图按钮，并根据对话框上部的单选框选择情况（绝对于 WCS /相对于 UCS），可分别得到相对于 UCS（用户坐标系）或 WCS（世界坐标系）的平面视图。

8.3 三维基本图形 CAD 快速绘制

8.3.1 空间点与三维线 CAD 快速绘制

空间点与三维线的绘制，是 AutoCAD 最为基本的功能。其中三维线包括三维直线与三维多段线、三维射线与三维构造线、三维弧线与三维椭圆弧线、三维多线与三维样条曲线等各种线型的绘制。

8.3.1.1 空间点

空间点的绘制与平面点的绘制几乎是一样的，其 AutoCAD 功能命令同样是 POINT（缩略为 PO）。区别在于输入点的位置时，输入点的坐标为（X,Y,Z），而平面点的绘制输入点的坐标为（X,Y）。

启动 POINT 命令可以通过以下 3 种方式：

- 打开“绘图”下拉菜单选择命令“点”选项。
- 单击“绘图”工具栏上的“点”命令图标。
- 在“命令:”命令行提示下直接输入“POINT”或“PO”命令。

在进行绘制前，先设置点的形式和大小。打开“格式”下拉菜单，选择命令“点样式”选项就可以选择点的图案形式和图标的大小。如图 8.18 所示。点的形状和大小也可以由系统变量 PDMODE 和 PDSIZE 控制，其中变量 PDMODE 用于设置点的显示图案形式，变量 PDSIZE 则用来控制图标的大小。

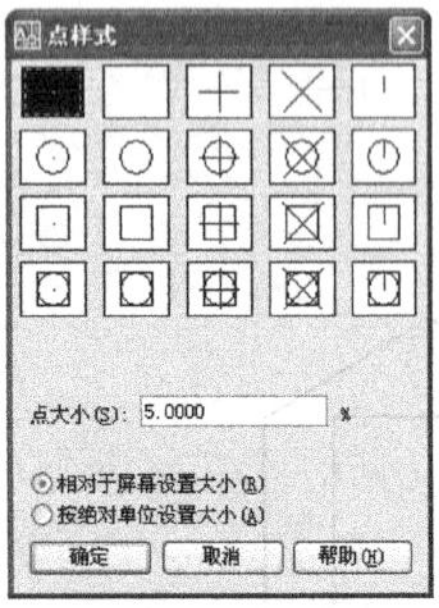

图 8.18 设置空间“点样式”

空间的点绘制可以按下面步骤进行，如图 8.19 所示。

① 打开“绘图”下拉菜单，选择“点样式”命令选项设置点的形式和大小。

② 进行点绘制。

命令： POINT（输入画点命令）

当前点模式： PDMODE=66 PDSIZE=5.0000（系统变量的设置数值）

指定点：15，20，18（直接输入点的坐标X、Y、Z）

8.3.1.2 三维直线与三维多段线

（1）三维直线 三维直线的绘制与平面直线的绘制几乎也是一样的，其AutoCAD功能命令同样是LINE（缩略为L）。区别在于输入直线端点的位置时，输入点的坐标为（X,Y,Z），而不是（X,Y）。点的坐标数值可以使用“ID”命令进行查询。

启动LINE命令可以通过以下3种方式：

■ 打开“绘图”下拉菜单选择“直线”命令选项。

■ 单击“绘图”工具栏上的“直线”命令图标。

■ 在“命令:” 命令行提示下直接输入“LINE”或“L”命令。

三维直线的绘制可以按下面步骤进行，执行LINE命令后，AutoCAD提示与平面时是一致的。如图8.20所示。

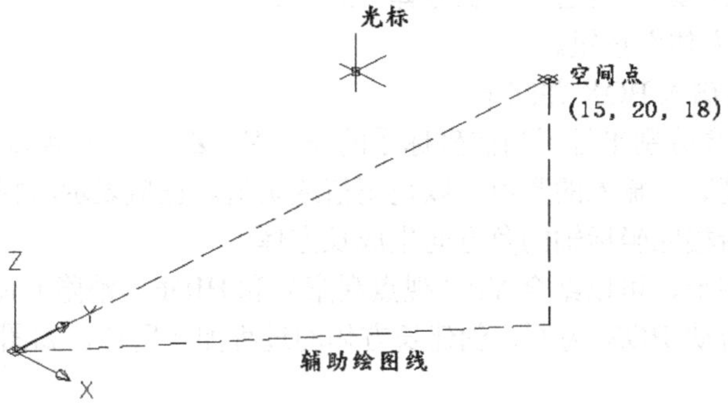

图8.19 绘制空间点

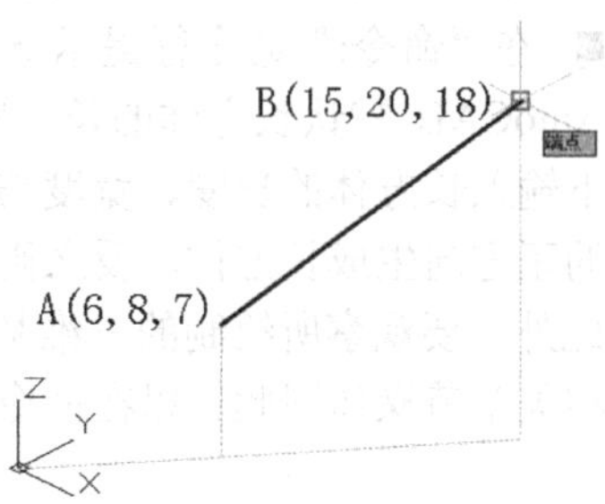

图8.20 绘制三维直线

命令：LINE（输入绘制三维直线ab命令）

指定第一点：6,8,7（指定三维直线起点a）

指定下一点或［放弃(U)］：15,20,18（指定三维直线终点b）

指定下一点或［放弃(U)］：（回车结束绘制）

为便于更为直观地观察绘制效果，最好使用VP命令改变视点进行观察，如设置观察点为（315，45）。图中的辅助线是为了便于学习而由作者添加的。后面有关操作与此相似，不再重述。

（2）三维多段线 绘制三维多段线的功能命令为3DPOLY，而不是绘制平面多段线的命令PLINE。此外，3DPOLY不能设置线的宽度，而且也不能绘制圆弧。利用3DPOLY命令，通过输入多个三维坐标点（X,Y,Z）即可绘制三维多段线。

启动3DPOLY命令可以通过以下2种方式。

■ 打开“绘图”下拉菜单选择“3D Polyline”命令选项。

■ 在“命令:” 命令行提示下直接输入“3DPOLY”命令。

三维多段线的绘制可以按下面步骤进行，执行3DPOLY命令后，即可按AutoCAD提示进行绘制，如图8.21所示。

命令：3DPOLY（输入绘制三维多段线命令）

指定多段线的起点：7,9,5（三维多段线起点A的位置）

指定直线的端点或［放弃(U)］：15,12,10（三维多段线所通过点B的位置）

指定直线的端点或［放弃(U)］：15,20,18（三维多段线所通过下一点C的位置）

指定直线的端点或［闭合(C)/放弃(U)］：23,20,15（三维多段线所通过下一点D的位置）

……

指定直线的端点或 [闭合(C)/放弃(U)]：（下一点）

指定直线的端点或 [闭合(C)/放弃(U)]：（回车结束绘制）

8.3.2 三维基本实体图形 CAD 快速绘制

AutoCAD 三维基本实体图形，包括长方体（含正方体）、圆锥体（含椭圆锥体）、楔形体与圆柱体（含椭圆柱体）、球体和圆环体等三维实体。AutoCAD 提供了直接绘制这些三维基本实体图形的功能命令，

8.3.2.1 长方体和正方体

长方体和正方体是最为规则的三维图形之一。

（1）长方体　长方体是指长度、宽度和高度 3 个方向的尺寸不相同的立体图形。其命令 AutoCAD 功能命令是 BOX。启动 BOX 命令可以通过以下 3 种方式。

■ 打开“绘图”下拉菜单选择“建模”，再选择“长方体”选项。

■ 单击“建模”工具栏上的“长方体”按钮。

■ 在“命令:”命令行提示下直接输入 BOX 并回车。

AutoCAD 默认长方体的长、宽、高分别平行于当前坐标系的 X、Y、Z 轴。在 AutoCAD 提示下输入长方体的长度、宽度与高度时，输入的数值可以是正值或负值。正值表示沿相应坐标轴的正方向生成长方体，反之则是沿相应坐标轴的负方向生成长方体。

此外，要观察所绘制的三维基本图形，可以结合 VP（视点观察）和 HIDE（消隐）命令。以下相关章节操作同此。以在命令行启动 BOX 为例，创建长方体的过程如下所述，如图 8.22 所示。

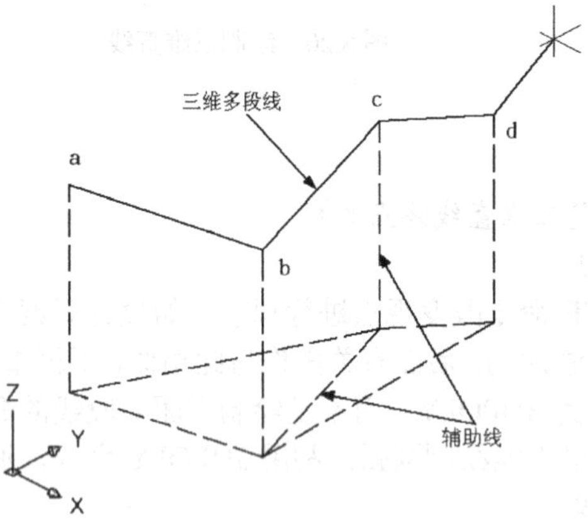

图 8.21　绘制三维多段线

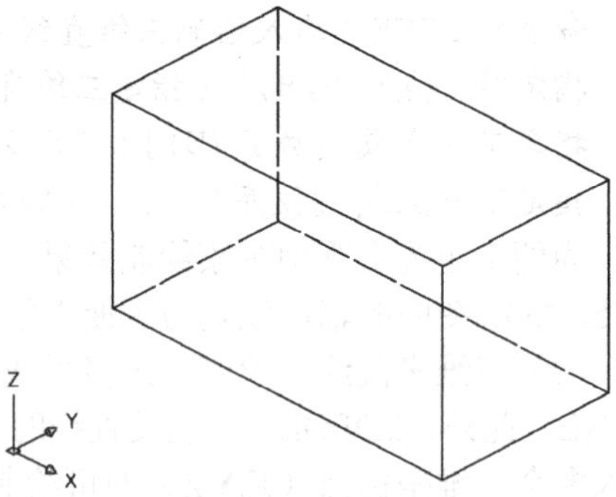

图 8.22　创建长方体

命令：BOX（输入绘制长方体命令“BOX”）

指定第一个角点或 [中心(C)]:（确定长方体的另一个角点位置或输入长方体底面中心点的坐标）

指定其他角点或 [立方体(C)/长度(L)]:（指定长方体其他角点）

指定高度或 [两点(2P)] <195.7622>:（指定长方体高度）

（2）正方体　正方体是指长度、宽度和高度 3 个方向的尺寸都相同的立体图形。其命令 AutoCAD 功能命令也是 BOX，绘制方法与长方体基本一样。启动 BOX 命令可以通过以下 3 种方式。

■ 打开“绘图”下拉菜单选择“建模”，再选择“长方体”选项。

■ 单击“建模”工具栏上的“长方体”按钮。

■ 在“命令:”命令行提示下直接输入“BOX”并回车。

以在命令行启动 BOX 为例，创建正方体的过程如下所述，如图 8.23 所示。

命令：BOX（执行绘制正方体命令“BOX”）

指定第一个角点或 [中心(C)]：(确定正方体的另一个角点位置或输入正方体底面中心点的坐标)

指定其他角点或 [立方体(C)/长度(L)]： C（输入“C”绘制正方体）

指定长度： 1500（输入边长）

8.3.2.2　楔体

楔体是一种如楔状的立体图形，分为等边的楔形体和不等边的楔形体。其 AutoCAD 功能命令是 WEDGE。启动 WEDGE 命令可以通过以下 3 种方式。

■ 打开“绘图”下拉菜单选择“建模”，再选择“楔体”选项。

■ 单击“建模”工具栏上的“楔体”按钮。

■ 在“命令:”命令行提示符下输入“WEDGE”并回车。

在输入楔形体的长度、宽度、高度值时，其数值可以是正值或是负值。如果输入正值，AutoCAD 将沿着相应坐标轴的正方向生成楔形体，反之则沿坐标轴的负方向生成楔形体。

以在命令行启动 WEDGE 为例，创建楔形体的过程如下所述，如图 8.24 所示。

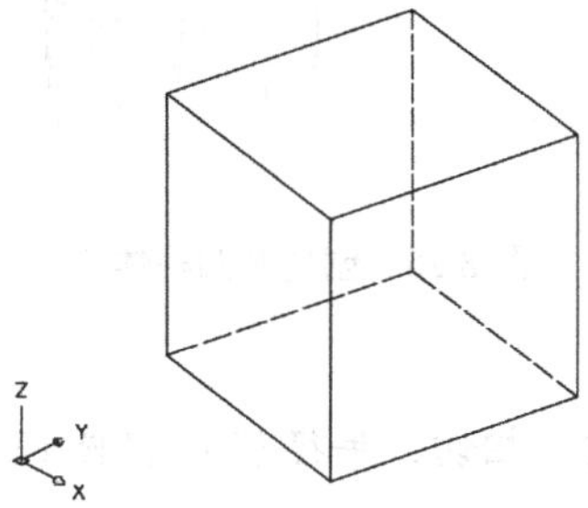

图 8.23　创建正方体

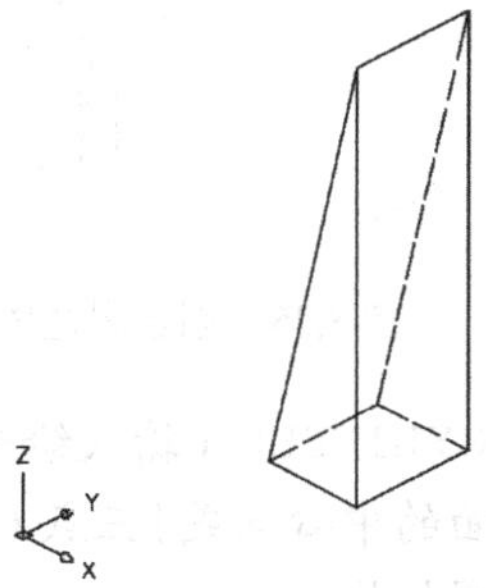

图 8.24　创建楔形体

命令：WEDGE（输入绘制楔形体命令“WEDGE”）

指定第一个角点或 [中心(C)]：（确定楔形体第一个顶点的位置或按中心点方式生成楔形体）

指定其他角点或 [立方体(C)/长度(L)]：(确定楔形体另一个顶点的位置，或者选择 C、L 生成等边楔形体与按指定的长度、宽度、高度生成楔形体)

不允许零长度的楔体。

指定其他角点或 [立方体(C)/长度(L)]：

指定高度或 [两点(2P)] <708.4537>：(输入楔形体的高度)

8.3.2.3　圆柱体和椭圆柱体

(1) 圆柱体　圆柱体是一种如筒状的立体图形。其 AutoCAD 功能命令是 CYLINDER。启动 CYLINDER 命令可以通过以下 3 种方式。

■ 打开“绘图”下拉菜单选择“建模”，再选择“圆柱体”选项。

■ 单击“建模”工具栏上的“圆柱体”按钮。

■ 在“命令:”命令行提示符下输入“CYLINDER”并回车。

以在命令行启动 CYLINDER 为例，创建圆柱体的过程如下所述，如图 8.25 所示。

命令：CYLINDER（输入绘制圆柱体的命令“CYLINDER”）

指定底面的中心点或 [三点(3P)/两点(2P)/相切、相切、半径(T)/椭圆(E)]:(确定圆柱体底面的中心点位置或输入“E”绘制椭圆柱体)

指定底面半径或 [直径(D)]:(输入圆柱体底面半径大小或输入“D”来指定底面的直径)

指定高度或 [两点(2P)/轴端点(A)]:(输入圆柱体的高度或指定椭圆柱体另一端面上的椭圆中心点位置)

(2)椭圆柱体 椭圆柱体与是圆柱体类似的形体,为椭圆筒状的立体图形。其AutoCAD功能命令也是CYLINDER。启动CYLINDER命令可以通过以下3种方式。

- 打开“绘图”下拉菜单选择“建模”,再选择“圆柱体”选项。
- 单击“建模”工具栏上的“圆柱体”按钮。
- 在“命令:”命令行提示符下输入“CYLINDER”并回车。

以在命令行启动CYLINDER为例,创建椭圆柱体的过程如下所述,如图8.26所示。

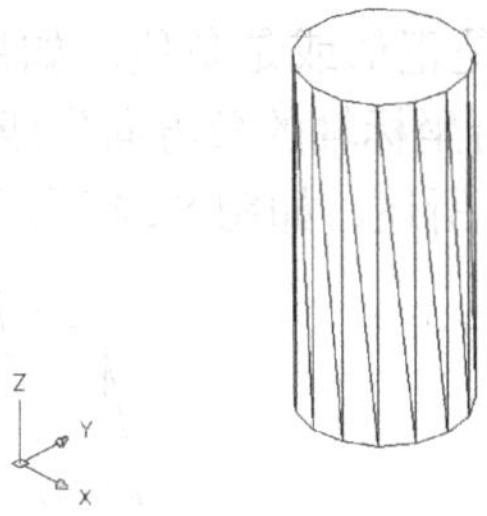

图8.25 创建圆柱体

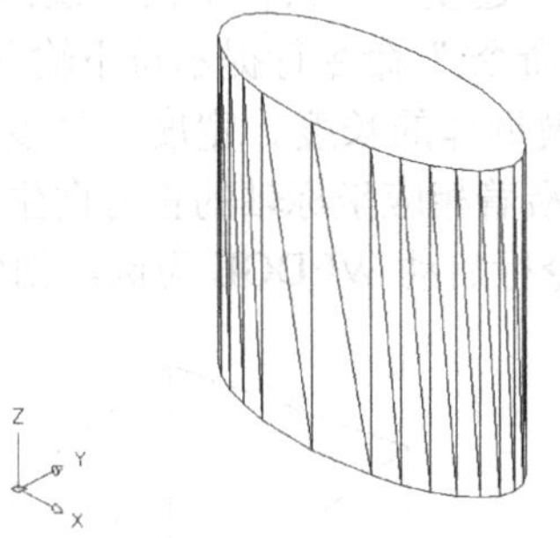

图8.26 创建椭圆柱体

命令:CYLINDER(输入绘制椭圆柱体的命令)

指定底面的中心点或[三点(3P)/两点(2P)/相切、相切、半径(T)/椭圆(E)]:E(输入“E”绘制椭圆柱体)

指定第一个轴的端点或 [中心(C)]:(指定椭圆柱体底面椭圆轴线端点或椭圆中心点位置)

指定第一个轴的其他端点:(指定椭圆柱体底面椭圆轴线另一个端点)

指定第二个轴的端点:

指定高度或 [两点(2P)/轴端点(A)] <319.3629>:3500(指定椭圆柱体的高度)

8.3.2.4 圆锥体和椭圆锥体

(1)圆锥体 圆锥体是一种锥状的立体图形,圆锥体既可以正立的,也可以是倾斜的。其AutoCAD功能命令是CONE。启动CONE命令可以通过以下3种方式。

- 打开“绘图”下拉菜单选择“建模”,再选择“圆锥体”选项。
- 单击“建模”工具栏上的“圆锥体”按钮。
- 在“命令:”命令行提示符下输入“CONE”并回车。

圆锥体高度是沿着当前UCS的Z轴方向的。

以在命令行启动CONE为例,创建圆锥体的过程如下所述,如图8.27所示。

命令:CONE(输入创建圆锥体的命令CONE)

指定底面的中心点或 [三点(3P)/两点(2P)/相切、相切、半径(T)/椭圆(E)]:

指定底面半径或 [直径(D)]<968.9581>:(输入圆锥体底面的半径或输入“D”来指定底面的直径)

指定高度或 [两点(2P)/轴端点(A)/顶面半径(T)] <1248.2677>:(输入圆锥体高度

或输入“Apex/A”来绘制倾斜的圆锥体）

（2）椭圆锥体　椭圆锥体与是圆锥体类似的形体，为一种锥状的立体图形。其 AutoCAD 功能命令也是 CONE。启动 CONE 命令可以通过以下 3 种方式。

- 打开“绘图”下拉菜单选择“建模”，再选择“圆锥体”选项。
- 单击“建模”工具栏上的“圆锥体”按钮。
- 在“命令:”命令行提示符下输入“CONE”并回车。

以在命令行启动 CONE 为例，创建椭圆锥体的过程如下所述，如图 8.28 所示。

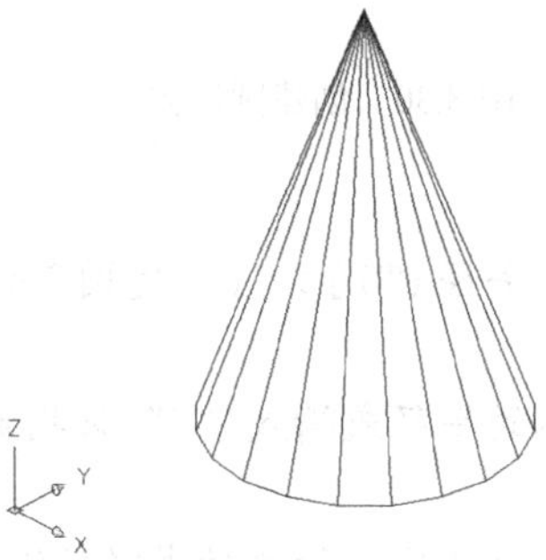

图 8.27　创建圆锥体

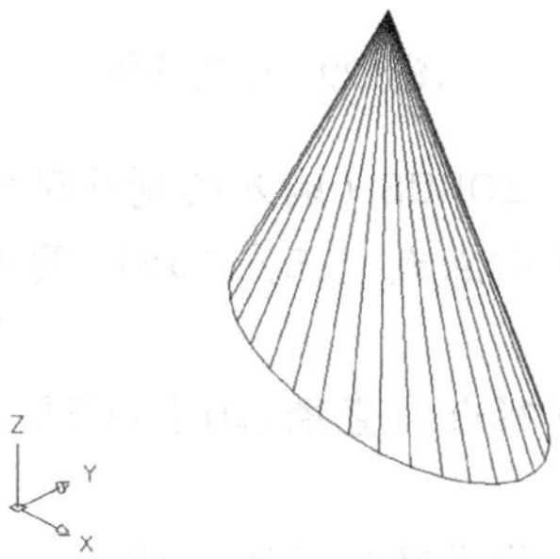

图 8.28　创建椭圆锥体

命令:CONE（输入创建椭圆锥体的命令）

指定底面的中心点或 [三点(3P)/两点(2P)/相切、相切、半径(T)/椭圆(E)]: E（输入“E”创建椭圆锥体）

指定第一个轴的端点或 [中心(C)]:（指定椭圆锥体底面的轴线端点）

指定第一个轴的其他端点:

指定第二个轴的端点:（指定椭圆锥体底面的轴线第 2 个端点）

指定高度或 [两点(2P)/轴端点(A)/顶面半径(T)] <1398.4371>:（指定椭圆锥体高度）

8.3.2.5　球体和圆环体

（1）球体　球体也是最为规则的三维空间图形之一。其 AutoCAD 功能命令也是 SPHERE。启动 SPHERE 命令可以通过以下 3 种方式。

- 打开“绘图”下拉菜单选择“建模”，再选择“球体”选项。
- 单击“建模”工具栏上的“球体”按钮。
- 在“命令:”命令行提示符下输入“SPHERE”并回车。

以在命令行启动 SPHERE 为例，创建球体的过程如下所述，如图 8.29 所示。

命令: SPHERE（输入绘制球体的命令“SPHERE”）

指定中心点或 [三点(3P)/两点(2P)/相切、相切、半径(T)]:（指定球体中心点的位置）

指定半径或 [直径(D)]:（输入球体半径或输入“D”来指定球体的直径）

（2）圆环体　圆环体是一个环状的立体图形。其 AutoCAD 功能命令是 TORUS。启动 TORUS 命令可以通过以下 3 种方式。

- 打开“绘图”下拉菜单选择“建模”，再选择“圆环体”选项。
- 单击“建模”工具栏上的“圆环体”按钮。
- 在“命令:”命令行提示符下输入“TORUS”并回车。

以在命令行启动 TORUS 为例，创建圆环体的过程如下所述，如图 8.30 所示。

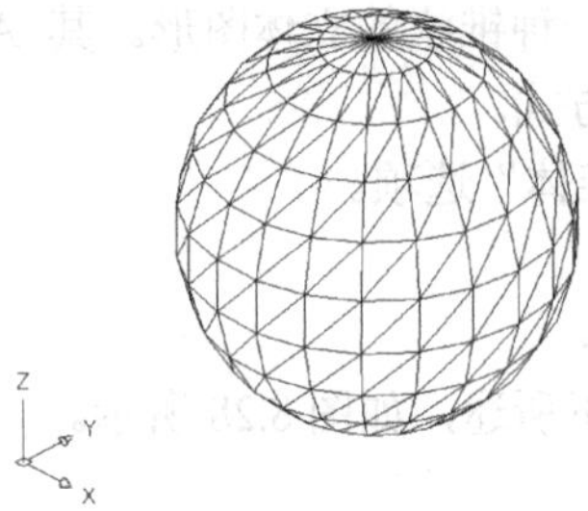

图 8.29 创建球体

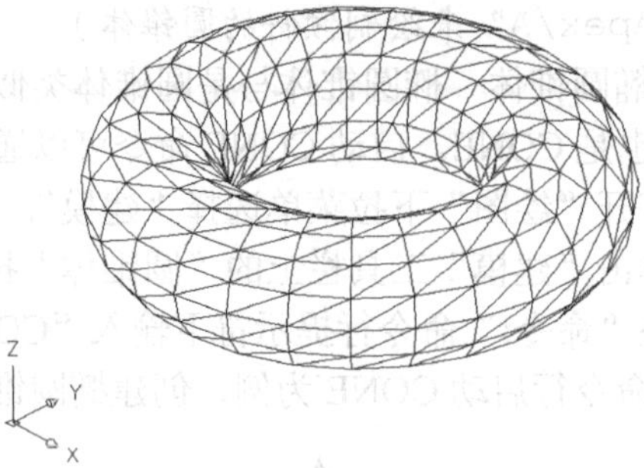

图 8.30 创建圆环体

命令：TORUS（输入绘制圆环体的命令 TORUS）

指定中心点或 [三点(3P)/两点(2P)/相切、相切、半径(T)]：（指定圆环体中心点的位置）

指定半径或 [直径(D)] <625.6014>:（输入圆环体的半径或输入“D”来指定圆环体的直径）

指定圆管半径或 [两点(2P)/直径(D)] <668.3051>:（输入管体的半径或输入“D”来指定管体的直径）

在绘制圆环体时，若圆环体的半径小于或等于管体的半径，则圆环体为封闭体，如图 8.31 所示。

8.3.2.6 多段体和棱锥体

（1）多段体　多段体是一个多个连续长方体构成的立体图形。其 AutoCAD 功能命令是 POLYSOLID。启动 POLYSOLID 命令可以通过以下 3 种方式。

■ 打开“绘图”下拉菜单选择“建模”，再选择“多段体”选项。

■ 单击“建模”工具栏上的“多段体”按钮。

■ 在“命令:”命令行提示符下输入“POLYSOLID”并回车。

以在命令行启动 POLYSOLID 为例，创建多段体的过程如下所述，如图 8.32 所示。

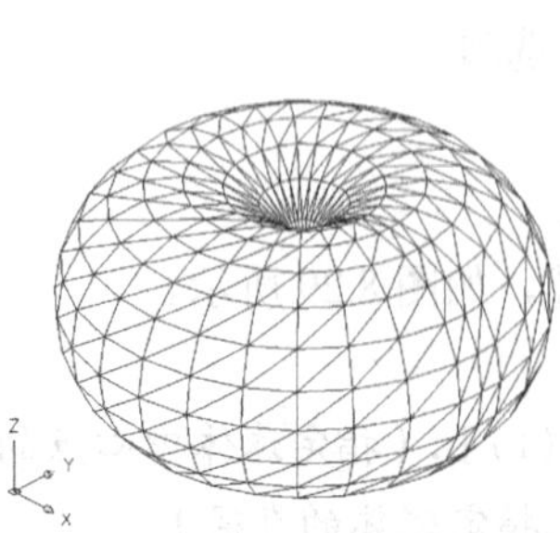

图 8.31 封闭的圆环体

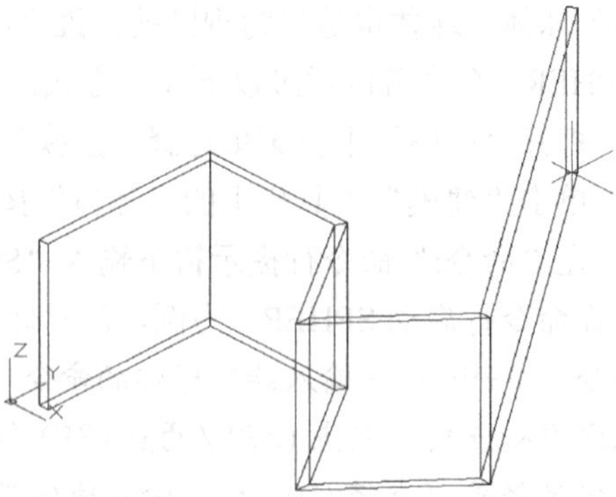

图 8.32 创建多段体

命令：POLYSOLID（绘制多段体）

高度 = 80.0000，宽度 = 5.0000，对正 = 居中

指定起点或 [对象(O)/高度(H)/宽度(W)/对正(J)] <对象>: W（输入“W”设置多段体的宽度）

指定宽度 <5.0000>: 18

高度 = 80.0000, 宽度 = 18.0000, 对正 = 居中

指定起点或 [对象(O)/高度(H)/宽度(W)/对正(J)] <对象>: H(输入“H”设置多段体的高度)

指定高度 <80.0000>: 1500

高度 = 1500.0000, 宽度 = 18.0000, 对正 = 居中

指定起点或 [对象(O)/高度(H)/宽度(W)/对正(J)] <对象>:

指定下一个点或 [圆弧(A)/放弃(U)]:

指定下一个点或 [圆弧(A)/放弃(U)]:

指定下一个点或 [圆弧(A)/闭合(C)/放弃(U)]:

......

指定下一个点或 [圆弧(A)/闭合(C)/放弃(U)]:(回车)

(2) 棱锥面 棱锥面是一个棱形的锥体图形。其 AutoCAD 功能命令是 PYRAMID。启动命令 PYRAMID 可以通过以下 3 种方式:

- 打开“绘图”下拉菜单选择“建模”,再选择“棱锥面”选项。
- 单击“建模”工具栏上的“棱锥面”按钮。
- 在“命令:”命令行提示符下输入“PYRAMID”并回车。

以在命令行启动 PYRAMID 为例,创建棱锥体的过程如下所述,如图 8.33 所示。

命令: PYRAMID(绘制棱锥面)

4 个侧面 外切

指定底面的中心点或 [边(E)/侧面(S)]:

指定底面半径或 [内接(I)] <1667.8744>:

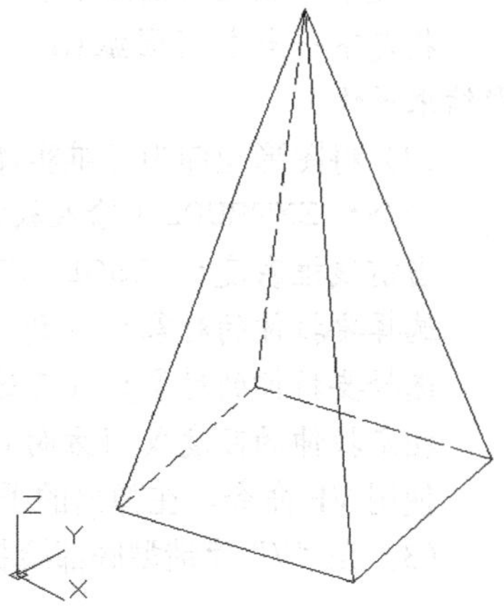

图 8.33 创建棱锥体

指定高度或 [两点(2P)/轴端点(A)/顶面半径(T)] <5227.9605>:(指定棱锥面立体高度)

8.3.3 三维复合实体图形 CAD 快速绘制

三维复合实体图形[图 8.34(a)]是指不能使用 AutoCAD 功能命令直接创建,但可以通过 2 个或 2 个以上的命令建立的不规则三维实体图形。下面结合如图 8.34(b)所示的具体例子,说明如何绘制三维复合实体图形。

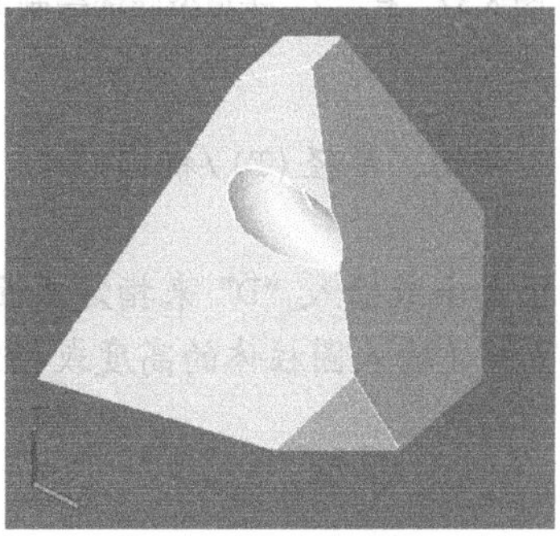
(a)

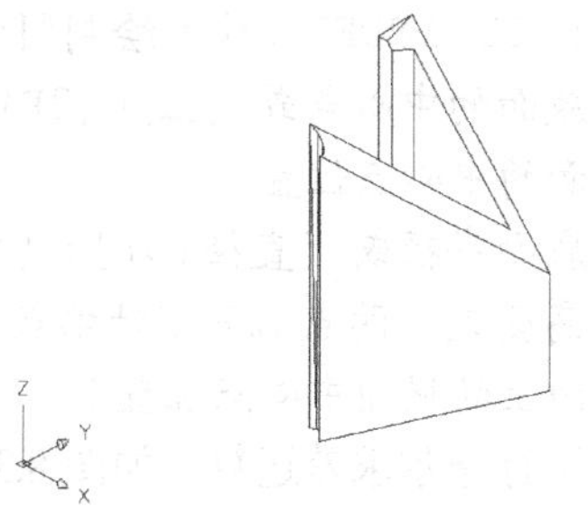

(b)

图 8.34 三维复合实体图形示例

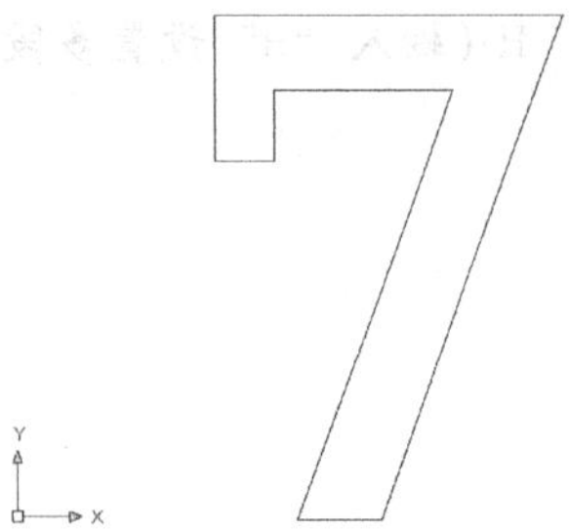

图8.35 绘制“7”字造型

（1）使用PLINE命令绘制1个“7”字造型平面图形，如图8.35所示。

命令：PLINE（绘制多段线）

指定起点：（确定起点位置）

当前线宽为 0.0000

指定下一个点或 [圆弧(A)/半宽(H)/长度(L)/放弃(U)/宽度(W)]：（依次输入多段线坐标点或直接在屏幕上使用鼠标点取）

指定下一点或 [圆弧(A)/闭合(C)/半宽(H)/长度(L)/放弃(U)/宽度(W)]：（下一点位置）

指定下一点或 [圆弧(A)/闭合(C)/半宽(H)/长度(L)/放弃(U)/宽度(W)]：

......

指定下一点或 [圆弧(A)/闭合(C)/半宽(H)/长度(L)/放弃(U)/宽度(W)]：

指定下一点或 [圆弧(A)/闭合(C)/半宽(H)/长度(L)/放弃(U)/宽度(W)]:C（闭合图形结束操作）

（2）将图形拉伸为三维实体图形，如图8.36所示。

命令：EXTRUDE（输入放样拉伸命令）

当前线框密度： ISOLINES=4

选择要拉伸的对象：找到 1 个（选择二维目标对象）

选择要拉伸的对象：（可选择多个二维目标对象或回车结束选择）

指定拉伸的高度或 [方向(D)/路径(P)/倾斜角(T)] <248.5842>:（输入拉伸的高度）

使用VP命令，在弹出的子命令“视点预置”进行观察。

（3）在“7”字造型底部绘制1个圆柱体，圆心位于7字造型底部中间位置，如图8.37所示。

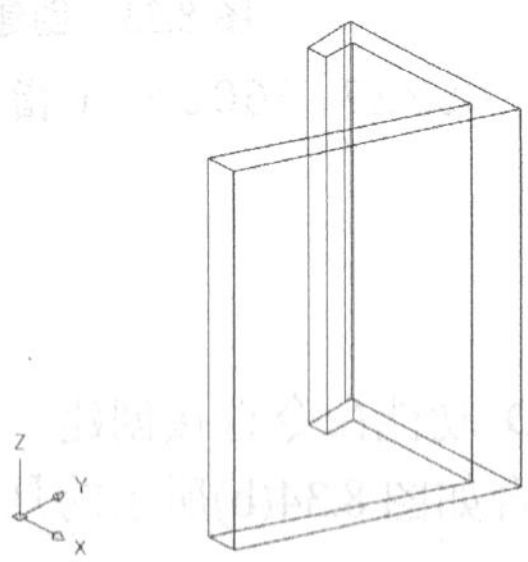

图8.36 拉伸为三维实体图形

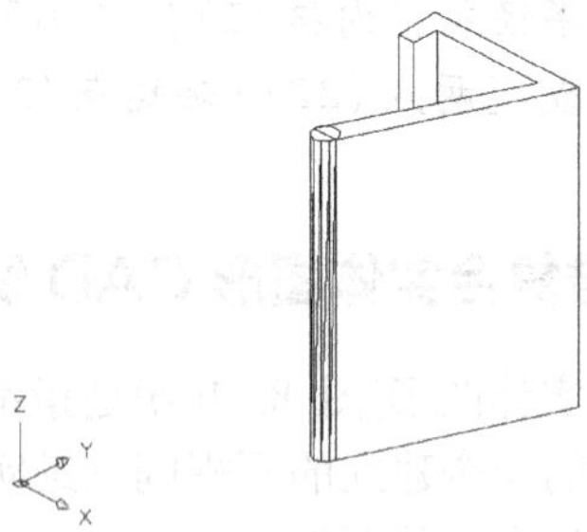

图8.37 在“7”字造型底部绘制1个圆柱体

命令：CYLINDER（输入绘制圆柱体的命令）

指定底面的中心点或 [三点(3P)/两点(2P)/相切、相切、半径(T)/椭圆(E)]：（确定圆柱体底面的中心点位置）

指定底面半径或 [直径(D)]:（输入圆柱体底面半径大小或输入“D”来指定底面的直径）

指定高度或 [两点(2P)/轴端点(A)] <2020.4887>:（输入圆柱体的高度或指定椭圆柱体另一端面上的椭圆中心点位置）

（4）进行布尔求差运算。如图8.38所示。

命令：SUBTRACT（输入求差运算命令）

选择要从中减去的实体或面域...

选择对象：找到 1 个
选择对象：(回车)
选择要减去的实体或面域...
选择对象：找到 1 个
选择对象：(回车)

(5) 通过切割，可以生成如图 8.39 所示的复合三维实体图形，消隐后即可得到前述图形。

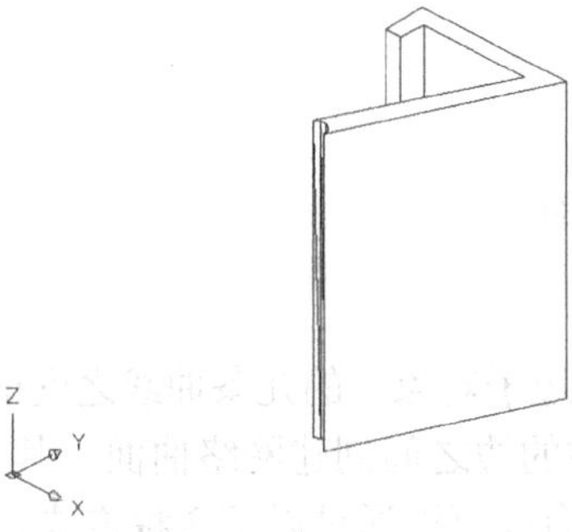

图 8.38　布尔求差运算

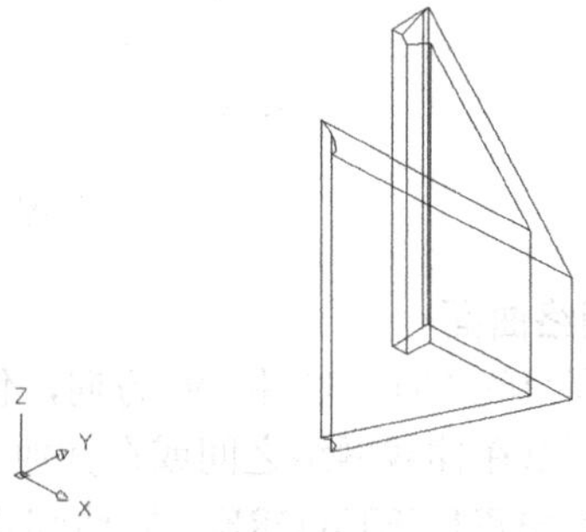

图 8.39　切割实体

命令：SLICE (输入切割命令)
选择要剖切的对象：找到 1 个
选择要剖切的对象：
指定切面的起点或 [平面对象(O)/曲面(S)/Z 轴(Z)/视图(V)/XY(XY)/YZ(YZ)/ZX(ZX)/三点(3)] <三点>：3
指定平面上的第一个点：
指定平面上的第二个点：
指定平面上的第三个点：
在所需的侧面上指定点或 [保留两个侧面(B)] <保留两个侧面>：

8.3.4　三维曲面图形的绘制

AutoCAD 三维曲面图形包括平面曲面、网络曲面等。进行三维曲面图形绘制时，需先绘制相关的操作三维空间曲面、三维空间曲线图形对象，然后再使用曲面功能命令创建相应的三维曲面图形。

8.3.4.1　平面曲面

平面曲面表面与前面所述的基本曲面体有所不同，其形体仅为一个空间四边平面体，其 AutoCAD 功能命令是 PLANESURF。启动 PLANESURF 命令可以通过以下 3 种方式。

- 打开“绘图”下拉菜单中的“建模”子菜单，选择其中的“曲面”选项，在选中“平面”功能命令项。
- 单击“建模”工具栏上的“平面曲面”按钮。
- 在“命令:”命令行提示符下输入“PLANESURF”并回车。

以在命令行启动 PLANESURF 为例，创建平面曲面表面的过程如下所述，如图 8.40 所示。

命令：PLANESURF
指定第一个角点或 [对象(O)] <对象>：
指定其他角点：

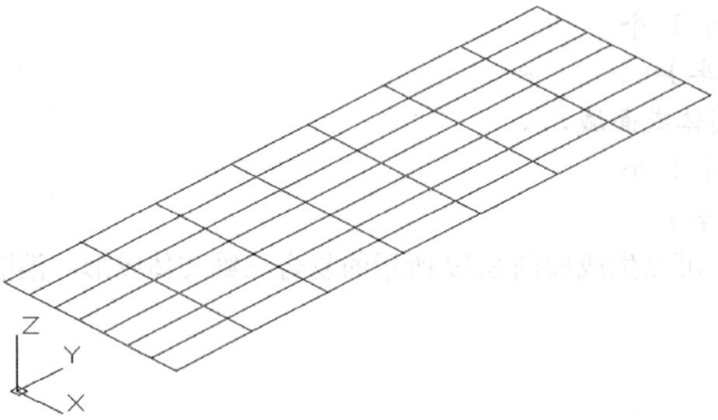

图 8.40 创建平面曲面

8.3.4.2 网络曲面

在不同空间方向（U 和 V 方向，包括曲面和实体边子对象）的几条曲线之间的空间中创建曲面，可以在曲线网络之间或在其他三维曲面或实体的边之间创建网络曲面。其 AutoCAD 功能命令是 SURFNETWORK。启动 SURFNETWORK 命令可以通过以下 2 种方式。

■ 打开“绘图”下拉菜单中的“建模”子菜单，选择其中的“曲面”选项，再选中“网络”功能命令项。

■ 在“命令:”命令行提示符下输入“SURFNETWORK”并回车。

以在命令行启动 SURFNETWORK 为例，创建直纹网络曲面的过程如下所述，如图 8.41 所示。指定的 4 条曲线或曲面边图形对象必须先绘出，然后再执行 SURFNETWORK 功能命令进行直纹网络曲面绘制。

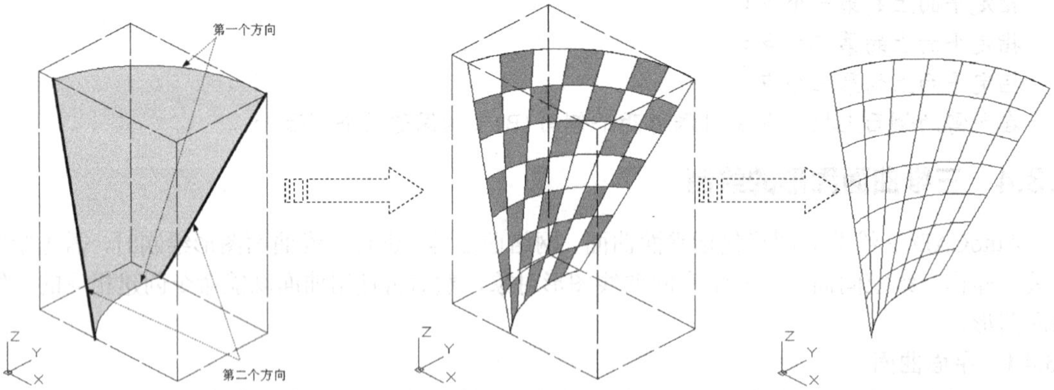

图 8.41 创建网格曲面

① 先绘制 4 条相对应的空间直线或曲线，在此从略。

② 然后使用 SURFNETWORK 创建三维网络曲面。

命令：SURFNETWORK

沿第一个方向选择曲线或曲面边:找到 1 个

沿第一个方向选择曲线或曲面边:找到 1 个，总计 2 个

沿第一个方向选择曲线或曲面边:（回车）

沿第二个方向选择曲线或曲面边:找到 1 个

沿第二个方向选择曲线或曲面边:找到 1 个，总计 2 个

沿第二个方向选择曲线或曲面边：（回车）

8.3.4.3　过渡曲面

在两个现有曲面之间创建连续的过渡曲面。AutoCAD 是沿着远离拾取点的端点方向形成三维平移曲面的。其 AutoCAD 功能命令是 SURFBLEND。启动 SURFBLEND 命令可以通过以下 2 种方式，如图 8.42 所示。

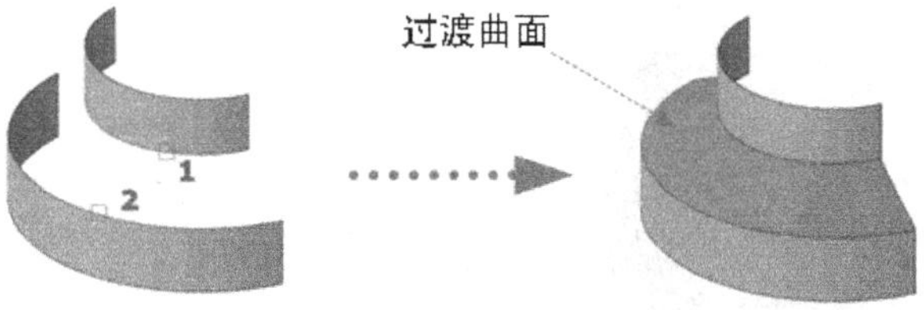

图 8.42　创建过渡曲面

- 打开“绘图”下拉菜单中的“建模”子菜单，选择其中的“曲面”选项，再选中“过渡”功能命令项。
- 在“命令:”命令行提示符下输入“SURFBLEND”并回车。

```
命令: SURFBLEND
连续性 = G1 - 相切，凸度幅值 = 0.5
选择要过渡的第一个曲面的边或 [链(CH)]: 找到 1 个
选择要过渡的第一个曲面的边或 [链(CH)]: 找到 1 个，总计 2 个
选择要过渡的第一个曲面的边或 [链(CH)]: 找到 1 个，总计 3 个
选择要过渡的第一个曲面的边或 [链(CH)]: 找到 1 个，总计 4 个
选择要过渡的第一个曲面的边或 [链(CH)]: (回车)
选择要过渡的第二个曲面的边或 [链(CH)]: 指定对角点: 找到 4 个
选择要过渡的第二个曲面的边或 [链(CH)]: (回车)
按 Enter 键接受过渡曲面或 [连续性(CON)/凸度幅值(B)]: (回车)
```

8.3.4.4　修补曲面

通过在形成闭环的曲面边上拟合一个封口来创建新曲面。其 AutoCAD 功能命令是 SURFPATCH。启动 SURFPATCH 命令可以通过以下 2 种方式，如图 8.43 所示。

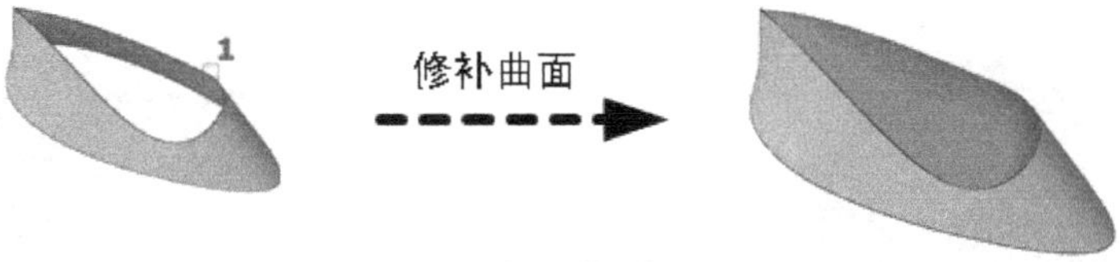

图 8.43　创建修补曲面

- 打开“绘图”下拉菜单中的“建模”子菜单，选择其中的“曲面”选项，再选中“修补”功能命令项。
- 在“命令:”命令行提示符下输入“SURFPATCH”并回车。

```
命令: SURFPATCH
连续性 = G0 - 位置，凸度幅值 = 0.5
选择要修补的曲面边或 [链(CH)/曲线(CU)] <曲线>: 找到 1 个
选择要修补的曲面边或 [链(CH)/曲线(CU)] <曲线>: (回车)
按 Enter 键接受修补曲面或 [连续性(CON)/凸度幅值(B)/导向(G)]: (回车)
```

8.3.4.5 偏移曲面

创建与原始曲面相距指定距离的平行曲面。其 AutoCAD 功能命令是 SURFOFFSET。启动 SURFOFFSET 命令可以通过以下 2 种方式，如图 8.44 所示。

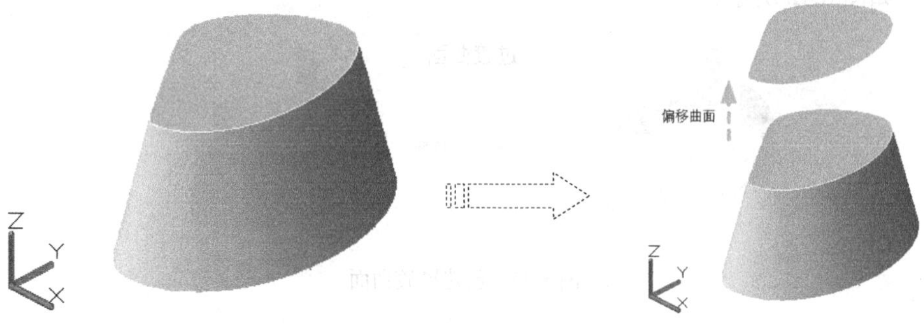

图 8.44 创建偏移曲面

- 打开“绘图”下拉菜单中的“建模”子菜单，选择其中的“曲面”选项，再选中“偏移”功能命令项。
- 在“命令:”命令行提示符下输入“SURFOFFSET”并回车。

命令：SURFOFFSET
连接相邻边 = 否
选择要偏移的曲面或面域：找到 1 个
选择要偏移的曲面或面域：（回车）
指定偏移距离或[翻转方向(F)/两侧(B)/实体(S)/连接(C)/表达式(E)] <0.0000>: 50
1 个对象将偏移。
1 个偏移操作成功完成。

8.3.4.6 圆角曲面

在两个其他曲面之间创建圆角曲面。其 AutoCAD 功能命令是 SURFFILLET。圆角曲面具有固定半径轮廓且与原始曲面相切的作用。会自动修剪原始曲面，以连接圆角曲面的边。启动 SURFFILLET 命令可以通过以下 2 种方式，如图 8.45 所示。

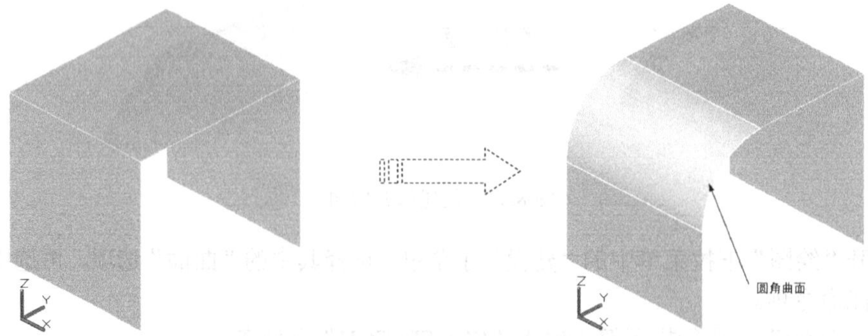

图 8.45 创建圆角曲面

- 打开“绘图”下拉菜单中的“建模”子菜单，选择其中的“曲面”选项，再选中“圆角”功能命令项。
- 在“命令:”命令行提示符下输入“SURFFILLET”并回车。

命令：SURFFILLET

半径 =0.0000，修剪曲面 = 是

选择要圆角化的第一个曲面或面域或者 [半径(R)/修剪曲面(T)]：R

指定半径或 [表达式(E)] <0.0000>：12

选择要圆角化的第一个曲面或面域或者 [半径(R)/修剪曲面(T)]：

选择要圆角化的第二个曲面或面域或者 [半径(R)/修剪曲面(T)]：

按 Enter 键接受圆角曲面或 [半径(R)/修剪曲面(T)]：（回车）

8.3.5　三维网格图形 CAD 快速绘制

网格镶嵌以更详细的方式提供了用于建模对象形状的增强功能，可以使用以下方法创建网格对象。

（1）创建网格图元(MESH)。使用 MESH 功能命令可以创建标准形状三维网格，例如长方体、圆锥体、圆柱体、棱锥体、球体、楔体和圆环体等网格图形，如图 8.46 所示。

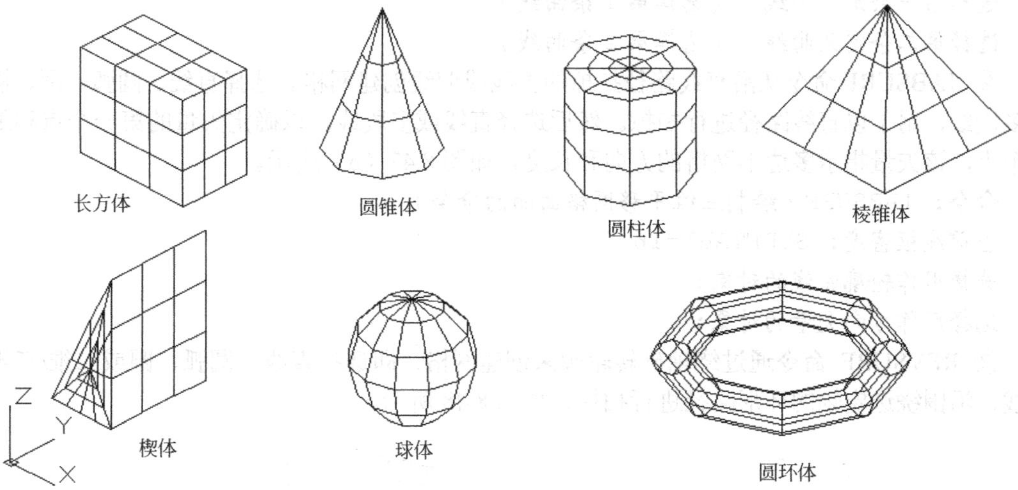

图 8.46　三维网格图元

命令：MESH（创建网格图元）

当前平滑度设置为：0

输入选项 [长方体(B)/圆锥体(C)/圆柱体(CY)/棱锥体(P)/球体(S)/楔体(W)/圆环体(T)/设置(SE)] <长方体>:B（选择输入需要的形状选项命令，例如长方体网格选择输入“B”）

指定第一个角点或 [中心(C)]：

指定其他角点或 [立方体(C)/长度(L)]：

指定高度或 [两点(2P)]：

（2）从其他对象创建网格，包括创建直纹网格对象（RULESURF 命令）、平移网格对象（TABSURF 命令）、旋转网格对象（REVSURF 命令）或边界定义的网格对象（EDGESURF 命令），这些对象的边界通过其他对象或点插入（需先行绘制），如图 8.47 所示。

① RULESURF 命令创建用于表示两条直线或曲线之间的曲面的网格。即选择两条用于定义网格的边。边可以是直线、圆弧、样条曲线、圆或多段线。如果有一条边是闭合的，那么另一条边必须也是闭合的。也可以将点用作开放曲线或闭合曲线的一条边，如图 8.47（a）所示。

命令：RULESURF（绘制三维直纹网格曲面的命令）

当前线框密度：SURFTAB1=16（当前系统变量数值，可以使用 SURFTAB1 功能命令变更其数值大小）

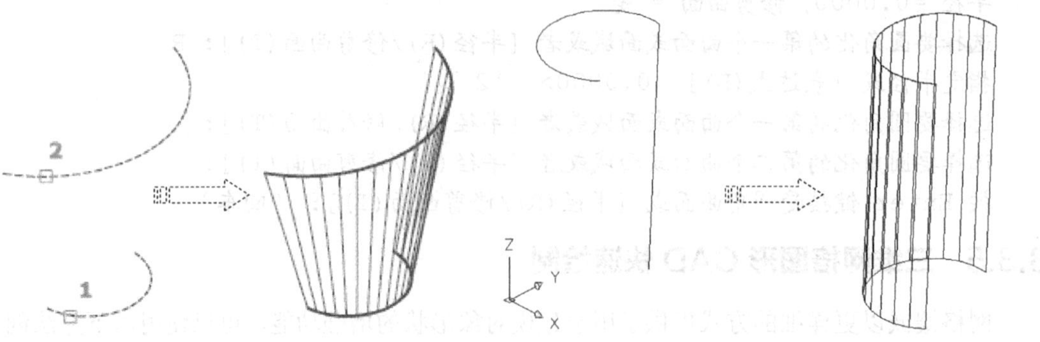

(a) 直纹网格　　(b) 平移网格

图 8.47　直纹、平移网格

选择第一条定义曲线：（选择第 1 条曲线）

选择第二条定义曲线：（选择第 2 条曲线）

② TABSURF 命令从沿直线路径扫掠的直线或曲线创建网格。选择直线、圆弧、圆、椭圆或多段线，用于以直线路径进行扫掠。然后选择直线或多段线，以确定矢量的第一个点和最后一个点，该矢量指示多边形网格的方向和长度，如图 8.47（b）所示。

命令：TABSURF（绘制三维平移网格曲面的命令）

当前线框密度：SURFTAB1=16

选择用作轮廓曲线的对象：

选择用作方向矢量的对象：

③ REVSURF 命令通过绕轴旋转轮廓来创建网格，即选择直线、圆弧、圆或二维/三维多段线，沿围绕选定轴的环形路径进行扫掠，如图 8.48 所示。

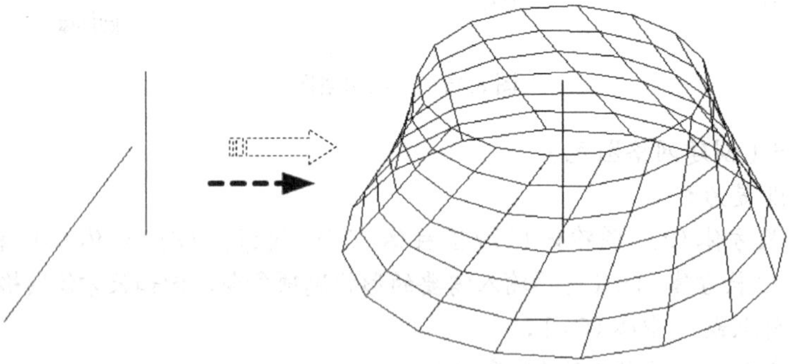

图 8.48 旋转网格

命令：REVSURF

当前线框密度：SURFTAB1=16　SURFTAB2=6（当前系统变量值，可使用 SURFTAB1、SURFTAB2 进行重新设置）

选择要旋转的对象：（选择轨迹曲线对象）

选择定义旋转轴的对象：（选择旋转轴）

指定起点角度 <0>:0（输入起始角度，起始角度是指旋转角的起始位置与轨迹线之间的夹角）

指定包含角（+=逆时针，-=顺时针）<360>:360（输入旋转角度大小，“+”、“-”分别表示为沿着逆时针和顺时针方向旋转，默认值为 360°）

④ EDGESURF 命令在四条相邻的边或曲线之间创建网格。即选择四条用于定义网格的边。边可以是直线、圆弧、样条曲线或开放的多段线。这些边必须在端点处相交以形成一个闭合路径，如图 8.49 所示。

图 8.49　边界定义的网格

命令：EDGESURF
当前线框密度：SURFTAB1=16　SURFTAB2=6
选择用作曲面边界的对象 1：（选择第 1 条边界边）
选择用作曲面边界的对象 2：（选择第 2 条边界边）
选择用作曲面边界的对象 3：（选择第 3 条边界边）
选择用作曲面边界的对象 4：（选择第 4 条边界边）

8.3.6　二维 CAD 图形快速转换成三维 CAD 图形

在 AutoCAD 环境下，通过拉伸（EXTRUDE）、旋转（REVOLVE）等功能命令，将某些二维平面图形生成三维空间实体图形。

8.3.6.1　拉伸转换

拉伸转换功能是指将一些封闭的二维图形，如圆（CIRCLE）、椭圆（ELLISPE）、封闭的二维多段线（PLINE）和封闭的二维样条曲线（SPLINE）等图形对象，通过指定的高度或路径进行拉伸，从而生成三维实体图形的方法。拉伸路径则可以是封闭的，也可以是不闭合的，如直线（LINE）、二维多段线（PLINE）、弧线（ARC）、椭圆弧（ELLISPE）、圆（CIRCLE）、椭圆（ELLISPE）等图形对象。 拉伸路径与要转换的二维图形不能在同一空间平面上。

拉伸转换功能的 AutoCAD 命令是 EXTRUDE。启动 EXTRUDE 命令可以通过以下 3 种方式。

■ 打开“绘图”下拉菜单选择“建模”，再选择“拉伸”选项。
■ 单击“建模”工具栏上的“拉伸”按钮。

■ 在“命令:”命令行提示符下键入“EXTRUDE”并回车。

以在命令行启动 EXTRUDE 为例，拉伸转换功能的使用方法如下所述。

① 通过指定高度进行拉伸。先使用 PLINE、CIRCLE、ELLISPE 或 SPLINE 等命令绘制二维封闭图形作为拉伸对象，然后使用 EXTRUDE 通过指定高度进行拉伸，如图 8.50 所示。

a. 命令：SPLINE（输入绘制样条曲线命令）
指定第一个点或 [对象(O)]：（输入曲线的第一点或选择对象进行样条曲线转换）
指定下一点：
指定下一点或 [闭合(C)/拟合公差(F)] <起点切向>:
指定下一点或 [闭合(C)/拟合公差(F)] <起点切向>:
......
指定下一点或 [闭合(C)/拟合公差(F)] <起点切向>：C（闭合样条曲线）

指定起点切向：（回车）

指定端点切向：（回车）

b．命令：EXTRUDE（输入放样拉伸命令）

当前线框密度： ISOLINES=4，闭合轮廓创建模式 = 实体

选择要拉伸的对象或 [模式(MO)]：找到 1 个

选择要拉伸的对象或 [模式(MO)]：（回车）

指定拉伸的高度或 [方向(D)/路径(P)/倾斜角(T)/表达式(E)] <567.6358>:1500（输入拉伸的高度）

c．执行VP命令，然后在弹出的设置观察视点进行观察。

如图8.51所示，为指定高度拉伸。

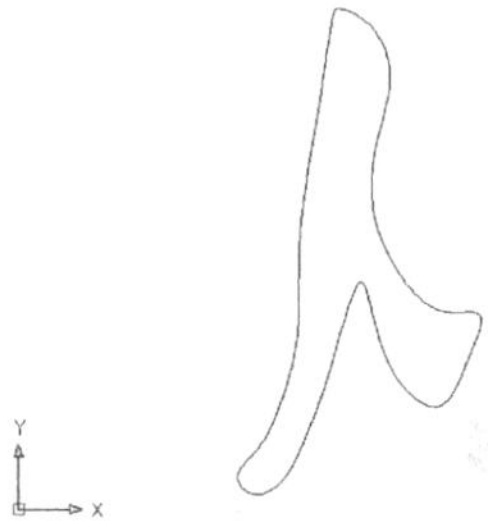

图8.50 创建封闭图形

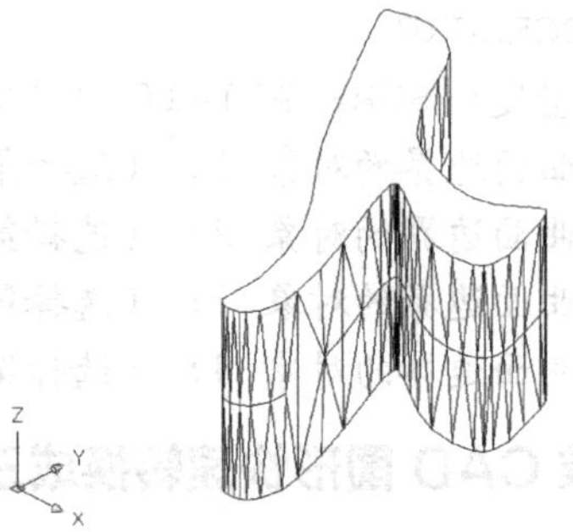

图8.51 指定高度拉伸

② 通过指定路径进行拉伸。先使用PLINE、CIRCLE、ELLISPE或SPLINE等命令绘制二维封闭图形作为拉伸对象，然后使用UCS和相关图形绘制命令创建1条路径直线或曲线。最后使用EXTRUDE通过指定高度进行拉伸，如图8.52所示。

a．命令：SPLINE（输入绘制样条曲线命令）

指定第一个点或 [对象(O)]：（输入曲线的第一点或选择对象进行样条曲线转换）

指定下一点：

指定下一点或 [闭合(C)/拟合公差(F)] <起点切向>:

指定下一点或 [闭合(C)/拟合公差(F)] <起点切向>:

......

指定下一点或 [闭合(C)/拟合公差(F)] <起点切向>：C（闭合样条曲线）

指定起点切向：（回车）

指定端点切向：（回车）

b．命令：UCS（使用UCS命令建立新的坐标系）

当前 UCS 名称：*世界*

指定 UCS 的原点或 [面(F)/命名(NA)/对象(OB)/上一个(P)/视图(V)/世界(W)/X/Y/Z/Z 轴(ZA)] <世界>： X（绕X轴旋转90° 建立新的UCS）

指定绕 X 轴的旋转角度 <90>： 90 （旋转90° ）

c．命令：ARC（绘制弧线）

指定圆弧的起点或 [圆心(C)]：

指定圆弧的第二个点或 [圆心(C)/端点(E)]：

指定圆弧的端点：

d．执行VP命令，然后在弹出的设置观察视点进行观察。

e. 命令:EXTRUDE

当前线框密度： ISOLINES=4，闭合轮廓创建模式 = 实体

选择要拉伸的对象或 [模式(MO)]：找到 1 个

选择要拉伸的对象或 [模式(MO)]：

指定拉伸的高度或 [方向(D)/路径(P)/倾斜角(T)/表达式(E)] <520.9240>：P（键入“P”来指定放样路径）

选择拉伸路径或 [倾斜角(T)]：（选择路径曲线）

如图 8.53 所示为指定路径拉伸。

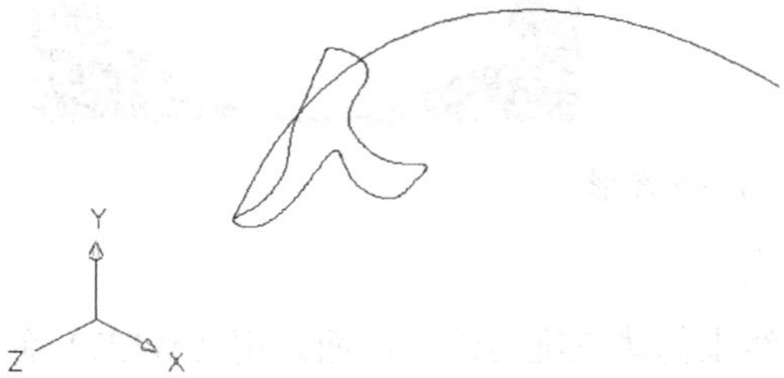

图 8.52　绘制封闭图形

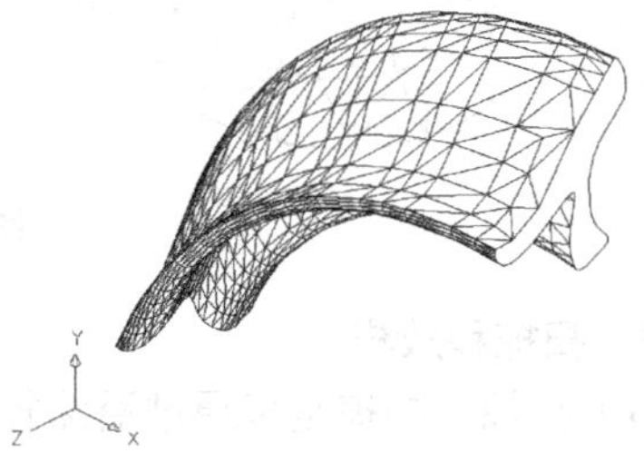

图 8.53　指定路径拉伸

8.3.6.2　旋转转换

旋转转换功能是指可以将一些封闭的二维图形对象，如圆（CIRCLE）、椭圆（ELLISPE）、封闭的二维多段线（PLINE）、封闭的样条曲线（SPLINE）等，通过绕指定的轴线旋转生成三维实体图形。旋转轴可以是弧线（ARC）、线（LINE）或二维多段线（PLINE）或坐标轴等。旋转轴与要旋转的二维图形对象不能在同一空间平面上，因此需结合 UCS 绘制旋转轴。

旋转转换功能的 AutoCAD 命令是 REVOLVE。启动 REVOLVE 命令可以通过以下 3 种方式。

- 打开“绘图”下拉菜单选择“建模”，再选择“旋转”选项。
- 单击“建模”工具栏上的“旋转”按钮。
- 在“命令:”命令行提示符下键入“REVOLVE”并回车。

以在命令行启动 REVOLVE 为例，旋转转换功能的使用方法如下所述。

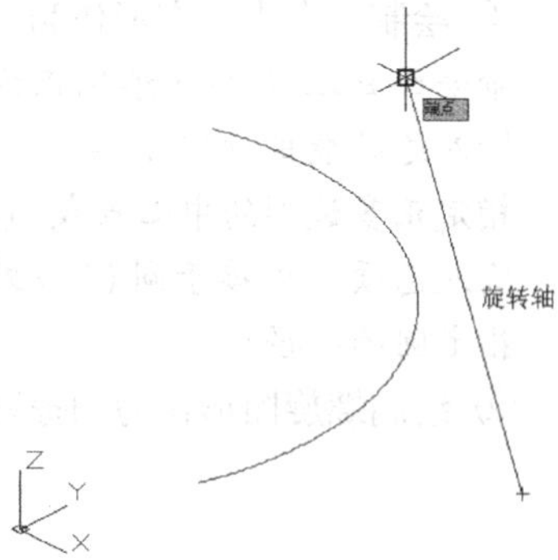

图 8.54　绘制平面图形对象

① 使用 ARC 命令绘制平面图形对象，如图 8.54 所示。

命令：ARC（绘制弧线）

指定圆弧的起点或 [圆心(C)]：

指定圆弧的第二个点或 [圆心(C)/端点(E)]：

指定圆弧的端点：

② 进行旋转生成三维图形。如图 8.55 所示。

命令:REVOLVE

当前线框密度： ISOLINES=4，闭合轮廓创建模式 = 实体

选择要旋转的对象或 [模式(MO)]：找到 1 个

选择要旋转的对象或 [模式(MO)]：

指定轴起点或根据以下选项之一定义轴 [对象(O)/X/Y/Z] <对象>：

指定轴端点：

指定旋转角度或［起点角度(ST)/反转(R)/表达式(EX)］<360>:360（输入旋转角度）

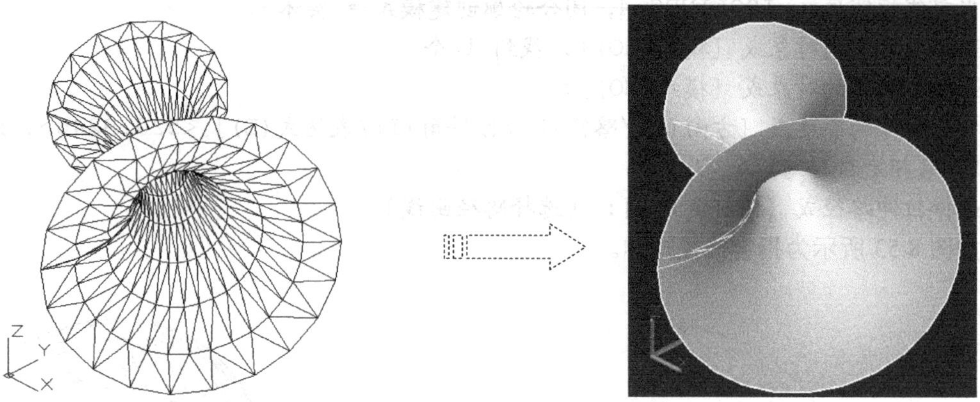

图8.55　旋转生成三维图形

8.3.6.3　扫掠和放样

（1）扫掠　扫掠是指通过沿路径扫掠二维曲线来创建三维实体或曲面。用 SWEEP 命令，可以通过沿开放或闭合的二维或三维路径扫掠开放或闭合的平面曲线（轮廓）创建新实体或曲面。SWEEP 沿指定的路径以指定轮廓的形状绘制实体或曲面。可以扫掠多个对象，但是这些对象必须位于同一平面中。

扫掠功能的AutoCAD命令是SWEEP，启动LOFT命令可以通过以下3种方式。

■ 打开“绘图”下拉菜单选择“建模”，再选择“扫掠”选项。

■ 单击“建模”工具栏上的“扫掠”按钮。

■ 在“命令:”命令行提示符下键入“SWEEP”并回车。

以在命令行启动SWEEP为例，扫掠功能的使用方法如下所述。

① 绘制一个小正方形作为扫掠对象，如图8.56所示。

命令：POLYGON（绘制正方形）

输入边的数目 <6>：4

指定正多边形的中心点或［边(E)］:

输入选项［内接于圆(I)/外切于圆(C)］<I>:

指定圆的半径:

② 绘制螺旋图形作为扫掠路径。如图8.57所示。

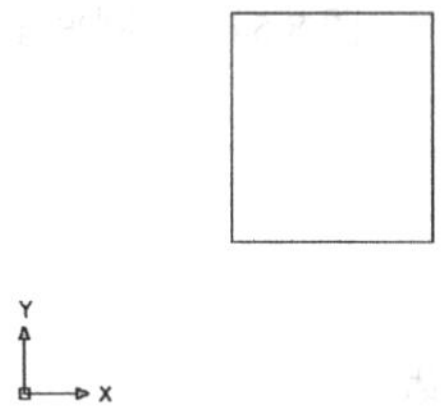

图8.56　绘制小正方形

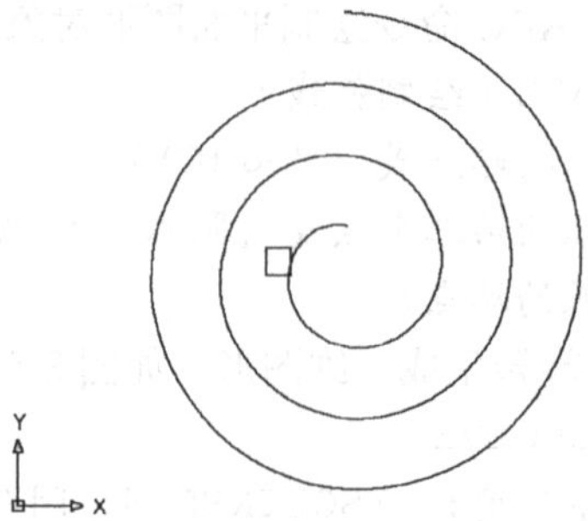

图8.57　绘制螺旋图形

命令：HELIX（绘制螺旋图形）

圈数 = 3.0000　　扭曲=CCW

指定底面的中心点:
指定底面半径或 [直径(D)] <8.0000>:38
指定顶面半径或 [直径(D)] <9674.5154>:101
指定螺旋高度或 [轴端点(A)/圈数(T)/圈高(H)/扭曲(W)] <8.0000>:8.0
③ 使用VP功能命令改变视点观察图形。如图8.58所示。
④ 进行扫掠。如图8.59所示。

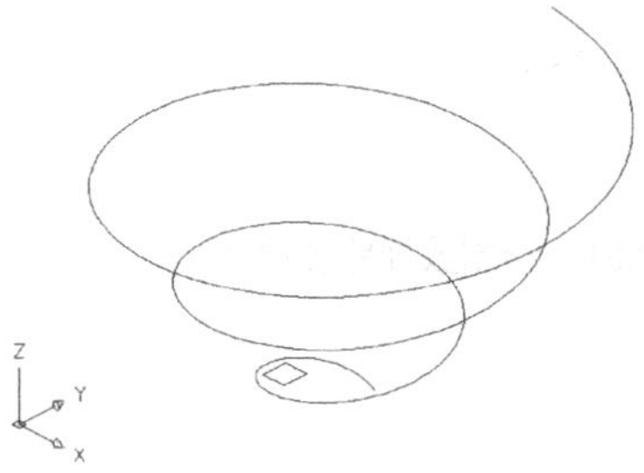

图8.58 改变视点观察图形

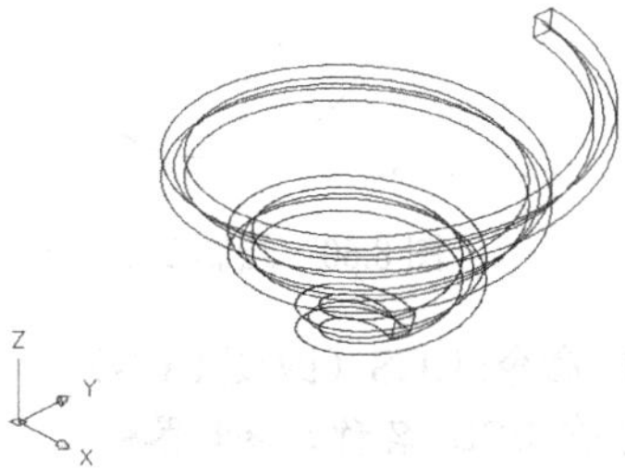

图8.59 扫掠得到的图形

命令:SWEEP(进行扫掠)
当前线框密度: ISOLINES=4,闭合轮廓创建模式 = 实体
选择要扫掠的对象或 [模式(MO)]: _MO 闭合轮廓创建模式 [实体(SO)/曲面(SU)] <实体>: _SO
选择要扫掠的对象或 [模式(MO)]: 找到 1 个
选择要扫掠的对象或 [模式(MO)]:(回车)
选择扫掠路径或 [对齐(A)/基点(B)/比例(S)/扭曲(T)]: (选择螺旋曲线路径)

(2) 放样 使用放样(LOFT)命令,可以通过对包含两条或两条以上横截面曲线的一组曲线进行放样(绘制实体或曲面)来创建三维实体或曲面。横截面定义了结果实体或曲面的轮廓(形状)。横截面(通常为曲线或直线)可以是开放的(例如圆弧),也可以是闭合的(例如圆)。LOFT用于在横截面之间的空间内绘制实体或曲面。使用LOFT命令时,至少必须指定两个横截面。

如果对一组闭合的横截面曲线进行放样,则生成实体。如果对一组开放的横截面曲线进行放样,则生成曲面。

放样功能的AutoCAD命令是LOFT。启动LOFT命令可以通过以下3种方式。

■ 打开“绘图”下拉菜单选择“建模”,再选择“放样”选项。
■ 单击“建模”工具栏上的“放样”按钮。
■ 在“命令:”命令行提示符下键入“LOFT”并回车。

以在命令行启动LOFT为例,旋转转换功能的使用方法如下所述。

① 绘制2个截面(圆形和六边形),如图8.60所示。
■ 命令: POLYGON(绘制六边形)
输入边的数目 <4>: 6
指定正多边形的中心点或 [边(E)]:
需要点或选项关键字。
指定正多边形的中心点或 [边(E)]:
输入选项 [内接于圆(I)/外切于圆(C)] <I>:
指定圆的半径:

■ 命令:CIRCLE（绘制圆形）

指定圆的圆心或 [三点(3P)/两点(2P)/相切、相切、半径(T)]:

指定圆的半径或 [直径(D)] <1028.3095>:

② 改变 UCS，绘制放样路径曲线。如图 8.61 所示。

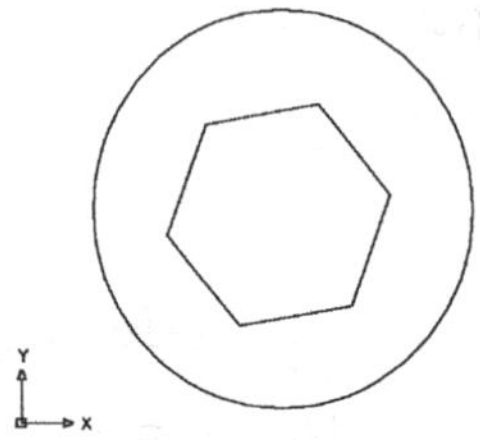

图 8.60　绘制 2 个截面

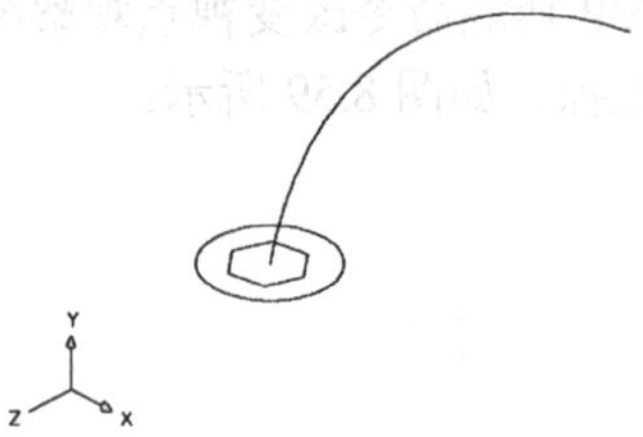

图 8.61　绘制放样路径曲线

■ 命令: UCS（改变 UCS）

当前 UCS 名称: *世界*

指定 UCS 的原点或 [面(F)/命名(NA)/对象(OB)/上一个(P)/视图(V)/世界(W)/X/Y/Z/Z 轴(ZA)] <世界>: X

指定绕 X 轴的旋转角度 <90>:90

■ 命令: ARC（绘制放样路径曲线）

指定圆弧的起点或 [圆心(C)]:

指定圆弧的第二个点或 [圆心(C)/端点(E)]:

指定圆弧的端点:

③ 移动其中一个截面图形。如图 8.62 所示。

命令: MOVE

选择对象: 找到 1 个

选择对象:

指定基点或 [位移(D)] <位移>:

指定第二个点或 <使用第一个点作为位移>:

④ 进行放样，使用 VP 改变视图观察，如图 8.63 所示。

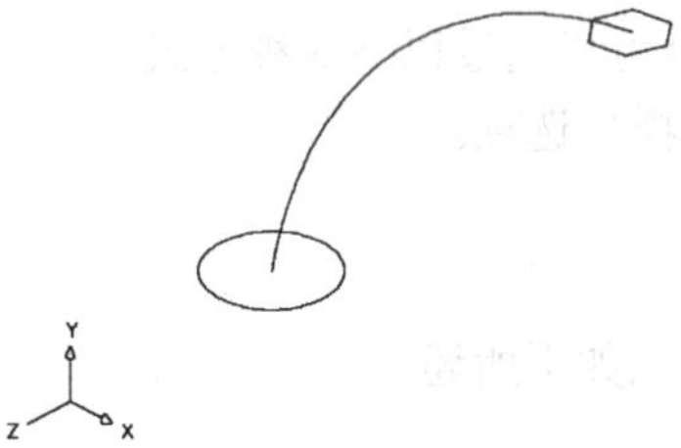

图 8.62　移动一个截面图形

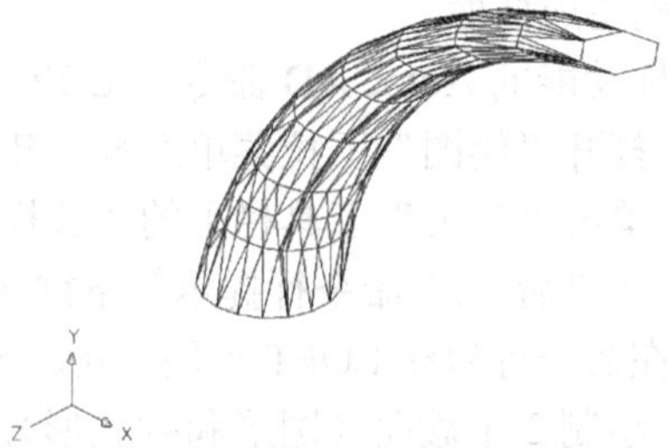

图 8.63　进行放样

命令: LOFT（进行放样）

当前线框密度: ISOLINES=4，闭合轮廓创建模式 = 实体

按放样次序选择横截面或 [点(PO)/合并多条边(J)/模式(MO)]: MO 闭合轮廓创建模式 [实体(SO)/曲面(SU)] <实体>: SO

按放样次序选择横截面或 [点(PO)/合并多条边(J)/模式(MO)]: 找到 1 个
按放样次序选择横截面或 [点(PO)/合并多条边(J)/模式(MO)]:找到 1个, 总计 2个
按放样次序选择横截面或 [点(PO)/合并多条边(J)/模式(MO)]: (回车)
选中了 2 个横截面
输入选项 [导向(G)/路径(P)/仅横截面(C)/设置(S)] <仅横截面>:(回车)

8.4 三维图形 CAD 快速修改与编辑

除了可以继续使用二维平面绘图中的编辑功能(如复制、移动和删除等)外,三维图形还具有其独立的基本编辑与修改功能,包括三维移动(3DMOVE)、三维旋转(3DROTATE)、三维镜像(MIRRROR3D)、三维阵列(3DARRAY)与三维对齐(3DALIGN)、布尔(Boolean)运算、三维倒角等编辑多种操作。这些功能命令为绘制三维图形提供了最为基本的编辑与修改操作。

8.4.1 三维 CAD 图形基本操作方法

8.4.1.1 三维移动、三维旋转和三维镜像

(1)三维移动 AutoCAD 三维移动是指在三维视图中,沿指定方向将对象移动指定距离。其 AutoCAD 功能命令是 3DMOVE。启动 3DMOVE 命令可以通过以下 2 种方式,如图 8.64 所示。

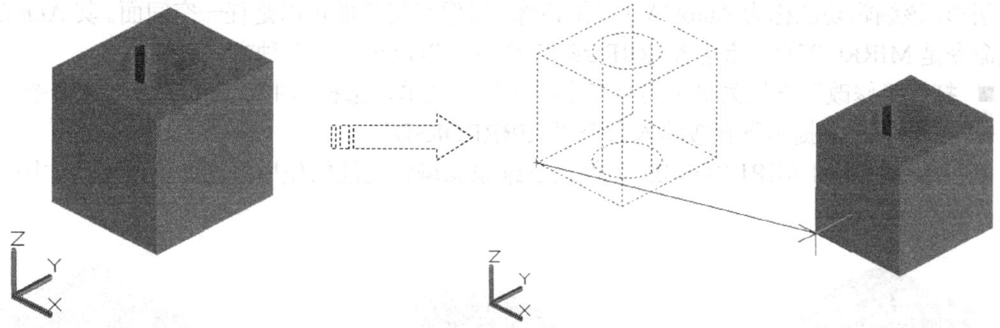

图 8.64 三维移动

- 打开"修改"下拉菜单中的"三维操作"子菜单,选择其中的"三维移动"命令。
- 在"命令:"命令行提示下直接输入命令"3DMOVE"。

命令: 3DMOVE
选择对象: 找到 1 个
选择对象:
指定基点或 [位移(D)] <位移>:
指定第二个点或 <使用第一个点作为位移>:

(2)三维旋转 将指定的图形对象绕三维空间的轴(该轴为旋转轴,可以是坐标轴或图形对象)旋转称为 AutoCAD 三维旋转编辑功能。其 AutoCAD 功能命令是 3DROTATE。启动 3DROTATE 命令可以通过以下 2 种方式。

- 打开"修改"下拉菜单中的"三维操作"子菜单,选择其中"三维旋转"的命令。
- 在"命令:"命令行提示下直接输入命令"3DROTATE"。

以在命令行启动 3DROTATE 为例,三维旋转编辑功能的使用方法如下所述,如图 8.65 所示。

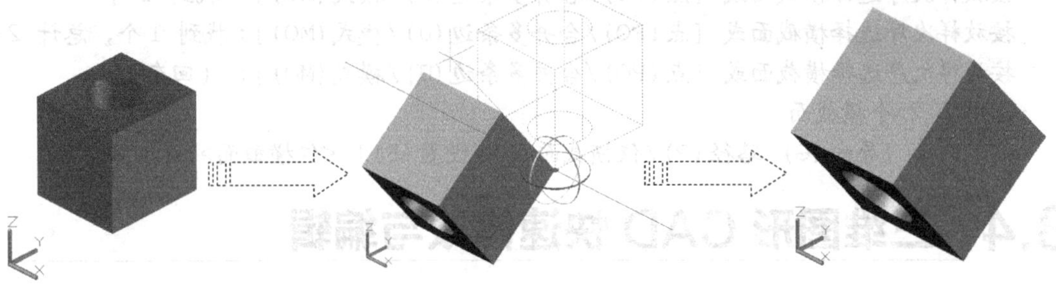

图 8.65　三维旋转

命令:3DROTATE（输入三维旋转命令）

UCS 当前的正角方向： ANGDIR=逆时针　ANGBASE=0

选择对象：找到 1 个

选择对象：

指定基点：

拾取旋转轴：

指定角的起点或键入角度：

指定角的端点：

（3）三维镜像　将指定的图形对象相对于某个空间平面作镜像操作，得到对称于该空间平面的图形，该编辑功能称为 AutoCAD 三维镜像。镜像空间平面可以是任一空间面。其 AutoCAD 功能命令是 MIRROR3D。启动 MIRRROR3D 命令可以通过以下 2 种方式。

■ 打开“修改”下拉菜单中的“三维操作”子菜单，选择其中“三维镜像”的命令。

■ 在“命令:”提示下直接输入命令“MIRRROR3D”。

以在命令行启动 MIRRROR3D 为例，三维镜像编辑功能的使用方法如下所述，如图 8.66 所示。

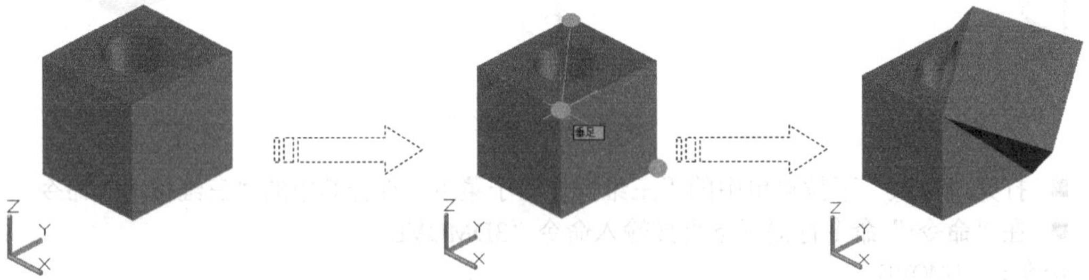

图 8.66　三维镜像

命令： MIRROR3D（输入三维镜像命令）

选择对象：找到 1 个（选择三维图形对象）

选择对象：

指定镜像平面（三点）的第一个点或　[对象(O)/最近的(L)/Z 轴(Z)/视图(V)/XY 平面(XY)/YZ 平面(YZ)/ZX 平面(ZX)/三点(3)] <三点>：（选择确定镜像空间平面的选项，此处以指定 3 个点平面作为镜像空间平面）

在镜像平面上指定第二点：

在镜像平面上指定第三点：

是否删除源对象？[是(Y)/否(N)] <否>：N（输入“Y”或“N”确定是否删除原图形对象）

8.4.1.2　三维阵列

（1）三维矩形阵列　将指定的图形对象按矩形排列方式生成多个图形对象，形成一个矩形排列图形对象群体，该编辑功能称为 AutoCAD 三维矩形阵列。其 AutoCAD 功能命令是 3DARRAY。启动 3DARRAY 命令可以通过以下 2 种方式：

- 打开“修改”下拉菜单中的“三维操作”子菜单，选择其中的“三维阵列”命令。
- 在“命令:”命令行提示下直接输入命令“3DARRAY”。

以在命令行启动 3DARRAY 为例，三维矩形阵列编辑功能的使用方法如下所述，如图 8.67 所示。

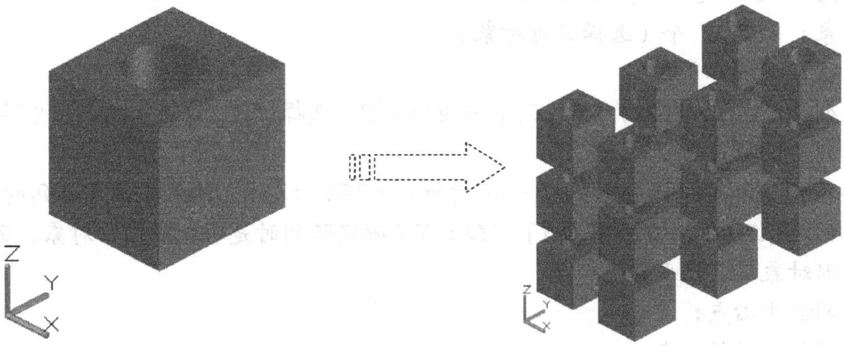

图 8.67　三维矩形阵列

命令：3DARRAY（输入三维矩形阵列命令）

选择对象：指定对角点：找到 1 个（选择目标对象）

选择对象：（回车）

输入阵列类型 [矩形(R)/环形(P)] <矩形>：R（选择阵列方式，此处选择 R 按矩形方式产生阵列）

输入行数 (---) <1>：3

输入列数 (|||) <1>：2

输入层数 (...) <1>：3

指定行间距 (---)：　指定第二点：

指定列间距 (|||)：　指定第二点：

指定层间距 (...)：　指定第二点：

三维矩形阵列中的行、列、层分别是沿着当前 UCS 的 X、Y、Z 轴的方向。此外，所要输入的间距值可以是正值或负值。若输入的值是正值，则表示阵列是沿着相应坐标轴的正方向进行，否则是沿着相应坐标轴的负方向进行。

（2）三维环形阵列　将指定的图形对象按环形排列方式生成多个图形对象，形成一个圆周排列图形对象群体，该编辑功能称为 AutoCAD 三维环形阵列。其 AutoCAD 功能命令也是 3DARRAY。启动 3DARRAY 命令可以通过以下 2 种方式。

- 打开“修改”下拉菜单中的“三维操作”子菜单，选择其中的“三维阵列”命令。
- 在“命令:”命令行提示下直接输入命令“3DARRAY”。

以在命令行启动 3DARRAY 为例，三维环形阵列编辑功能的使用方法如下所述，如图 8.68 所示。

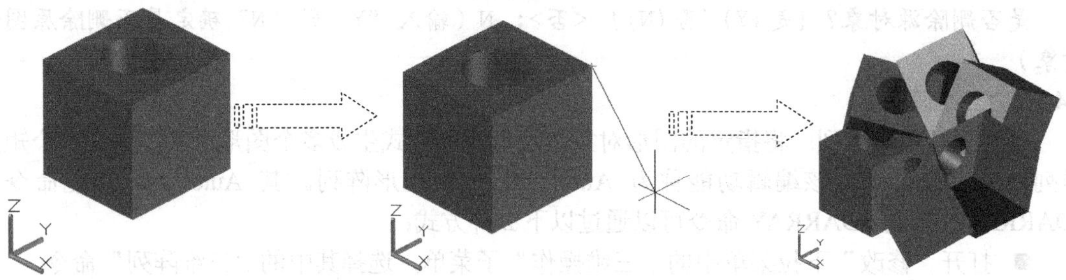

图 8.68 三维环形阵列

命令：3DARRAY（输入三维圆周阵列命令）

正在初始化... 已加载 3DARRAY。

选择对象：找到 1 个（选择目标对象）

选择对象：（回车）

输入阵列类型 [矩形(R)/环形(P)] <矩形>:P（选择“P”按圆周方式产生阵列）

输入阵列中的项目数目：6

指定要填充的角度（+=逆时针，-=顺时针）<360>:360（输入按圆周阵列的圆心角）

旋转阵列对象？[是(Y)/否(N)] <Y>：Y（确定阵列时是否旋转图形对象，若输入“N”则不旋转图形对象，只作平移）

指定阵列的中心点：

指定旋转轴上的第二点：

8.4.1.3 三维对齐

将指定的图形对象根据条件来改变指定其方向、位置和角度等，该编辑功能称为 AutoCAD 三维对齐。其 AutoCAD 功能命令是 3DALIGN。启动 3DALIGN 命令可以通过以下 2 种方式。

■ 打开“修改”下拉菜单中的“三维操作”子菜单，选择其中的“三维对齐”命令。

■ 在“命令:”命令行提示下直接输入命令“3DALIGN”。

以在命令行启动 3DALIGN 为例，三维对齐编辑功能的使用方法如下所述，如图 8.69 所示。

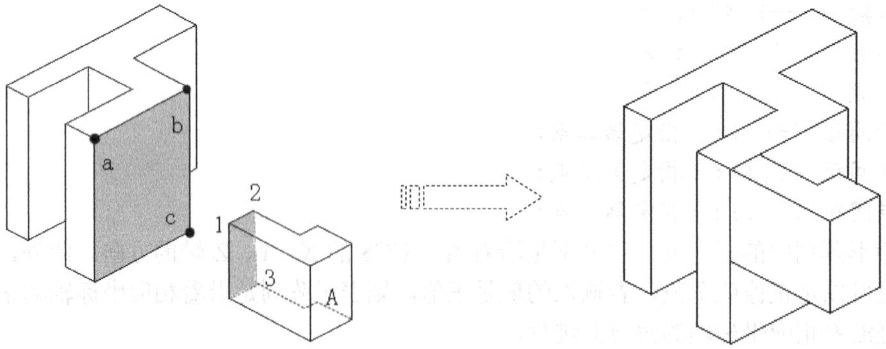

图 8.69 三维对齐

命令:3DALIGN（输入三维对齐命令）

选择对象：找到 1 个（选择图形对象 A）

选择对象：(回车)

指定源平面和方向 ...

指定基点或 [复制(C)]：（指定要改变位置的对象上的第一个源点 1）

指定第二个点或 [继续(C)] <C>:（指定要改变位置的对象上的第二个源点 2）
指定第三个点或 [继续(C)] <C>:（指定要改变位置的对象上的第二个源点 3）
指定目标平面和方向 ...
指定第一个目标点：（指定第一个目的点 a）
指定第二个目标点或 [退出(X)] <X>:（指定第一个目的点 b）
指定第三个目标点或 [退出(X)] <X>:（指定第一个目的点 c）

8.4.1.4　三维实体切割和分解

（1）切割实体　利用指定的平面对实体进行剖切，将 AutoCAD 三维实体一分为二的编辑功能称为切割。其 AutoCAD 功能命令是 SLICE。启动 SLICE 命令可以通过以下 2 种方式。

■ 打开“修改”下拉菜单中的“三维操作”子菜单，选择其中的“切割”命令。

■ 在命令行“命令:”命令行提示符下输入“SLICE”并回车。

以在命令行启动 SLICE 为例，三维实体的切割命令功能使用方法如下所述，如图 8.70 所示。

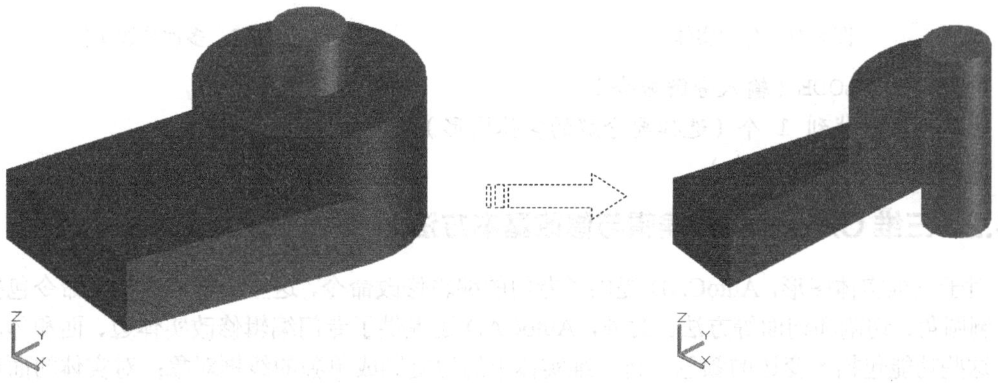

图 8.70　切割实体

命令：SLICE（输入切割命令）
选择要剖切的对象：指定对角点：找到 2 个
选择要剖切的对象：
指定 切面 的起点或 [平面对象(O)/曲面(S)/Z 轴(Z)/视图(V)/XY(XY)/YZ(YZ)/ZX(ZX)/三点(3)] <三点>: YZ
指定 YZ 平面上的点 <0,0,0>:
在所需的侧面上指定点或 [保留两个侧面(B)] <保留两个侧面>:（点击保留一侧实体位置点）

（2）分解实体　将三维实体分离成实体外表面的面域或独立的骨架体（BODY）的编辑功能称为分解。在 AutoCAD 中，面域或骨架体是由线（LINE）、弧（ARC）或样条曲线（SPLINE）以线框的形式表示的。其 AutoCAD 功能命令是 EXPLODE。启动 EXPLODE 命令可以通过以下 3 种方式。

■ 打开“修改”下拉菜单中的命令，从弹出的子菜单中选择“EXPLODE”命令。

■ 单击“修改”工具栏上的分解命令功能图标。

■ 在“命令:”命令行提示符下输入“EXPLODE”并回车。

以在命令行启动 EXPLODE 为例，分解三维实体的使用方法如下所述（执行 EXPLODE 命令后，再使用 MOVE 移动相应的图形对象元素即可知道分解的情况），如图 8.71 所示。

命令：EXPLODE（输入分解命令）
选择对象：找到 1 个（选择要分解的实体图形）
选择对象：（回车结束）

若对三维实体图形进行多次分解，可以得到不同类型的图形对象，如图 8.72 所示。

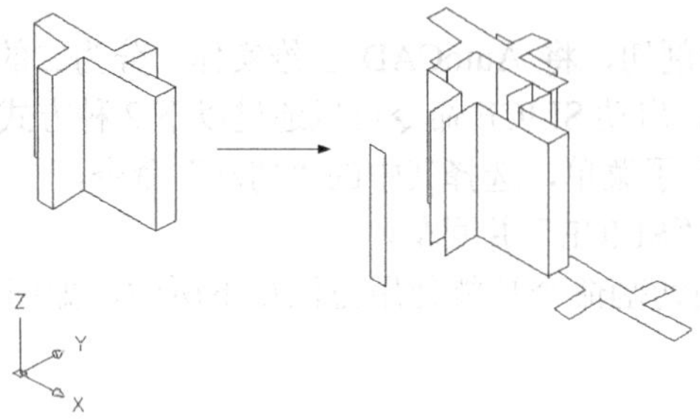

图 8.71　分解实体

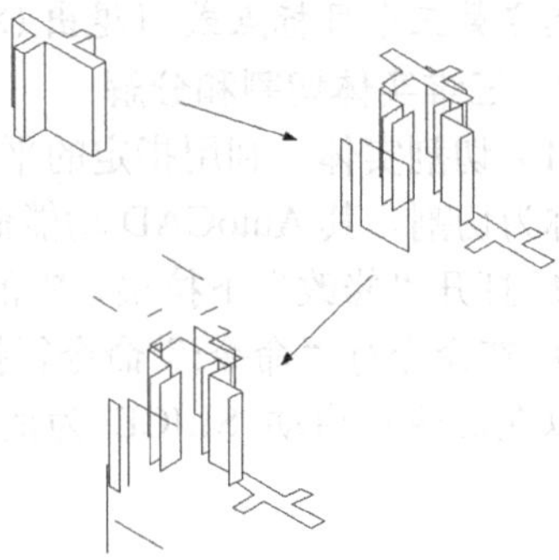

图 8.72　多次分解实体

命令：EXPLODE（输入分解命令）
选择对象：找到 1 个（选择要分解的实体图形）
选择对象：（回车结束）

8.4.2　三维 CAD 实体的编辑与修改基本方法

对于三维实体图形，AutoCAD 提供了专门的编辑修改命令，这些编辑修改功能命令包括倒角、倒圆角、切割和切面等方法。此外，AutoCAD 还提供了专门编辑修改实体边、面和体的功能，这些功能包括改变边的颜色、将三维实体中的边复制成单独的线框对象；对实体的面进行拉伸、着色、移动、旋转、倾斜、删除和复制等多项操作。

8.4.2.1　三维实体倒角边与圆角边

（1）倒角边　将 AutoCAD 三维实体的外角（凸边）切去或填充三维实体的内角（凹边）的编辑功能称为倒角。其 AutoCAD 功能命令是 CHAMFEREDGE。启动 CHAMFEREDGE 命令可以通过以下 3 种方式。

■ 打开“修改”下拉菜单，选择“实体编辑” 中的“倒角边”命令。

■ 单击“实体编辑”工具栏上的命令“倒角边”功能图标。

■ 在“命令:”命令行提示符下输入“CHAMFEREDGE”并回车。

以在命令行启动 CHAMFEREDGE 为例，三维实体的倒角边编辑修改方法如下所述，如图 8.73 所示。

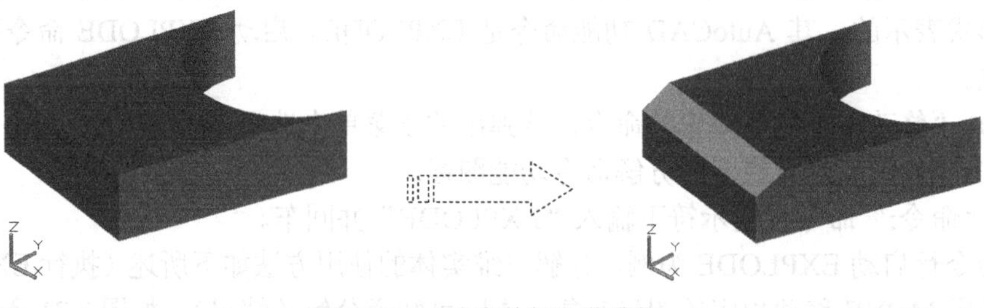

图 8.73　三维实体倒角边编辑

```
命令：CHAMFEREDGE
距离 1 = 8.0000，距离 2 = 8.0000
选择一条边或 [环(L)/距离(D)]: D
指定距离 1 或 [表达式(E)] <8.0000>: 20
指定距离 2 或 [表达式(E)] <8.0000>: 30
选择一条边或 [环(L)/距离(D)]:
选择同一个面上的其他边或 [环(L)/距离(D)]:
按 Enter 键接受倒角或 [距离(D)]:
```

（2）圆角边　将 AutoCAD 三维实体的凸边或凹边切成圆角的编辑功能称为圆角。其 AutoCAD 功能命令是 FILLETEDGE。启动 FILLETEDGE 命令可以通过以下 3 种方式。

■ 打开“修改”下拉菜单，选择“实体编辑”中的“圆角边”命令。

■ 单击“实体编辑”工具栏上的命令“圆角边”功能图标。

■ 在“命令:”命令行提示符下输入“FILLETEDGE”并回车。

以在命令行启动 FILLETEDGE 为例，三维实体的圆角边编辑修改方法如下所述，如图 8.74 所示。

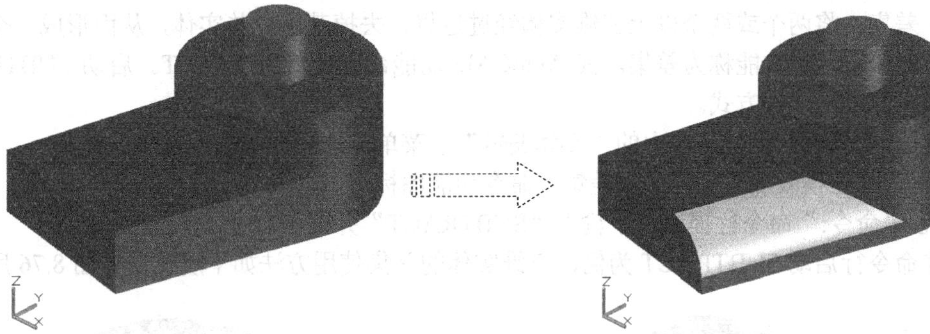

图 8.74　三维实体圆角边编辑

```
命令：FILLETEDGE
半径 = 8.0000
选择边或 [链(C)/环(L)/半径(R)]: R
输入圆角半径或 [表达式(E)] <8.0000>: 50
选择边或 [链(C)/环(L)/半径(R)]:
选择边或 [链(C)/环(L)/半径(R)]:
已选定 1 个边用于圆角
按 Enter 键接受圆角或 [半径(R)]:
```

8.4.2.2 三维实体图形布尔运算

布尔(Boolean)运算是AutoCAD中常用的三维实体编辑修改功能之一，包括并集(UNION)、差集（SUBTRACT）与交集（INTERSECT）。

（1）并集　将两个或两个以上三维实体经过运算合并为一个三维实体的编辑运算功能称为并集。其 AutoCAD 功能命令是 UNION。启动 UNION 命令可以通过以下 3 种方式。

■ 打开“修改”下拉菜单中的“实体编辑”子菜单，选择其中的“并集”命令。

■ 单击“建模”工具栏上的“并集”命令功能图标。

■ 在“命令:”命令行提示符下输入“UNION”并回车。

以在命令行启动 UNION 为例，三维实体的并集使用方法如下所述，如图 8.75 所示。

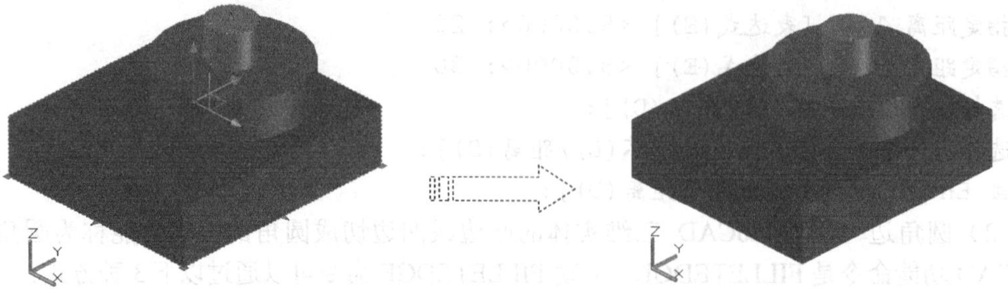

图 8.75 并集

命令：UNION（输入并集命令）

选择对象：找到 1 个（选择进行运算的三维实体）

选择对象：找到 1 个（选择进行运算的三维实体）

选择对象：找到 1 个，总计 3 个（进行选择三维实体，可选择多个，数目不限）

选择对象：（回车）

（2）差集　将两个或两个以上三维实体经过运算，去掉其中一些实体，从而形成一个新的三维实体的编辑运算功能称为差集。其 AutoCAD 功能命令是 SUBTRACT。启动 SUBTRACT 命令可以通过以下 3 种方式。

■ 打开“修改”下拉菜单中的“实体编辑”子菜单，选择其中的“差集”命令。

■ 单击“建模”工具栏上的“差集”命令功能图标。

■ 在“命令:”命令行提示符下输入“SUBTRACT”并回车。

以在命令行启动 SUBTRACT 为例，三维实体的差集使用方法如下所述，如图 8.76 所示。

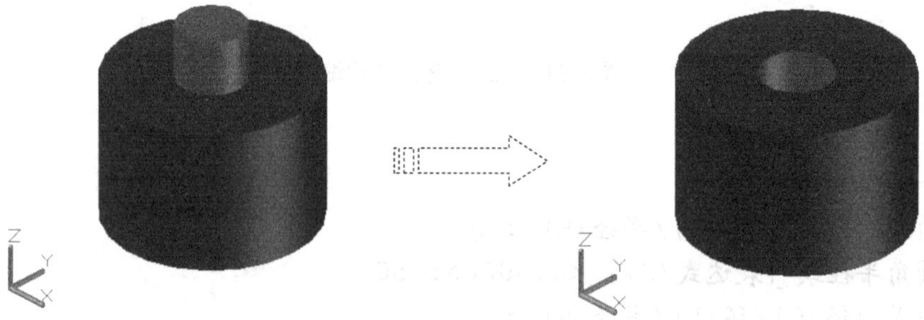

图 8.76 差集

命令：SUBTRACT（输入差集命令）

选择要从中减去的实体、曲面和面域...

选择对象：找到 1 个

选择对象：（回车）

选择要减去的实体、曲面和面域...

选择对象：找到 1 个

选择对象：（回车）

（3）交集　将两个或两个以上三维实体进行运算，运算的结果是得到一个新实体，该实体是所有选择到的运算前实体的公共部分，该编辑运算功能称为交集。其 AutoCAD 功能命令是

INTERSECT。启动 INTERSECT 命令可以通过以下 3 种方式。

- 打开“修改”下拉菜单中的“实体编辑”子菜单，选择其中的“交集”命令。
- 单击“建模”工具栏上的“交集”命令功能图标。
- 在“命令:”命令行提示符下输入“INTERSECT”并回车。

以在命令行启动 INTERSECT 为例，三维实体的交集使用方法如下所述，如图 8.77 所示。

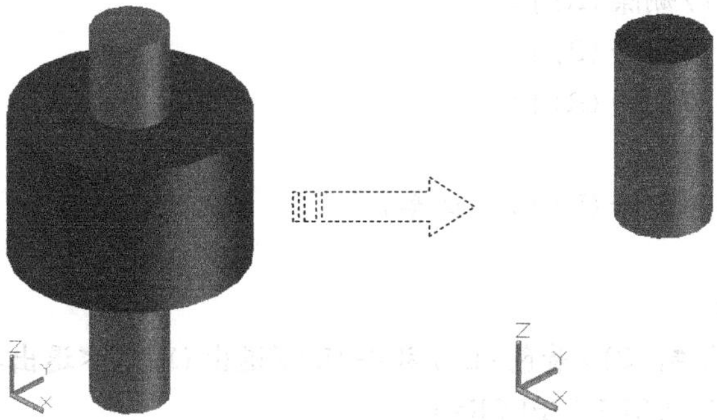

图 8.77　交集

命令：INTERSECT（输入交集命令）
选择对象：找到 1 个
选择对象：找到 1 个，总计 2 个
选择对象：（回车结束）

8.4.2.3　三维实体图形边的编辑修改

三维实体边的编辑修改功能包括修压印边、着色边、复制边，其 AutoCAD 功能命令分别是 SOLIDEDIT 中的边编辑修改功能命令压印边（IMPRINT）、复制边（COPY EDGES）等。启动 SOLIDEDIT 命令进行边的编辑修改可以通过以下 3 种方式。

- 打开“修改”下拉菜单中的“实体编辑”命令，从弹出的子菜单中选择相应的边修改功能命令。
- 单击“实体编辑”工具栏上的压印边、着色边、复制边命令选项图标。
- 在“命令:”命令行提示符下输入“SOLIDEDIT”并回车，接着在命令提示下分别输入“EDGE”和“L”或“EDGE”和“C”。

以在命令行启动 SOLIDEDIT 为例，三维实体边的编辑修改功能使用方法如下所述。

（1）边的复制

如图 8.78 所示。

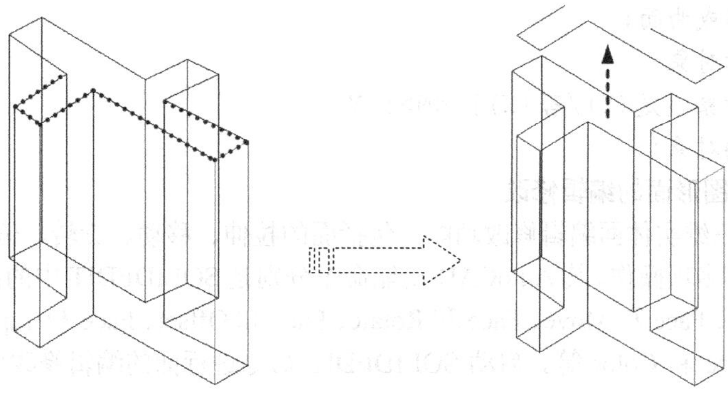

图 8.78　边的复制

命令：SOLIDEDIT（输入实体编辑命令）
实体编辑自动检查：SOLIDCHECK=1
输入实体编辑选项 [面(F)/边(E)/体(B)/放弃(U)/退出(X)] <退出>：_EDGE
输入边编辑选项 [复制(C)/着色(L)/放弃(U)/退出(X)] <退出>：_COPY
选择边或 [放弃(U)/删除(R)]：
选择边或 [放弃(U)/删除(R)]：
选择边或 [放弃(U)/删除(R)]：
选择边或 [放弃(U)/删除(R)]：
……
选择边或 [放弃(U)/删除(R)]：（回车）
指定基点或位移：
指定位移的第二点：
输入边编辑选项 [复制(C)/着色(L)/放弃(U)/退出(X)] <退出>：
实体编辑自动检查：SOLIDCHECK=1
输入实体编辑选项 [面(F)/边(E)/体(B)/放弃(U)/退出(X)] <退出>：(回车)

（2）压印

如图 8.79 所示。

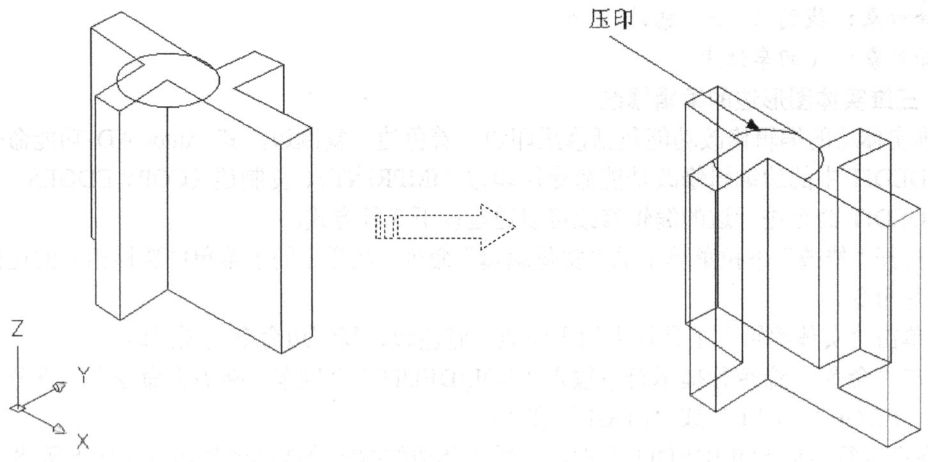

图 8.79 压印

命令：IMPRINT（输入实体编辑命令）
选择三维实体或曲面：
选择要压印的对象：
是否删除源对象 [是(Y)/否(N)] <N>：Y
选择要压印的对象：

8.4.2.4 三维实体图形面的编辑修改

AutoCAD 的三维实体面编辑修改功能，包括面的拉伸、移动、旋转、偏移、倾斜、删除、复制与改变颜色等多项操作。其 AutoCAD 功能命令分别是 SOLIDEDIT 中的面编辑修改功能命令 Face 和 Extrude、Face 和 Move、Face 和 Rotate、Face 和 Offset、Face 和 Tape、Face 和 Delete、Face 和 Copy、Face 和 Color 等。启动 SOLIDEDIT 命令进行面的编辑修改可以通过以下 3 种方式。

- 打开“修改”下拉菜单中的“实体编辑”命令，从弹出的子菜单中选择相应的编辑功能命令。
- 单击“Solids Editing”工具栏上的相应的编辑功能命令选项图标。
- 在“命令:”命令行提示符下输入“SOLIDEDIT”并回车，接着在命令提示下分别输入相应的编辑功能命令。

以在命令行启动 SOLIDEDIT 为例，三维实体面的编辑修改功能使用方法如下所述。

（1）拉伸面　将实体对象中的面沿着指定的路径，或者指定拉伸高度和拉伸倾斜角度进行拉伸称为 AutoCAD 面的拉伸功能。AutoCAD 将实体面的法向方向作为拉伸时的正方向。如果输入的拉伸高度是正值，则表示沿着实体面的法向方向进行拉伸，否则将沿着其法向方向的反向进行拉伸。如图 8.80 所示。

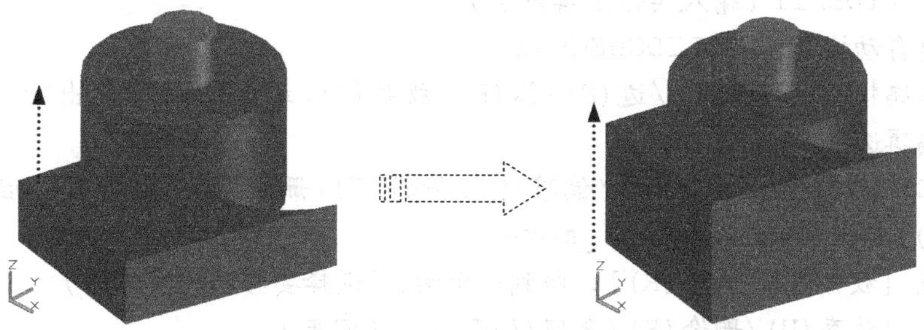

图 8.80　拉伸面

命令：SOLIDEDIT（输入实体编辑命令）

实体编辑自动检查：　SOLIDCHECK=1

输入实体编辑选项 [面(F)/边(E)/体(B)/放弃(U)/退出(X)] <退出>: _face（进行实体面的拉伸操作）

输入面编辑选项

[拉伸(E)/移动(M)/旋转(R)/偏移(O)/倾斜(T)/删除(D)/复制(C)/颜色(L)/材质(A)/放弃(U)/退出(X)] <退出>: _extrude

选择面或 [放弃(U)/删除(R)]: 找到一个面。

选择面或 [放弃(U)/删除(R)/全部(ALL)]:

指定拉伸高度或 [路径(P)]:　指定第二点：（输入拉伸高度或输入“P”采用路径进行拉伸）

指定拉伸的倾斜角度 <0>: 0

已开始实体校验。

已完成实体校验。

输入面编辑选项

[拉伸(E)/移动(M)/旋转(R)/偏移(O)/倾斜(T)/删除(D)/复制(C)/颜色(L)/材质(A)/放弃(U)/退出(X)] <退出>:（回车）

实体编辑自动检查：　SOLIDCHECK=1

输入实体编辑选项 [面(F)/边(E)/体(B)/放弃(U)/退出(X)] <退出>:（回车结束操作）

（2）移动面　将三维实体对象中的面移动到指定的位置与方向上称为 AutoCAD 面的移动功能，如图 8.81 所示。

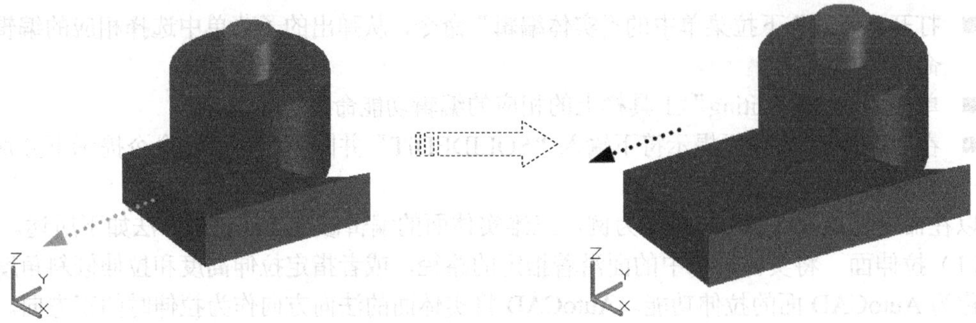

图 8.81 移动面

命令：SOLIDEDIT（输入实体编辑命令）

实体编辑自动检查： SOLIDCHECK=1

输入实体编辑选项 [面(F)/边(E)/体(B)/放弃(U)/退出(X)] <退出>: _FACE

输入面编辑选项

[拉伸(E)/移动(M)/旋转(R)/偏移(O)/倾斜(T)/删除(D)/复制(C)/颜色(L)/材质(A)/放弃(U)/退出(X)] <退出>: _move

选择面或 [放弃(U)/删除(R)]：找到一个面。（选择要移动的实体面）

选择面或 [放弃(U)/删除(R)/全部(ALL)]：（回车）

指定基点或位移：

指定位移的第二点：

已开始实体校验。

已完成实体校验。

输入面编辑选项

[拉伸(E)/移动(M)/旋转(R)/偏移(O)/倾斜(T)/删除(D)/复制(C)/颜色(L)/材质(A)/放弃(U)/退出(X)] <退出>:（回车）

实体编辑自动检查： SOLIDCHECK=1

输入实体编辑选项 [面(F)/边(E)/体(B)/放弃(U)/退出(X)] <退出>:（回车结束操作）

（3）旋转面 将实体中的一个或多个面，绕指定的轴旋转一个角度称为 AutoCAD 面的旋转功能。旋转轴可以通过指定两点或选择一个对象来确定，也可以采用 UCS 的坐标轴作为旋转轴，如图 8.82 所示。

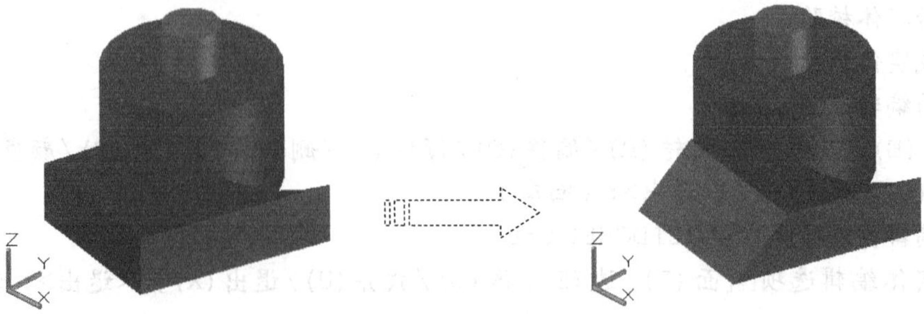

图 8.82 旋转面

命令：SOLIDEDIT（输入实体编辑命令）

实体编辑自动检查： SOLIDCHECK=1

输入实体编辑选项 [面(F)/边(E)/体(B)/放弃(U)/退出(X)] <退出>: _face(实体面的编辑操作)

输入面编辑选项

[拉伸(E)/移动(M)/旋转(R)/偏移(O)/倾斜(T)/删除(D)/复制(C)/颜色(L)/材质(A)/放弃(U)/退出(X)] <退出>: _rotate(旋转实体面)

选择面或 [放弃(U)/删除(R)]: 找到一个面。(选择要旋转的面)

选择面或 [放弃(U)/删除(R)/全部(ALL)]: (回车)

指定轴点或 [经过对象的轴(A)/视图(V)/X 轴(X)/Y 轴(Y)/Z 轴(Z)] <两点>:(指定两点作为旋转轴)

在旋转轴上指定第二个点:

指定旋转角度或 [参照(R)]: 45

已开始实体校验。

已完成实体校验。

输入面编辑选项

[拉伸(E)/移动(M)/旋转(R)/偏移(O)/倾斜(T)/删除(D)/复制(C)/颜色(L)/材质(A)/放弃(U)/退出(X)] <退出>:

实体编辑自动检查: SOLIDCHECK=1

输入实体编辑选项 [面(F)/边(E)/体(B)/放弃(U)/退出(X)] <退出>:(回车结束操作)

(4)偏移面　将实体中的一个或多个面以相等的指定距离移动或通过指定的点称为 AutoCAD 面的偏移功能，如图 8.83 所示。

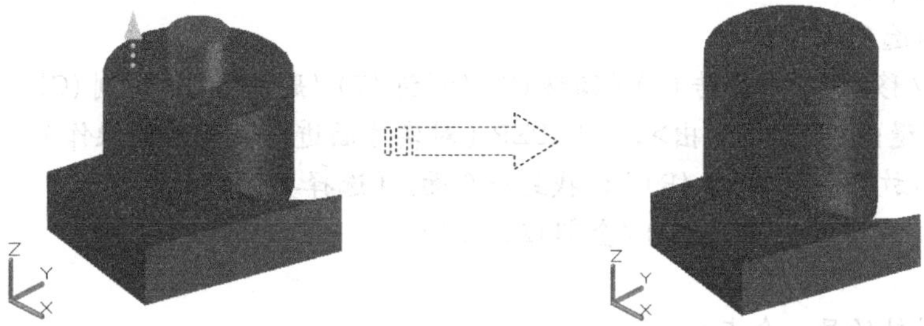

图 8.83　偏移面

命令: SOLIDEDIT(输入实体编辑命令)

实体编辑自动检查: SOLIDCHECK=1

输入实体编辑选项 [面(F)/边(E)/体(B)/放弃(U)/退出(X)] <退出>: _FACE(进入实体面的编辑操作)

输入面编辑选项

[拉伸(E)/移动(M)/旋转(R)/偏移(O)/倾斜(T)/删除(D)/复制(C)/颜色(L)/材质(A)/放弃(U)/退出(X)] <退出>: _OFFSET(对实体面进行偏移)

选择面或 [放弃(U)/删除(R)]: 找到一个面。(选择要偏移的实体面)

选择面或 [放弃(U)/删除(R)/全部(ALL)]:

指定偏移距离: 指定第二点:

已开始实体校验。

已完成实体校验。

输入面编辑选项

[拉伸(E)/移动(M)/旋转(R)/偏移(O)/倾斜(T)/删除(D)/复制(C)/颜色(L)/材质(A)/放弃(U)/退出(X)] <退出>:

实体编辑自动检查: SOLIDCHECK=1

输入实体编辑选项 [面(F)/边(E)/体(B)/放弃(U)/退出(X)] <退出>:(回车结束操作)

(5) 倾斜面 将实体中的一个或多个面按指定的角度进行倾斜称为 AutoCAD 面的倾斜功能。当输入的倾斜角度为正值时，实体面将向内收缩倾斜；否则将向外放大倾斜。如图 8.84 所示。

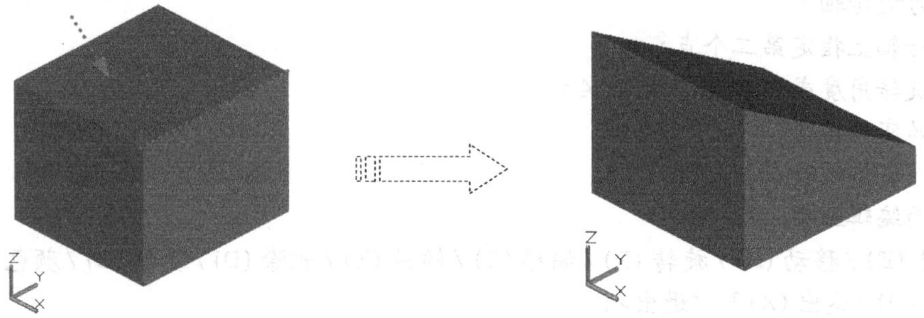

图 8.84 倾斜面

命令: SOLIDEDIT(输入实体编辑命令)

实体编辑自动检查: SOLIDCHECK=1

输入实体编辑选项 [面(F)/边(E)/体(B)/放弃(U)/退出(X)] <退出>: _face(进入实体面的编辑操作)

输入面编辑选项

[拉伸(E)/移动(M)/旋转(R)/偏移(O)/倾斜(T)/删除(D)/复制(C)/颜色(L)/材质(A)/放弃(U)/退出(X)] <退出>: _TAPER(对实体面进行倾斜编辑操作)

选择面或 [放弃(U)/删除(R)]: 找到一个面。(选择要倾斜的实体面)

选择面或 [放弃(U)/删除(R)/全部(ALL)]:

指定基点:

指定沿倾斜轴的另一个点:

指定倾斜角度: 30

已开始实体校验。

已完成实体校验。

输入面编辑选项

[拉伸(E)/移动(M)/旋转(R)/偏移(O)/倾斜(T)/删除(D)/复制(C)/颜色(L)/材质(A)/放弃(U)/退出(X)] <退出>:

实体编辑自动检查: SOLIDCHECK=1

输入实体编辑选项 [面(F)/边(E)/体(B)/放弃(U)/退出(X)] <退出>: (回车)

(6) 删除面 将三维实体中的一个或多个面从实体中删去称为 AutoCAD 面的删除功能。此种功能适合于倒圆角所产生的面的删除操作，如图 8.85 所示。

命令: SOLIDEDIT(输入实体编辑命令)

实体编辑自动检查: SOLIDCHECK=1

输入实体编辑选项 [面(F)/边(E)/体(B)/放弃(U)/退出(X)] <退出>: _face(进入实体面编辑操作)

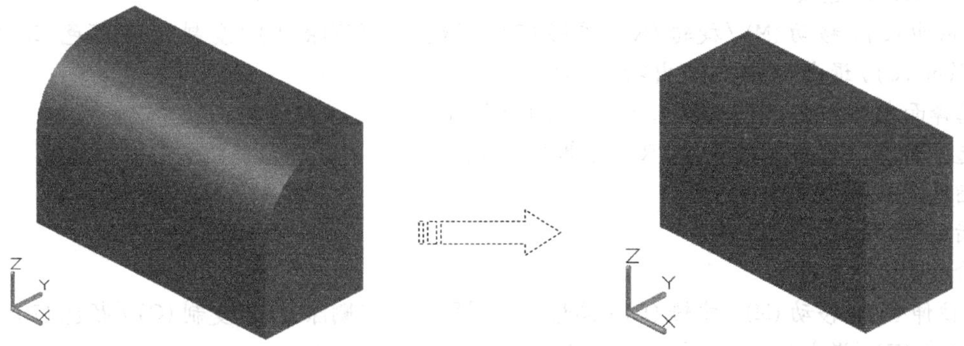

图 8.85　删除面

输入面编辑选项

[拉伸(E)/移动(M)/旋转(R)/偏移(O)/倾斜(T)/删除(D)/复制(C)/颜色(L)/材质(A)/放弃(U)/退出(X)] <退出>: _DELETE(进行删除实体面编辑)

选择面或 [放弃(U)/删除(R)]: 找到一个面。

选择面或 [放弃(U)/删除(R)/全部(ALL)]:

已开始实体校验。

已完成实体校验。

输入面编辑选项

[拉伸(E)/移动(M)/旋转(R)/偏移(O)/倾斜(T)/删除(D)/复制(C)/颜色(L)/材质(A)/放弃(U)/退出(X)] <退出>:

实体编辑自动检查: SOLIDCHECK=1

输入实体编辑选项 [面(F)/边(E)/体(B)/放弃(U)/退出(X)] <退出>:(回车结束编辑)

(7) 复制面　将三维实体中的一个或多个面复制成面域对象或三维表面图形对象称为 AutoCAD 面的复制功能，如图 8.86 所示。

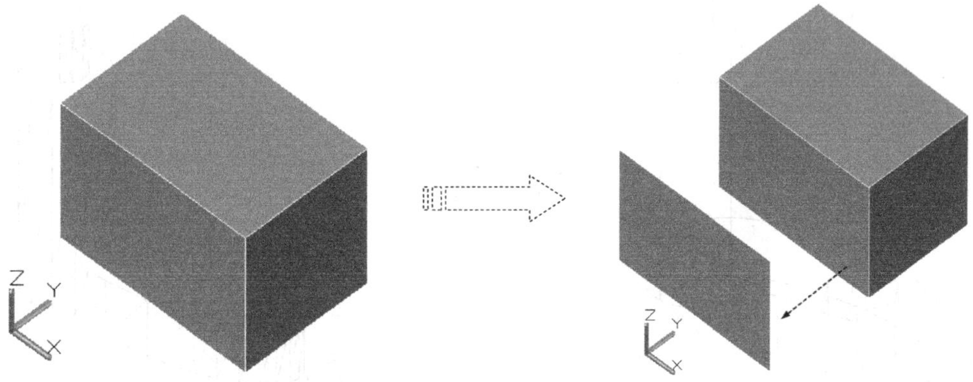

图 8.86　复制面

命令: SOLIDEDIT(输入实体编辑命令)

实体编辑自动检查: SOLIDCHECK=1

输入实体编辑选项 [面(F)/边(E)/体(B)/放弃(U)/退出(X)] <退出>: _face(进行

实体面复制编辑）

输入面编辑选项

[拉伸(E)/移动(M)/旋转(R)/偏移(O)/倾斜(T)/删除(D)/复制(C)/颜色(L)/材质(A)/放弃(U)/退出(X)] <退出>: _COPY

选择面或 [放弃(U)/删除(R)]: 找到一个面。

选择面或 [放弃(U)/删除(R)/全部(ALL)]:

指定基点或位移:

指定位移的第二点:

输入面编辑选项

[拉伸(E)/移动(M)/旋转(R)/偏移(O)/倾斜(T)/删除(D)/复制(C)/颜色(L)/材质(A)/放弃(U)/退出(X)] <退出>:（回车）

实体编辑自动检查: SOLIDCHECK=1

输入实体编辑选项 [面(F)/边(E)/体(B)/放弃(U)/退出(X)] <退出>:（回车）

8.5 三维 CAD 图形渲染美化

AutoCAD 三维图形的渲染美化功能，包括消隐、阴影图和渲染图等方式。通过对三维图形进行简单的渲染美化，可以使 AutoCAD 绘制的图形效果更加逼真、直观形象，更为符合视觉效果。相对其他专业渲染软件（如 3DS MAX、Lightscape、VR），AutoCAD 渲染功能是初步的，润饰比较粗糙。

8.5.1 消隐效果图

将三维图形对象的不可见的轮廓线隐去，同时隐去被前面图形遮挡住图形对象的轮廓线的功能称为消隐。其 AutoCAD 功能命令是 HIDE。启动 HIDE 命令可以通过以下 2 种方式。

- 打开“视图”下拉菜单，执行“消隐”命令选项。
- 在“命令:”命令行提示符下输入“HIDE”并回车。

以在命令行启动 HIDE 为例，三维图形消隐功能使用方法如下所述，如图 8.87 所示。

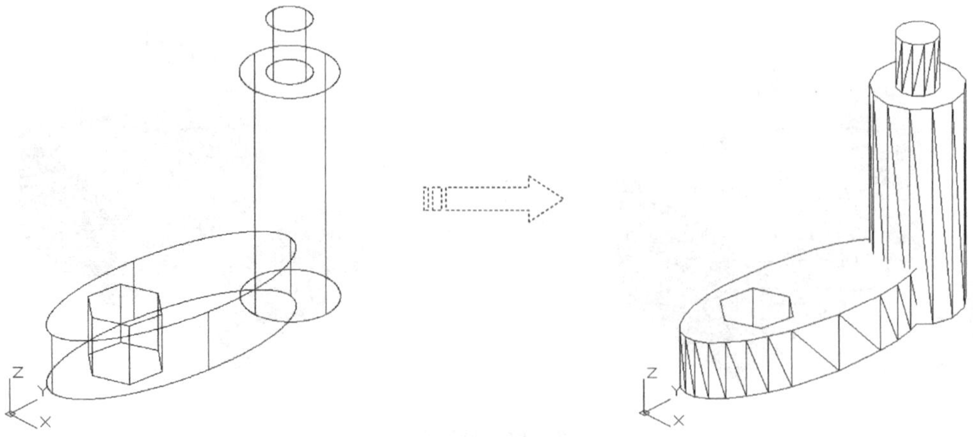

图 8.87 消隐功能

命令: HIDE（进行消隐）

正在重生成模型。

8.5.2 视觉样式效果图

隐去三维图形所有的隐藏线，并且对可见的表面进行平滑的颜色处理，使其表达效果具有一定的真实性而得到的效果图，即是 AutoCAD 不同视觉样式。注意要显示从点光源、平行光、聚光灯或阳光发出的光线，请将视觉样式设置为真实、概念或带有着色对象的自定义视觉样式。

其 AutoCAD 功能命令分别是 VSCURRENT。启动 VSCURRENT 命令可以通过以下 2 种方式。

- 打开“视图”下拉菜单选择“视觉样式”命令，然后在弹出的子菜单中进行命令选择。
- 在“命令:”命令行下直接输入“VSCURRENT”命令后回车。

以在命令行启动 VSCURRENT 为例，三维图形视觉样式图建立使用方法如下所述。

命令：VSCURRENT（使用 VSCURRENT 创建三维图形的视觉样式图）

输入选项 [二维线框(2)/线框(W)/隐藏(H)/真实(R)/概念(C)/着色(S)/带边缘着色(E)/灰度(G)/勾画(SK)/X 射线(X)/其他(O)] <二维线框>：C（输入“C”表示的概念形式来显示模型对象）

其中上述有关命令选项的含义效果参考图 8.88 所示。

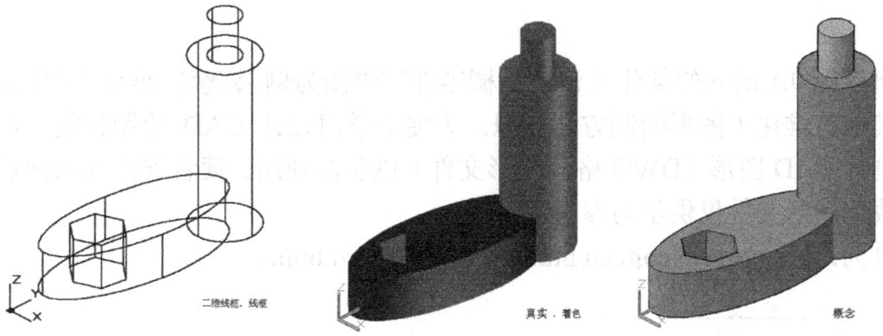

(a) 线框、真实、着色、概念效果

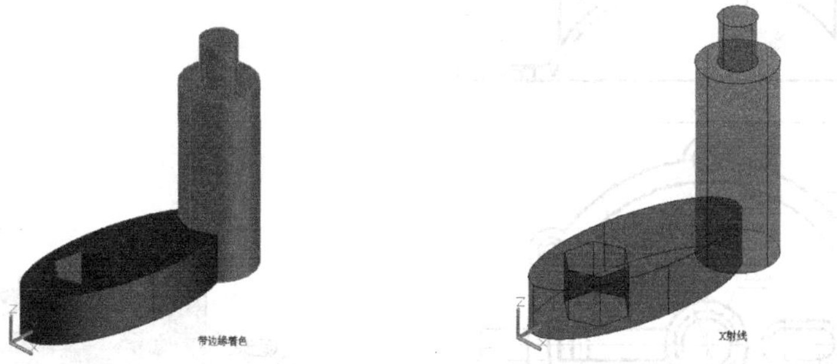

(b) 带边缘着色、X 射线效果

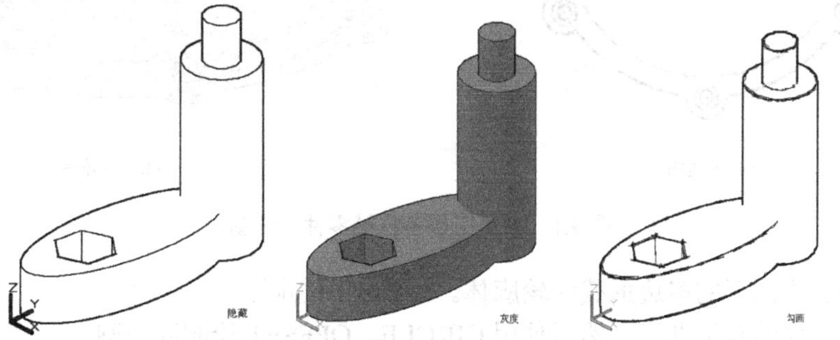

(c) 隐藏、灰度、勾画效果

图 8.88 各种视觉样式图效果对比

第9章

化工设计三维图形 CAD 绘制实例演示

本章案例以图 9.1 所示的某化工设备机械零件三维图为例，讲解三维化工图形的 CAD 快速绘制方法，其他三维化工图形绘制方法类似。为便于学习设计 CAD 绘图技能，本书提供本章讲解案例实例的 CAD 图形（DWG 格式图形文件）供学习使用。读者连接互联网后可以登录到如下地址下载，图形文件仅供学习参考。

下载地址为：http://qr.cip.com.cn/html/qrcode/34883/4.html。

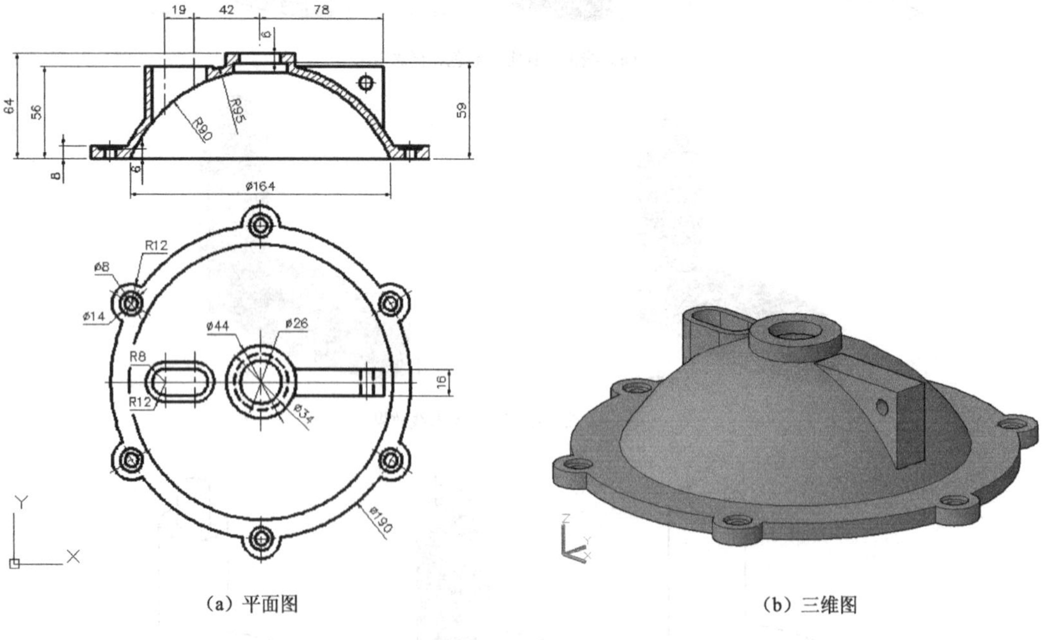

（a）平面图　　（b）三维图

图 9.1　某化工设备机械零件三维图

（1）绘制三维图形的多边形截面轮廓体。先绘制同心圆。

操作方法：先绘制辅助线，然后使用 CIRCLE、OFFSET 绘制同心圆。

操作命令：LINE、CIRCLE、OFFSET 等。

命令：OFFSET

当前设置：删除源=否　图层=源　OFFSETGAPTYPE=0
指定偏移距离或 [通过(T)/删除(E)/图层(L)] <5.0000>：　5
选择要偏移的对象，或 [退出(E)/放弃(U)] <退出>：
指定要偏移的那一侧上的点，或 [退出(E)/多个(M)/放弃(U)] <退出>：
选择要偏移的对象，或 [退出(E)/放弃(U)] <退出>：(回车)

操作示意：如图 9.2 所示。

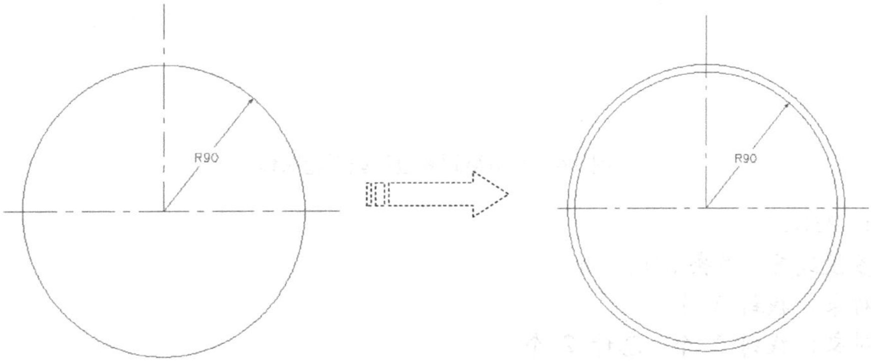

图 9.2　绘制同心圆

(2) 绘制外侧矩形平面轮廓图形。

操作方法：轮廓位置及大小按设计确定的尺寸。使用 PLINE 进行绘制，保持轮廓线线条连续一体。

操作命令：PLINE 等。

操作示意：如图 9.3 所示。

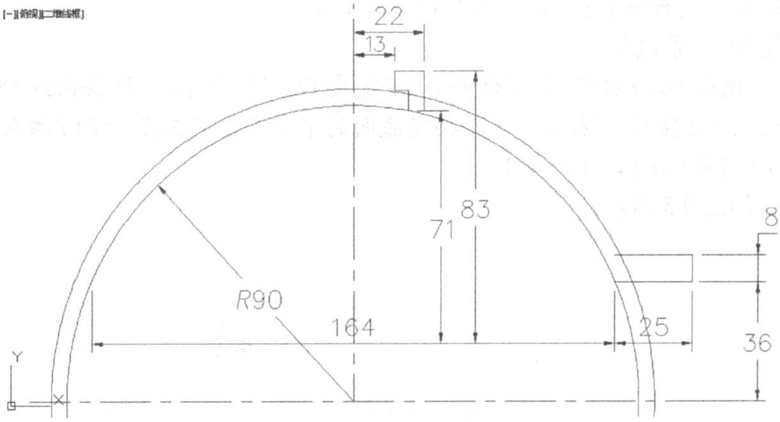

图 9.3　绘制外侧矩形平面轮廓图形

(3) 对图形进行剪切得到多边形截面轮廓体。

操作方法：得到 1 个轮廓造型。

操作命令：TRIM 等。

操作示意：如图 9.4 所示。

(4) 将多边形截面轮廓体的轮廓线连接为一体。

操作方法：使用 PEDIT 功能命令进行连接。轮廓线连接为一体为后面创建三维图形使用。

操作命令：PEDIT 等。

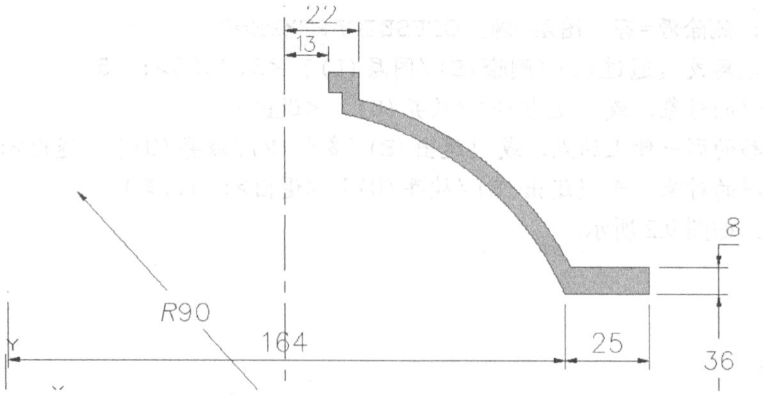

图 9.4　剪切得到多边形截面轮廓体

命令：PEDIT
选择多段线或 [多条(M)]：m
选择对象：找到 1 个
选择对象：找到 1 个，总计 2 个
选择对象：找到 1 个，总计 3 个
选择对象：找到 1 个，总计 4 个
选择对象：
是否将直线、圆弧和样条曲线转换为多段线？[是(Y)/否(N)]？ <Y> y
输入选项 [闭合(C)/打开(O)/合并(J)/宽度(W)/拟合(F)/样条曲线(S)/非曲线化(D)/线型生成(L)/反转(R)/放弃(U)]：j
合并类型 = 延伸
输入模糊距离或 [合并类型(J)] <0.0000>：0
多段线已增加 8 条线段
输入选项 [闭合(C)/打开(O)/合并(J)/宽度(W)/拟合(F)/样条曲线(S)/非曲线化(D)/线型生成(L)/反转(R)/放弃(U)]：指定底面的中心点或 [三点(3P)/两点(2P)/切点、切点、半径(T)/椭圆(E)]：（回车）

操作示意：如图 9.5 所示。

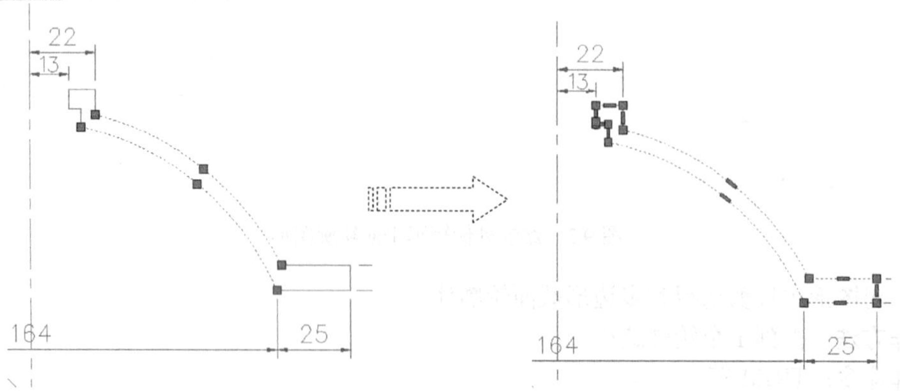

图 9.5　将多边形截面轮廓体的轮廓线连接为一体

（5）绘制矩形和小圆形。

操作方法：该矩形用来创建三维图形中的球面表面的三维矩形图形。图形大小及位置定位按设计确定。

操作命令：CIRCLE、PLINE、MOVE、CHAMFER、TRIM 等。

命令：CHAMFER

（“修剪”模式）当前倒角距离 1 = 1.5000，距离 2 = 1.5000

选择第一条直线或 [放弃(U)/多段线(P)/距离(D)/角度(A)/修剪(T)/方式(E)/多个(M)]：D

指定 第一个 倒角距离 <1.5000>：0

指定 第二个 倒角距离 <0.0000>：0

选择第一条直线或 [放弃(U)/多段线(P)/距离(D)/角度(A)/修剪(T)/方式(E)/多个(M)]：

选择第二条直线，或按住 Shift 键选择要应用角点的直线或 [距离(D)/角度(A)/方法(M)]：（回车）

操作示意：如图 9.6 所示。

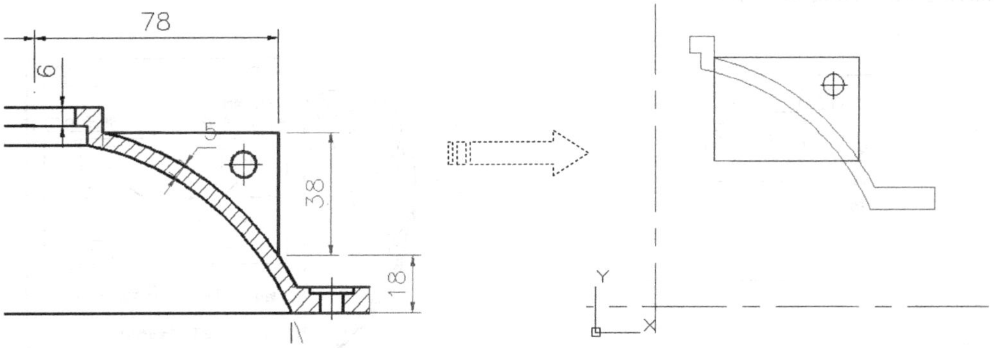

图 9.6　绘制矩形和小圆形

（6）绘制内侧圆形，再进行剪切，得到一条弧线。

操作方法：弧线用于创建三维曲面。可以复制一份已完成的图形在旁边备用，目的是防止后面三维操作差错备用图形，是否复制根据个人绘图情况确定。

操作命令：CIRCLE、MOVE、TRIM、PEDIT、COPY 等。

操作示意：如图 9.7 所示。

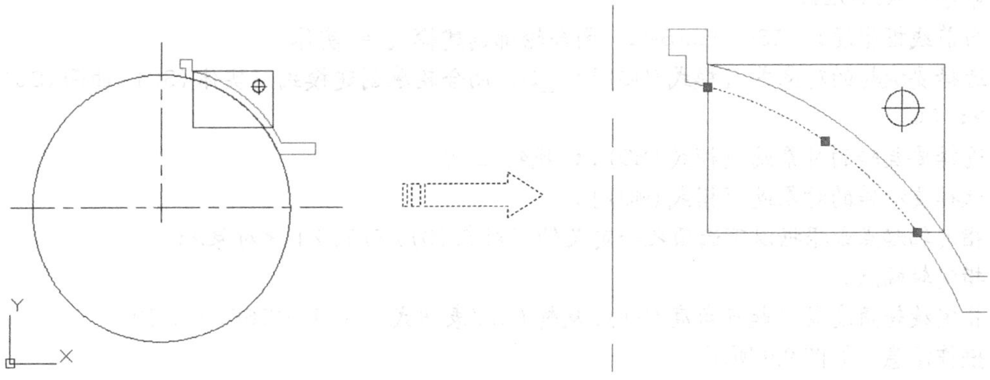

图 9.7　绘制一条弧线

（7）开始创建三维图形。先选择弧线创建曲面。

操作方法：使用三维建模功能旋转命令 REVOLVE 创建曲面。其中曲面的角度在右侧半圆范围即可（90°～270°），旋转轴为竖直方向的轴线，即旋转 180°。

操作命令：REVOLVE、VP、DDVPOINT、ISOLINES 等。

命令：REVOLVE

当前线框密度：ISOLINES=4，闭合轮廓创建模式 = 实体

选择要旋转的对象或 [模式(MO)]：MO 闭合轮廓创建模式 [实体(SO)/曲面(SU)] <实体>：SO

选择要旋转的对象或 [模式(MO)]：找到 1 个

选择要旋转的对象或 [模式(MO)]：

指定轴起点或根据以下选项之一定义轴 [对象(O)/X/Y/Z] <对象>：

指定轴端点：

指定旋转角度或 [起点角度(ST)/反转(R)/表达式(EX)] <360>：ST

指定起点角度 <0.0>：270

指定旋转角度或 [起点角度(ST)/表达式(EX)] <360>：180

操作示意：如图 9.8 所示。

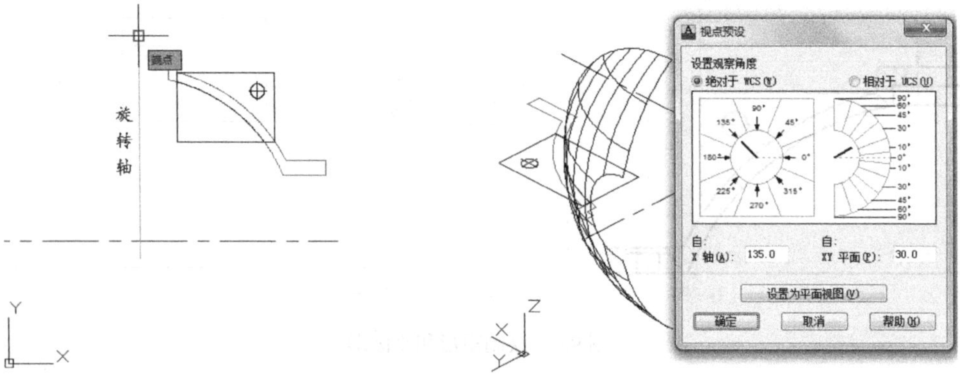

图 9.8 选择弧线创建曲面

（8）选择多边形截面轮廓体进行旋转创建三维图形，得到大曲面体三维图形。

操作方法：使用三维建模功能旋转命令 REVOLVE。

操作命令：ISOLINES、REVOLVE 等。

命令：REVOLVE

当前线框密度：ISOLINES=4，闭合轮廓创建模式 = 实体

选择要旋转的对象或 [模式(MO)]：_MO 闭合轮廓创建模式 [实体(SO)/曲面(SU)] <实体>：SO

选择要旋转的对象或 [模式(MO)]：找到 1 个

选择要旋转的对象或 [模式(MO)]：

指定轴起点或根据以下选项之一定义轴 [对象(O)/X/Y/Z] <对象>：

指定轴端点：

指定旋转角度或 [起点角度(ST)/反转(R)/表达式(EX)] <360>：360

操作示意：如图 9.9 所示。

（9）设置三维图形线框显示密度的参数命令。

操作方法：设置三维图形线框显示密度的参数命令为 ISOLINES。根据绘图爱好及显示效果需要进行设置。

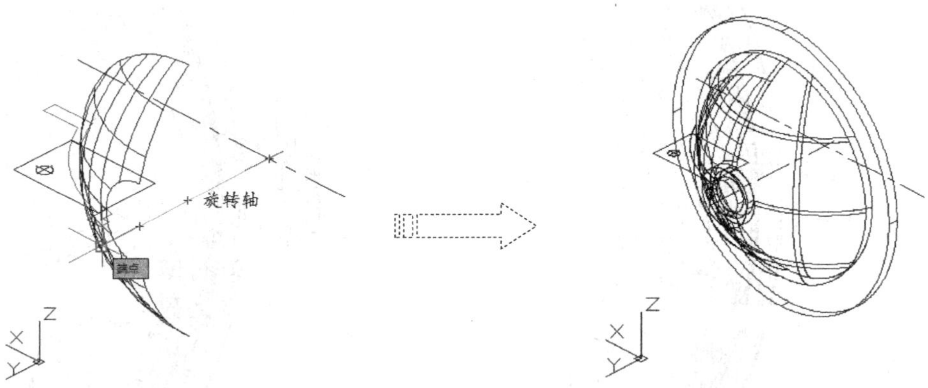

图 9.9　得到大曲面体三维图形

操作命令：: ISOLINES 等。

命令：ISOLINES

输入 ISOLINES 的新值 <4>: 28

操作示意：如图 9.10 所示。

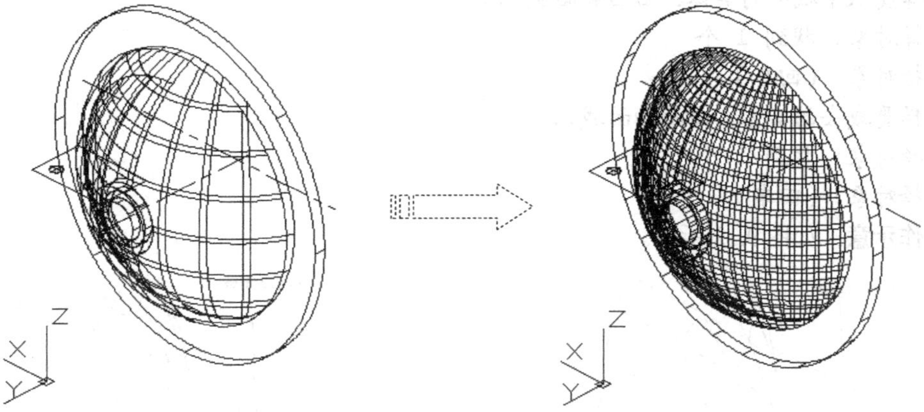

(a) ISOLINES=8　　(b) ISOLINES=28

图 9.10　线框显示密度的参数

（10）选择矩形图形（包括内侧小圆形）拉伸为三维图形，得到长方体及小圆柱体。

操作方法：在图形轴线中间位置使用窗口进行选择。三维拉伸命令为 EXTRUDE，拉伸厚度为其平面图的宽度。注意输入的拉伸的高度数值正负（18，-18）与拉伸方向关系。

操作命令：EXTRUDE。

命令：EXTRUDE

当前线框密度：ISOLINES=58，闭合轮廓创建模式 = 实体

选择要拉伸的对象或 [模式(MO)]: MO 闭合轮廓创建模式 [实体(SO)/曲面(SU)] <实体>: SO

选择要拉伸的对象或 [模式(MO)]: 指定对角点: 找到 4 个

选择要拉伸的对象或 [模式(MO)]:

指定拉伸的高度或 [方向(D)/路径(P)/倾斜角(T)/表达式(E)]: 18

操作示意：如图 9.11 所示。

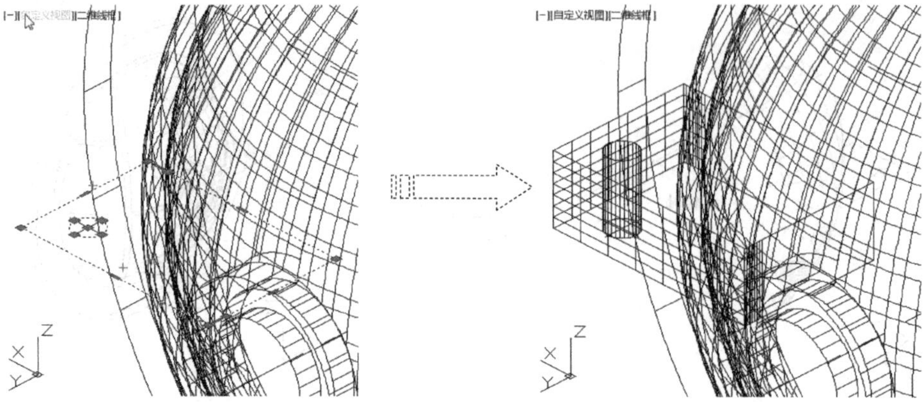

图 9.11　绘制得到长方体及小圆柱体

（11）对长方体及小圆柱体图形进行差集运算。

操作方法：先选择长方体，再选择小圆柱体，形成长方体上的圆孔效果。

操作命令：SUBTRACT、VP、HIDE 等。

命令：SUBTRACT

选择要从中减去的实体、曲面和面域...

选择对象：找到 1 个

选择对象：(回车)

选择要减去的实体、曲面和面域...

选择对象：找到 1 个

选择对象：(回车)

操作示意：如图 9.12 所示。

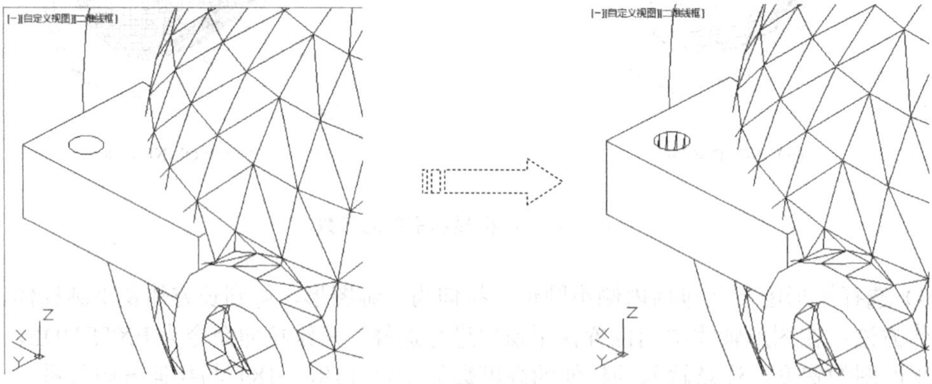

图 9.12　进行差集运算

（12）隐藏大曲面体，方便其他绘制。

操作方法：使用图层功能命令 LAYER 进行设置。

操作命令：LAYER 等。

操作示意：如图 9.13 所示。

（13）设置新用户坐标 UCS，切换到图形造型整体顶面观察。然后将长方体中部移动至轴线的中间。

操作方法：先执行新建 UCS，然后使用 PLAN 设置为当前 UCS 的平面视图。

操作命令：UCS、PLAN、MOVE 等。

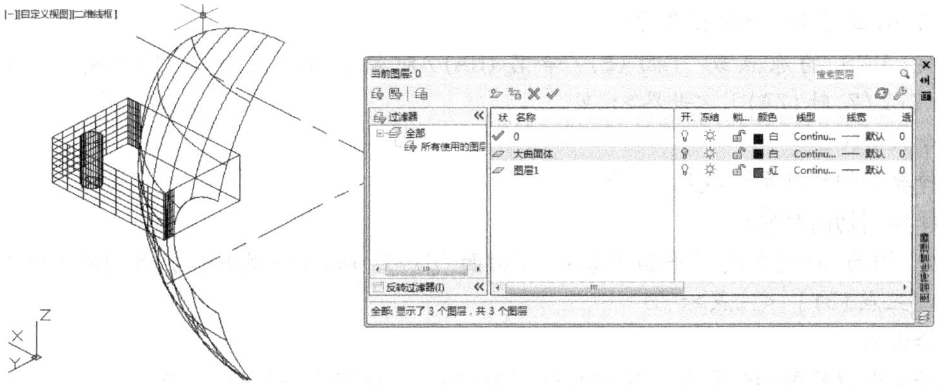

图 9.13　隐藏大曲面体

命令: UCS

当前 UCS 名称: *世界*

指定 UCS 的原点或 [面(F)/命名(NA)/对象(OB)/上一个(P)/视图(V)/世界(W)/X/Y/Z/Z 轴(ZA)] <世界>: X

指定绕 X 轴的旋转角度 <90>:90 (回车)

命令: PLAN

输入选项 [当前 UCS(C)/UCS(U)/世界(W)] <当前 UCS>: (回车)

正在重生成模型。

命令: MOVE

选择对象: 找到 1 个

选择对象:

指定基点或 [位移(D)] <位移>:

指定第二个点或 <使用第一个点作为位移>: 9

操作示意: 如图 9.14 所示。

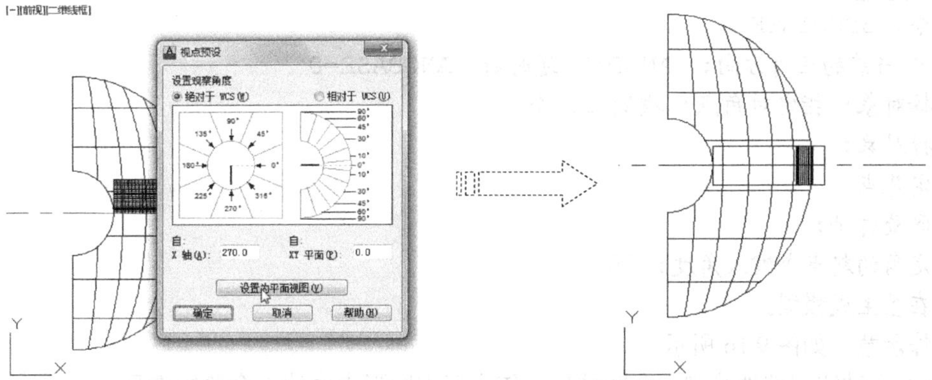

图 9.14　将长方体中部移动至轴线的中间

(14) 切换到三维视图，对长方体进行切割 (SLICE)。

操作方法: 先将 UCS 恢复为 WCS，然后切换到三维视图。选择长方体，再选择曲面作为切割曲面。然后删除不需要的切割体。

操作命令: UCS、DDVPOINT、SLICE、ERASE 等。

命令: UCS

当前 UCS 名称：*没有名称*

指定 UCS 的原点或 [面(F)/命名(NA)/对象(OB)/上一个(P)/视图(V)/世界(W)/X/Y/Z/Z 轴(ZA)] <世界>：W

命令：SLICE

选择要剖切的对象：找到 1 个

选择要剖切的对象：

指定 切面 的起点或 [平面对象(O)/曲面(S)/Z 轴(Z)/视图(V)/XY(XY)/YZ(YZ)/ZX(ZX)/三点(3)] <三点>：S

选择曲面：

选择要保留的剖切对象或 [保留两个侧面(B)] <保留两个侧面>：B

操作示意：如图 9.15 所示。

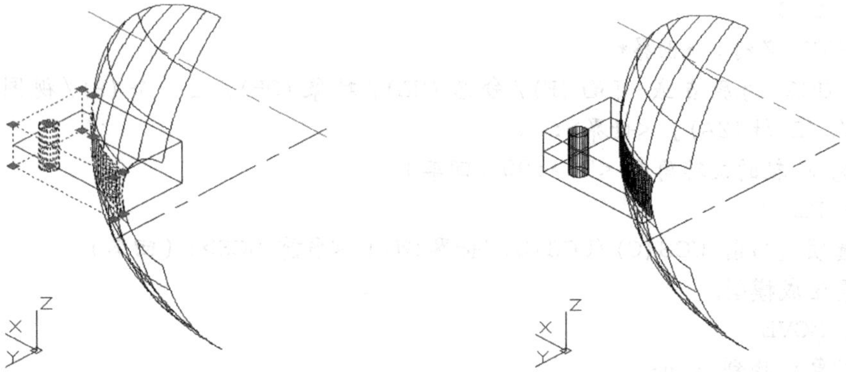

图 9.15 对长方体进行切割

（15）打开大曲面体，观察图形绘制三维效果。将所有图形进行三维旋转。

操作方法：注意三维旋转基点、方向、轴线选择。

操作命令：VP、LAYER、3DROTATE 等。

命令：3DROTATE

UCS 当前的正角方向：ANGDIR=逆时针 ANGBASE=0

选择对象：指定对角点：找到 11 个

选择对象：

指定基点：

拾取旋转轴：

指定角的起点或键入角度：90

正在重生成模型。

操作示意：如图 9.16 所示。

（16）在轴线端部处绘制 3 个圆柱体，作为三维图形中底边 6 个轮廓造型。

操作方法：圆柱体直径、大小高度按设计确定的尺寸（例如本案例半径分别为 12、4、7，高分别为 8、8、2）。

操作命令：CYLINDER 等。

命令：CYLINDER

指定底面的中心点或 [三点(3P)/两点(2P)/切点、切点、半径(T)/椭圆(E)]：

指定底面半径或 [直径(D)] <4.0000>：7

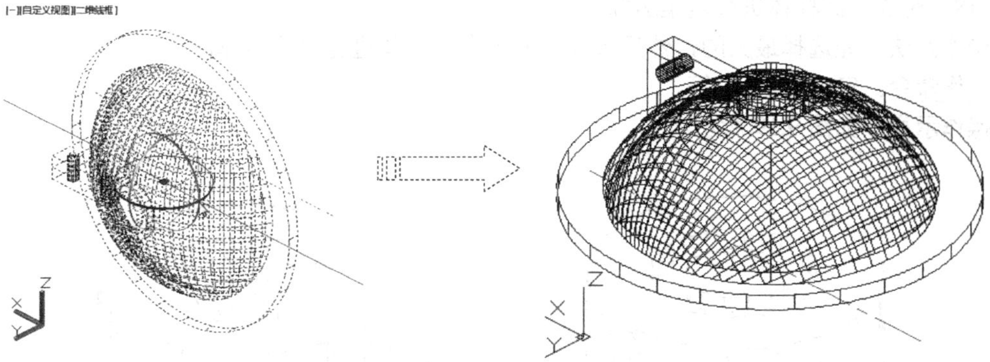

图 9.16　将所有图形进行三维旋转

指定高度或 [两点(2P)/轴端点(A)] <8.0000>: 4

操作示意：如图 9.17 所示。

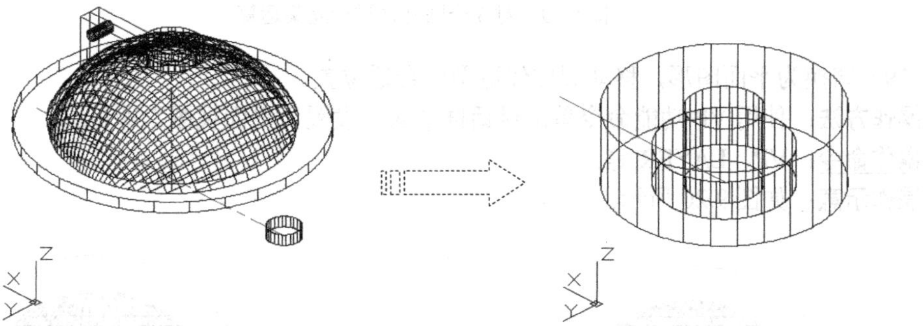

图 9.17　绘制 3 个圆柱体

(17) 将高度为 2 的圆柱体移动，使其顶面与高度为 8 的圆柱体顶面一致。

操作方法：移动基点为圆柱体底部圆心。

操作命令：MOVE 等。

命令: MOVE

选择对象: 找到 1 个

选择对象:

找到 1 个

指定基点或 [位移(D)] <位移>:

指定第二个点或 <使用第一个点作为位移>: 4

操作示意：如图 9.18 所示。

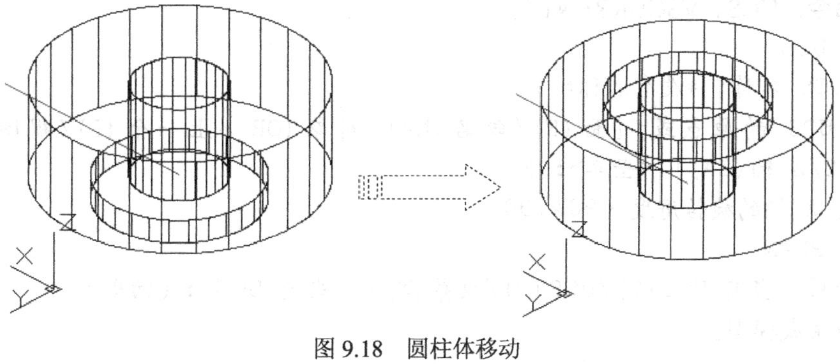

图 9.18　圆柱体移动

（18）对 3 个圆柱体进行差集运算。

操作方法：先选择最大的，然后选择另外 1 个圆柱体进行差集运算。

操作命令：SUBTRACT 等。

操作示意：如图 9.19 所示。

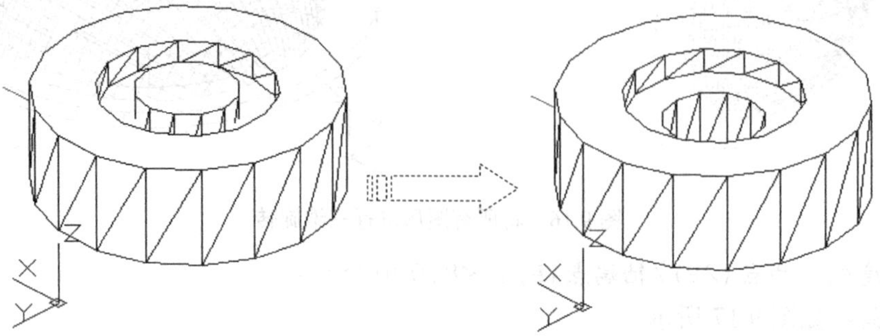

图 9.19　对 3 个圆柱体进行差集运算

（19）切换为平面图形，移动圆柱体造型至合适位置。

操作方法：使用 VP 功能命令单击对话框中的“设置为平面视图”即可。

操作命令：VP、LAYER 等。

操作示意：如图 9.20 所示。

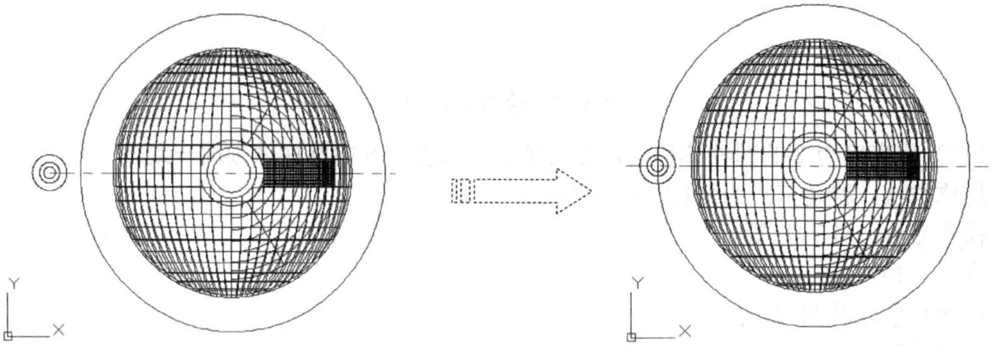

图 9.20　移动圆柱体造型至合适位置

（20）对三维图形进行观察，看圆柱体位置是否正确。

操作方法：先使用 UCS 将当前 WCS 切换为绕 X 轴旋转 90° 的新 UCS，然后设置为当前 UCS 平面视图观察。

操作命令：UCS、VSCURRENT 等。

命令：UCS

当前 UCS 名称：*没有名称*

指定 UCS 的原点或 [面(F)/命名(NA)/对象(OB)/上一个(P)/视图(V)/世界(W)/X/Y/Z/Z 轴(ZA)] <世界>：X

指定绕 X 轴的旋转角度 <90>:90

命令：PLAN

输入选项 [当前 UCS(C)/UCS(U)/世界(W)] <当前 UCS>：(回车)

正在重生成模型。

操作示意：如图 9.21 所示。

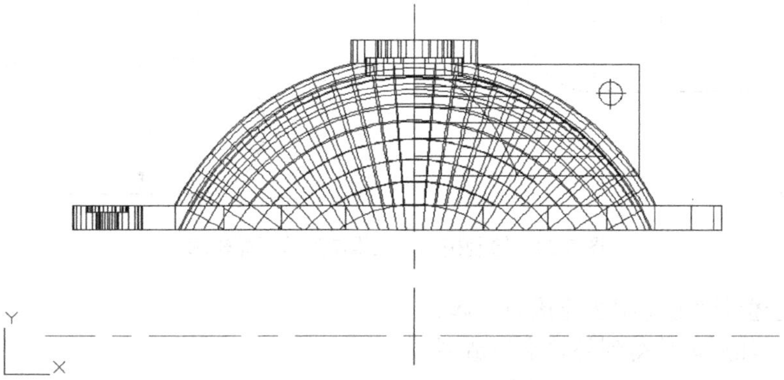

图 9.21　观察圆柱体位置是否正确

（21）设置新用户坐标 UCS，切换到视图观察。然后对圆柱体进行三维阵列（3DARRAY）。

操作方法：先执行 UCS 恢复为 WCS，然后使用 VP 观察。

操作命令：UCS、VP、3DARRAY 等。

```
命令: 3DARRAY
选择对象: 找到 1 个
选择对象:
输入阵列类型 [矩形(R)/环形(P)] <矩形>:P
输入阵列中的项目数目: 6
指定要填充的角度 (+=逆时针, -=顺时针) <360>:360
旋转阵列对象? [是(Y)/否(N)] <Y>: Y
指定阵列的中心点:
指定旋转轴上的第二点:
```

操作示意：如图 9.22 所示。

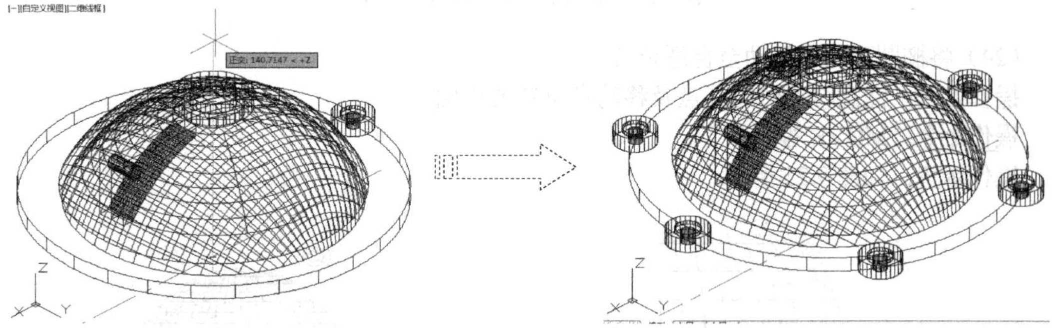

图 9.22　对圆柱体进行三维阵列

（22）先使用“视点预设”功能命令 VP 设置为当前 UCS 平面视图，再绘制椭圆形三维图形的平面轮廓。

操作方法：使用 LINE、PLINE、CIRCLE 功能命令绘制椭圆形平面轮廓。

操作命令：VP、DDVPOINT、PLAN、PLINE、LINE、CIRCLE、TRIM 等。

操作示意：如图 9.23 所示。

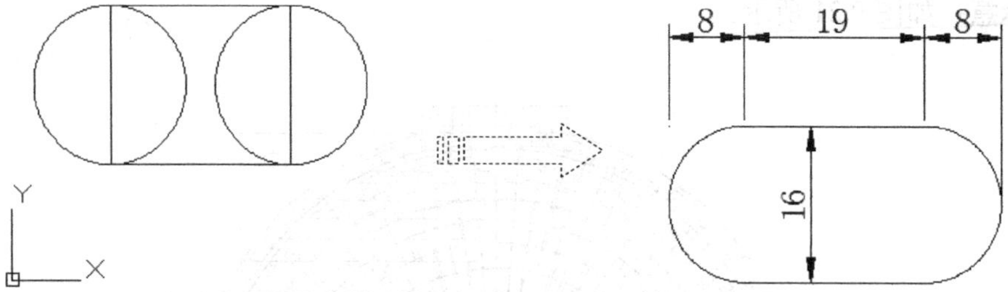

图 9.23 绘制椭圆形三维图形的平面轮廓

（23）将前述椭圆形轮廓线连接为一体。

操作方法：然后偏移得到外轮廓线造型。

操作命令： PEDIT、OFFSET 等。

命令：OFFSET

当前设置：删除源=否　图层=源　OFFSETGAPTYPE=0

指定偏移距离或 [通过(T)/删除(E)/图层(L)] <4.0000>:

选择要偏移的对象，或 [退出(E)/放弃(U)] <退出>:

指定要偏移的那一侧上的点，或 [退出(E)/多个(M)/放弃(U)] <退出>:

选择要偏移的对象，或 [退出(E)/放弃(U)] <退出>:

操作示意：如图 9.24 所示。

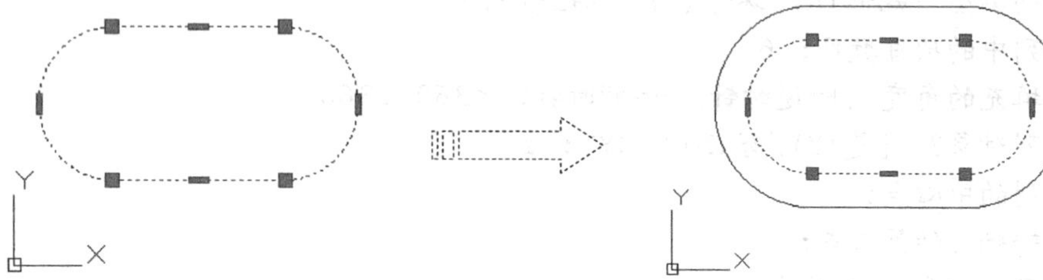

图 9.24 椭圆形轮廓线连接为一体

（24）将椭圆形轮廓移动至合适位置。

操作方法：注意移动时的基点及移动点位置要正确。

操作命令：MOVE 等。

操作示意：如图 9.25 所示。

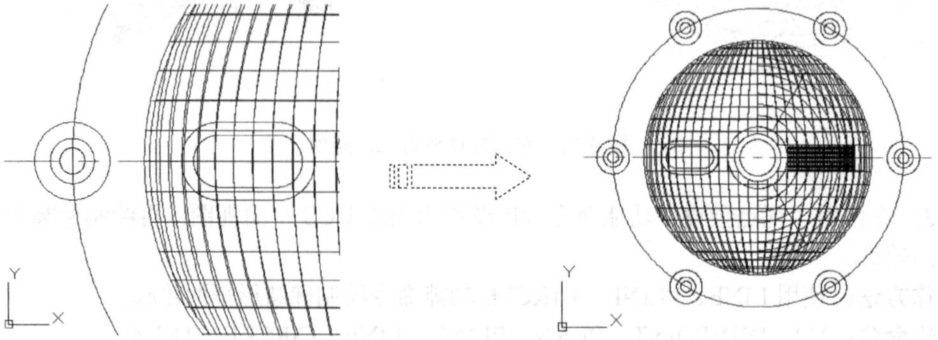

图 9.25 将椭圆形轮廓移动至合适位置

（25）将前面旋转生成的三维曲面（右侧位置）进行三维镜像，使其位于椭圆形一侧。

操作方法：关闭大曲面体以方便操作。

操作命令：LAYER、MIRROR3D 等。

命令:MIRROR3D

选择对象：找到 1 个

选择对象：

指定镜像平面（三点）的第一个点或 [对象(O)/最近的(L)/Z 轴(Z)/视图(V)/XY 平面(XY)/YZ 平面(YZ)/ZX 平面(ZX)/三点(3)] <三点>：Y

指定 YZ 平面上的点 <0,0,0>:

是否删除源对象? [是(Y)/否(N)] <否>：N

操作示意：如图 9.26 所示。

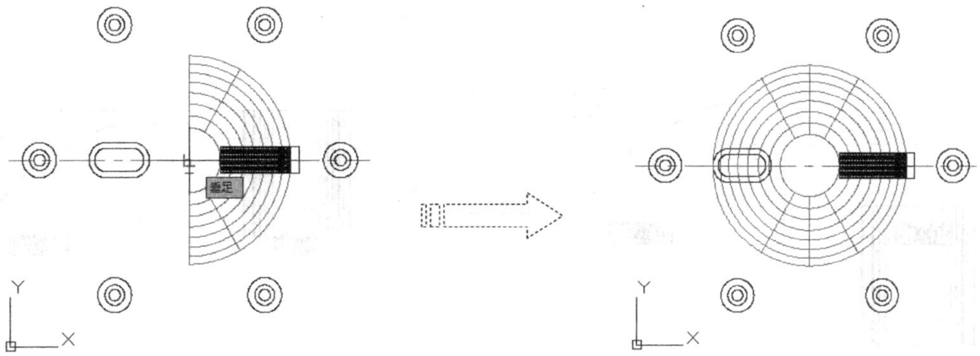

图 9.26　进行三维镜像

（26）使用 VP 设置视图观察图形。

操作方法：将椭圆形轮廓拉伸（EXTRUDE）为三维图形。

操作命令：VP、EXTRUDE 等。

命令：EXTRUDE

当前线框密度：ISOLINES=28，闭合轮廓创建模式 = 实体

选择要拉伸的对象或 [模式(MO)]：找到 1 个

选择要拉伸的对象或 [模式(MO)]：找到 1 个，总计 2 个

选择要拉伸的对象或 [模式(MO)]：

指定拉伸的高度或 [方向(D)/路径(P)/倾斜角(T)/表达式(E)] <2.0000>：50

操作示意：如图 9.27 所示。

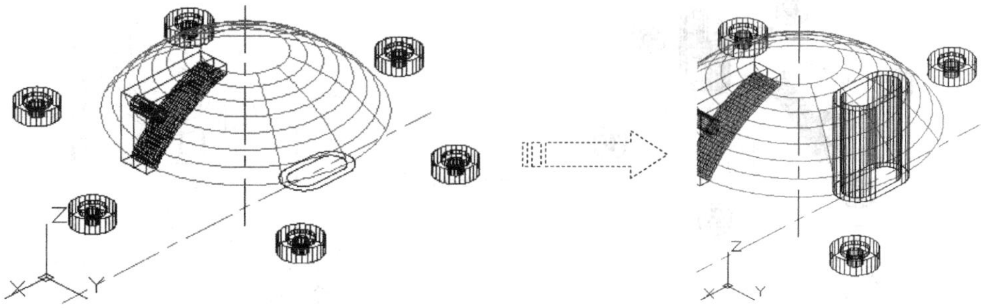

图 9.27　将椭圆形轮廓拉伸

（27）改变 UCS，设置为平面视图后移动椭圆形轮廓三维图形。

操作方法：移动高度与长方体顶平齐。

操作命令：UCS、PLAN、MOVE 等。

命令：UCS

当前 UCS 名称：*世界*

指定 UCS 的原点或 [面(F)/命名(NA)/对象(OB)/上一个(P)/视图(V)/世界(W)/X/Y/Z/Z 轴(ZA)] <世界>：X

指定绕 X 轴的旋转角度 <90>：90

命令：PLAN

输入选项 [当前 UCS(C)/UCS(U)/世界(W)] <当前 UCS>：

正在重生成模型。

操作示意：如图 9.28 所示。

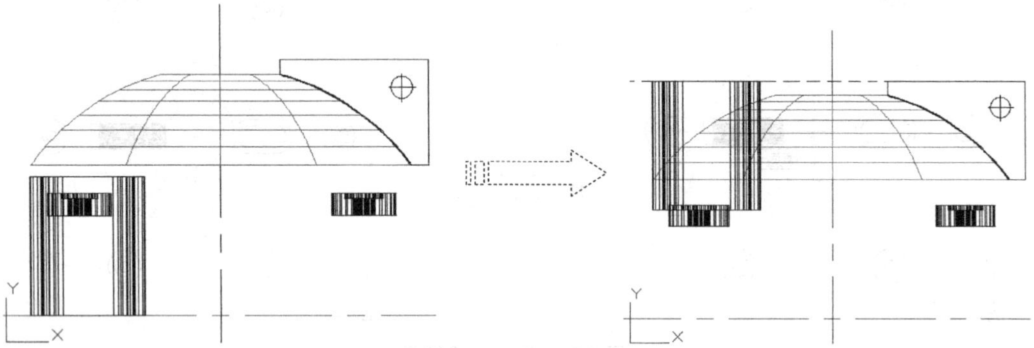

图 9.28　移动椭圆形轮廓三维图形

（28）先改变 UCS 为 WCS 切换视图观察。再对椭圆形三维图形进行差集运算得到椭圆筒体造型。

操作方法：使用 VP 切换观察。

操作命令：UCS、VP、SUBTRACT 等。

命令：UCS

当前 UCS 名称：*没有名称*

指定 UCS 的原点或 [面(F)/命名(NA)/对象(OB)/上一个(P)/视图(V)/世界(W)/X/Y/Z/Z 轴(ZA)] <世界>：W

操作示意：如图 9.29 所示。

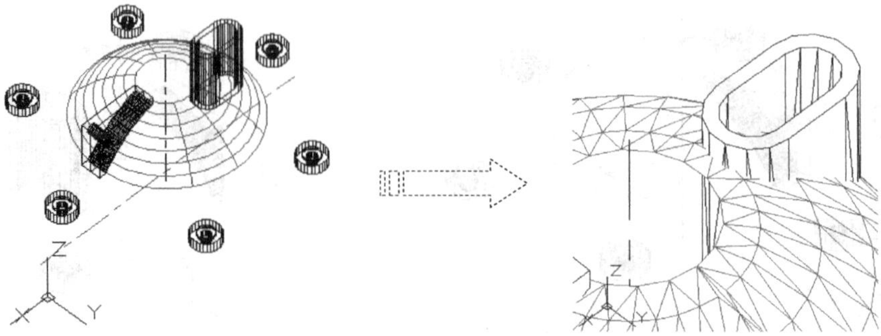

图 9.29　对椭圆形三维图形进行差集运算得到椭圆筒体造型

（29）使用 SLICE 对椭圆筒体造型进行切割。

操作方法：先选择椭圆筒体造型，再选择曲面作为切割曲面。然后删除不需要的切割体。

操作命令：SLICEC、ERASE 等。

操作示意：如图 9.30 所示。

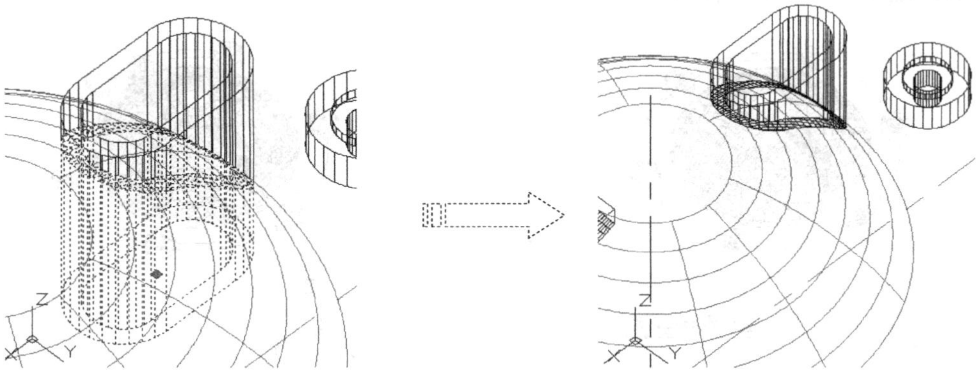

图 9.30　对椭圆筒体造型进行切割

（30）绘制 2 个圆柱体，分别于内侧 2 个空洞大小一致。

操作方法：打开大曲面体，对 6 个圆柱体与大曲面体重合处进行差集运算处理。

操作命令：VP、CYLINDER 等。

命令：CYLINDER

指定底面的中心点或 [三点(3P)/两点(2P)/切点、切点、半径(T)/椭圆(E)]：

指定底面半径或 [直径(D)] <4.0000>：7

指定高度或 [两点(2P)/轴端点(A)] <6.0000>：2

操作示意：如图 9.31 所示。

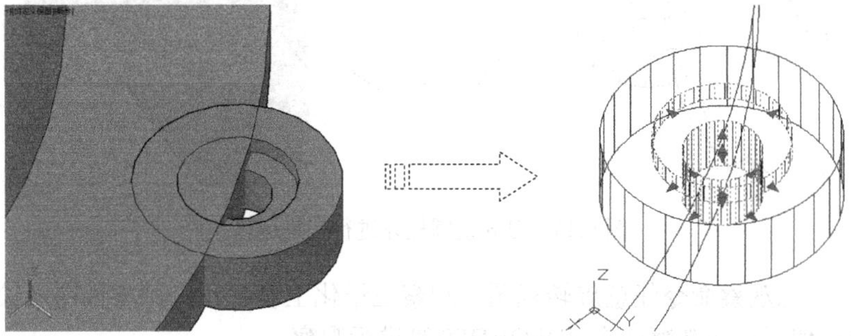

图 9.31　绘制 2 个圆柱体

（31）对新绘制的 2 个圆柱体进行三维阵列。

操作方法：注意阵列中心线选择。

操作命令：3DARRAY 等。

命令：3DARRAY

选择对象：找到 1 个

选择对象：找到 1 个，总计 2 个

选择对象：

输入阵列类型 [矩形(R)/环形(P)] <矩形>:P

输入阵列中的项目数目：6

指定要填充的角度（+=逆时针，-=顺时针）<360>:360

旋转阵列对象？［是(Y)/否(N)］<Y>: Y

指定阵列的中心点:

指定旋转轴上的第二点:

操作示意：如图9.32所示。

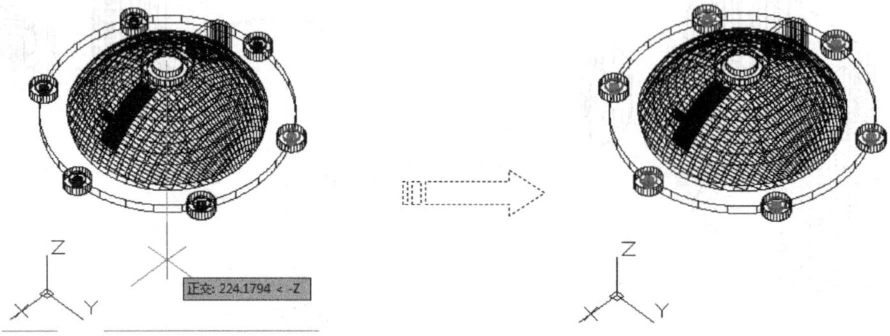

图9.32　对圆柱体进行三维阵列

（32）对大曲面体及三维阵列得到的6组圆柱体进行差集运算。

操作方法：先选择大曲面体图形，再逐个选择小圆柱体，即可得到所需要的三维图形效果。

操作命令：SUBTRACT等。

操作示意：如图9.33所示。

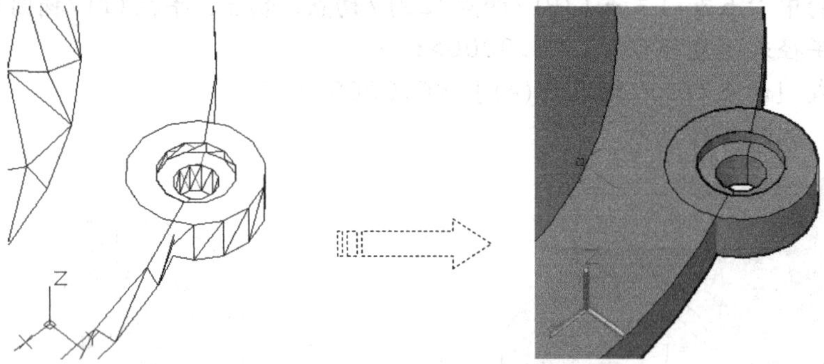

图9.33　对6组圆柱体进行差集运算

（33）使用动态观察命令任意旋转视图，观察三维化工设备及机械零件图形绘制效果。

操作方法：使用动态观察命令3DFORBIT等进行观察。

操作命令：LAYER、3DFORBIT、3DORBIT、3DCORBIT、SAVE等。

命令: 3DFORBIT

按 Esc 或 Enter 键退出，或者单击鼠标右键显示快捷菜单。

操作示意：如图9.34所示。

（34）对三维化工设备及机械零件图形进行简单美化，得到立体效果更强的三维化工设备及机械零件图形。

操作方法：先使用UCS将当前UCS切换为WCS，然后选择视图样式功能命令VSCURRENT进行三维图形效果观察，可以选择概念效果、真实效果进行观察。如图9.35所示，其他更复杂的化工设计三维图形绘制方法类似，只是需要对三维操作基本方法较为熟练，需要多练习即可达到。

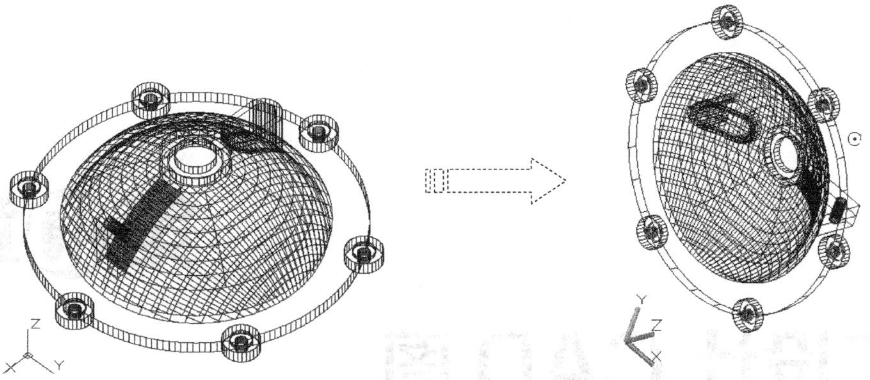

图 9.34　动态观察三维图形绘制效果

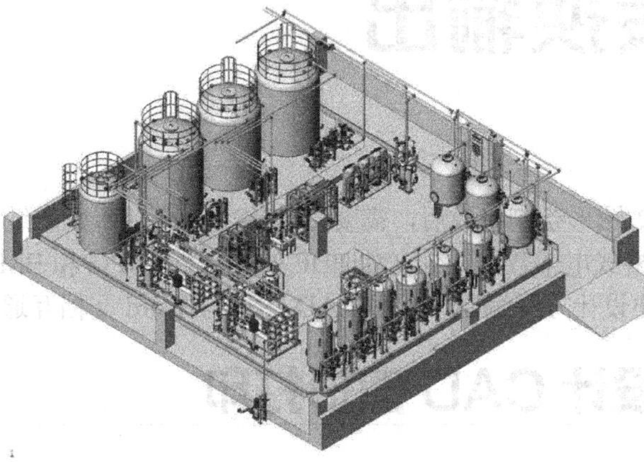

图 9.35　复杂化工设计三维图形绘制

操作命令：UCS、VSCURRENT 等。

命令：UCS

当前 UCS 名称：*没有名称*

指定 UCS 的原点或 [面(F)/命名(NA)/对象(OB)/上一个(P)/视图(V)/世界(W)/X/Y/Z/Z 轴(ZA)] <世界>：W

命令：VSCURRENT

输入选项 [二维线框(2)/线框(W)/隐藏(H)/真实(R)/概念(C)/着色(S)/带边缘着色(E)/灰度(G)/勾画(SK)/X

射线(X)/其他(O)] <二维线框>：_C

操作示意：如图 9.36 所示。

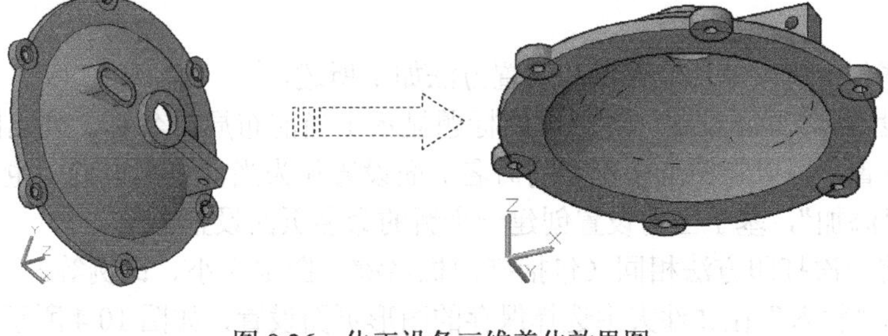

图 9.36　化工设备三维美化效果图

第10章

化工设计 CAD 图打印与转换输出

化工设计各种 CAD 图形绘制完成后，需要打印输出，即打印成图纸供使用。此外，CAD 图形还可以输出为其他格式电子数据文件（如 PDF 格式文件、JPG 和 BMP 格式图像文件等），供 Word 文档使用，方便设计方案编制，实现 CAD 图形与 Word 文档互通共享。

10.1 化工设计 CAD 图形打印

化工设计 CAD 图纸打印是指利用打印机或绘图仪，将图形打印到图纸上。

10.1.1 化工设计 CAD 图形打印设置

CAD 图形打印设置，通过“打印-模型”或“打印-布局**”对话框进行。启动该对话框有如下几种方法。

- 打开“文件”下拉菜单 ，选择“打印”命令选项。
- 在“标准”工具栏上的单击“打印”命令图标 。
- 在“命令:”命令行提示下直接输入“PLOT”命令
- 使用命令按键，即同时按下“Ctrl”和“P”键。
- 使用快捷菜单命令，即在“模型”选项卡或布局选项卡上单击鼠标右键，然后在弹出的菜单中单击“打印”，如图 10.1 所示。

执行上述操作后，AutoCAD 将弹出“打印-模型”或“打印-布局**”对话框，如图 10.2 所示。若单击对话框右下角的“更多选项”按钮，可以在“打印”对话框中显示更多选项，如图 10.3 所示。

打印对话框各个选项单功能含义和设置方法如下所述。

（1）页面设置 “页面设置”对话框的标题显示了当前布局的名称。列出图形中已命名或已保存的页面设置；可以将图形中保存的命名页面设置作为当前页面设置，也可以在“打印”对话框中单击“添加”，基于当前设置创建一个新的命名页面设置。

若使用与前一次打印方法相同（包括打印机名称、图幅大小、比例等），可以选择“上一次打印”或选择“输入”在文件夹中选择保存的图形页面设置，如图 10.4 所示；也可以添加新的页面设置，如图 10.5 所示。

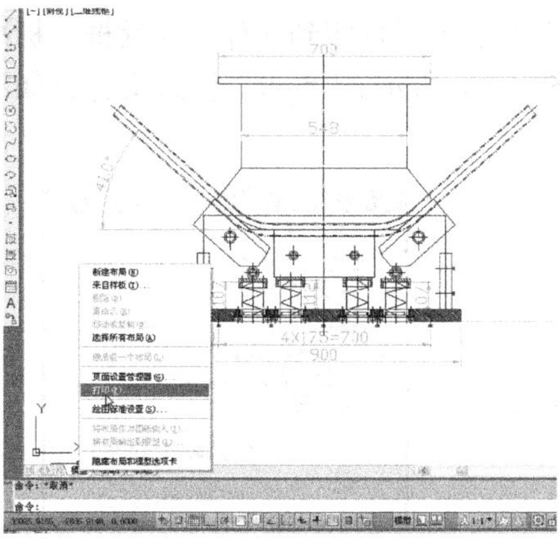

图 10.1 使用快捷菜单打印

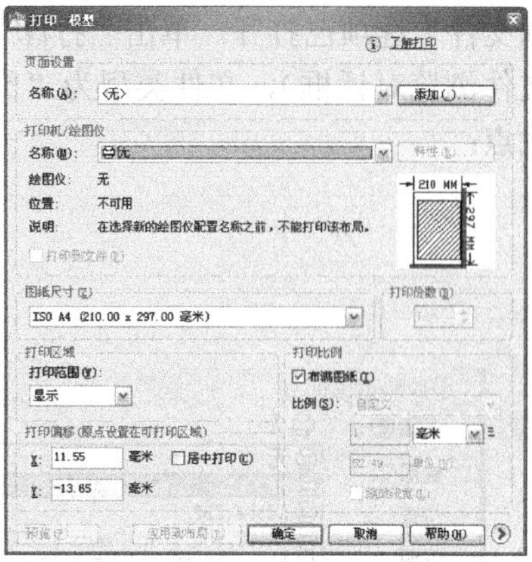

图 10.2 打印-模型对话框

图 10.3 打印-模型对话框全图

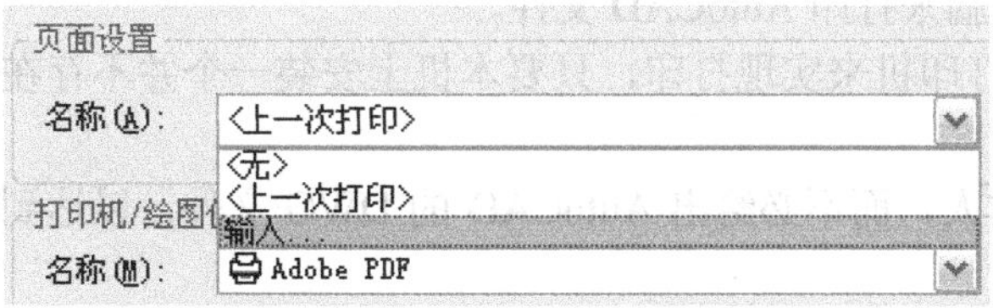

图 10.4 选择“上一次打印”

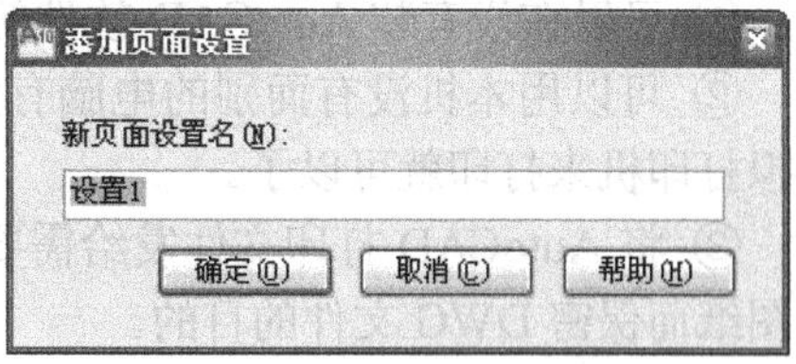

图 10.5 添加新的页面设置

(2) 打印机 / 绘图仪 在 AutoCAD 中，非系统设备称为绘图仪，Windows 系统设备称为打印机。

该选项是指定打印布局时使用已配置的打印设备。如果选定绘图仪不支持布局中选定的图纸尺寸，将显示警告，用户可以选择绘图仪的默认图纸尺寸或自定义图纸尺寸。打开下拉列表，其中列出可用的 PC3 文件或系统打印机，可以从中进行选择，以打印当前布局。设备名称前面的图标识别其为 PC3 文件还是系统打印机，如图 10.6 所示。PC3 文件是指 AutoCAD 将有关介质和打印设备的信息存储在配置的打印文件（PC3）中的文件类型。

右侧“特性”按钮，是显示绘图仪配置编辑器（PC3 编辑器），从中可以查看或修改当前绘图仪的配置、端口、设备和介质设置，如图 10.7 所示。如果使用“绘图仪配置编辑器”更改 PC3 文件，将显示“修改打印机配置文件”对话框。

(3) 打印到文件 打印输出到文件而不是绘图仪或打印机。打印文件的默认位置是在“选项”对话框▶“打印和发布”选项卡▶“打印到文件操作的默认位置”中指定的。如果“打印到文件”选项已打开，单击“打印”对话框中的“确定”将显示“打印到文件”对话框（标准文件浏览对话框），文件类型为“*.plt”格式文件，如图 10.8 所示。“*.plt”格式文件有如下优点：

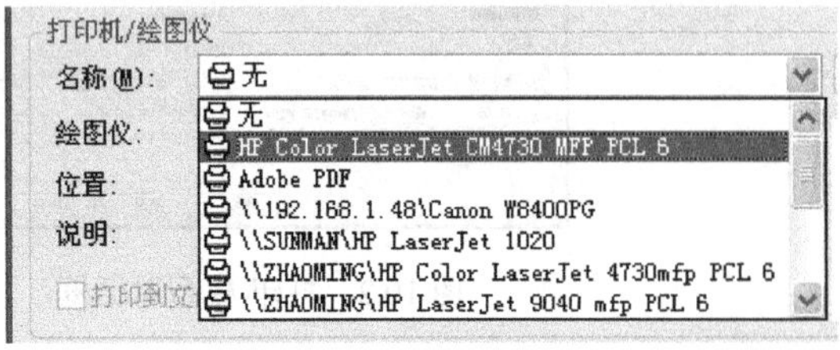

图 10.6　选择打印机类型

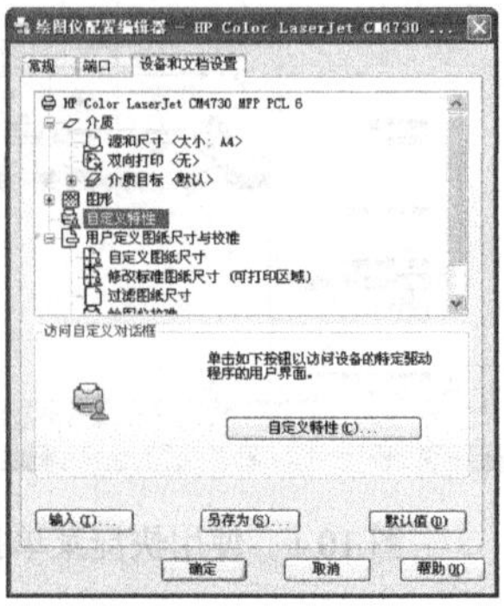

图 10.7　打印机特性对话框

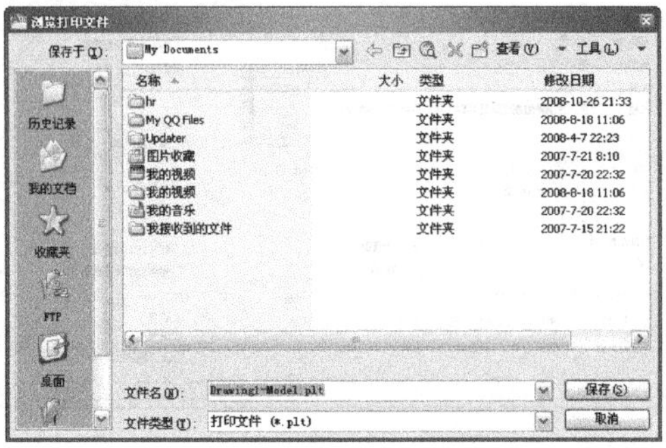

图 10.8　打印到文件

① 可以在没有装 AutoCAD 软件的电脑来打印 AutoCAD 文件。

② 可以用本机没有而别的电脑有的打印机来实现打印，只要本机上安装一个并不存在的虚拟打印机来打印就可以了。

③ 将 AutoCAD 打印文件发给需要的人，而不必给出 AutoCAD 的 DWG 文件，以达到给了图纸而保密 DWG 文件的目的。

④ 便于打印文件时的大量打印，特别对于有拼图功能的绘图仪更可以达到自动拼图的目的，在打印时输入“copy 路径*.plt prn”，就会把指定路径下的所有打印文件全部在目标打印机上打印出来。

（4）局部预览　在对话框约中间位置，局部预览是精确显示相对于图纸尺寸和可打印区域的有效打印区域，提示显示图纸尺寸和可打印区域，如图 10.9（a）所示。若图形比例大，打印边界超出图纸范围，局部预览将显示红线，如图 10.9（b）图所示。

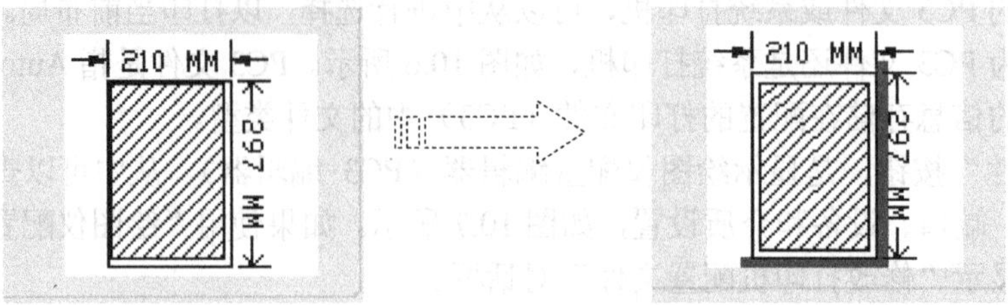

(a)　　(b)

图 10.9　局部预览功能

（5）图纸尺寸　显示所选打印设备可用的标准图纸尺寸，如图 10.10 所示。如果未选择绘图仪，将显示全部标准图纸尺寸的列表以供选择。如果所选绘图仪不支持布局中选定的图纸尺寸，将显示警告，用户可以选择绘图仪的默认图纸尺寸或自定义图纸尺寸。页面的实际可打印区域（取决于所选打印设备和图纸尺寸）在布局中由虚线表示；如果打印的是光栅图像（如 BMP 或 TIFF 文件），打印区域大小的指定将以像素为单位而不是英寸或毫米。

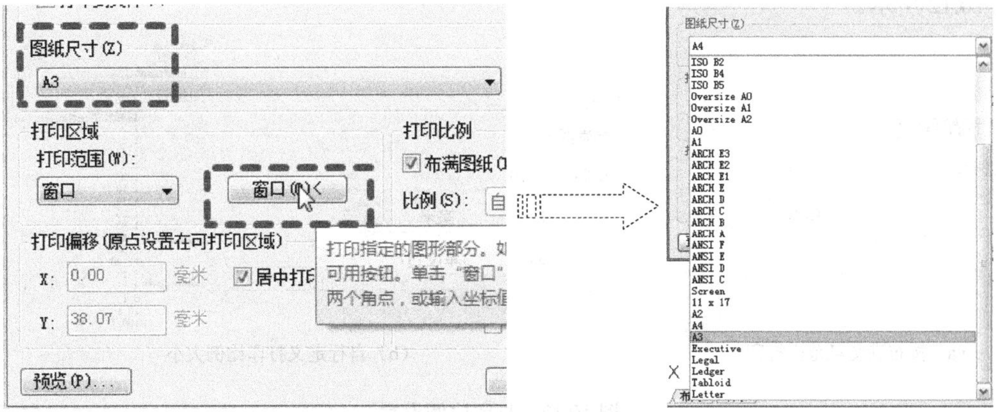

图 10.10　选择打印图纸尺寸

（6）打印区域　指定要打印的图形部分。在“打印范围”下，可以选择要打印的图形区域。

① 布局/图形界限。打印布局时，将打印指定图纸尺寸的可打印区域内的所有内容，其原点从布局中的 0,0 点计算得出。从“模型”选项卡打印时，将打印栅格界限定义的整个图形区域。如果当前视口不显示平面视图，该选项与“范围”选项效果相同。

② 范围。打印包含对象图形的部分当前空间。当前空间内的所有几何图形都将被打印。打印之前，可能会重新生成图形以重新计算范围。

③ 显示。打印选定的“模型”选项卡当前视口中的视图或布局中的当前图纸空间视图。

④ 视图。打印先前通过 VIEW 命令保存的视图。可以从列表中选择命名视图。如果图形中没有已保存的视图，此选项不可用。选中“视图”选项后，将显示“视图”列表，列出当前图形中保存的命名视图。可以从此列表中选择视图进行打印。

⑤ 窗口。打印指定的图形部分。如果选择“窗口”，“窗口”按钮将称为可用按钮。单击“窗口”按钮以使用定点设备指定要打印区域的两个角点，或输入坐标值。这种方式最为常有，如图 10.11 所示。

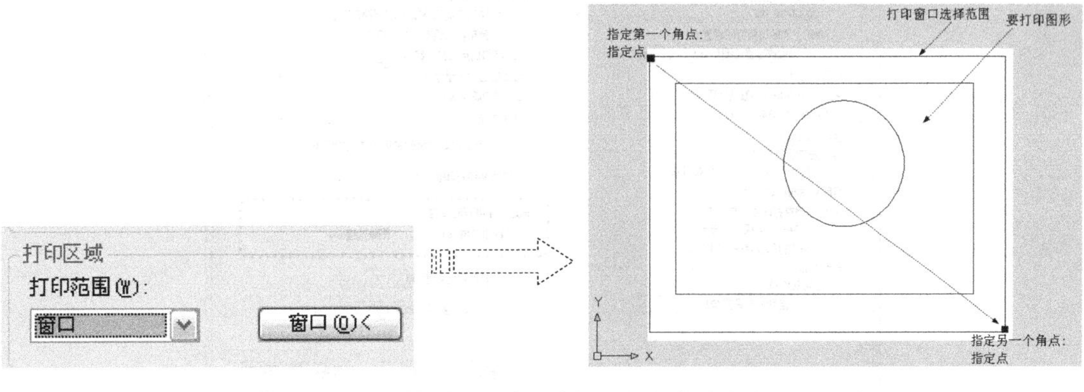

图 10.11　窗口选择打印区域

（7）打印份数　指定要打印的份数，从 1 份至多份，份数无限制。若是打印到文件时，此选项不可用。

（8）打印比例　根据需要，对图形打印比例进行设置。一般地，在绘图时图形是以毫米（mm）为单位，按 1∶1 绘制的，即设计大的图形长 1 米（1000mm），绘制时绘制 1000mm。因此，打印是可以使用任何需要的比例进行打印，包括按布满图纸范围打印、自行定义打印比例大小。如图 10.12 所示。

（a）按布满图纸范围打印　　（b）自行定义打印比例大小

图 10.12　打印比例设置

（9）打印偏移　根据“工具”下拉菜单栏“选项”对话框中的“指定打印偏移时相对于”选项（“打印和发布”选项卡，）中的设置，如图 10.13（a）所示，指定打印区域相对于可打印区域左下角或图纸边界的偏移。“打印”对话框的“打印偏移”区域显示了包含在括号中的指定打印偏移选项。图纸的可打印区域由所选输出设备决定，在布局中以虚线表示。修改为其他输出设备时，可能会修改可打印区域。

通过在“X 偏移”和“Y 偏移”框中输入正值或负值，可以偏移图纸上的几何图形。图纸中的绘图仪单位为英寸或毫米。

① 居中打印。自动计算 X 偏移和 Y 偏移值，在图纸上居中打印。当“打印区域”设置为“布局”时，此选项不可用，如图 10.13（b）所示。

② X。相对于“打印偏移定义”选项中的设置指定 X 方向上的打印原点。

③ Y。相对于“打印偏移定义”选项中的设置指定 Y 方向上的打印原点。

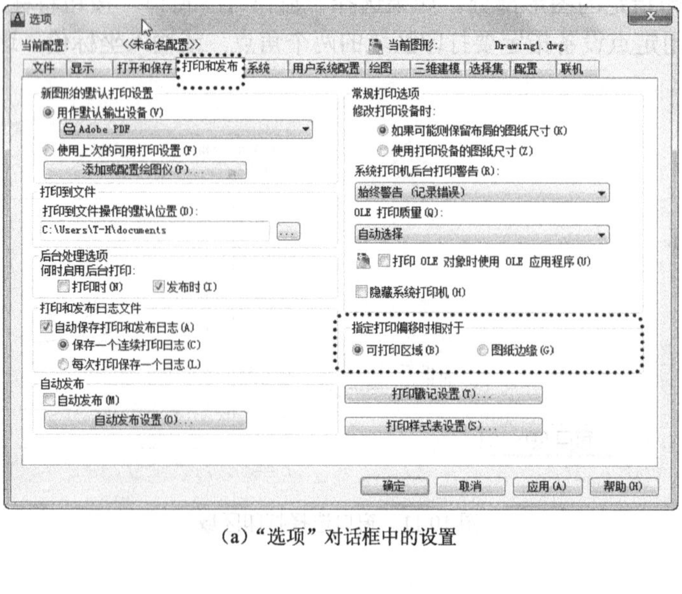

（a）“选项”对话框中的设置

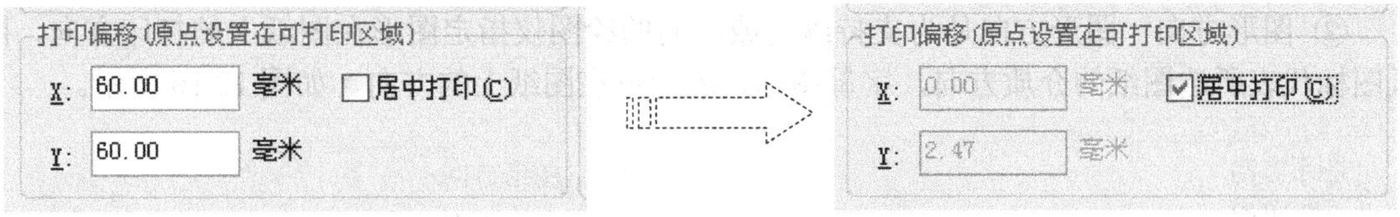

(b)“打印”对话框中的设置

图 10.13　打印偏移方式

（10）预览　单击对话框左下角的“预览”按钮，也可以按执行 PREVIEW 命令时，系统将在图纸上以打印的方式显示图形打印预览效果。如图 10.14 所示。要退出打印预览并返回“打印”对话框，请按“Esc”键，然后按“Enter”键，或单击鼠标右键，然后单击快捷菜单上的“退出”。

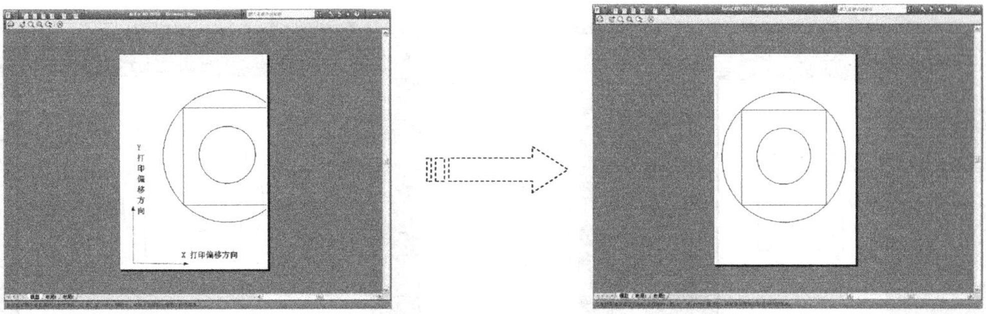

图 10.14　打印效果预览

（11）其他选项简述　在其他选项中，最为常用的是“打印样式表（笔指定）”和“图形方向”。

① 打印样式表。打印样式表（笔指定）即设置、编辑打印样式表，或者创建新的打印样式表，如图 10.15 所示。

名称（无标签）一栏显示指定给当前“模型”选项卡或布局选项卡的打印样式表，并提供当前可用的打印样式表的列表。如果选择“新建”，将显示“添加打印样式表”向导，可用来创建新的打印样式表。显示的向导取决于当前图形是处于颜色相关模式还是处于命名模式。一般地，要打印为黑白颜色的图纸，选择其中的“monochrome.ctb”即可；要按图面显示的颜色打印，选择“无”即可。

编辑按钮显示打印样式表编辑器，从中可以查看或修改当前指定的打印样式表中的打印样式。

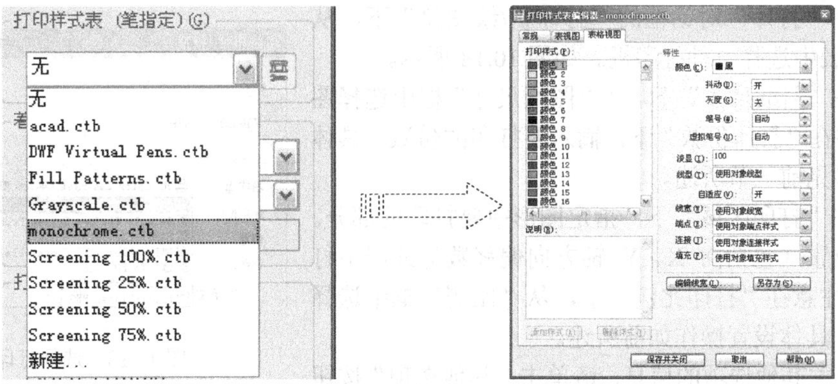

图 10.15　打印样式表

② 图形方向　图形方向是为支持纵向或横向的绘图仪指定图形在图纸上的打印方向，图纸图标代表所选图纸的介质方向，字母图标代表图形在图纸上的方向，如图 10.16 所示。

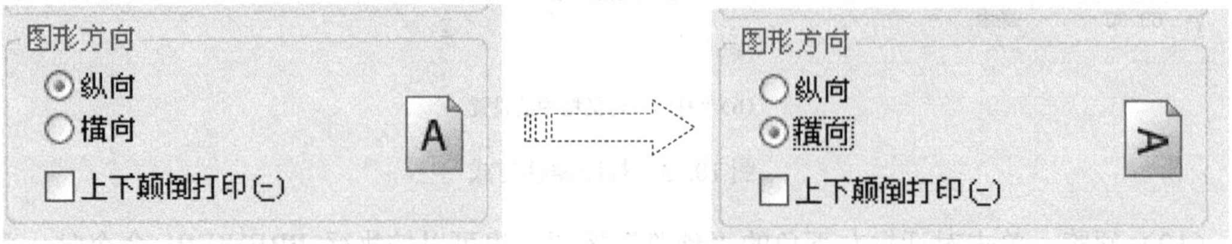

图 10.16　图形方向选择

纵向放置并打印图形，使图纸的短边位于图形页面的顶部，如图 10.17（a）所示；横向放置并打印图形，使图纸的长边位于图形页面的顶部，如图 10.17（b）所示。

（a）纵向放置　　（b）横向放置

图 10.17　图形方向打印效果

10.1.2　化工设计 CAD 图形打印

化工设计 CAD 图形绘制完成后，按下面方法即可通过打印机将图形打印到图纸上。

（1）先打开图形文件。

（2）启动打印功能命令，可以通过如下方式启动：

① 依次单击文件(F)下拉菜单，选择打印(P)命令选项；

② 单击标准工具栏上的打印图标；

③ 在命令提示下，输入“plot”。

（3）在“打印”对话框的“打印机/绘图仪”下，从“名称”列表中选择一种打印机。如图 10.18 所示。

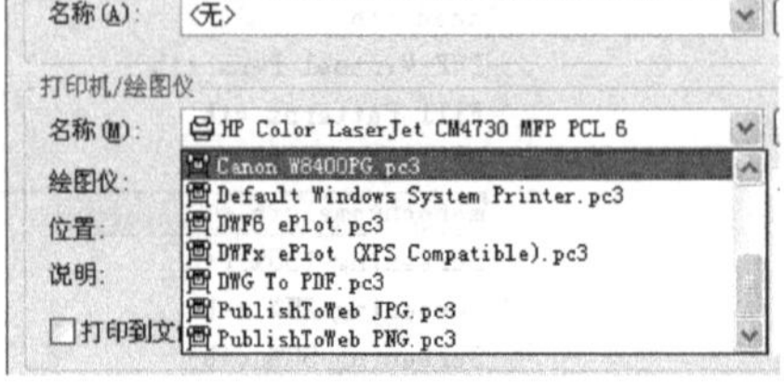

图 10.18　选择打印机

（4）在“图纸尺寸”下，从“图纸尺寸”框中选择图纸尺寸。并在“打印份数”下，输入要打印的份数，具体设置操作参见前一节所述。

（5）在“打印区域”下，指定图形中要打印的部分。设置打印位置（包括向 X、Y 轴方向偏移数值或居中打印）。同时注意在“打印比例”下，从“比例”框中选择缩放比例。具体设置操作如前所述。

（6）有关其他选项的信息，请单击“其他选项”按钮。注意打印戳记只在打印时出现，不与图形一起保存。

①（可选）在“打印样式表 （笔指定）”下，从“名称”框中选择打印样式表。

②（可选）在“着色视口选项”和“打印选项”下，选择适当的设置。

（7）在“图形方向”下，选择一种方向，具体设置操作参见前一节所述。

（8）单击“预览”进行预览打印效果，如图 10.19（a）所示，然后单击右键，在弹出的快捷菜单中选择“打印”或“退出”，如图 10.19（b）所示。

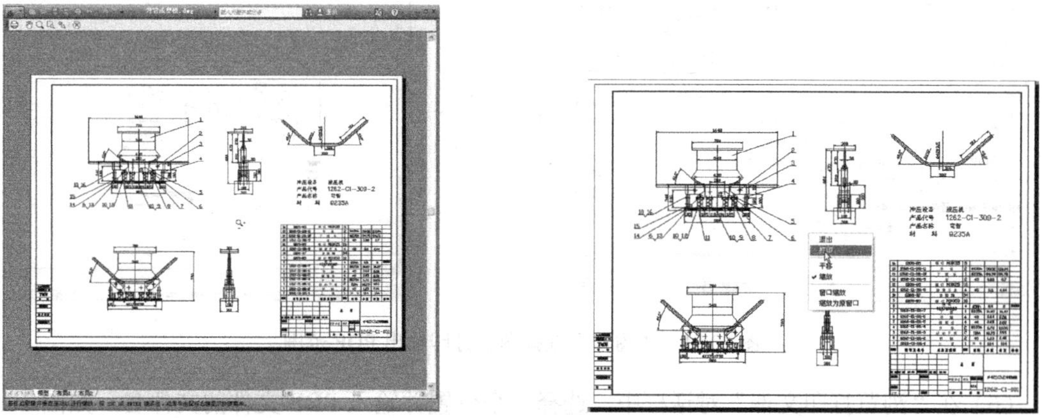

（a）打印效果预览　　（b）快捷菜单打印

图 10.19　打印预览

10.2　化工设计 CAD 图形输出其他格式图形文件方法

10.2.1　CAD 图形输出为 PDF 格式图形文件

PDF 格式数据文件是指 Adobe 便携文档格式（Portable Document Format，简称 PDF）文件。PDF 是进行电子信息交换的标准，可以轻松分发 PDF 文件，以在 Adobe Reader 软件（注：Adobe Reader 软件可从 Adobe 公司网站免费下载获取）中查看和打印。此外，使用 PDF 文件的图形，不需安装 AutoCAD 软件，可以与任何人共享图形数据信息，浏览图形数据文件。

输出图形数据 PDF 格式文件方法如下。

（1）在命令提示下，输入命令“plot”启动打印功能。

（2）在“打印”对话框的“打印机/绘图仪”下的“名称”框中，从“名称”列表中选择 “DWG to PDF.pc3 ” 配置。可以通过指定分辨率来自定义 PDF 输出。在绘图仪配置编辑器中的“自定义特性”对话框中，可以指定矢量和光栅图像的分辨率，分辨率的范围从 150 dpi 到 4800 dpi（最大分辨率）。如图 10.20 所示。

（3）也可以选择“Adobe PDF”进行打印输出为 PDF 图形文件，操作方法类似“DWG to PDF.pc3 ” 方式(注：使用此种方法需要安装软件 Adobe Acrobat)。

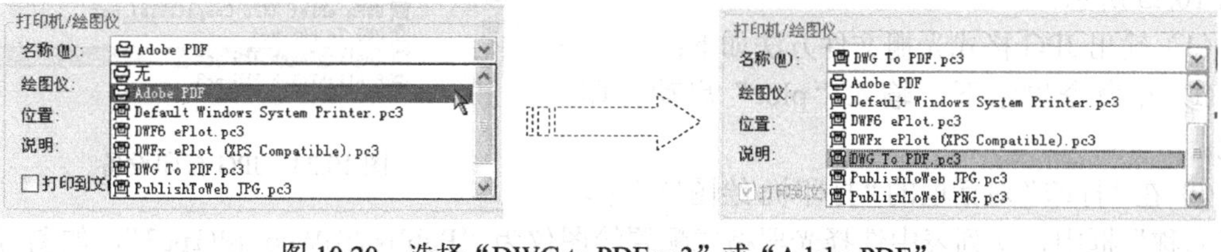

图 10.20　选择“DWG to PDF.pc3”或“Adobe PDF”

（4）根据需要为 PDF 文件选择打印设置，包括图纸尺寸、比例等，具体参见前一节所述。然后单击“确定 y。

（5）打印区域通过“窗口”选择图形输出范围。如图 10.21 所示。

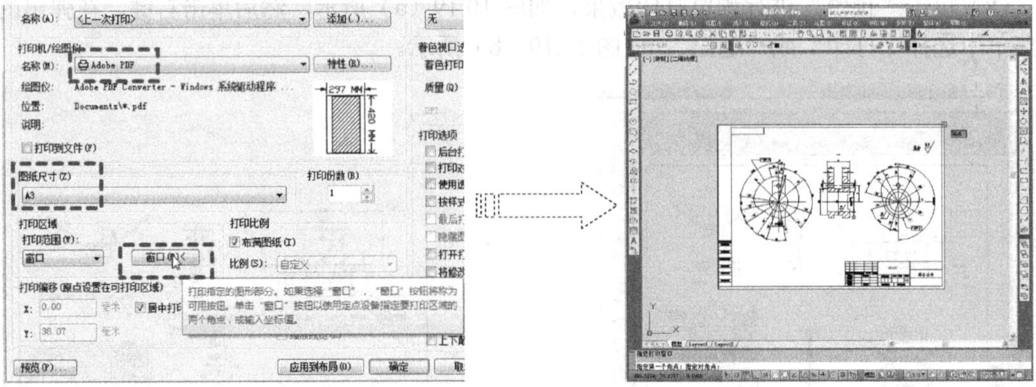

图 10.21 “窗口”选择图形打印输出 PDF 范围

（6）在“浏览打印文件”对话框中，选择一个位置并输入 PDF 文件的文件名，如图 10.22 所示。最后单击“保存”。即可得到“*.PDF”为后缀的 PDF 格式的图形文件。

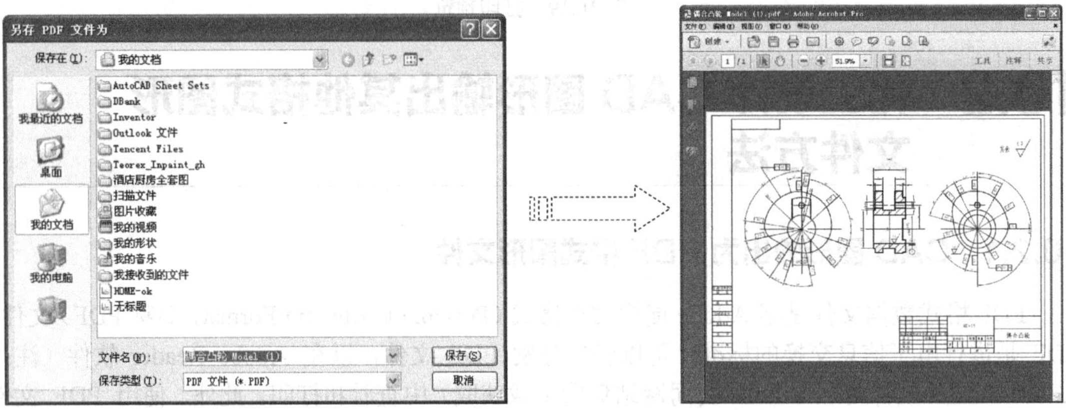

图 10.22 输出 PDF 图形文件

10.2.2 CAD 图形输出为 JPG / BMP 格式图形文件

AutoCAD 可以将图形以非系统光栅驱动程序支持若干光栅文件格式(包括 Windows BMP、CALS、TIFF、PNG、TGA、PCX 和 JPEG）输出，其中最为常用的是 BMP 和 JPG 格式光栅文件。创建光栅文件需确保已为光栅文件输出配置了绘图仪驱动程序，即在打印机 / 绘图仪一栏内显示相应的名称（如选择 PublishToWeb JPG.pc3)，如图 10.23 所示。

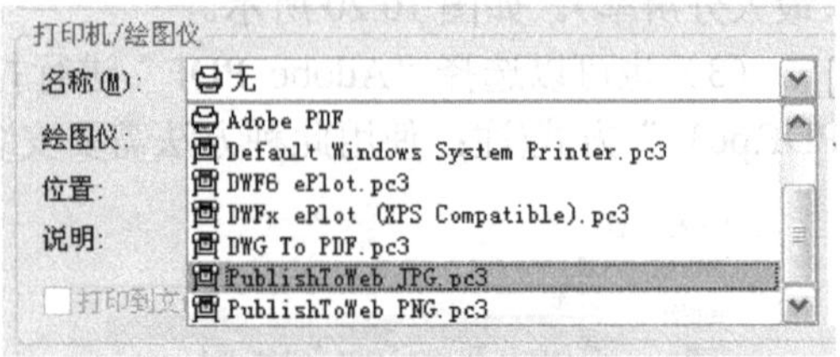

图 10.23 JPG 打印设备

（1）输出 JPG 格式光栅文件方法如下：

① 在命令提示下，输入“plot”启动打印功能。

② 在“打印”对话框的“打印机/绘图仪”下，在“名称”框中，从列表中选择光栅格式配置绘图仪为“PublishToWeb JPG.pc3”，如图 10.23

所示。

③ 根据需要为光栅文件选择打印设置，包括图纸尺寸、比例等，具体设置操作参见前一节所述。然后单击“确定”。系统可能会弹出“绘图仪配置不支持当前布局的图纸尺寸”之类的提示，此时可以选择其中任一个进行打印。例如选择“使用自定义图纸尺寸并将其添加到绘图仪配置”，然后可以再图纸尺寸列表中选择合适的尺寸，如图 10.24 所示。

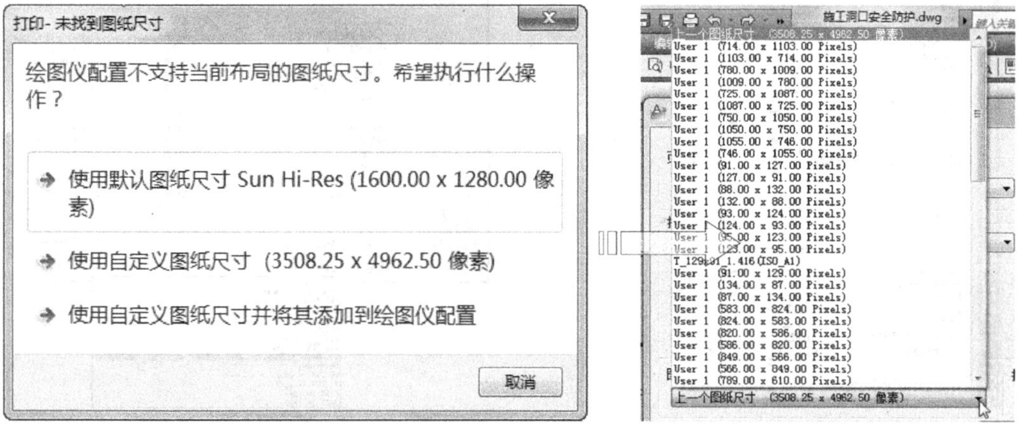

图 10.24　自定义图纸尺寸

④ 打印区域通过“窗口”选择出 JPG 格式文件的图形范围，如图 10.25 所示。

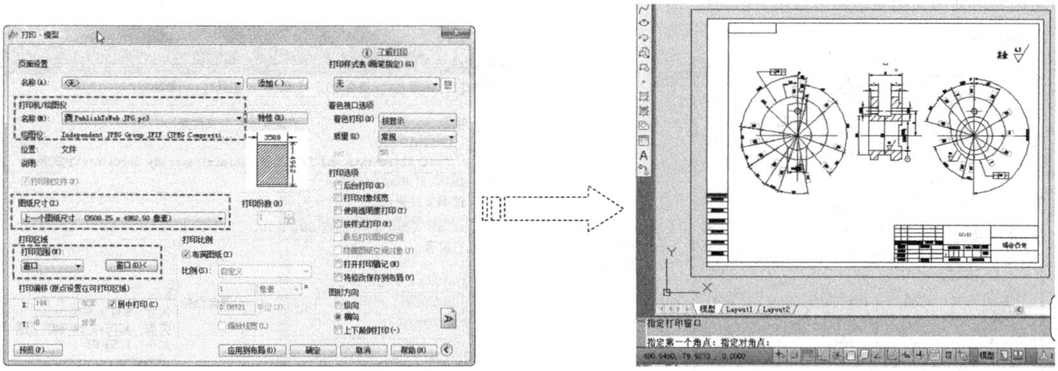

图 10.25　选择出 JPG 格式文件的图形范围

⑤ 在“浏览打印文件”对话框中，选择一个位置并输入光栅文件的文件名。然后单击“保存”，如图 10.26 所示。

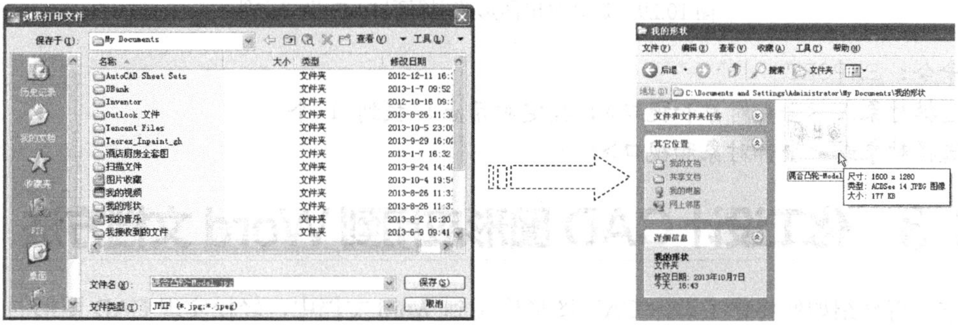

图 10.26　输出 JPG 格式图形文件

（2）输出 BMP 格式光栅文件方法如下：

① 打开文件下拉菜单，选择输出命令选项，如图 10.27 所示。

② 在“输出数据”对话框中，选择一个位置并输入光栅文件的文件名，然后在文件类型中选择“位图（*.bmp）”，接着单击“保存”，如图 10.28 所示。

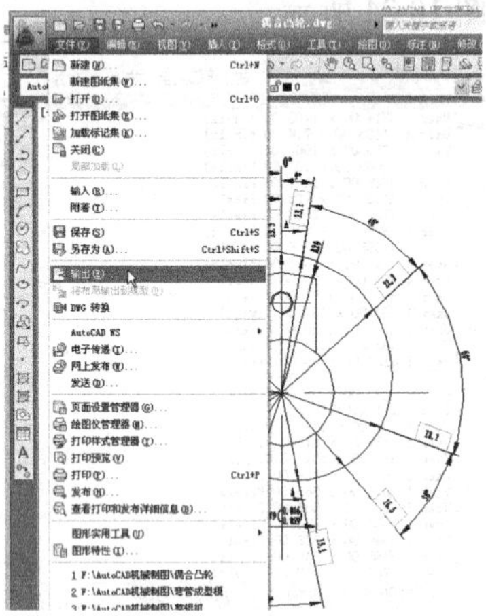

图 10.27 选择输出

图 10.28 选择 BMP 格式类型

③ 然后返回图形窗口，选择输出为 BMP 格式数据文件的图形范围，最后按回车即可，如图 10.29 所示。

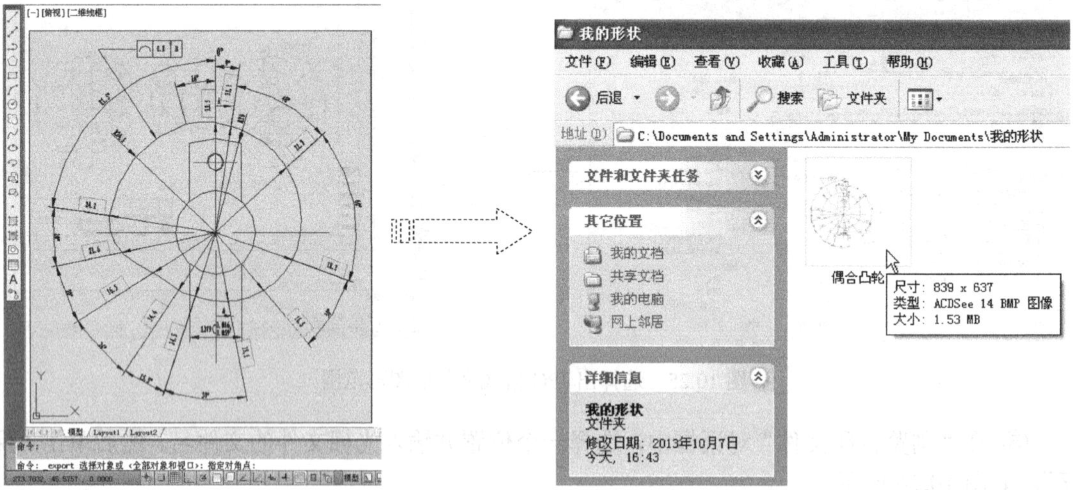

图 10.29 选择输出图形范围得到 BMP 格式文件

命令：EXPORT

选择对象或 <全部对象和视口>：指定对角点：找到 1 个

选择对象或 <全部对象和视口>：

10.3 化工设计 CAD 图形应用到 Word 文档方法

本节将介绍如何将化工设计 CAD 图形应用到 Word 文档中，轻松实现 CAD 图形的文档应用功能。

10.3.1　使用“Prt sc”按键复制应用到 Word 文档中

（1）CAD 绘制完成图形后，使用 ZOOM 功能命令将要使用的图形范围放大至充满整个屏幕区域，如图 10.30 所示。

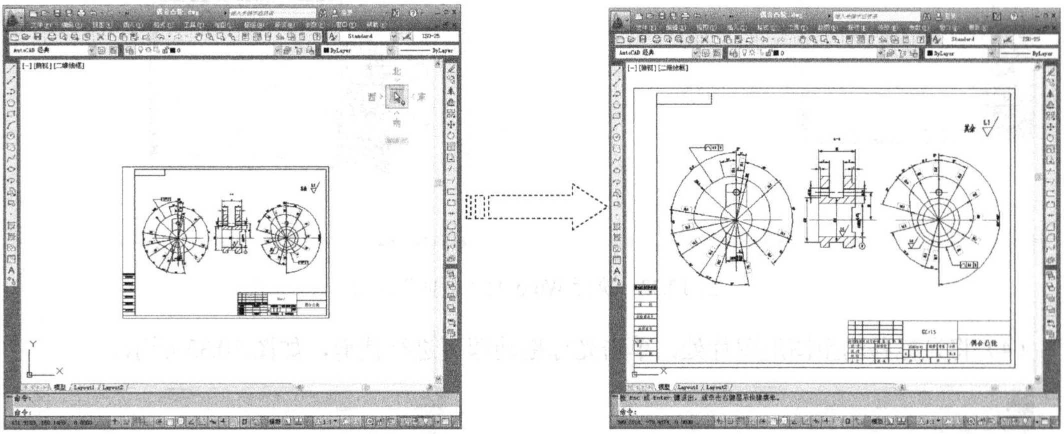

图 10.30　调整图形显示范围

命令：ZOOM

指定窗口的角点，输入比例因子 (nX 或 nXP)，或者

[全部(A)/中心(C)/动态(D)/范围(E)/上一个(P)/比例(S)/窗口(W)/对象(O)] <实时>：W(或输入 E)

指定第一个角点：指定对角点：

（2）按下键盘上的“Prtsc”按键，将当前计算机屏幕上所有显示的图形复制到 Windows 系统的剪贴板上了。然后切换到 Word 文档窗口中，点击右键，在快捷键上选择“粘贴”或按“Ctrl+V”组合键。图形图片即可复制到 Word 文档光标位置。如图 10.31 所示。

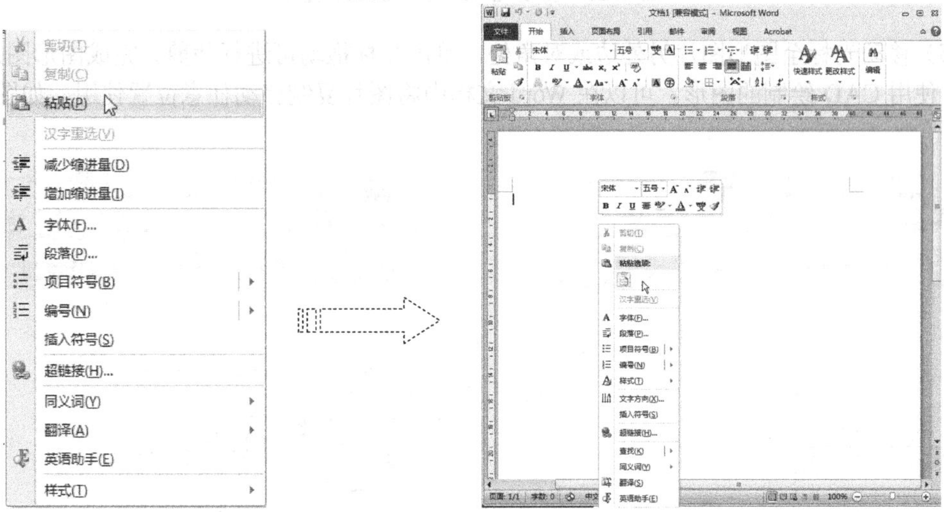

图 10.31　粘贴图形到 Word 文档中

（3）在 Word 文档窗口中，单击图形图片，在“格式”菜单下选择图形工具的“裁剪”，如图 10.32 所示。

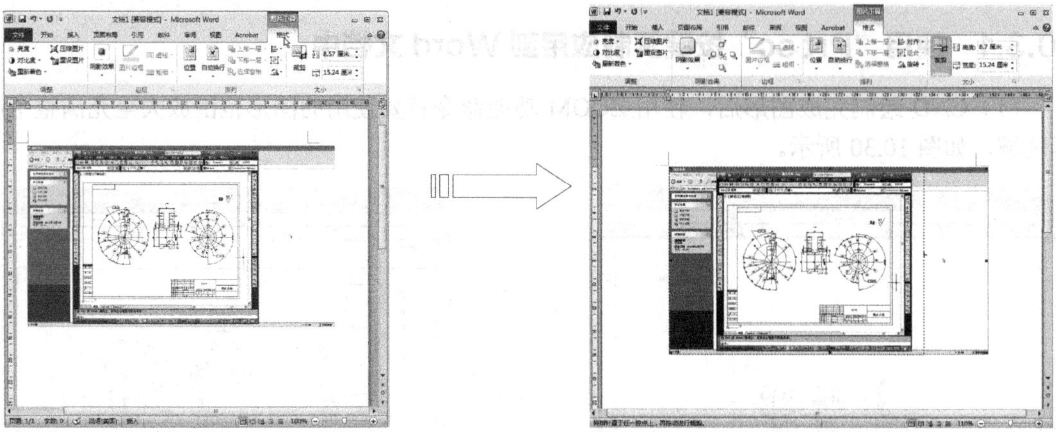

图 10.32 执行 Word 的“裁剪”工具

（4）将光标移动至图形图片处，单击光标拖动即可进行裁剪，如图 10.33 所示。

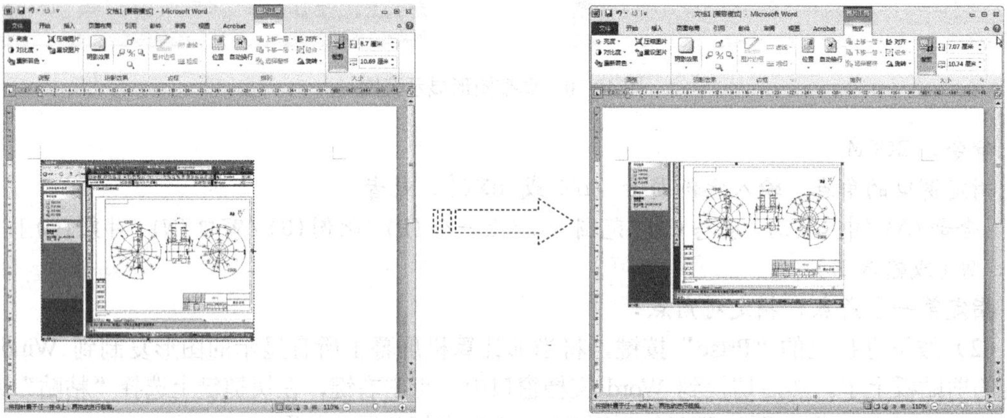

图 10.33 拖动光标进行图形图片裁剪

（5）移动光标至图形图片另外边或对角处，单击光标拖动可进行裁剪。完成图形图片操作后即可使用 CAD 绘制的图形。可以在 Word 文档中将图片复制移动任意位置使用，如图 10.34 所示。

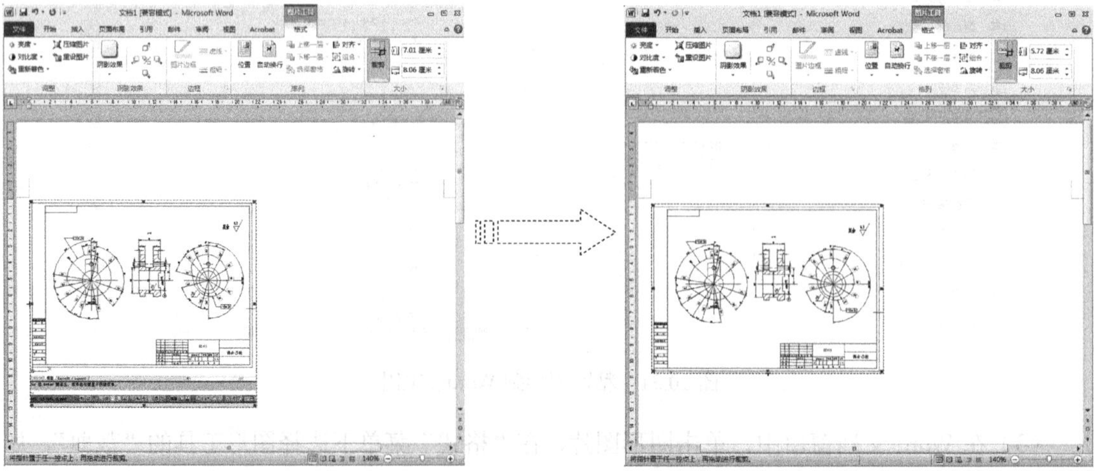

图 10.34 完成图形图片裁剪

10.3.2　通过输出 PDF 格式文件应用到 Word 文档中

（1）按照本章前述方法将 CAD 绘制的图形输出为 PDF 格式文件，输出的图形文件保存电脑某个目录下，本案例输出的图形名称为“***** Model (1).pdf”，例如“不锈钢反应罐 Model (1).pdf”，如图 10.35 所示。

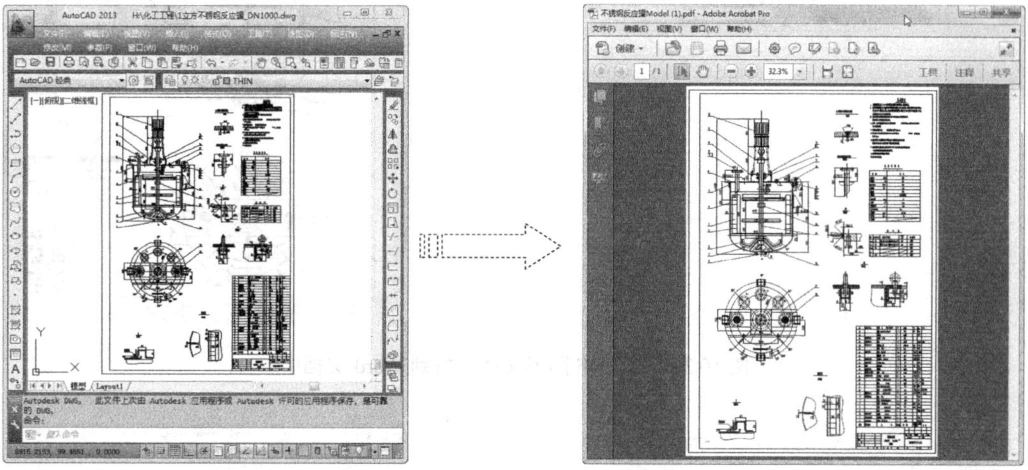

图 10.35　将图形输出为 PDF 格式文件

（2）在电脑中找到“***** Model (1).pdf”文件，即“不锈钢反应罐 Model (1).pdf”，单击选中，然后单击右键弹出快捷菜单，在快捷菜单上选择“复制”，将图形复制到 Windows 系统剪贴板中，如图 10.36 所示。

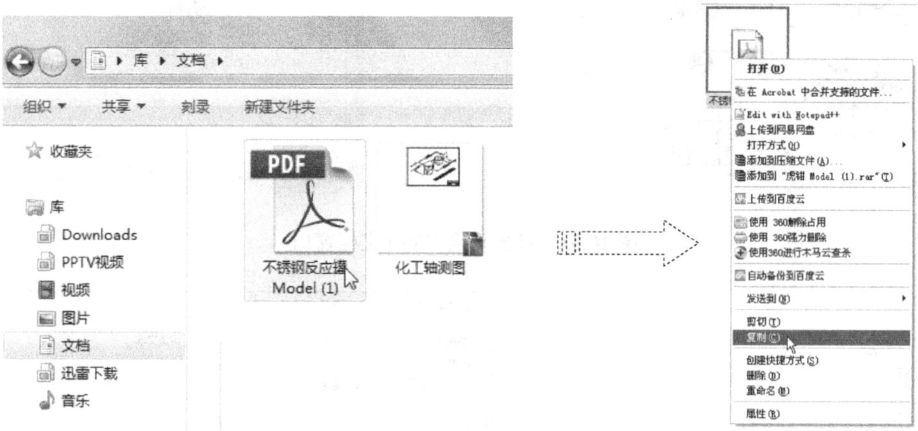

图 10.36　将 PDF 图形文件复制到剪贴板中

（3）切换到 Word 文档中，在需要插入图形的地方单击右键选择快捷菜单中的“粘贴”；或按“Ctrl+V”组合键。将剪贴板上的 PDF 格式图形复制到 Word 文档中光标位置，如图 10.37 所示。

（4）注意，插入的 PDF 图形文件大小与输出文件大小有关，需要进行调整适合 Word 文档窗口。方法是单击选中该文件，按住左键拖动光标调整其大小即可，如图 10.38 所示。

（5）此外，使用 PDF 格式文件复制，其方向需要在 CAD 输出 PDF 时调整合适方向及角度（也可以在 Acrobat pro 软件中调整），因为其不是图片 JPG/BMP 格式，PDF 格式文件插入 Word

文档后不能裁剪和旋转，单击右键快捷菜单选择“设置对象格式”中旋转不能使用。此乃此种 CAD 图形转换应用方法的不足之处，如图 10.39 所示。

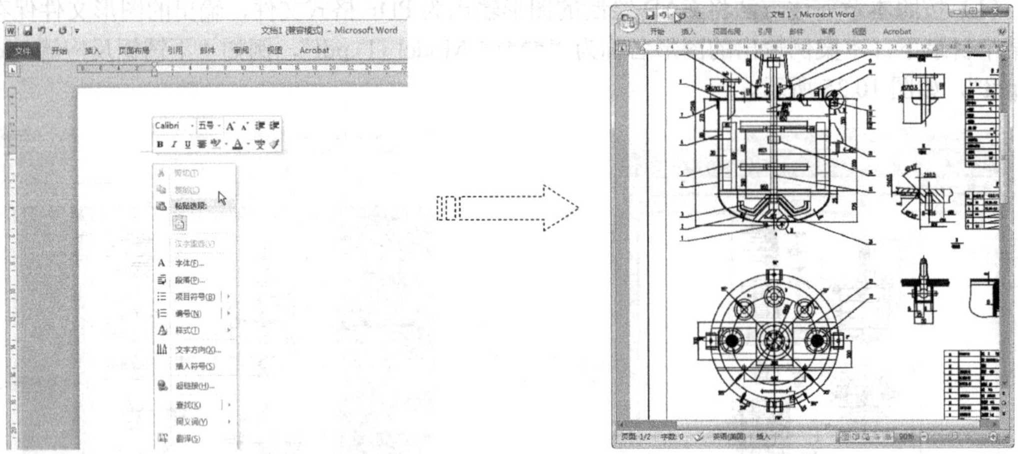

图 10.37　将 PDF 图形文件粘贴到 Word 文档中

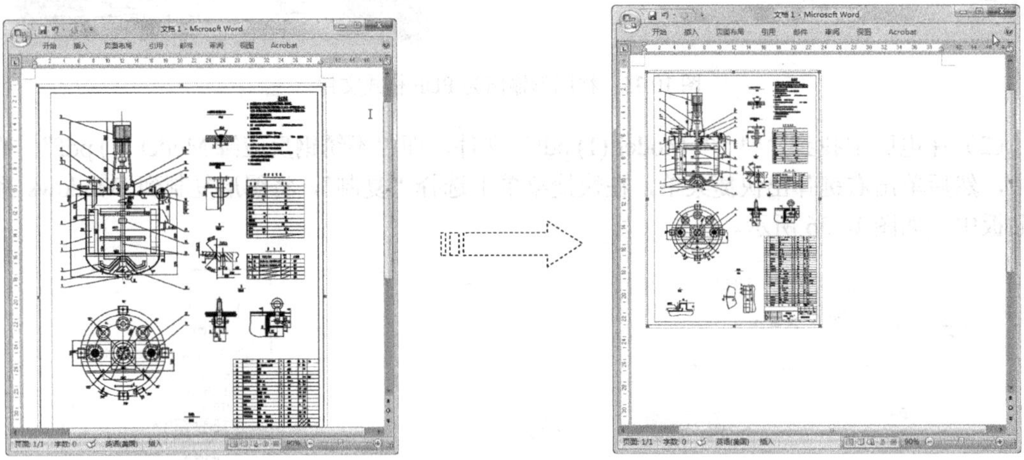

图 10.38　调整适合 Word 文档窗口

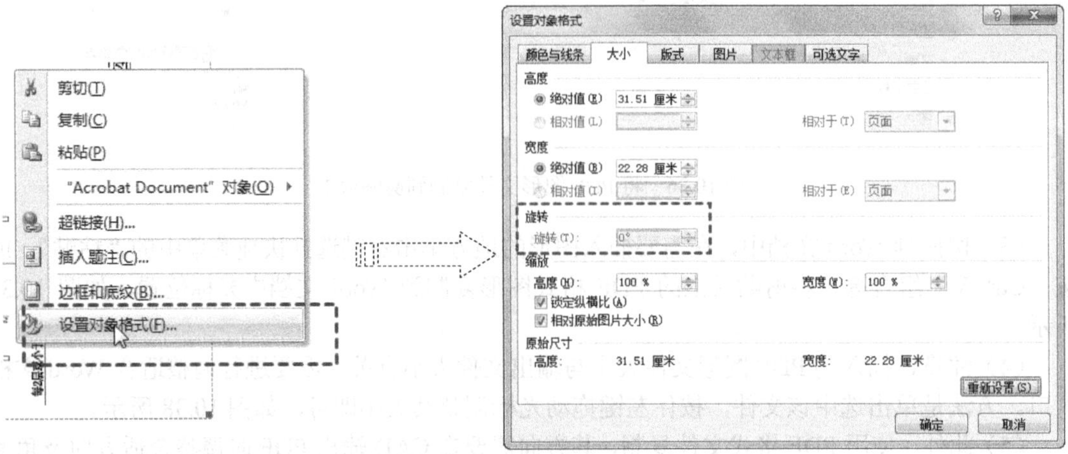

（a）插入的 PDF 图形文件“设置对象格式”中旋转不能使用

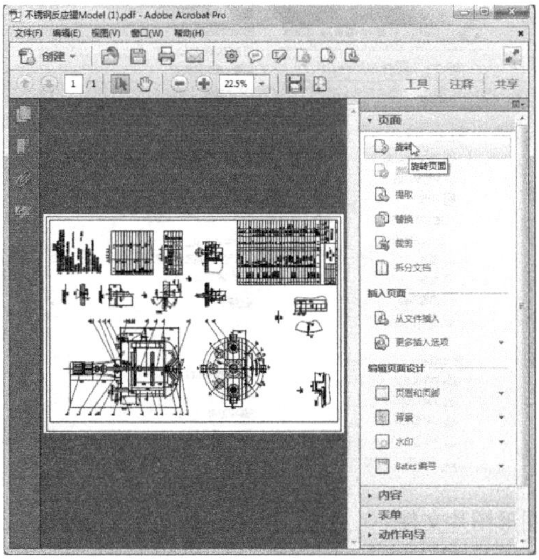

（b）Acrobat　pro 软件中调整图形方向

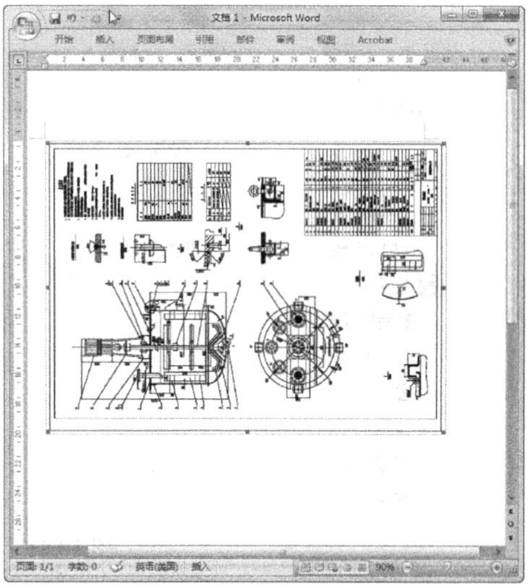

（c）PDF 文件插入 Word 文档的图形方向

图 10.39　关于 PDF 格式文件的方向及裁剪

10.3.3　通过输出 JPG/BMP 格式文件应用到 Word 文档中

（1）按照本章前述小节所述方法将 CAD 绘制的图形输出为 JPG 格式图片文件，输出的图形图片文件保存于电脑某个目录下，本案例输出的图形名称类似“******.jpg”，例如“不锈钢反应罐.jpg”，如图 10.40 所示。

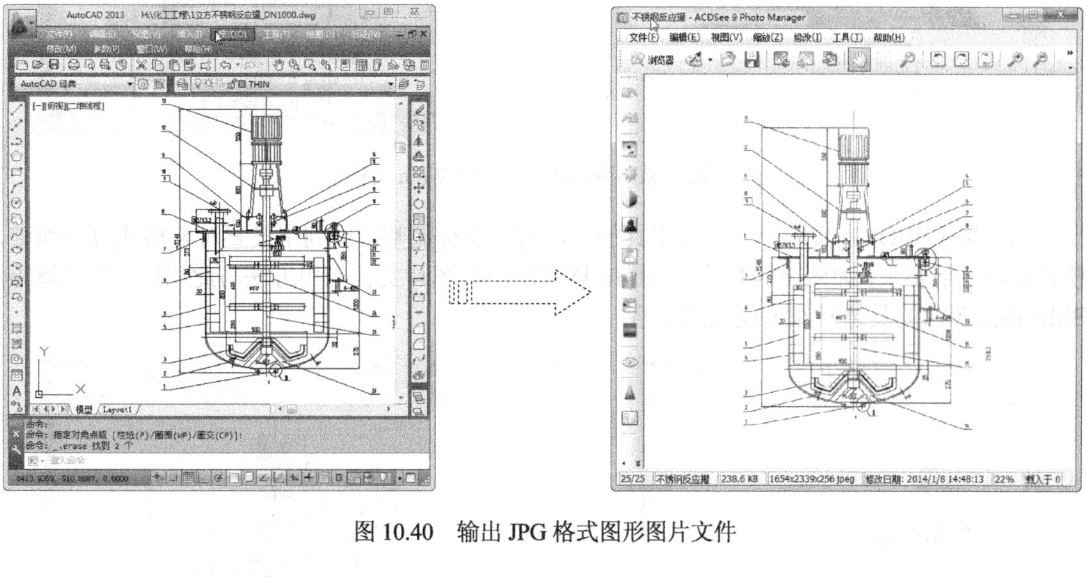

图 10.40　输出 JPG 格式图形图片文件

（2）在电脑中找到“*****.jpg”文件，即“不锈钢反应罐.jpg”，单击选中，然后单击右键弹出快捷菜单，在快捷菜单上选择“复制”，将图形复制到 Window 系统剪贴板中，如图 10.41 所示。

（3）切换到 Word 文档中，在需要插入图形的地方点击右键选择快捷菜单中的“粘贴”；或按“Ctrl+V”组合键。将剪贴板上的 JPG 格式图形图片复制到 Word 文档中光标位置。插入的图片比较大，需要图纸其大小适合 Word 窗口使用，如图 10.42 所示。

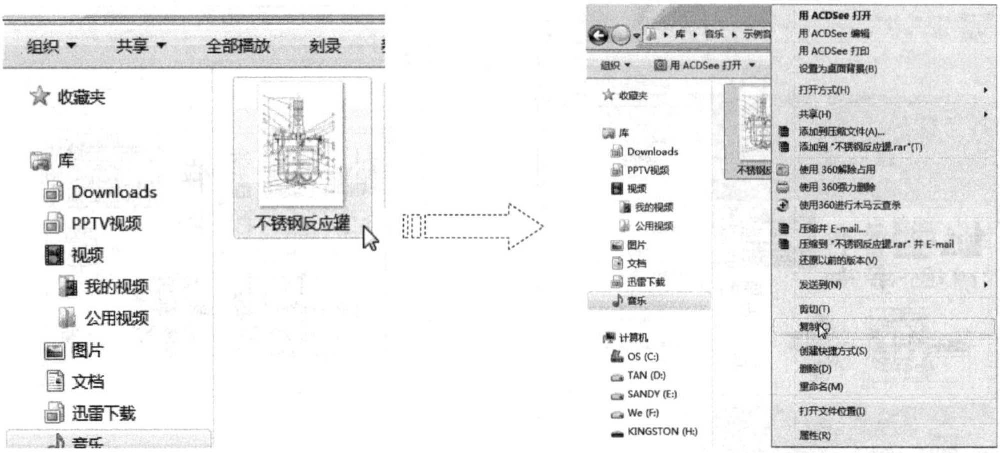

图 10.41 复制 JPG 图形图片文件

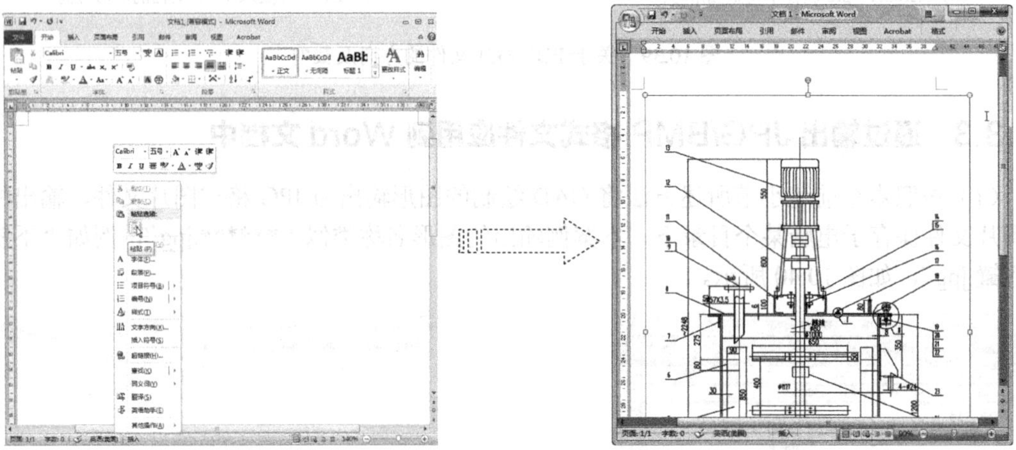

图 10.42 粘贴图形图片文件到 Word 文档中

（4）利用 WORD 文档中的图形工具的“裁剪”进行调整，或利用设置对象格式进行调整，使其符合使用要求，如图 10.43 所示。BMP 格式的图形图片文件应用方法与此相同。限于篇幅，BMP 格式图片的具体操作过程在此从略。

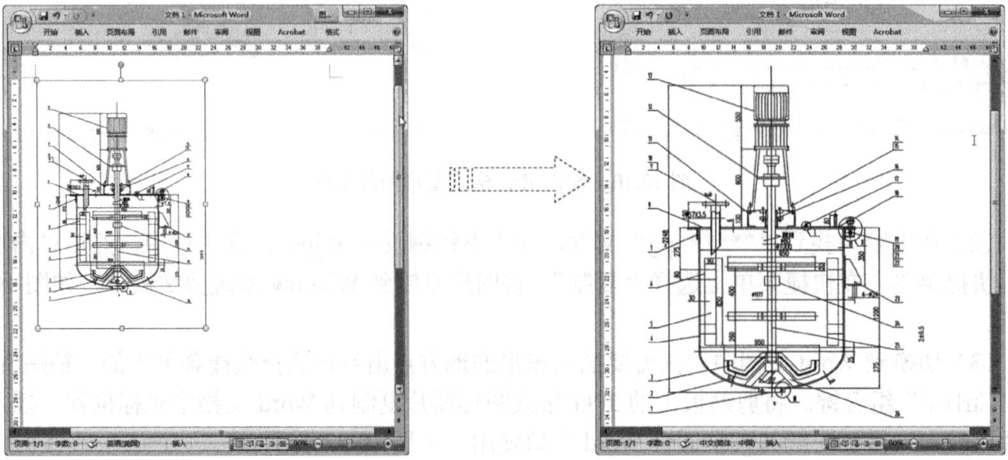

图 10.43 调整 JPG 图片大小

● 以AutoCAD 2019为软件设计平台

● 详细讲述CAD各种命令的使用方法与高级绘图技巧

● 丰富的化工设计实例详解，让您快速掌握绘制方法

ISBN 978-7-122-34883-8

www.cip.com.cn
读科技图书 上化工社网

销售分类建议：化工、计算机

定价：59.80元

DIANZI
DIANGONG
JISHU
QUANTUJIE
QUANJI

电子电工技术全图解

全集

PLC技术·变频技术

速成全图解

数码维修工程师鉴定指导中心 组织编写
韩雪涛 韩广兴 吴瑛 编著

超 大知识容量

超 值学习套装

超 全面的内容

超 容易学技能

PLC
JISHU
BIANPIN
JISHU
SUCHENG
QUANTUJIE

超值赠送50元学习卡

化学工业出版社